普通高等教育"十三五"规划教材

油气储运设施防腐技术

刘广桥　主　编

何娜　董丽梅　副主编

中国石化出版社

内 容 提 要

本书系统阐述了油气储运设施腐蚀的基本理论及腐蚀防护的基本原理和应用技术。全书分为两大部分,第一部分详细介绍了金属材料的电化学腐蚀理论、腐蚀形态、典型环境下的金属腐蚀及腐蚀控制方法;第二部分主要介绍了油气管道、金属储罐、油气集输系统的防腐技术以及腐蚀实验与腐蚀评价技术。

本书是高等院校油气储运专业的教学用书,也可作为其他相关专业用教材及有关工程技术人员参考。

图书在版编目(CIP)数据

油气储运设施防腐技术 / 刘广桥主编. —北京:
中国石化出版社,2016.3(2024.9 重印)
普通高等教育"十三五"规划教材
ISBN 978-7-5114-3883-6

Ⅰ.①油… Ⅱ.①刘… Ⅲ.①石油与天然气储运–机械设备–防腐–高等学校–教材 Ⅳ.①TE988

中国版本图书馆 CIP 数据核字(2016)第 051039 号

未经本社书面授权,本书任何部分不得被复制、抄袭,或者以任何形式或任何方式传播。版权所有,侵权必究。

中国石化出版社出版发行

地址:北京市东城区安定门外大街 58 号
邮编:100011 电话:(010)57512500
发行部电话:(010)57512575
http://www.sinopec-press.com
E-mail:press@sinopec.com
北京科信印刷有限公司印刷
全国各地新华书店经销
*
787毫米×1092 毫米 16 开本 19.25 印张 485 千字
2016 年 4 月第 1 版 2024 年 9 月第 2 次印刷
定价:45.00 元

前　言

本书是根据油气储运工程专业人才培养目标编写的专业教材，遵循理论与实践相结合的原则，从腐蚀原理、腐蚀形态、典型环境下的金属腐蚀、腐蚀控制等多方面入手，系统介绍了油气储运设施的腐蚀现象及影响因素，重点介绍了有关油气储运设施的防腐技术，同时对油气储运工程防腐技术的新进展也进行了介绍。内容编排上在注重基本原理的基础上突出技术应用，可根据教学学时安排进行课堂讲解和学生自学，其他相关专业可自由酌情选取相关内容讲授。

本书由刘广桥编写第二章、第三章、第四章、第九章；何娜编写第六章、第七章、第八章；董丽梅编写第一章、第五章、附录1、附录2。全书统稿工作由刘广桥完成。

兰州城市学院杨斌教授对本书初稿进行了详细的审阅，提出了宝贵的修改意见。在此，对杨教授及全体审稿人员、相关编者及所有对本书出版给予支持和帮助的同志表示衷心的感谢。

由于时间仓促、编者水平有限，书中缺点和不足之处在所难免，恳请指正，不胜感激。

编　者

目　　录

Ⅰ

第一章 绪 论

腐蚀现象几乎遍及国民经济的一切领域，大量的金属材料、构件和设备因腐蚀而损坏报废。随着石油工业的飞速发展，油气储运设施的建设也越来越快。由于腐蚀而造成储运设施的事故，不仅浪费了宝贵的石油资源、污染环境，而且对人民生命财产安全造成严重威胁。但是如果采取适当的防腐蚀措施，腐蚀不仅可以得到一定程度的控制，甚至是可以避免的。因此研究油气储运设施的腐蚀规律，解决其腐蚀破坏，就成为石油工业中迫切需要解决的重大问题。

油气储运设施是由材料制造的，所有的材料都有一定的使用寿命，在使用过程中将遭受不同形式的直接或间接的损坏。材料的损坏形式是多种多样的，但最重要、最常见的损坏形式是断裂、磨损和腐蚀。

断裂是由于构件所受应力超过其弹性极限、塑性极限而导致的破坏。例如，轴的断裂、钢丝绳的破断等均属此类。但是，断裂的金属构件可以作为炉料重新进行熔炼，材料可以获得再生。

磨损是构件与其他部件相互作用，由于机械摩擦而引起的损坏。例如，活塞环的磨损、机车的车轮与钢轨间的磨损。在很多情况下，磨损了的零件是可以修复的。例如，采用堆焊和刷镀可以修复已磨损的轴。

材料的腐蚀是一个渐变的损坏过程。例如，钢铁的锈蚀就是最常见的腐蚀现象。腐蚀使金属转变为化合物，是不可恢复的，不易再生。材料在服役损坏过程中，腐蚀与磨损、腐蚀与断裂往往协同进行，甚至三种损坏同时发生。因此，广义的腐蚀包括了腐蚀与磨损、断裂等的协同作用，是一个交叉学科的领域。

第一节 材料腐蚀的基本概念

一、材料腐蚀的定义

金属材料在人类社会文明发展史上占有极为重要的地位，人们最为熟悉的腐蚀现象是金属材料的腐蚀，如铁生锈是因其表面腐蚀生成了腐蚀产物 $FeOOH$ 或 $Fe_2O_3 \cdot H_2O$，铜腐蚀后则在表面产生铜绿 $[CuSO_4 \cdot 3Cu(OH)_2]$。然而，随着现代科学技术的发展，非金属材料、复合材料在各工业部门中的使用量越来越大，这些材料因环境造成的破坏和变质及其控制问题也越来越受到重视。因此，腐蚀与防护科学已从过去以金属材料为主要研究对象，转变为以金属材料、无机非金属材料、高分子材料和复合材料等在内的各类材料为研究对象。

因此，材料的腐蚀是指材料与周围环境(介质)之间发生化学/电化学作用或物理作用而引起的破坏或变质。概括起来，材料腐蚀的含义有以下几点：

(1)腐蚀研究侧重点在材料。腐蚀破坏是多方面的，既导致材料损伤，又造成环境破坏。例如，食品或酒类生产、储运过程的容器材料，因腐蚀造成容器壁厚减薄、强度降低，但同时也可能导致食品或酒类受腐蚀产物污染而品质降低。后者虽因腐蚀引起，但介质环境的变化一般称为污染，而不称为腐蚀。

（2）腐蚀是一种材料和环境间的反应，大多数是电化学反应，这是腐蚀和磨损现象的分界线。实际条件下腐蚀和磨损往往密不可分、同时发生。强调化学或电化学作用时称作腐蚀，强调力学或机械作用时则称为摩擦磨损。如两者作用相当，习惯上称为腐蚀磨损或磨损腐蚀，它们不仅包含腐蚀及磨损作用，还会产生复杂的交互作用。

（3）腐蚀是材料的破坏。宏观上可表现为材料质量损失、强度等力学性质退化等；微观上可表现为物相、价态或组织改变，主要靠这些变化来发现或评价腐蚀程度。

（4）腐蚀大多数情况下是逐渐发生的缓慢过程。有报道说，巴拿马运河海水中不锈钢闸门工作 10 年之后才出现点蚀；许多埋地管道工作几十年后才出现事故多发期，这些表明腐蚀过程缓慢。

二、材料腐蚀的特点

腐蚀现象的特点可总结为"自发性"、"普遍性"和"隐蔽性"三点。

（1）自发性。大多数金属腐蚀有自发性。以钢铁材料腐蚀为例，在潮湿的土壤、大气等腐蚀介质中，铁腐蚀变成以氧化铁为主的腐蚀产物，这些腐蚀产物在结构或形态上和自然界天然存在的铁矿石类似，或者说处于同一能量等级。而自然界一切自发变化都是从高能级状态向低能级状态的变化。例如，水可以从高处流向低处，高温物体可以向低温环境散发热量，固体糖块可以在水中溶解变成糖溶液等。如果不依靠外部提供能量，上述过程的逆过程不可能发生。但是从矿石中提炼钢铁时需要付出能量，例如，炼铁、炼钢需要消耗煤、电等能量，得到的铁或钢在能量等级上是高于铁矿石的，因而钢铁腐蚀一般是放能的自发过程。当然，自发性只代表反应倾向，不等于实际反应速度。

（2）普遍性。元素周期表中约有三、四十种金属元素，除了金、铂在地球上可能以纯金属单体形式天然存在外，其他金属均以它们的化合物形式存在。在地球形成和演变的漫长历史中，能稳定存在的物质一般都是它的最低能级状态。这说明大部分纯金属的能级都要高于它们的化合物，都具有自发回到低能级矿石状态的倾向。此外，地球上普遍存在的空气和水是两类主要腐蚀介质，所以地球环境介质下金属腐蚀不是个别现象，而是普遍存在的问题。

（3）隐蔽性。腐蚀隐蔽性包含几层意思，一是指它发展速度很慢，短期变化微小。不锈钢在海水中的点蚀潜伏期约有 10 年，在此之前，材料使用安全。但点蚀发生后，材料的腐蚀发展很迅速。隐蔽性的另一层意思是其腐蚀表现形式可能很难被发觉，虽然我们一眼就能分辨出生锈和不生锈的钢铁，但有些腐蚀类型，例如含裂纹的局部腐蚀，靠眼睛或简单仪器很难察觉。应力腐蚀断裂管道的实际调查中曾发现，断裂管道表面光亮如新，几乎不存在腐蚀迹象，然而在金相显微镜下可以看到，管道内部已布满细微腐蚀裂纹。

第二节　腐蚀的分类

一、金属腐蚀的分类

（一）按腐蚀机理分类

1. 化学腐蚀

化学腐蚀是因金属表面与非电解质直接发生纯化学作用而引起的破坏或变质，其特点是在作用过程中没有电流产生。化学腐蚀又分为两类：

（1）气体腐蚀。金属在干燥或高温气体中（表面上没有湿气冷凝）发生的腐蚀。例如，轧钢时生成厚的氧化铁皮、燃气轮机叶片在工作状态下的腐蚀、用氧气切割和焊接管道时在金属表面上产生的氧化皮等。

（2）在非电解质溶液中的腐蚀。金属在不导电的非电解质溶液（如无水的有机物介质）中的腐蚀。例如，铝在四氯化碳、三氯甲烷或无水乙醇中的腐蚀，镁、钛在甲醇中的腐蚀。

2. 电化学腐蚀

因金属表面与电解质发生电化学作用而引起的破坏或变质，其特点是在作用过程中有电流产生。

电化学腐蚀是最普遍、最常见的腐蚀，将在后面重点讨论。

3. 物理腐蚀

是指金属由于单纯的物理溶解作用而引起的腐蚀。熔融金属中的腐蚀就是固态金属与熔融金属（如铅、锌、纳、汞等）相接触引起的金属溶解或开裂。这种腐蚀不是由于化学反应，而是由于物理溶解作用形成合金或液态金属渗入晶间造成的。热浸锌用的铁锅，由于液态锌的溶解作用，可使铁锅腐蚀。

（二）按照腐蚀环境分类

1. 干腐蚀

（1）失泽。金属在露点以上的常温干燥气体中发生腐蚀（氧化），表面生成很薄的腐蚀产物，使金属失去光泽，属于化学腐蚀范畴。

（2）高温氧化。金属在高温气体中腐蚀，在金属表面有时生成一层很厚的氧化皮，氧化皮在热应力或机械应力作用下可能引起剥落，属于高温腐蚀范畴。

2. 湿腐蚀

主要是指在潮湿环境和含水介质中的腐蚀。常温腐蚀一般属于这一种，属于电化学腐蚀机理。湿腐蚀又可分为以下五类。

（1）自然环境下的腐蚀。主要包括大气腐蚀、海水腐蚀和土壤腐蚀、微生物腐蚀。

（2）工业介质中的腐蚀。主要包括酸、碱、盐溶液中的腐蚀；工业水中的腐蚀；高温高压水中的腐蚀。

（3）无水有机液体和气体中的腐蚀：

① 卤代烃中的腐蚀。如铝在四氯化碳、三氯甲烷中的腐蚀。

② 醇中的腐蚀。如铝在乙醇中，镁、钛在甲醇中的腐蚀。

这类腐蚀介质不管是液体还是气体，都是非电解质，腐蚀反应都是相同的。

（4）熔盐和熔渣中的腐蚀。属于电化学腐蚀。

（5）熔融金属中的腐蚀。属于物理腐蚀。

（三）按照腐蚀形态分类

1. 全面腐蚀

全面腐蚀是腐蚀分布在整个金属表面上，它可以是均匀的，也可以是不均匀的，但总的来说，腐蚀的分布相对较均匀。其特点是质量损失较大但危险性较小，因为全面腐蚀容易被发现且易于测量，可按腐蚀前后质量变化或腐蚀深度变化来计算年腐蚀速率，并可依据腐蚀速率预测使用寿命或进行防腐蚀设计（如在工程设计时可预先考虑留出腐蚀裕量）。碳钢在强酸、强碱中发生的腐蚀属于全面腐蚀。

2. 局部腐蚀

局部腐蚀是腐蚀作用仅局限在一定的区域，而金属其他大部分区域则几乎不发生腐蚀或腐蚀很轻微。其特点是：腐蚀的分布、深度和发展很不均匀，常在整个设备较完好、没有事故先兆的情况下，发生局部穿孔或破裂而引起严重事故，所以危险性很大。据统计，局部腐蚀通常占总腐蚀的80%左右。局部腐蚀又可分为：

（1）小孔腐蚀（又称点蚀）。在金属某些部分被腐蚀成为一些小而深的圆孔，有时甚至发生穿孔，不锈钢和铝合金在含氯离子溶液中常发生这种破坏形式。

（2）缝隙腐蚀。由于同种金属或异种金属相接触，或是金属与非金属相接触，而金属在腐蚀介质中形成了特定宽度的缝隙，缝隙中受腐蚀的程度远大于金属表面的其他区域。常发生在铆接、螺纹连接、焊接接头、密封垫片等缝隙处的腐蚀。

（3）电偶腐蚀。两种不同电极电位的金属相接触，在一定的介质中发生的电化学腐蚀称为电偶腐蚀。电位较负的金属加速腐蚀，如热交换器的不锈钢管和碳钢管板连接处，碳钢在水中作为电偶对的阳极而被加速腐蚀。电偶腐蚀也称双金属腐蚀或接触腐蚀。

（4）晶间腐蚀。腐蚀破坏沿着金属晶粒的边界发展，使晶粒之间失去结合力，金属外形在变化不大时即可严重丧失其机械性能。通常出现于奥氏体不锈钢、铁素体不锈钢和铝合金构件中。

（5）剥蚀。又称剥层腐蚀。这类腐蚀在表面的个别点上产生，随后在表面下进一步扩展，并沿着与表面平行的晶界进行。由于腐蚀产物的体积比原金属体积大，从而导致金属鼓胀或分层剥落。某些合金、不锈钢的型材或板材表面和涂金属保护层的金属表面可能发生这类腐蚀。

（6）选择性腐蚀。多元合金在腐蚀介质中某组分优先溶解，从而造成其他组分富集在合金表面上。黄铜脱锌便是这类腐蚀典型的实例。由于锌优先腐蚀，因此合金表面上富集铜而呈红色。

（7）丝状腐蚀。丝状腐蚀是有涂层金属产品上常见的一类大气腐蚀。如在镀镍的钢板上、在镀铬或搪瓷的钢件上都曾发现这种腐蚀。而在清漆或瓷漆下面的金属上这类腐蚀发展得更为严重。因多数发生在漆膜下面，因此也称作膜下腐蚀。

3. 应力作用下的腐蚀

材料在应力和腐蚀环境协同作用下发生的开裂及断裂失效现象。主要分为如下几类：

（1）应力腐蚀断裂；

（2）氢脆和氢致开裂；

（3）腐蚀疲劳；

（4）磨损腐蚀；

（5）空泡腐蚀；

（6）微震腐蚀。

（四）按腐蚀温度分类

1. 常温腐蚀

是指在常温条件下，金属与环境发生化学反应或电化学反应引起的破坏。常温腐蚀到处可见，如金属在干燥的大气中腐蚀是一种化学反应；金属在潮湿大气或常温酸、碱、盐中的腐蚀，则是一种电化学反应，导致金属的破坏。

2. 高温腐蚀

是指在高温条件下，金属与环境发生化学反应或电化学反应引起的破坏。通常把环境温度超过100℃的腐蚀规定为高温腐蚀的范畴。

二、非金属材料的腐蚀

非金属材料的腐蚀主要是指在环境的物理、化学、生物化学和应力作用下在材料的表面产生变色、龟裂、松软或脆化，使腐蚀介质进一步向材料内部渗透、扩散，引起溶胀溶解和应力开裂等而导致结构的破坏。

非金属材料的腐蚀破坏通常为纯化学作用和物理作用。例如，塑料的氧化和水解腐蚀均为化学变化，紫外线辐照引起的老化，也是一种氧化过程，而辐射导致高分子材料的分解则为物理作用的结果。硅酸盐材料的腐蚀破坏通常也是由于化学或物理因素所致，并非电化学过程引起的，但有研究者认为，熔融玻璃能起到电解质的作用，因而对耐火陶瓷材料的腐蚀归入电化学腐蚀范畴才更正确。表1-1给出了高分子材料、玻璃与陶瓷以及混凝土等材料的常见腐蚀类型或腐蚀破坏的表现形式。

表1-1　非金属材料的腐蚀类型

材料类型	高分子材料	玻璃与陶瓷	混凝土
腐蚀类型或表现	化学氧化 水解 应力腐蚀(环境应力开裂) 生物腐蚀 辐照分解 热、光氧化分解 溶胀溶解	水解 酸、碱浸蚀(溶解) 风化(溶解与水解浸析) 选择性腐蚀 应力腐蚀	溶解浸蚀(物理性溶解) 分解型腐蚀(化学作用) 膨胀型腐蚀(物理或化学作用)

第三节　金属腐蚀程度的表示方法

金属腐蚀程度的大小，根据腐蚀破坏形式的不同，有各种不同的评定方法。

任何金属材料都可能与环境相互作用而发生腐蚀，同一金属材料在有的环境中被腐蚀的快一些，而在另外的环境中被腐蚀的慢一些；不同的金属在同一环境中的腐蚀情况也不一样。因此，表示及评价金属的腐蚀速率就非常重要。

金属遭受腐蚀后，其质量、厚度、力学性能以及组织结构等都会发生变化，这些物理和力学性能的变化率均可用来表示金属的腐蚀程度。在均匀腐蚀的情况下，金属的腐蚀速率可以用质量指标(重量法)来表示，也可用深度指标(年腐蚀深度)表示。

一、重量法

重量法是以腐蚀前后的质量变化来表示，分为失重法和增重法两种。失重是指腐蚀后试样的质量减少；增重是指腐蚀后试样质量增加。有些金属腐蚀后腐蚀产物(膜)紧密地附着在试样的表面，往往难以去除或不需要去除。

1. 失重法

当腐蚀产物完全脱离金属试样表面或能很好地除去而不损伤主体金属(如金属在稀的无机酸中)时用这个方法较为恰当，其表达式为

$$v^- = \frac{m_0 - m_1}{St} \qquad (1-1)$$

式中　v^-——金属腐蚀失重速率，$g/(m^2 \cdot h)$；

　　　m_0——腐蚀前金属的质量，g；

m_1——腐蚀后金属的质量，g；

S——暴露在腐蚀介质中的表面积，m^2；

t——试样的腐蚀时间，h。

2. 增重法

当金属腐蚀后试样质量增加且腐蚀产物完全牢固地附着在试样表面（如金属的高温氧化）时，可用增重法表示，其表达式为

$$v^+ = \frac{m_2 - m_0}{St} \qquad (1-2)$$

式中 v^+——金属腐蚀增重速率，$g/(m^2 \cdot h)$；

m_2——腐蚀后带有腐蚀产物的试样质量，g。

必须指出，金属的腐蚀速率一般随时间而变化，金属在腐蚀初期的腐蚀速率与腐蚀后期的腐蚀速率往往是不一样的。重量法测得的腐蚀速率是整个腐蚀实验期间的平均腐蚀速率，而不反映金属材料在某一时刻的瞬时腐蚀速率。

二、深度法

对于密度不同的金属，尽管质量（重量）指标相同，但腐蚀速率则不同，对于重量法表示的相同腐蚀速率，密度大的金属被腐蚀的深度比密度小的金属浅，因而用腐蚀深度来评价腐蚀速率更为合适。工程上，腐蚀深度或构件腐蚀变薄的程度直接影响该构件的寿命，从材料腐蚀破坏对工程性能（强度、断裂等）的影响看，确切地掌握腐蚀破坏的深度更有其重要的意义。深度法就是以腐蚀后金属厚度的减少来表示腐蚀速率。

当全面腐蚀时，腐蚀深度可通过腐蚀的质量变化，经过换算得到

$$v_1 = \frac{24 \times 365}{1000} \times \frac{v^-}{\rho} = 8.76 \frac{v^-}{\rho} \qquad (1-3)$$

式中 v_1——腐蚀深度，mm/a；

ρ——金属的密度，g/cm^3。

显然，知道了金属的密度，即可进行质量指标和深度指标的换算。

根据金属年腐蚀深度的不同，可将其耐腐蚀性按 10 级标准（表 1-2）和 3 级标准（表 1-3）分类。

表 1-2　金属腐蚀性 10 级标准

耐腐蚀分类		耐腐蚀等级	腐蚀速率/（mm/a）
I	完全耐蚀	1	<0.001
II	很耐蚀	2	0.001~0.005
		3	0.005~0.010
III	耐蚀	4	0.010~0.050
		5	0.050~0.100
IV	尚耐蚀	6	0.100~0.500
		7	0.500~1.000
IV	欠耐蚀	8	1.000~5.000
		9	5.000~10.00
VII	不耐蚀	10	>10.00

表 1-3　金属腐蚀性 3 级标准

耐腐蚀分类	耐腐蚀等级	腐蚀速率/(mm/a)
耐蚀	1	<0.1
可用	2	0.1~1.0
不可用	3	>1.0

三、电流密度法

电化学腐蚀中，腐蚀的标志是阳极金属的溶解。在时间 t 内被腐蚀的金属量，电化学腐蚀严格遵守电当量关系。溶入电解质溶液一个正几价阳离子，必定有一个相等价的阳离子在阴极获得与价数相等的电子。金属溶解的数量与电量的关系遵循法拉第定律，即电极上溶解（或析出）1mol 的物质需要的电量为 96500C（库仑）。在已知腐蚀电流或电流密度时，所溶解（或析出）物质的数量为

$$\Delta m = \frac{Q \cdot A}{F \cdot n} = \frac{I \cdot t \cdot A}{F \cdot n} \tag{1-4}$$

式中　Δm——在时间 t 内被腐蚀的金属量，g；

　　　Q——在时间 t 内从阳极上流过的电量，C；

　　　t——金属遭受腐蚀的时间，s；

　　　I——电流强度，A；

　　　A——金属的相对原子量，g/mol；

　　　n——金属的价数，即金属阳极反应方程式中的电子数；

　　　F——法拉第常数，$F = 96500$C/mol。

金属的腐蚀速率可用阳极电流密度大小来表示：

$$i_{corr} = \frac{I}{S} \tag{1-5}$$

式中　i_{corr}——阳极的电流密度，A/cm²；

　　　S——阳极面积，cm²。

对于均匀腐蚀来说，整个金属表面积可以看作是阳极面积，可得到腐蚀速率 v^- 与腐蚀电流密度 i_{corr} 间的关系：

$$v^- = \frac{\Delta m}{St} = \frac{Ai_{corr}}{nF} \tag{1-6}$$

可见，腐蚀速率与腐蚀电流密度成正比，因此可用腐蚀电流密度 i_{corr} 表示电化学腐蚀速率。若 i_{corr} 的单位取 $\mu A/cm^2$，金属密度 ρ 取 g/cm³，则以不同单位表示的腐蚀速率为

$$v^- / (gm^{-2}h^{-1}) = 3.73 \times 10^{-4} \frac{Ai_{corr}}{F} \tag{1-7}$$

以腐蚀深度表示的腐蚀速率与腐蚀电流密度的关系为

$$v_1 / (mm/a) = 3.27 \times 10^{-3} \frac{Ai_{corr}}{n\rho} \times 10^{-1} \tag{1-8}$$

四、金属腐蚀的力学性能指标 v_m

对于许多特殊的局部腐蚀形式，如晶间腐蚀、选择性腐蚀、应力腐蚀断裂和氢脆等，常采用腐蚀前后的强度损失率来表示其腐蚀程度：

$$v_{\text{m}} = \frac{m_0 - m}{m_0} \times 100\%$$

(1-9)

式中　v_{m}——力学强度的损失率；

　　　m_0——腐蚀前材料的力学性能；

　　　m——腐蚀后材料的力学性能。

常用的力学性能指标有：强度指标(屈服极限、强度极限 σ_{b})、塑形指标(延伸率 δ、断面收缩率 ψ)、刚性指标(弹性模量 E)等。由于局部腐蚀一般都伴随材料使脆性增大，所以用得多的是塑形指标，用延伸率评定耐腐蚀性的标准见表1-4。

表1-4　延伸率变化评定耐腐蚀性的标准

耐腐蚀评定标准	延伸率的减小率/%	耐腐蚀评定标准	延伸率的减小率/%
耐蚀	<5	稍耐蚀	10~20
较耐蚀	5~10	不耐蚀	>20

第四节　油气储运系统防腐蚀的重要性

腐蚀现象几乎遍及国民经济的一切领域，随着工业的迅速发展，腐蚀问题越来越严重，腐蚀给国民经济带来巨大的损失和危害。腐蚀对石油化工、油气储运等企业的危害也极大，不仅在于材料资源受到损失，更严重的还在于正常生产受到影响，因腐蚀造成设备的"跑、冒、滴、漏"，污染环境而引起公害，甚至发生火灾、爆炸、中毒等恶性事故，对职工人身安全也会带来严重的威胁。

（1）腐蚀会造成重大的直接或间接损失。

直接损失包括因腐蚀造成的材料损耗、材料加工成设备的费用、更换已腐蚀的设备和部件等所耗用的材料费用和制造费用，防腐蚀所需要的材料费和施工维修费等，统称为直接损失。往往由于腐蚀而破坏设备，使设备提前报废，而设备的造价远远超过材料本身的价格。

除直接损失外，因腐蚀涉及造成的其他损失称为间接损失。有些间接损失不易计算，往往被忽视，但它相对于直接损失来说危害更大。

间接损失主要由以下几方面组成：

① 停工停产。现代石油化工、化纤、冶金等生产装置的特点是大型化、连续化和自动化，在生产中设备因腐蚀造成系统停车会中断生产，造成损失。

② 物料损失。因设备或管道腐蚀使反应物料泄漏造成的损失很大，不仅造成原料损失，而且还会引起火灾、爆炸、中毒、环境污染等，腐蚀性物料还会引起化工建筑物、地面、地沟、设备基础的严重腐蚀。

③ 产品污染。因腐蚀影响产品质量，例如化纤产品因腐蚀物污染，色泽出现变化，使产品降低等级，甚至造成废品。

④ 效率降低。因腐蚀产物及结垢，会使换热器导热效率降低，从而增加水质处理和设备清洗的费用；管路因锈垢堵塞而不得不增大泵的容量；锅炉因腐蚀及结垢耗能损失增大。

⑤ 过剩设计。当难以预测腐蚀速率或尚无有效的防腐措施时，为了确保设备预期使用寿命，大多增加设备腐蚀裕量，从而造成设计过剩，增大了设备费用。

据一些工业发达国家的统计，每年由于腐蚀造成的经济损失约占国民生产总值（GNP）的 $1\% \sim 4\%$。根据国际通行方法，以一国一年腐蚀损失约占 GDP 的 $3\% \sim 5\%$ 计算，我国 2014 年 GDP 已接近 64 万亿元，腐蚀损失则在 1.92 万亿~3.2 万亿元之间。若按照 2014 年末全国总人口 13.68 亿人平均计算，相当于每人每年承担 1404~2339 元的腐蚀损失。日本是腐蚀损失比较小的国家，目前大约占 GNP 的 $1\% \sim 2\%$。这一方面得益于重视腐蚀问题；另一方面也客观说明腐蚀是可以控制的。

（2）腐蚀会造成灾难性事故，危机人身安全。

1965 年 3 月，美国一条输气管道因应力腐蚀破裂而着火，造成 17 人死亡。1980 年 3 月，北海油田一采油平台发生腐蚀疲劳破坏，致使 123 人丧生。1985 年 8 月 12 日，日本的一架波音 747 客机，由于应力腐蚀断裂而坠毁，死亡 500 余人。2013 年 11 月 22 日凌晨 3 点，青岛市黄岛区的一处输油管线发生腐蚀减薄、管道破裂泄漏爆炸事故，共造成 63 人遇难，156 人受伤，直接经济损失达 75172 万元。

（3）腐蚀不仅损耗大量材料，而且浪费了大量能源。

据统计每年因腐蚀要损耗 $10\% \sim 20\%$ 的金属。另外，石油、化工、农药等工业生产中，因腐蚀所造成的设备"跑、冒、滴、漏"，不仅造成经济损失，还可能产生有毒物质的泄漏，造成环境污染，危及人民的身体健康。同时，腐蚀还可能成为生产发展和科技进步的障碍。例如，美国的阿波罗登月飞船储存 N_2O_4 的高压容器曾发生应力腐蚀破裂，若不是及时研究出加入 $0.6\% NO$ 解决这一问题，登月计划将推迟若干年。

（4）腐蚀是影响管道系统可靠性及其使用寿命的关键因素。

据美国国家输送安全局统计，美国 45% 管道损坏是由外壁腐蚀引起的。我国的地下油气管道投产 1~2 年后即发生腐蚀穿孔的情况已屡见不鲜。它不仅造成因穿孔而引起的油、气、水泄漏损失以及由于维修所带来的材料和人力上的浪费，停工停产所造成的损失，而且还可能因腐蚀引起火灾。特别是天然气管道因腐蚀引起的爆炸，威胁人身安全，污染环境，后果极其严重。

埋地管道是埋在地下最大的钢铁构件，可长达几千千米，要穿越各种不同类型的土壤和河流湖泊。土壤冬、夏季的冻结与融化，地下水位变化，以及杂散电流等复杂的地下条件是造成外腐蚀的环境因素，管道内输送介质的腐蚀性差异也很大。例如，输送天然气时含有有害物质 H_2S 和 CO_2，输送原油时含有 S 和 H_2O，这些都是造成管道内腐蚀的环境因素。

（5）腐蚀也是影响油气储存系统安全及其使用寿命的一个关键因素。

钢制储罐遭受内、外环境介质的腐蚀。内腐蚀是由储存介质（油、气、水）、罐内积水及罐内空间部分的凝积水汽的作用造成的。储罐腐蚀造成产品的损失、环境污染，将带来很高的维修费用、土壤净化费用和巨大的环保处罚。

由此可见腐蚀给国民经济带来的极大损失和危害，因此，各国、各行业都高度重视腐蚀问题。腐蚀问题的解决与否，往往会直接影响新技术、新工艺、新材料的应用。搞好防腐工作对节省原材料、延长设备使用寿命、提高效率、保证安全生产、减少环境污染、促进新技术的应用和发展有着重大意义。一般认为，只要充分利用现有的防腐技术，就可使腐蚀损失降低 25%~30%。每一种防腐技术都有其适用范围和条件，只有掌握了它们的原理、技术和工程应用条件，才能获得令人满意的防腐效果。

学习和研究腐蚀理论的目的最终要为防腐技术服务，努力克服腐蚀造成的危害、减少腐蚀损失是各工矿企业和广大工程技术人员所共同关心的问题和面临的紧迫任务。作为油气储运工作者，除了具有丰富的油气储存和运输的专业知识外，还要掌握先进的防腐蚀技术，真正做到安全、保质、保量储存和运输油气资源。

第二章　电化学腐蚀的基本原理

金属材料与电解质溶液相接触时，在界面上将发生有自由电子参加的广义氧化还原反应，导致接触面处的金属变为离子、络离子而溶解，或者生成氢氧化物、氧化物等稳定化合物，从而破坏了金属材料的特性，这个过程称为电化学腐蚀，是以金属为阳极的腐蚀原电池过程。这是金属中最常见的、最普通的腐蚀形式，油气储运设施遇到的腐蚀大多是电化学腐蚀。

与化学腐蚀相比，电化学腐蚀过程具有以下特点：

（1）介质为电解质。这里所说的电解质溶液，简单地说就是能导电的溶液，它是金属产生电化学腐蚀的基本条件。几乎所有的水溶液，包括雨水、淡水、海水及酸、碱、盐的水溶液，甚至从空气中冷凝的水蒸气都可以成为构成腐蚀环境的电解质溶液。金属在电解质溶液中的腐蚀与电化学有关，或者说金属与外部介质发生了电化学反应。

（2）金属电化学腐蚀历程与化学腐蚀不同。化学腐蚀时，氧化与还原是直接的、不可分割的，即被氧化的金属与环境中被还原的物质之间的电子交换是直接的；而电化学腐蚀过程中，金属的氧化与环境中物质的还原过程是在不同部位相对独立进行的，电子的传递是间接的。

在腐蚀学科中，把金属氧化的反应即金属放出电子成为阳离子的反应通称为阳极反应，把还原反应即接受电子的反应通称为阴极反应。金属上发生阳极反应的表面区域称为阳极（区），发生阴极反应的表面区域称为阴极（区）。很多情况下，电化学腐蚀是以阴、阳极过程在不同区域局部进行为特征的。这是区分电化学腐蚀与纯化学腐蚀的一个重要标志。

（3）电化学腐蚀过程中，在金属与介质间有电流流动。

综上所述，腐蚀电化学反应实质上是一个发生在金属和溶液界面上的通过电子传递的多相界面反应；金属电化学腐蚀是由至少一个阳极反应和一个阴极反应构成的，这两种反应相对独立但又必须同时完成，并具有相同的速度（即得失电子数相同）。

第一节　腐蚀原电池

实际上自然界中的大多数腐蚀现象都是在电解质溶液中发生的。例如，各种金属在潮湿大气、海水和土壤中的腐蚀，各种金属设备在酸、碱、盐介质中的腐蚀都属于电化学腐蚀。研究发现，金属的电化学腐蚀，实质上是腐蚀电池作用的结果，所以电化学腐蚀的历程和理论在很大程度上是以腐蚀电池一般规律的研究为基础的。

一、原电池

最简单的原电池就是我们日常生活中所用的干电池。它是由中心碳棒（正电极）、外包锌皮（负电极）及两极间的电解质（NH_4Cl）溶液所组成。当外电路接通时，灯泡即通电发光。

电极过程如下：

阳极（锌皮）上发生氧化反应，使锌原子离子化，即

$$Zn \longrightarrow Zn^{2+} + 2e \qquad\qquad (2-1)$$

阴极(碳棒)上发生消耗电子还原反应：

$$2H^+ \longrightarrow H_2 \qquad\qquad (2-2)$$

随着反应的不断进行，锌不断地被离子化，释放电子，在外电路中形成电流。锌离子化的结果，就是锌被腐蚀。

在进一步讨论原电池反应之前，先讨论一下电极系统的概念。

能够导电的物体(称为导体)有两类：一类是在电场作用下沿一定方向运动的荷电粒子是电子或电子空穴，这类导体叫作电子导体，它包括金属导体和半导体。另一类是，在电场的作用下沿一定方向运动的荷电粒子是离子，这类导体作做离子导体，例如电解质溶液或熔融盐就属于这类导体。

通常，把一个系统中由化学性质和物理性质一致的物质所组成而与系统中其他部分之间有"界面"隔开的集合体叫作"相"。如果互相接触的两个相都是电子导体，虽然两个相由不同的物质组成，但在两个相之间有电荷转移时，不过是电子从一个电子导体相穿越两相之间的界面进入另一个电子导体相，在两相界面上并不发生任何化学反应。

如果系统由两个相组成，一个是电子导体，另一个是离子导体，而且在这个系统中有电荷从一个相通过两相的界面转移到另一个相，这个系统就叫作电极系统。这种电极系统的主要特征是：伴随着电荷在两相之间的转移，不可避免地同时会在两相的界面上发生物质的变化——由一种物质变为另一种物质，即发生了化学变化。由此可见，如果相接触的是两种非同类的导体时，则在电荷从一个导体相穿越界面转移到另一个导体相中时，这一过程必然要依靠两种不同的荷电粒子(电子和离子)之间互相转移电荷来实现。这个过程也就是物质得到或失去价电子的过程，而这正是电化学变化的基本特征。

因此，在电极系统中，伴随着两个非同类导体相之间的电荷转移，两相界面上所发生的电化学反应，称为电极反应。

电极系统与电极反应的区别是明显的，那么电极的含义是什么呢？实际上，所谓电极在电化学中因不同场合有两种不同含义：第一种含义是仅指组成电极系统的电子导体相或电子导体材料，因此铜电极是指金属铜，锌电极是指金属锌。此外，常遇到的铂电极、汞电坂、石墨电极等也都是这种含义。另一种含义是指电极反应或整个电极系统，而不是仅指电极材料。例如"氢电极"表示在某种金属(例如铂)表面上进行的氢与氢离子互相转化的电极反应。又如常说的"参比电极"，是某一物质的电极系统及相应的电极反应，而不是仅指电子导体材料。

原电池的电化学过程是由阳极的氧化过程、阴极的还原过程以及电子和离子的输送过程组成。电子和离子的运动就构成了电回路。

二、腐蚀原电池

腐蚀原电池实质上是一个短路原电池，即电子回路短接，电流不对外做功(如发光等)，自耗于腐蚀电池内的阴极的还原反应中。将锌与铜接触并置于稀硫酸的水溶液中，就构成了以锌为阳极，铜为阴极的原电池，如图2-1所示。阳极锌失去的电子流向与锌接触的阴极铜，并与阴极铜表面溶液中的氢离子结合，形成氢原子并聚合成氢气逸出。将一块金属置于电解质溶液中，同样也会发生氧化、还原反应，组成腐蚀原电池，只不过金属的表面既是阳极又是阴极，而且阴、阳极很难用肉眼去分辨。

作为一个腐蚀电池，必须包括阴极、阳极、电解质溶液和导电通路4个不可分割的部分，缺一不可。腐蚀原电池的工作过程主要由以下三个基本过程组成：

（一）阳极过程

阳极过程即为金属的溶解过程，金属溶解，以离子的形式进入溶液，并把相应的电子留在金属上：

$$M \longrightarrow M^{n+} + ne$$

如果系统中不发生任何其他的电极反应，那么阳极反应就会很快停止。

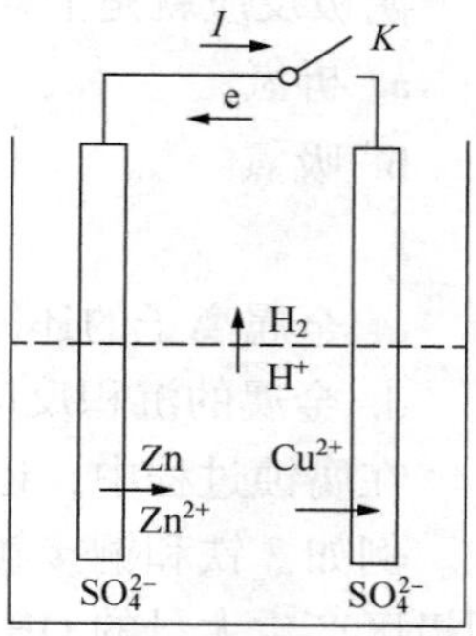

图 2-1　腐蚀原电池

（二）阴极过程

阴极过程即为接受电子的还原过程。从阳极过来的电子被电解质溶液中能够吸收电子的氧化性物质接受：

$$D + ne \longrightarrow [D \cdot ne]$$

单独的阴极反应也是难以持续的，在同时存在阳极氧化反应的条件下，阴极反应和阳极反应才能够不断的持续下去，故金属不断地遭受腐蚀。

（三）电流转移过程

金属中依靠电子从阳极流向阴极，而溶液中依靠离子的迁移，即阳离子从阳极区向阴极区移动以及阴离子从阴极区向阳极区迁移，这样整个电池系统电路构成通路。

腐蚀原电池工作所包含的三个基本过程既相互独立，又彼此联系。只要其中一个过程受到阻滞不能进行，则其他两个过程也将停止，金属腐蚀过程也就终止了。

三、金属腐蚀的电化学反应式

金属在电解质溶液中发生的电化学腐蚀虽然是一个复杂的过程，但通常可以看作一个氧化还原反应过程。所以也可以用化学反应式表示。

如：锌等活泼金属在稀盐酸或稀硫酸中会被腐蚀并放出氢气，其化学反应式如下：

$$Zn+2HCl \longrightarrow ZnCl_2+H_2 \uparrow$$

上述反应虽然表示了金属的腐蚀反应，但未能反映其电化学的特征。因此需要用电化学反应式来描述金属电化学腐蚀的实质。

由于盐酸、氯化锌均是强电解质，所以上述反应式可写成离子形式：

$$Zn+2H^++2Cl^- \longrightarrow Zn^{2+}+2Cl^- + H_2 \uparrow$$

在这里，Cl^-反应前后没有发生变化，实际上没有参加反应，因此可简化为

$$Zn+2H^+ \longrightarrow Zn^{2+}+ H_2 \uparrow$$

该式表明，锌在盐酸中腐蚀，实际上是锌与氢离子发生的反应，其实质是锌失去电子被氧化成锌离子，同时在腐蚀过程中，氢离子得到电子，还原成氢气。所以该式也称为腐蚀反应式，并可分为独立的氧化反应和独立的还原反应。

氧化（阳极）反应　　　　　　$Zn \longrightarrow Zn^{2+}+2e$

还原（阴极）反应　　　　　　$2H^++2e \longrightarrow H_2 \uparrow$

这两式共同构成了锌在盐酸中发生电化学腐蚀的电化学反应式。

氧化（阳极）反应通式　　　　$M \longrightarrow M^{n+}+ne$

还原（阴极）反应通式　　　　$D+ne \longrightarrow [D \cdot ne]$

阴极反应就是消耗电子的还原反应，常见的阴极反应有

a. 析氢　　　　　　　　　$2H^+ + 2e \longrightarrow H_2$

b. 吸氧　　　　$O_2 + 2H_2O + 4e \longrightarrow 4OH^-$（在中性或碱性溶液中）

　　　　　　　　　$O_2 + 4H^+ + 4e \longrightarrow 2H_2O$（在酸性溶液）

c. 金属离子的还原反应　　　$M^{n+} + e \longrightarrow M^{(n-1)+}$

d. 金属的沉积反应　　　　　$M^{n+} + ne \longrightarrow M$

在腐蚀过程中，还可能发生次生化学反应，生成次生过程产物，从而对腐蚀速度产生影响。例如，铁和铜接触后置入3%的氯化钠溶液中，在腐蚀过程中，阳极区产生大量的 Fe^{2+}，阴极区产生大量的 OH^-，由于扩散作用，Fe^{2+} 和 OH^- 可能相遇而发生如下反应：

$$Fe^{2+} + 2OH^- \longrightarrow Fe(OH)_2$$

这种反应产物称为次生过程产物。当溶液呈碱性，$Fe(OH)_2$ 就会以沉淀的形式析出。如果阴阳极直接接触，会形成氢氧化物膜，若这层膜较致密，可起保护作用。铁在中性介质中生成的腐蚀产物氢氧化亚铁进一步被氧化成 $Fe(OH)_3$，反应方程式如下：

$$4Fe(OH)_2 + O_2 + 2H_2O \longrightarrow 4Fe(OH)_3$$

$Fe(OH)_3$ 部分脱水生成铁锈，它质地疏松起不到保护作用，而且还能引发缝隙腐蚀。

四、腐蚀电池的类型

根据构成腐蚀电池的阴极和阳极尺寸大小是否可用肉眼分辨，可将腐蚀电池分为宏观电池与微观电池两种。

（一）宏观电池

能用肉眼分辨出阳极和阴极的腐蚀电池称为宏观电池或大腐蚀电池，常见的有如下几种。

1. 异金属电池(电偶电池、双金属电池)

当两种不同的金属或合金相互接触(或用导线连接起来)并处于某种电解质溶液中，由于其电极电位不同，故电极电位较负的金属将不断遭受腐蚀而溶解，而电极电位较正的金属却得到了保护。这种腐蚀称为接触腐蚀或电偶腐蚀。两种金属的电极电位相差愈大，电偶腐蚀也愈严重。例如，锌-铜相连浸入稀硫酸中；通有冷却水的碳钢-黄铜冷凝器以及船舶中的钢壳与其铜合金推进器等均构成这类腐蚀电池。此外，化工设备中不同金属的组合件(如螺钉、螺帽、焊接材料等等和主体设备连接)也常出现接触腐蚀。

2. 浓差电池

同一种金属浸入不同浓度的电解液中，或者虽在同一电解液中但局部浓度不同，都可因电位差的不同而形成浓差腐蚀电池，常见的有以下两种。

（1）盐浓差电池　同一种金属在不同金属离子浓度的溶液中构成腐蚀电池。

金属浸没于一定浓度的该金属离子的溶液中，使金属/电解质之间的电化学反应处于平衡状态，即金属进入溶液增加离子浓度的倾向和金属离子在金属上沉积出来降低溶液中离子浓度的倾向建立了平衡。如果同一金属与所含该金属离子浓度不同的溶液接触，由于溶液中金属离子浓度的差异要产生电位差而形成腐蚀电池，这种腐蚀电池也叫金属离子浓差电池。

同一金属与离子浓度较低的溶液接触的部分，金属较容易进入溶液，电位较负成为阳极而遭受腐蚀；而与金属离子浓度较高的溶液接触的那一部分电位较正成为阴极，金属离子将从阴极表面沉积出来。在生产过程中，例如，铜或铜合金设备在流动介质中，流速较大的一端 Cu^{2+} 较易被带走，出现低浓度区域，这个部位电位较负而成为阳极，而在滞留区则 Cu^{2+}

聚积，将成为阴极。在一些设备的缝隙处和疏松沉积物下部，因与外部溶液的离子浓度有差别，往往会形成浓差腐蚀的阳极区域而遭腐蚀。

（2）氧浓差电池　由于金属与含氧量不同的溶液相接触而引起的电位差所构成的腐蚀电池，又称充气不均电池。位于高氧浓度区域的金属为阴极，位于低氧浓度区域的金属为阳极，阳极金属将被溶液腐蚀。这种腐蚀电池是造成金属缝隙腐蚀的主要因素，在自然界和工业生产中普遍存在，造成的危害很大。最常见的有水线腐蚀和缝隙腐蚀。桥桩、船体、储罐等在静止的中性水溶液中，受到严重腐蚀的部位常在靠近水线下面，受腐蚀部位形成明显的沟或槽，这种腐蚀称为水线腐蚀。地下管道腐蚀的主要形式是氧浓差电池。据调查某输油管道曾发生过 186 次腐蚀穿孔，其中 164 次发生在管道下部，而且主要发生在黏土地带，这是由于黏土和管道的下部都是相对氧浓度较低处。

3. 温差电池

金属两端的温度不同也会在金属两端产生电位差，使金属腐蚀。由此产生的腐蚀也称为热偶腐蚀。它常常发生在换热器、浸入式加热器以及其他温度相差较大的设备中。Cu 在硫酸盐的水溶液中，高温端为阴极，低温端为阳极，组成温差电池后，低温端的阳极溶解，高温端得到保护。而 Fe 在盐溶液中却是热端为阳极，冷端为阴极，因此热端被腐蚀。倒如，检修钢换热器时，可发现其高温端比低温端腐蚀严重，这正是由温差电池造成的。

（二）微观电池

微观腐蚀电池也称为腐蚀微电池，是指腐蚀电池的阳极区和阴极区的尺寸较小，多数情况下肉眼不可分辨。微电池腐蚀是由于金属表面的电化学不均匀性所引起的自发而又均匀的腐蚀。金属表面产生电化学不均匀性的原因主要有以下几个方面。

（1）金属化学成分的不均匀性。以碳钢为例，在外表看起来没区别的金属实际上化学成分是不均匀的，有铁素体($0.06\%C$)、渗碳体 Fe_3C($6.67\%C$)等。在电解质溶液中，渗碳体部位的电位高于金属基体，在金属表面上形成许多微阴极（渗碳体）和微阳极（铁素体）。不仅如此，许多金属是含有杂质的，如金属 Zn 中常含有杂质 Cu、Fe、Sb 等，也可以构成无数个微阴极。而锌本身则为阳极，因而加速了锌在 H_2SO_4 中的腐蚀。

（2）金属组织结构的不均匀性。所谓组织结构，在这里是指组成合金的粒子种类、含量和它们的排列方式的统称。在同一金属或合金内部一般存在着不同组织结构区域，因而有不同的电极电位值。研究表明，金属及合金的晶粒与晶界之间、各种不同的相之间的电位是有差异的，如工业纯铝其晶粒内的电位为 0.585V，晶界的电位为 0.494V，因此在电解质溶液中形成晶界为阳极的微电池，而产生局部腐蚀，此时，晶粒是阴极，而晶界是阳极。此外，金属及合金凝固时产生的偏析引起组织上的不均匀性也能形成腐蚀微电池。

（3）金属表面物理状态的不均匀性。金属在加工过程或使用过程中往往产生部分变形或受力不均匀，以及在热加工冷却过程中引起的热应力和相变产生的组织应力等。变形和应力大的部位，其负电性增强，常成为微观电池的阳极而受到腐蚀。一般在铁管弯曲处容易发生腐蚀就是这个原因。此外，金属表面温度的差异、光照的不均匀等也会影响各部分电位发生差异而遭受腐蚀。

（4）金属表面膜的不完整性。金属表面膜不完整，表面镀层有孔隙等缺陷，则孔隙下或破损处相对于表面膜来说，在接触电解质时具有较负的电极电位，成为微电池的阳极，由此也易于构成微电池。在生产实践中，要想使整个金属表面上的物理性质和化学性质、金属各部位所接触的介质的物理性质和化学性质完全相同，使金属表面各点的电极电位完全相等是不可能的。由于种种因素使得金属表面的物理和化学性质存在差异，使金属表面各部位的电位不相等，统称为电化学不均匀性，它是形成微电池腐蚀的基本原因。

腐蚀电池是研究金属电化学腐蚀中的重要概念之一，是研究各种腐蚀类型和腐蚀破坏形态的基础。研究腐蚀电池的类型对判断腐蚀的形态具有一定的意义。通常，宏观腐蚀电池阴、阳极位置固定不变，对应的腐蚀形态是局部腐蚀，腐蚀破坏主要集中在阳极区；微观腐蚀电池的阴、阳极位置不断变化，对应的腐蚀形态是全面（均匀）腐蚀。

总之，腐蚀原电池的原理与一般原电池的原理相同，只不过腐蚀原电池是外电路短接的电池。它在工作中也产生电流，只是其电能不能被利用，只能以热的形式散失，工作的结果是金属的腐蚀。

第二节　双　电　层

自然界中除少数贵金属外，很多金属和合金均有自发腐蚀的倾向。同样环境下，有的金属经久耐用，有的金属则迅速被破坏，这与金属在环境中的电极电位有关，而电极电位实际上是度量金属与电解质之间的双电层大小的一种物理量。

一、双电层的结构

金属材料与溶液之间的相间区，通常称为双电层。一个相与另一相接触时，各个相的表面称为"界面"，而两相之间的区域称为相际。相际与两相中任意一相的性质都有所不同，其范围小到两个分子直径，达到数千埃以上。任何一种金属与电解质溶液接触时，其界面上的原子或离子之间必然发生相互作用，可能出现以下几种情况：

（一）金属表面带负电荷，溶液带正电荷

金属表面上的金属正离子，由于受到溶液中极性水分子的水化作用，克服了金属晶体中原子间的结合力，而进入溶液被水化成阳离子。试样在 M 溶液的相界面上就发生了带电粒子在金属相和溶液相之间的转移过程，有下面的反应发生：

$$M^{n+} \cdot ne(在金属上) + mH_2O \longrightarrow M^{n+} \cdot mH_2O(在溶液中) + ne(在金属上) \qquad (2-3)$$

产生的电子便积存在金属表面上成为剩余电荷。剩余电荷是金属带有负电性，而水化的金属正离子使溶液带有正电性。由于它们之间存在静电引力作用，金属水化阳离子只在金属表面附近移动，出现一个动平衡过程，构成了一个相对稳定的双电层。许多负电性强的金属，如锌、镉、镁、铁等在酸、碱、盐的溶液中都会形成这种类型的双电层。

（二）金属表面带正电荷，溶液带负电荷

电解质溶液与金属表面相互作用，如不能克服金属晶体原子间的结合力，就不能使金属离子脱离金属。相反，电解液中部分金属正离子却沉积在金属表面上，使金属带正电性，而紧靠金属的溶液层积累了过剩的阴离子，使溶液带负电性，这样就形成了双电层。铜在硫酸铜溶液中的双电层即属于这种类型。

这类双电层是正电性金属在含有正电性金属离子的溶液中形成的。如铜在铜盐溶液中、汞在汞盐溶液中、铂在铂盐溶液中形成的双电层均属于此种形式。

（三）吸附双电层

由于某种离子、极性分子或原子在金属表面上的吸附可形成吸附双电层。

1. 无机阴离子吸附双电层

无机阴离子如 Cl^-、F^-、Br^-、I^-、CN^-、SO_4^{2-} 等都可能发生特征吸附，即非库仑力吸附，排挤掉部分电极表面的偶极水分子，直接靠到电极表面后，因静电作用又吸引了溶液中的等量的正电荷从而建立了双电层。极性分子吸附在界面上定向排列，也能形成吸附双电层。

2. 氧电极和氢电极双电层

一些正电性金属或非金属（石墨）在电解质溶液中，既不能被溶液水化成正离子，也没有金属离子能沉积在其上，如将铂（Pt）放入溶解有氧的水溶液中，铂上将吸附一层氧分子或氧原子，氧从铂上取得电子并和水作用，生成 OH^- 存于水溶液中，使溶液带有负电性，而铂金属失去电子带正电性，这种电极称为氧电极。如果溶液中有足够的 H^+，也会夺取铂上的电子，而使 H^+ 还原成氢，此时铂电极也带正电，该种电极称为氢电极。

综上所述，金属本身是电中性的，电解质溶液也是电中性的，但当金属以阳离子形式进入溶液、溶液中正离子沉积在金属表面上，溶液中的极性分子在电极表面定向排列，阴离子特征吸附，溶液中的离子、分子被还原时，都将使金属表面与溶液的电中性遭到破坏，形成带异种电荷的双电层。

二、双电层理论

从 1897 年赫姆霍兹等提出了"平板电容器"的双电层结构模型后，已陆续提出了不少模型，解释了部分实验中的问题，但仍不够完善。

（一）紧密层模型

该模型认为"电极/溶液"界面的双电层类似于平行板电容器，如图 2-2 所示。带电粒子的半径为双电层的厚度 d（d 值一般在 10^{-10} m 数量级），集中分布在电容器的两个极板上，两个极板分别在两相表面。因此双电层电位差建立在相界面上，双电层之外不存在过剩的离子。该模型在溶液浓度很高、电极表面的电荷密度较大时，理论值和实验值吻合较好。原因是电极表面电荷密度大，库仑作用力强，使过剩电荷难以扩散到远离电极表面以外，只能紧靠着界面形成紧密双电层结构（φ_M 为紧密层的电位）。这种模型实际上是忽略了热运动使离子扩散到溶液深处的作用。事实上，溶液中的带电粒子是按照位能场中粒子的分布律分配于临近液体中，将双电层视为紧密结构，是一种近似处理。

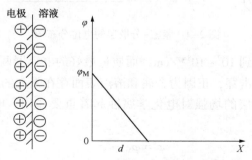

图 2-2 紧密型模型的电位分布图

（二）分散层模型

古伊和奇普曼根据离子热运动原理认为，离子有均匀分布在溶液中的倾向，同时有受到异种电荷的吸引作用，约束着离子不能无规则地分布在溶液中，最终是按位能场中玻尔兹曼分布律排列。分散层分散性随溶液的温度、浓度而变化。温度越高，分散性越强；浓度越大，界面电荷密度越大，则库仑力越强，分散性越小。因此分散层厚度有很大的差别。在纯水中，分散层厚度可达1μm，而在浓的电解质溶液中只有几纳米，甚至不到1nm。分散层结构模型如图2-3所示，分散层厚度用δ（δ值一般在$10^{-8} \sim 10^{-9}$ m 数量级）表示，φ_N为分散层电位差。该模型对于稀溶液体系可以应用，而对于浓溶液则出现较大的偏差。这是因为该理论模型完全不考虑紧密层双电层的存在，这显然与实际不符，不能对实验事实作出满意的解释。

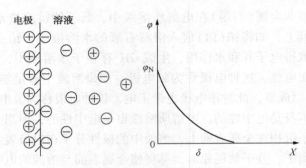

图2-3　分散型模型的电位分布图

（三）紧密-分散层模型

斯特恩1924年把赫姆霍兹模型和古伊-奇普曼模型结合起来，采用了各自合理的部分，建立了紧密-分散层模型。他认为双电层应由紧密层和分散层两部分组成。紧密层内近似于平行板电容器；在离开电极表面距离粒子半径外，与分散层理论相似，随X增大，φ值减小，直至逐渐趋于零，如图2-4所示。

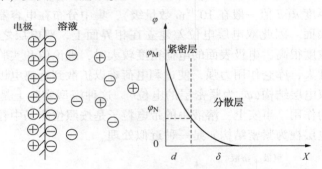

图2-4　紧密-分散层的电位分布图

双电层的场强一般达到$10^7 \sim 10^8$ V/cm，而质量最好的电容器两极间场强为10^4 V/cm时，电容器的介电物质就会被击穿，正因为金属和溶液表面存在强大的双电层场强，才使金属具有许多电化学特性。双电层的场强对电化学腐蚀起着重要作用，电极体系的电位由两部分组成：

$$\varphi = \varphi_M + \varphi_N \tag{2-4}$$

式中　φ_M——紧密层电位差；

　　　φ_N——分散层电位差。

当金属带负电性时，电极体系的电位是负的；当金属带正电性时，电极体系的电位是正的；在溶液深处电位为零。

该理论能够较好地解释许多实验现象，但对不同粒径的带电离子的微分电容，与实际相差甚远，因此该理论还有待于进一步完善。

18

第三节 电极电位

根据电学理论，金属电位和溶液电位是当单位正电荷从无穷远移入金属相内或溶液相内所做的功。由于不存在脱离物质的电荷，所以电荷移入物体相内时，所做的功既有电功，又有化学功，化学功只与化学位有关，而考虑电功的化学位与电化学位有关。

一、电化学位

根据静电场理论，某一点的电位为单位正电荷从无穷远移至该点，克服电场力所做的功。静电场中 a、b 两点的电位之差称为该两点间的电位差。当带有电荷的物质从无穷远处进入某物体相内部时，首先体系要对外做功，称为外电功 ψ；另外，穿越两相之间的界面时还需要对表面层作电功 χ。所作电功可用下式表示：

$$\varphi = \psi + \chi \tag{2-5}$$

式中　φ——内电位或迦伐尼电位；

ψ——单位电荷移向物体相时，体系对外界做的功，这个功称为外电位；

χ——单位电荷穿过表面层需做的的电功，称为物体相的表面电位。

因此，单位摩尔的 M^{n+} 从无穷远处移到物体相内部时，其能量变化为正离子所作的化学功和电功之和，这里化学功即为 M^{n+} 在物体相中的化学位 $\mu_{M^{n+}}$，所做的电功为单位摩尔 M^{n+} 携带的电量与物体相内电位的乘积。1mol 的 M^{n+} 共携带 nF 库仑力的正电荷电量，其相应的电功为 $+nF\varphi$。故有

$$\mu_{M^{n+}} + nF\varphi = \bar{\mu}_{M^{n+}} \tag{2-6}$$

$\bar{\mu}_{M^{n+}}$ 即为 M^{n+} 在物体相中的电化学位，具有能量的量纲。对于带电粒子(如金属离子、电子)在电场存在下，它们在两相间的转移决定于它们在两相中的电化学位。对于金属和溶液构成的电极系统，双电层两侧的电位差，即金属与溶液之间的电位差为电极电位。

化学平衡的条件是 $\sum\limits_{j} \gamma_j \mu_j = 0$，其中 γ_j 表示反应式中物质 j 的计量系数，规定生成物的系数为正，反应物的系数为负。那么一个电极反应式的平衡条件可表示为

$$\sum\limits_{j} \gamma_j \bar{\mu}_j = 0 \tag{2-7}$$

如果这个条件不满足，电极反应就会自发向某个方向进行，直至两相中的电化学位相等为止。下面举几个电极反应的例子，具体了解电极反应的平衡条件。

例1：
$$Cu \longrightarrow Cu^{2+} + 2e \tag{2-8}$$

$$\bar{\mu}_{Cu} = \mu_{Cu}$$

$$\bar{\mu}_{Cu^{2+}} = \mu_{Cu^{2+}} + 2F\varphi_{sol}$$

$$\bar{\mu}_{e(M)} = \mu_{e(M)} - F\varphi_{(M)}$$

故式(2-8)的平衡条件为

$$\bar{\mu}_{Cu^{2+}} + 2\bar{\mu}_{e(M)} - \mu_{Cu} = 0$$

将上列各物质的电化学代入上式整理，得到电极反应的平衡条件：

$$\varphi_{(M)} - \varphi_{sol} = \frac{\mu_{Cu^{2+}} - \mu_{Cu}}{2F} + \frac{\mu_{e(M)}}{F} \tag{2-9}$$

例 2：
$$Ag_{(M)} + Cl_{sol}^- \rightarrow AgCl_s + e_{(M)} \quad\quad (2-10)$$

这一反应的平衡条件为

$$\bar{\mu}_{AgCl} + \bar{\mu}_{e(M)} - \bar{\mu}_{Ag} - \bar{\mu}_{Cl^-} = 0 \quad\quad (2-11)$$

式中 $\bar{\mu}_{AgCl} = \mu_{AgCl}$；

$\bar{\mu}_{e(M)} = \mu_{e(M)} - F\varphi_{(M)}$；

$\bar{\mu}_{Ag} = \mu_{Ag}$；

$\bar{\mu}_{Cl^-(sol)} = \mu_{Cl^-(sol)} - F\varphi_{(sol)}$。

将各物质的电化学代入式(2-11)，经整理得到式(2-10)的电极反应平衡条件：

$$\varphi_{(M)} - \varphi_{sol} = \frac{\mu_{AgCl} - \mu_{Ag} - \mu_{Cl^-}}{F} + \frac{\mu_{e(M)}}{F} \quad\quad (2-12)$$

讨论电极反应的平衡条件是为了能够根据一些测量结果来判断电极反应是否处于平衡；若没有达到平衡，则判断反应进行的方向。

二、绝对电极电位

从上面两个电极反应例子的讨论可以看出，每一个电极反应的平衡条件都可以表示成这样一个公式：等式一边是电极材料的内电位与溶液的内电位之差，等式的另一边是两项相加，第一项是参与电极反应的各物质(除电子外)的化学位乘以化学计量系数的代数和除以伴随 1mol 的氧化态或还原态在电极反应中转化时的的电量(库仑)，另一项则总是 $\mu_{e(M)}/F$。因此电极反应的平衡条件式可以改写成

$$\varphi_e = [\varphi_M - \varphi_{(sol)}\varphi_e]_e = \frac{\sum_j \gamma_j \mu_j}{nF} + \frac{\mu_e}{F} \quad\quad (2-13)$$

式中，$\varphi = \varphi_{(电极材料)} - \varphi_{(溶液)}$，称为该电极系统的绝对电极电位。$\varphi_e$ 表示电极反应处于平衡时该电极系统的绝对电极电位。故一个电极系统的绝对电极电位就是电极材料相与溶液相之间的内电位差。

因此，如果知道一个电极反应在一定的条件(温度、压力、反应物质的活度或逸度等)下到达平衡时的绝对电极电位 φ_e 的数值，并且又能够测量该电极系统实际上的绝对电极电位 φ 值。根据测量的 φ 值大于、小于或等于 φ_e 的情况，就可以判断这个电极反应是否达到平衡，如果没有达到平衡，又应该向哪个方向进行。

由于表面电位 χ 无法测量，由内电位的定义可知，一个相的内电位也就无法测量，两个相的内电位之差也同样不能测量。以 Cu 电极系统为例。在 Cu 电极系统中，电极材料是金属 Cu，离子导体相是水溶液。为了测量铜电极和水溶液两相之间的电位差，需要一个电位测量仪(或万用表)。而任何测量电位差的仪表都有两个输入端，它的一个输入端用铜导线与铜电极相连，另一端应与电极系统的水溶液相连接，可测量仪器的一个输入端不能直接插入水溶液中，只能借助其他金属 M 插入水溶液中与之相连。这样测出的电位值却并不是电子导体相 Cu 与离子导体相水溶液之间的内电位差，亦即不是 Cu 电极进行反应的电极系统的绝对电极电位。仪表读数为 E，它应该包括 Cu/溶液、溶液/M、M/Cu 三个绝对电极电位，即

$$E = [\varphi_{(Cu)} - \varphi_{(sol)}] + [\varphi_{(sol)} - \varphi_{(M)}] + [\varphi_{(M)} - \varphi_{(Cu)}] \quad\quad (2-14)$$

如果在 Cu/溶液的界面上进行的电极反应是

$$Cu \rightleftharpoons Cu_{sol^-}^{2+} + 2e(Cu) \quad\quad (2-15)$$

如果在溶液/M的界面上进行的电极反应是

$$M \Longrightarrow M_{sol}^{n+} + ne(M)$$

M/Cu 只是两个电子导体间的接触，只传输电荷而不引起物质的变化，即

$$e(M) \Longrightarrow e(Cu)$$

当它们都处于平衡时有

$$\varphi_{(Cu)} - \varphi_{(sol)} = \frac{\mu_{Cu^{2+}} - \mu_{Cu}}{2F} + \frac{\mu_{e(Cu)}}{F} \qquad (2-16)$$

$$\varphi_{(M)} - \varphi_{(sol)} = \frac{\mu_{M^{n+}} - \mu_M}{nF} + \frac{\mu_{e(M)}}{F} \qquad (2-17)$$

$$\varphi_{(M)} - \varphi_{(Cu)} = \frac{\mu_{e(M)} - \mu_{e(Cu)}}{F} \qquad (2-18)$$

代入式(2-14)得

$$E = \frac{\mu_{Cu^{2+}} - \mu_{Cu}}{2F} - \frac{\mu_{M^{n+}} - \mu_M}{nF} \qquad (2-19)$$

这一等式，在 Cu/溶液和溶液/M 两个电极系统中的电极反应都达到平衡时才成立。这个 E 值就是两个电极系统构成的原电池的电动势。

由此得出：

（1）一个电极系统的绝对电极电位是无法测量的；

（2）一个电极系统的绝对电极电位的相对变化可以用原电池的电动势来反映。

三、平衡电极电位

当金属电极浸入含有自身离子的盐溶液中，参与物质迁移的是同一种金属离子，由于金属离子在两相间的迁移，将导致金属/电解溶液界面上双电层的建立。对应的电极过程为

$$M^{n+} \cdot ne + mH_2O \Longrightarrow M^{n+} \cdot mH_2O + ne \qquad (2-20)$$

当这一电极过程达到平衡时，电荷从金属向溶液迁移的速度和从溶液向金属迁移的速度相等。同时，物质从金属向溶液迁移的速度和从溶液向金属迁移的速度也相等。即不但电荷是平衡的，而且物质也是平衡的。此时，在金属和溶液界面建立起一个稳定的双电层，其电极电位不随时间变化，称为金属的平衡电极电位（E_e），也称为可逆电位。有时需要在 E_e 的下方用符号来说明是什么电极反应，例如：

$$E_{e(Cu^{2+}/Cu)} = \frac{\mu_{Cu^{2+}} - \mu_{Cu}}{2F} - \frac{\mu_{M^{n+}} - \mu_M}{nF}$$

平衡电极电位的数值主要决定于金属本身的性质，同时又与溶液的浓度、温度等因素有关。平衡电极体系是不腐蚀的，但在各种不同的物理、化学因素的影响下，电极过程的平衡将会发生移动。例如，在上式中，如果溶液中的金属离子或留在金属上的电子被移走（或被用于进行别的反应），则上述平衡被破坏而不断向右移动，结果金属开始腐蚀。

四、标准电极电位

从化学热力学知道，对于溶液相和气相中的物质来说化学位与它的活度和逸度的关系分别是

$$\mu = \mu^0 + RT\ln\alpha$$

$$\mu = \mu^0 + RT\ln f$$

式中，α 表示液相物质的活度，f 表示气相物质的逸度。μ^0 是 α 或 f 为单位值时的化学

位，叫作标准化学位。电极反应式(2-15)的平衡电极电位(以 M^{n+}/M 电极系统为参比电极)可以写作：

$$E_{e(Cu^{2+}/Cu)} = \frac{\mu^0_{Cu^{2+}} - \mu^0_{Cu}}{2F} + \frac{RT}{2F}\ln a_{Cu^{2+}} - \frac{\mu_{M^{n+}} - \mu_M}{nF} \qquad (2-21)$$

令

$$E^0_{e(Cu^{2+}/Cu)} = \frac{\mu^0_{Cu^{2+}} - \mu^0_{Cu}}{2F} \qquad (2-22)$$

式(2-20)则可写成：

$$E_{e(Cu^{2+}/Cu)} = E^0_{e(Cu^{2+}/Cu)} + \frac{RT}{2F}\ln a_{Cu^{2+}} - \frac{\mu_{M^{n+}} - \mu_M}{nF} \qquad (2-23)$$

$E^0_{e(Cu^{2+}/Cu)}$ 叫作标准电极电位，即标准电极电位是指参加反应的物质都处于标准状态下(即 $\alpha = 1$，$p = 101325Pa$)测得电动势的数值。

表 2-1 列出了一些电极的标准电极电位值。此表是按照纯金属的标准电极电位值由小到大的顺序排列的，所以叫标准电极电位序表，简称电动序。

表 2-1 金属在 25℃时标准电极电位

电极反应	电位/V	电极反应	电位/V
K $\rightleftharpoons$ K$^+$+e	-2.920	2H$^+$+2e $\rightleftharpoons$ H$_2$	0.00(参比用)
Na $\rightleftharpoons$ Na$^+$+e	-2.710	Sn^{4+}+2e $\rightleftharpoons$ Sn^{2+}	0.154
Mg $\rightleftharpoons$ Mg^{2+}+2e	-2.360	Cu $\rightleftharpoons$ Cu^{2+}+2e	0.337
Al $\rightleftharpoons$ Al^{3+}+3e	-1.660	O$_2$+2H$_2$O+4e $\rightleftharpoons$ 4OH$^-$(pH=14)	0.401
Zn $\rightleftharpoons$ Zn^{2+}+2e	-0.763	Fe^{3+}+e $\rightleftharpoons$ Fe^{2+}	0.771
Cr $\rightleftharpoons$ Cr^{3+}+3e	-0.740	Hg $\rightleftharpoons$ Hg^{2+}+2e	0.789
Fe $\rightleftharpoons$ Fe^{2+}+2e	-0.440	Ag $\rightleftharpoons$ Ag$^+$+e	0.799
Cd $\rightleftharpoons$ Cd^{2+}+2e	-0.402	O$_2$+2H$_2$O+4e $\rightleftharpoons$ 4OH$^-$(pH=7)	0.813
Co $\rightleftharpoons$ Co^{2+}+2e	-0.277	Pd $\rightleftharpoons$ Pd^{2+}+2e	0.987
Ni $\rightleftharpoons$ Ni^{2+}+2e	-0.250	O$_2$+4H$^+$+4e $\rightleftharpoons$ 2H$_2$O (pH=0)	1.230
Sn $\rightleftharpoons$ Sn^{2+}+2e	-0.136	Pt $\rightleftharpoons$ Pt^{2+}+2e	1.190
Pb $\rightleftharpoons$ Pb^{2+}+2e	-0.126	Au $\rightleftharpoons$ Au$^+$+e	1.500

五、能斯特(Nernst)方程

当一个电极体系的平衡不是建立在标准状态下，要确定该电极的平衡电位，则可以利用能斯特(Nernst)方程式来进行计算，即

$$E_e = E^0 + \frac{RT}{nF}\ln\frac{a_{氧化态}}{a_{还原态}} \qquad (2-24)$$

式中　E_e——平衡电极电位，V；

　　　E^0——标准电极电位，V；

　　　F——法拉第常数，96500C/mol；

　　　R——气体常数，8.314J/(mol·K)；

　　　T——热力学温度，K；

　　　n——参加电极反应的电子数；

$a_{氧化态}$——氧化态物质的平均活度；

$a_{还原态}$——还原态物质的平均活度。

对于金属固体来说，$a_{氧化态}=1$，因此，能斯特方程式可简化为

$$E_e = E^0 + \frac{RT}{nF}\ln a_{M^{n+}} \qquad (2-25)$$

式中 $a_{M^{n+}}$——氧化态物质即金属离子的平均活度。

当体系处在常温下（$T=298K$），对于金属与离子组成的电极，金属离子的平均活度（$a_{M^{n+}}$）近似地以物质的量浓度（$c_{M^{n+}}$）来表示，则又可简化为

$$E_e = E^0 + \frac{0.0591}{n}\lg c_{M^{n+}} \qquad (2-26)$$

六、非平衡电极电位

在实际腐蚀问题中，经常遇到的是非平衡电极电位。非平衡电极电位是针对不可逆电极而言的，即电极上同时存在两个或两个以上不同物质参加的电化学反应。假如金属在溶液中除了有它自身的离子外，还有别的离子或原子也参加电极过程，则在电极上失电子是一个电极过程完成的，而获得电子的是另一个电极过程。

如锌在盐酸中的腐蚀，锌在溶液中除了有它自身的离子外，还有氢离子，此时金属锌的表面至少包含下列两个不同的电极反应：

阳极反应 $\qquad\qquad\qquad$ Zn $\longrightarrow$ Zn^{2+}+2e

阴极反应 $\qquad\qquad\qquad$ 2H$^+$+2e $\longrightarrow$ H$_2\uparrow$

此两反应同时在电极上进行，此时电极反应是不可逆的，电极上不可能出现物质与电荷都达到平衡的情况。

显然，电极上同时存在两种或两种以上不同物质参与的电化学反应，正逆过程的物质始终不可能达到平衡，这种电极电位称为非平衡电极电位或不可逆电极电位。如果从金属到溶液与从溶液到金属的电荷迁移速度相等，即电荷反应达到平衡，那么界面上最终也能形成一个稳定的电极电位。反之，电荷亦不平衡，则始终建立不了一个稳定的电位值。非平衡电极电位与金属的本性、电解液组成、温度等有关。由于其电极反应不可逆，不能达到动态平衡，故非平衡电极电位的数值不能用能斯特方程计算，只能用实验方法测定。表2-2列出了一些金属在三种介质中的非平衡电极电位。

表 2-2　一些金属在三种介质中的非平衡电极电位　　　　　　　　　　　　　　V

金属	3%NaCl	0.05mol/L Na$_2$SO$_4$	0.05mol/L Na$_2$SO$_4$+H$_2$S	金属	3%NaCl	0.05mol/L Na$_2$SO$_4$	0.05mol/L Na$_2$SO$_4$+H$_2$S
镁	−1.60	−1.36	−1.65	镍	−0.02	0.035	−0.21
铝	−0.60	−0.47	−0.23	铅	−0.26	−0.26	−0.29
锰	−0.91			锡	−0.25	−0.17	−0.14
锌	−0.83	−0.81	−0.84	锑	−0.09		
铬	0.23			铋	−0.18		
铁	−0.50	−0.50	−0.50	铜	−0.05	0.24	−0.51
镉	−0.52			银	0.20	0.31	−0.27
钴	−0.45						

从表中可见，金属的非平衡电位与电解质种类有关，此外，各种因素如温度、溶液流动的速度、溶液浓度、金属表面状态等都能影响非平衡电位。

在实际生产中由于金属通常都是与各种溶液相接触的，故在研究金属腐蚀问题时，非平衡电位有着很重要的意义。

七、参比电极

既然一个电极系统的绝对电极电位无法测得，只好想办法得到电极电位的相对值，即相对电极电位。一个电极系统的相对电极电位是指这个电极与某一个电极组成原电池后测得的电动势。

为了测得绝对电极电位的相对值，需要选择一个电极系统与被测电极系统组成原电池。所选择的电极系统，电极反应要保持平衡，参加该电极反应的反应物的化学位应保持恒定，用于这样目的的电极系统被称为参比电极。习惯上，将由参比电极与被测电极系统组成的原电池的电动势称为被测电极的电极电位。由于有各种各样的参比电极，因此写出电极电位时，一般都应说明是相对于哪种参比电极。

1. 标准氢电极

标准氢电极是指氢气压力为 1atm、温度为 25℃、H^+ 活度为 1 条件下：

$$\frac{1}{2}H_2 \rightleftharpoons H^+ + e$$

可逆反应的电极体系，认为规定氢电极在标准条件下的电位 $E^0_{H_2} = 0$。

标准氢电极与任何电极组成可逆原电池，反应达到平衡时测得的电位差就是该电机电位值，通常指的电极电位若不加以说明都是指氢标电极电位。

标准氢电极的作法是，将镀有一层蓬松铂黑的铂片放到 25℃、H^+ 活度为 1 的溶液中，通入分压为 1atm 的纯氢气，氢气吸附于铂片上，氢气与溶液中的氢离子之间建立起平衡

$$\frac{1}{2}H_2(p_{H_2} = 1atm) \rightleftharpoons H^+(a_{H^+} = 1) + e$$

2. 其他参比电极

在实际的电位测定中，标准氢电极往往由于条件的限制，制作和使用都不方便，因此实践中广泛使用别的电极作为参比电极，如甘汞电极、银-氯化银电极、铜-硫酸铜电极等。有时因介质不同，往往采用不同的参比电极，例如对于海水，可用银-氯化银电极；对于土壤，则可用饱和硫酸铜电极，这些参比电极都具有比较稳定的电位值。表 2-3 列出了一些常用参比电极在 25℃时相对于标准氢电极的电位值。

表 2-3　几种参比电极的电极电位

参比电极	电极电位/V	参比电极	电极电位/V
饱和甘汞电极	+0.2415	Ag/AgCl 电极	+0.2222
1mol/L 甘汞电极	+0.2820	Cu/CuSO₄ 电极	+0.3160
0.01mol/L 甘汞电极	+0.3337		

用参比电极测得的电极电位可换算为相对于 SHE（标准氢电极）的电位值：

$$E_{SHE} = E_{参} + E_{测} \tag{2-27}$$

式中　E_{SHE}——相对于 SHE 的电位；

$E_{参}$——参比电极的电位；

$E_{测}$——相对参比电极实测的电位。

八、金属腐蚀倾向的判据

人类的经验表明，一切自发过程都是有方向性的，过程发生之后，它们都不能自动回复原状。自发变化的过程都具有共同特征，即不可逆性。

（一）利用腐蚀反应自由能的变化判断腐蚀倾向

金属腐蚀过程一般都是在恒温恒压的敞开体系下进行，根据热力学第二定律，可以通过自由能的变化（ΔG）来判断化学反应进行的方向和限度。对一个任意的化学反应，它的平衡条件为

$$\Delta G_{T, P} = \sum_i \nu_i \mu_i = 0$$

其中，ν_i 对于反应物而言取负值，对于生成物而言取正值。

在恒温、恒压条件下腐蚀反应总自由能的变化为

$$\Delta G_{T, P} = \sum_i \nu_i \mu_i$$

因此当 $\Delta G_{T,P} < 0$，过程自发进行；$\Delta G_{T,P} = 0$，平衡状态；$\Delta G_{T,P} > 0$，过程逆向进行。从热力学观点来看，腐蚀过程是由于金属与其周围的介质构成了一个热力学上不稳定的体系，该体系有从不稳定趋向稳定的倾向。对各种金属来说，这种倾向是极不相同的，倾向的大小可通过腐蚀反应的自由能变化 $\Delta G_{T,P}$ 来衡量。若 $\Delta G_{T,P} < 0$ 则腐蚀可能发生，自由能越负，表明金属越不稳定；$\Delta G_{T,P} > 0$，则表明腐蚀不可能发生，自由能越正，表明金属越稳定。

例如，在 25℃、1atm 下，分别把 Zn、Fe 金属浸入到无氧的盐酸水溶液中，它们的腐蚀反应自由能变化为

$$Zn + 2H^+ \longrightarrow Zn^{2+} + H_2$$
$$\mu/kJ \quad 0 \quad 0 \quad\quad -147.40 \quad 0$$
$$\Delta G = -147.40 \text{ kJ} < 0 \quad \text{（反应自发进行）}$$
$$Fe + 2H^+ \longrightarrow Fe^{2+} + H_2$$
$$\mu/kJ \quad 0 \quad 0 \quad\quad -89.94 \quad 0$$
$$\Delta G = -89.94 kJ < 0 \quad \text{（反应自发进行）}$$

可见，Zn 和 Fe 在无氧的盐酸水溶液中反应的自由能变化 ΔG 有很高的负值，说明腐蚀的倾向很大。

又如 Cu 在在无氧的盐酸水溶液中不发生腐蚀，而在有溶解氧的盐酸水溶液中却发生腐蚀，这是由于：

$$Cu + 2H^+ \longrightarrow Cu^{2+} + H_2$$
$$\mu/kJ \quad 0 \quad 0 \quad\quad 65.06 \quad 0$$
$$\Delta G = 65.06 > 0 \quad \text{（反应不能自发进行）}$$
$$Cu + 1/2O_2 + 2H^+ \longrightarrow Cu^{2+} + H_2O$$
$$\mu/kJ \quad 0 \quad -1.94 \quad 0 \quad 65.06 \quad -237.19$$
$$\Delta G = -170.19 kJ < 0 \quad \text{（反应可自发进行）}$$

（二）利用电动序（或标准电极电位）判断金属的腐蚀倾向

在一个电极体系中，若同时进行着两个电极反应，则电位较负的电极进行氧化反应，电位较正的电极进行还原反应。对照表 2-1，应用这一规则可以初步预测金属的腐蚀倾向。

例如，凡金属的标准电极电位比氢的标准电极电位更负时，它在酸溶液中会腐蚀，如锌和铁在酸中均会受腐蚀。

$$\text{Zn+H}_2\text{SO}_4(\text{稀}) \longrightarrow \text{ZnSO}_4\text{+H}_2\uparrow \quad (E^0_{e(H^+/H_2)} \text{比} E^0_{e(Zn^{2+}/Zn)} \text{更正})$$

铜和银的电位比氢正，所以在酸溶液中不腐蚀，但当酸中有溶解氧存在时，就可能产生氧化还原反应，铜和银将自发腐蚀。

$$\text{Cu+H}_2\text{SO}_4(\text{稀}) \longrightarrow \text{不反应}(E^0_{e(Cu^{2+}/Cu)} \text{比} E^0_{e(H^+/H_2)} \text{更正})$$

$$2\text{Cu+H}_2\text{SO}_4(\text{稀})\text{+O}_2 \longrightarrow 2\text{CuSO}_4\text{+H}_2\text{O}(E^0_{e(O_2/H_2O)} \text{比} E^0_{e(Cu^{2+}/Cu)} \text{更正})$$

表 2-1 中最下端的金属如金和铂是非常不活泼的，除非有极强的氧化剂存在，否则它们不会被腐蚀。

$$\text{Au+H}_2\text{SO}_4(\text{稀})\text{+O}_2 \longrightarrow \text{不反应}(E^0_{e(Au^+/Au)} \text{比} E^0_{e(O_2/H_2O)} \text{更正})$$

可见，用电动序判断金属的腐蚀倾向是很有用的。从表 2-1 可见，常见的去极剂 H^+ 和 O_2 氧化还原电位并不太正，这就可以较完满地解释标准电极电位较正的金、银、铂等不容易发生电化学腐蚀，即热力学稳定性较高；反之，对锌、镁、铁等标准电极电位较负的金属，从热力学上说发生电化学腐蚀的倾向就大。

（三）利用平衡电极电位判断金属的腐蚀倾向

电动序是标准电极电位表，运用电动序只能预测标准状态下腐蚀体系的反应方向（或倾向），对于非标准状态下的平衡体系，在预测腐蚀倾向前必须先按能斯特方程式进行计算。能斯特方程反映了浓度、温度、压力对电极电位的影响。但电动次序一般来说基本上不会有多大的变动。因为浓度变化对电极电位的影响并不很大。例如对于一价的金属，当浓度变化 10 倍时，电极电位值变化仅为 $0.059V(25℃)$。对于二价金属，浓度变化 10 倍，电极电位的变化更小为 $1/2 \times 0.059V$。所以利用标准电极电位表来初步地判断金属的腐蚀倾向是相当方便的。

（四）利用非平衡电极电位判断金属的腐蚀倾向

必须强调的是，实际的腐蚀体系中，遇到平衡电极体系的例子是极少的，大多数的腐蚀是在非平衡电极体系中进行的。这样就不能用金属的标准电极电位和平衡电极电位来判断金属的腐蚀倾向，而应采用金属在该介质中的实际电位（稳定电位）作为判断的依据。用金属的标准电极电位判断金属的腐蚀倾向是非常粗略的，有时甚至会得到相反的结论，因为金属在腐蚀介质中的实际电位序不一定与标准电极电位序相同，主要原因有三点：

（1）实际使用的金属不是纯金属，多为合金；

（2）通常情况下，大多数金属表面上有一层氧化膜，并不是裸露的纯金属；

（3）腐蚀介质中金属离子的浓度不是 1mol/L，与标准电极电位的条件不同。

例如，在热力学上 Al 比 Zn 活泼，但实际上 Al 在大气条件下因易于生成具有保护性的氧化膜而比 Zn 更稳定。所以，严格来说，不宜用金属的标准或平衡电极电位判断金属的腐蚀倾向，而要用金属或合金在一定条件下测得的稳定电位的相对大小判断金属的电化学腐蚀倾向。

总之，虽然电动序在预测金属腐蚀倾向方面存在以上的限制，但用这张表来作为粗略地判断金属的腐蚀倾向仍是相当方便和有用的。

第四节　　E-pH 图

大多数金属腐蚀过程是电化学过程，其实质是发生了氧化还原反应，氧化还原反应与溶液的酸碱性有关，而很多反应的电极电位又随 pH 而变化，这就存在着一种可能性，即根据腐蚀介质的 pH、离子的浓度与电极反应的电极电位值的相互关系来判断电极反应的方向和反应的产物，提出防腐措施。

E-pH 图由波尔贝（M. Pourbaix）等首先提出，以电极电位为纵坐标，以介质的 pH 为横坐标，就金属与水的化学反应或电化学反应的平衡值而作出的线图，它反映了在腐蚀体系中所发生的化学反应或电化学反应处于平衡状态时的电位、pH 和离子浓度的相互关系。自 20 世纪 30 年代至今，已有 90 多种元素与水构成的电位 pH 图汇编成册，成为研究金属腐蚀的重要工具之一。

一、E-pH 图中曲线的三种类型

根据参与电极反应的物质不同，E-pH 图上的曲线可有以下三种情况。

（一）只与电极电位有关，而与 pH 值无关的曲线

例如反应：

$$aR \rightleftharpoons bO + ne$$

式中，O 为物质的氧化态；R 为物质的还原态；a、b 表示 R、O 的化学计量数；n 为反应电子数。对于上述反应，可根据能斯特公式得到反应的电极电位：

$$E = E^0 + \frac{RT}{nF}\ln\frac{a_O^b}{a_R^a}$$

从上式可以看出，该反应的电极电位只和该物质的氧化态、还原态的活度有关，与溶液的 pH 值无关。因此，这类反应在 E-pH 图上应为一条和横坐标（pH 值）平行的直线［图 2-5（a）］。例如反应：

$$Fe^{2+} \rightleftharpoons Fe^{3+} + e \qquad Fe \rightleftharpoons Fe^{2+} + 2e$$

（二）只与 pH 值有关，与电极电位无关的曲线

这类反应由于和电极电位无关，表明没有电子参加反应。因此，不是电极反应，是化学反应。例如反应：

$$dD + gH_2O \rightleftharpoons bB + mH^+$$

反应的平衡常数为

$$K = \frac{a_B^b a_{H^+}^m}{a_D^d}$$

由 $pH = -\lg a_{H^+}$ 可得到

$$pH = -\frac{1}{m}\lg K - \frac{1}{m}\lg\frac{a_D^d}{a_B^b}$$

从上式可以看出，pH 值和电极电位无关。由于平衡常数 K 和温度有关，当温度恒定时，$\frac{a_D^d}{a_B^b}$ 不变，则 pH 也不变。因此，在 E-pH 图上，这种反应的曲线应该是一条平行于纵坐标轴的垂直线［图 2-5（b）］。例如：

$$Fe^{3+} + 3H_2O \longrightarrow Fe(OH)_3 + 3H^+$$

（三）既与电极电位有关，又与 pH 值有关的曲线

这种反应中既有电子参加反应，又有 H^+（或 OH^-）参加反应。例如反应：

$$aR + gH_2O \rightleftharpoons bO + mH^+ + ne$$

其平衡电极电位可用能斯特公式表示：

$$E = E^0 + \frac{RT}{F}\ln\frac{a_{H^+}^2}{p_{H_2}/p^0}$$

可变换为

$$E = E^0 - 2.303\frac{mRT}{nF}\text{pH} + 2.303\frac{RT}{nF}\lg\frac{a_O^b}{a_R^a}$$

从上式可以看出，电极电位 E 随 pH 值的变化而改变，即在一定温度下 $\frac{a_O^b}{a_R^a}$ 不变时，E 随 pH 值升高而下降，斜率为 $-2.303\frac{mRT}{nF}$ [图 2-5(c)]。例如：

$$\text{Fe}^{2+} + 3\text{H}_2\text{O} \longrightarrow \text{Fe(OH)}_3 + 3\text{H}^+ + \text{e}$$

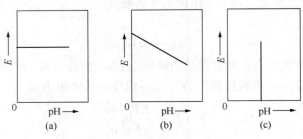

图 2-5 不同反应的 E-pH 图

金属的电化学腐蚀绝大部分是在水溶液的介质中进行的，水溶液中的水分子、H^+、OH^- 以及溶解在水中的氧分子，都可以吸附在电极表而，发生氢电极反应和氧电极反应。

1. 氢电极的 E-pH 图

氢电极反应

$$2\text{H}^+ + 2\text{e} \longrightarrow \text{H}_2\uparrow$$

电极电位依据能斯特公式则为

$$E = E^0 + \frac{RT}{F}\ln\frac{a_{H^+}^2}{a_{H_2}^2}$$

当温度为 25℃ 时，

$$E = E^0 + \frac{0.0591}{2}\lg a_{H^+}^2 - \frac{0.0591}{2}\lg p_{H_2}$$

$$E = E^0 - 0.0591\text{pH} - 0.02955\lg p_{H_2}$$

当 $p_{H_2} = 101325\text{Pa}$ 时，上式变为

$$E = 0 - 0.0591\text{pH} = -0.0591\text{pH}$$

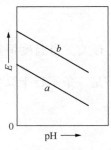

图 2-6 25℃ 时的
E-pH 图

由此表明，在 E-pH 图上氢电极反应为一条直线，其斜率为 0.0591（图 2-6 的 a 线段），它表示可逆电极电位和溶液酸碱度的对应关系。如电极的电位高于直线 a 时，电极反应朝使 pH 值减小、a_{H^+} 增加的方向进行，以达到新的平衡态，所以高于直线 a 是属于氧化态物质 H^+ 的稳定区。反之，当电极电位低于直线 a 时，电极反应朝生成 H_2 的方向进行，所以直线 a 以下是还原态物质 H_2 的稳定区。

若氢电极处于 25℃，$p_{H_2} > 101325\text{Pa}$ 的条件下的直线是在直线 a 的下方；$p_{H_2} < 101325\text{Pa}$ 的条件下的直线是在直线 a 的上方。

2. 氧电极的 E-pH 图

在酸性环境中氧电极反应

$$\text{O}_2 + 4\text{H}^+ + 4\text{e} \longrightarrow 2\text{H}_2\text{O}$$

电极电位依据能斯特公式则为 $E = E^0 + \dfrac{RT}{4F} \ln \dfrac{a_{H^+}^4 p_{O_2}}{a_{H_2O}^2}$

一般在水溶液中，$a_{H_2O} = 1$，在 25℃时，

$$E = E^0 + \frac{0.0591}{4} \lg a_{H^+}^4 + \frac{0.0591}{4} \lg p_{O_2}$$

$$E = E^0 + 0.0148 \lg p_{O_2} - 0.0591 \text{pH}$$

当 $p_{O_2} = 101325\text{Pa}$ 时，上式变为 $E = 1.229 - 0.0591 \text{pH}$

在碱性环境中氧电极反应 $O_2 + 2H_2O + 4e \longrightarrow 4OH^-$

电极电位依据能斯特公式则为 $E = E^0 + \dfrac{RT}{4F} \ln \dfrac{a_{H_2O}^2 p_{O_2}}{a_{OH^-}^4}$

在 25℃时 $\qquad E = E^0 + \dfrac{0.0591}{4} \lg p_{O_2} - \dfrac{0.0591}{4} \lg a_{OH^-}^4$

$$E = E^0 + 0.0148 \lg p_{O_2} - 0.0591 \lg a_{OH^-}$$

在 25℃水溶液中，H^+、OH^- 与 pH 的关系为 $\lg a_{OH^-} = \text{pH} - 14$，代入上式得

$$E = E^0 + 0.0148 \lg p_{O_2} - 0.0591 \text{pH} + 0.0591 \times 14$$

当 $p_{O_2} = 101325\text{Pa}$ 时，$E = 0.401 - 0.0591 \text{pH} + 0.0591 \times 14$

$$E = 1.229 - 0.0591 \text{pH}$$

即氧电极反应无论在酸性环境中还是在碱性环境中，电位和 pH 值的关系都是一致的，在 E-pH 图中都是一条斜线，其斜率也为 0.0591（图 2-6 的 b 线段），是一条和氢电极平行的斜线，其截距相差 1.229V。如电极的电位高于直线 b 时，电极反应朝使 pH 值减小、a_{H^+} 增加的方向进行，以达到新的平衡态，所以高于直线 b 是属于氧化态物质 O_2 的稳定区。反之，当电极电位低于直线 b 时，电极反应朝生成 H_2O 的方向进行，所以直线 b 以下是还原态物质 H_2O 的稳定区。当 $p_{O_2} > 101325\text{Pa}$ 时，则 E-pH 直线在直线 b 的上方；$p_{O_2} < 101325\text{Pa}$ 时，则 E-pH 直线在直线 b 的下方。

氢电极和氧电极的 E-pH 直线，总称为水的 E-pH 图。当体系处于两条直线之间的条件时，会进行两个电极反应。低电位的氢电极作为阳极而释放出电子，电极反应为

$$H_2 \longrightarrow 2H^+ + 2e$$

高电位的氧电极作为阴极而吸收电子，电极反应为

$$O_2 + 4H^+ + 4e \longrightarrow 2H_2O$$

总反应为

$$2H_2 + O_2 \longrightarrow 2H_2O$$

表示 H_2 和 O_2 将自动进行反应生成 H_2O。

二、Fe-H₂O 体系的 E-pH 图

（一）E-pH 图的绘制

将某一金属-介质组成的体系所发生反应的 E-pH 曲线连同氢电极反应（a 线）和氧电极反应（b 线）的 E-pH 曲线都画在同一幅 E-pH 图上，一般按下列步骤进行：

（1）列出有关物质的各种存在状态以及在此状态下标准化学位值或 pH 值表达式；

（2）列出各有关物质之间发生的反应方程式，并利用标准化学位值计算出各反应的平衡关系式；

（3）作出各类反应的平衡关系对应的 E-pH 曲线，最后汇总成综合的 E-pH 图。

现以 $Fe-H_2O$ 系统的情况举例说明。$Fe-H_2O$ 体系的 E-pH 图如图 2-7 所示。

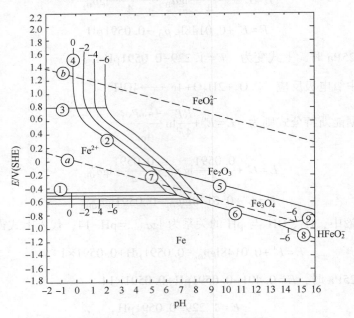

图 2-7　$Fe-H_2O$ 体系的 E-pH 图

图中曲线① 表示：
$$Fe^{2+}+2e \Longrightarrow Fe$$
$$E=-0.441+0.2951 \lg a_{Fe^{2+}}$$

此反应为有一种固相参加的复相反应，且只与电极电位有关而与溶液的 pH 无关，故在一定的电位下为一水平直线。

曲线②表示：
$$Fe_2O_3+6H^++2e \Longrightarrow 2Fe^{2+}+3H_2O$$
$$E=0.728-0.1773pH-0.0591 \lg a_{Fe^{2+}}$$

此反应亦为一种固相参加的复相反应，且既与电极电位有关，又与溶液的 pH 有关，所以在图中为一条斜线。

曲线③表示：
$$Fe^{3+}+e \Longrightarrow Fe^{2+}$$
$$E=0.771+0.0591 \lg \frac{a_{Fe^{3+}}}{a_{Fe^{2+}}}$$

当 $a_{Fe^{2+}}=a_{Fe^{3+}}$ 时，$E=0.771V$，为一条水平线。此反应为均相反应，且只与电极电位有关而与溶液的 pH 值无关。

曲线④表示：
$$2Fe^{3+}+3H_2O \Longrightarrow Fe_2O_3+6H^+$$
$$\lg a_{Fe^{3+}}=-0.723-3pH$$

该反应为金属离子的水解反应，无电子参加反应，与电位无关，故为一垂线。

曲线⑤表示：
$$3Fe_2O_3+2H^++2e \Longrightarrow 2Fe_3O_4+H_2O$$
$$E=0.221-0.0591pH$$

此反应是有两种固相参加的复相反应，且过程与电极电位和 pH 均有关，所以也为一条斜线。

曲线⑥表示：
$$Fe_3O_4+8H^++8e \Longrightarrow 3Fe+4H_2O$$
$$E=-0.085-0.0591pH$$

此反应也是有两种固相参加的复相反应，且过程与电极电位和 pH 均有关，所以也为一条斜线。

曲线⑦表示：
$$Fe_3O_4+8H^++2e \Longrightarrow 3Fe^{2+}+4H_2O$$
$$E=0.980-0.2364pH-0.0886lg a_{Fe^{2+}}$$

此反应是有一种固相参加的复相反应，且过程与电极电位和 pH 均有关，故为一条斜线。

图中曲线@和ⓑ为两条平行的斜线，即氢电极、氧电极曲线。另外图中还以数字 0、-2、-4、-6 表示的一簇平行线，其中的每一条线都表示出溶液中一定浓度的离子相平衡的两相共存的条件。一般把 10^{-6}mol/L(图中表示为-6)浓度看作是该离子存在与否的界限，如果与金属平衡的离子浓度小于此值时，可以认为实际上不腐蚀。

（二）Fe-H_2O 体系 E-pH 图的应用

将图 2-7 中各物质的离子浓度都取 10^{-6}mol/L，图 2-7 可简化为图 2-8。曲线将图分为如下三个区域。

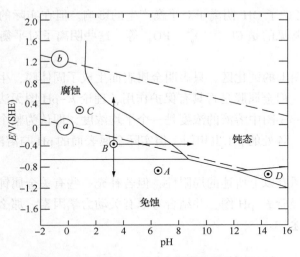

图 2-8　简化的 Fe-H_2O 体系的 E-pH 图

（1）稳定区。在该区域内，电位和 pH 值的变化都不会引起金属的腐蚀，金属处于热力学稳定状态，金属不会发生腐蚀，所以也称为免蚀区。

（2）腐蚀区。在该区域内，金属被腐蚀生成 Fe^{2+}、Fe^{3+} 或 FeO_4^{2-}、$HFeO_2^-$ 等离子。因此，在这个区域内，金属处于热力学不稳定状态。

（3）钝化区。在该区域内，随电位和 pH 值的变化，生成各种不同的稳定固态氧化物、氧氧化物或盐。这些固态物质可形成保护膜保护金属。因此，在这个区域内，金属腐蚀的程度取决于生成的固态膜是否有保护性，即看它是否进一步阻碍金属的溶解。

应用 E-pH 图主要有两个方面：

（1）可以估计腐蚀行为。对于某个体系，知道了该金属在该溶液介质中的电极电位和该溶液的 pH 值后，就可以在图中找到一个相应的"状态点"，根据这个"状态点"落在的区域，就可估计这一体系中的金属是处在"稳定状态"，还是"腐蚀状态"或是可能处于"钝化状态"。

（2）可以选择控制腐蚀的有效途径。例如，要想把图 2-8 中的 B 点移除腐蚀区，使腐蚀得到有效的控制。可采用使之阴极极化，把电位降到稳定区，使铁免遭腐蚀（阴极保护法）；也可以使之阳极极化，把电位升高到钝化区，使铁的表面生成并维持有一层保护性氧化膜而显著降低腐蚀（阳极保护法）；另外，还可以将体系中溶液的 pH 值调至 9~13 之间，同样可使铁进入钝化区而得到保护（介质处理）。

（三）应用 E-pH 图的局限性

以上介绍的 E-pH 图是一种热力学的电化学平衡图，亦称为理论 E-pH 图。如上所述，借助这种图虽然可以方便地来研究许多金属的腐蚀及控制问题。但也必须注意，此图有它的局限性：

（1）由于 E-pH 图是根据热力学的数据绘制的电化学平衡图，故它只能用来预示金属腐蚀倾向的大小，而无法预测腐蚀速度的大小。

（2）由于是热力学平衡图，是以金属与其离子之间或溶液中的离子与含有该离子的腐蚀产物之间建立平衡为条件，而实际的腐蚀体系往往是偏离平衡状态。这样利用表示平衡状态的热力学平衡图来分析非平衡状态的情况，必然存在误差。

（3）E-pH 图只考虑了 OH^- 阴离子对平衡产生的影响。但在实际的腐蚀环境中，可能存在其他的阴离子，最常见的是 Cl^-、SO_4^{2-}、PO_4^{3-} 等。这些阴离子对平衡的影响未加考虑，显然也会产生误差。

（4）理论 E-pH 图上的钝化区，只表明金属表面生成了固体膜，生成的固体膜可能是金属氧化物、氢氧化物。但金属膜是否具有保护作用，理论 E-pH 图无法解决。

（5）绘制理论 E-pH 图中溶液的浓度是一个平均浓度，即认为整个金属表面附近液层同整体溶液的浓度相同，各处的 pH 也相同。但实际金属表面的 pH 与溶液内部的 pH 会有一定的差别。

虽然理论 E-pH 图有以上所述的局限性，但若补充一些有关金属钝化方面的实验或经验数据就可得到实验或经验 E-pH 图，并结合考虑有关动力学因素，那么它在金属腐蚀的研究中将具有更广泛的用途。

第五节　腐蚀速度与极化作用

前面我们从热力学观点讨论了金属发生电化学腐蚀的原因以及腐蚀倾向的判断方法，但实际上，金属电化学腐蚀倾向程度并不能直接表明腐蚀速率的大小。因为腐蚀倾向很大的金属不一定必然对应着高的腐蚀速率。例如，从电动序上看，铝的标准电极电位很负（-1.66V），从热力学的角度看它的腐蚀倾向很大，但在某些介质中铝却比一些腐蚀倾向小得多的金属更耐蚀。可见，腐蚀倾向并不能作为腐蚀速度的尺度。为此，研究腐蚀速度主要是了解腐蚀过程的机理，掌握在不同条件下腐蚀的动力学规律以及影响腐蚀速度的各种因素，以寻求有效的腐蚀控制途径。

一、极化作用

（一）极化现象

如图 2-9 所示，将面积为 $10cm^2$ 的 Zn 片和 Cu 片浸在 3% 的 NaCl 溶液中，用导线将电流表与它们相连接，组成一腐蚀原电池。在接通腐蚀电池前，Cu 的起始电位 $E_{Cu}^0 = 0.05V$，Zn 的起始电位 $E_{Zn}^0 = -0.083V$，原电池的内阻 $R_内 = 110\Omega$，外电阻 $R_外 = 90\Omega$。在外电路短接的瞬间，观察到一个很大的起始电流 I_0，根据欧姆定律：

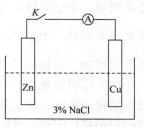

图 2-9 腐蚀电池及其电流变化示意图

$$I_0 = \frac{E_{Cu}^0 - E_{Zn}^0}{R_内 + R_外} = \frac{0.05 - (-0.083)}{110 + 90} = 4.4mA$$

在电流瞬间达到最大值后，电流很快减小。经过数分钟后就减小到一个较为稳定的电流值 $I_稳 = 150mA$，比 I_0 约小 30 倍。回路中的总电阻在电池接通前后并没有变化，根据欧姆定律，电流的下降只能是由于电池两极间的电位差随接通后时间变化而降低的结果。这种由于电极上有电流通过而造成电位变化的现象称为极化现象。由于有电流通过而发生电极电位偏离原来电极电位的变化值叫极化值。

$$\Delta E = E - E_{i=0}$$

通过电流而引起原电池两极间电位差减小的现象叫做原电池极化。通过电流时，阳极电位向正方向偏移，叫做阳极极化；阴极电位向负方向偏移，叫做阴极极化。极化的结果使腐蚀电池两极间的电位差减小，腐蚀电流减小，使腐蚀速率减小。

（二）过电位

对平衡电极来说，当通过外电流时其电极电位偏离平衡电位的现象，称为平衡电极的极化。为了明确表示出由于极化使电极电位偏离平衡电位的程度，把某一极化电流密度下的电极电位与其平衡电位间之差的绝对值称为该电极反应的过电位，以 η 表示，表征电极极化的程度。根据过电位的定义，阳极极化过电位的表达式为

$$\eta_A = E - E_{e,A} \tag{2-28}$$

阴极极化过电位的表达式为

$$\eta_C = E_{e,C} - E \tag{2-29}$$

（三）极化的原因

极化是电极反应的阻力，极化的本质是电极过程中存在某些较慢步骤，限制了电极反应速度。

1. 阳极极化的原因

（1）活化极化（或电化学极化）。阳极过程是金属失去电子而溶解成水化离子的过程，在腐蚀原电池中金属失掉的电子迅速由阳极流到阴极，但一般金属的溶解速度却跟不上电子的转移速度，即 $V_{电子} > V_{金属溶解}$，这必然使双电层平衡遭到破坏，使双电层内层电子密度减少，阳极电位就向正方向偏移，产生阳极极化。这种由于阳极过程缓慢而引起的极化称为活化极化或电化学极化。

（2）浓差极化（或扩散极化）。在阳极溶解过程中产生的金属离子，首先是进入阳极表

面附近的溶液层，与溶液产生浓差。在浓度梯度作用下，金属离子向溶液深处扩散。如果这些金属离子向外扩散速度比金属离子化反应速度慢，就会使得阳极表面附近的金属离子浓度逐渐增加，而使阳极电位向正方向移动，阻碍阳极的进一步溶解，引起所谓浓差极化。如果近似认为它是一个平衡电极，则由能斯特公式 $E_e = E^0 + \dfrac{0.0591}{n} \lg c_{M^{n+}}$ 可以看出。随着金属离子浓度的增加，电极电位必然朝正的方向移动。

（3）膜阻极化。某些金属在一定条件下（例如在溶液中有氧化剂时）进行阳极极化时容易生成保护性膜，使金属钝化。在这种情况下，金属变成离子的过程（即阳极过程）就被生成的保护膜所阻碍，此时阳极电位强烈地向正的方向移动。因为金属表面膜的产生，使得电池系统的电阻也随着增加而引起极化，所以这种极化作用又称电阻极化。

2. 阴极极化的原因

（1）活化极化（或电化学极化）。阴极过程是得到电子的过程，若阴极接受电子的物质由于某种原因，与电子结合的速度跟不上阳极电子的迁移速度，则使阴极处有电子的堆积，电子密度增大，使阴极电位越来越负，即产生了阴极极化。这种由于阴极消耗电子过程缓慢所引起的极化称之为阴极活化极化。

（2）浓差极化（或扩散极化）。由于阴极附近反应物或反应产物扩散速度缓慢，小于阴极反应速度，导致阴极附近的反应物的浓度小于整体溶液的浓度，生成物的浓度大于整体溶液的浓度，结果使阴极电位降低。

故总极化是由活化极化、浓差极化和膜阻极化组成。实际腐蚀体系因条件而异，可能是某种或某几种极化对腐蚀起控制作用。

如果电极上只进行一个电极反应，上述极化值的绝对值就是过电位。过电位是可逆电极偏离平衡态时的电位变化值。

二、去极化作用

凡是消除或削弱极化作用的过程称为去极化作用。去极化作用与极化作用正好相反，去极化作用会使腐蚀速率增加。

（1）消除阳极极化作用。实际上就是促使阳极过程进行，称为阳极去极化。设法把阳极产物不断地从阳极表面除掉就能达到这个目的。因此，升高温度、搅拌溶液液、使阳极产物形应沉淀或形成络合离子以及破坏表面膜等，都可以加速阳极去极化过程。例如，铜及其合金在含氨的溶液中很容易受腐蚀，就是因为 NH_3 与阳极产物 Cu^{2+} 形成了络离子 $[Cu(NH_3)_4]^{2-}$，从而促进了阳极去极化的进行。

（2）消除阴极极化作用，叫做阴极去极化。由阴极极化产生的原因可知，凡能在阴极上吸收（消耗）电子的过程（阴极还原过程）都能起到去极化作用。阴极去极化主要是通过去极化剂消耗电子来实现。因此去极剂也可定义为介质中参与消除或削弱极化作用的物质，氢离子和氧是最常见而且最重要的阴极去极化剂。

三、极化规律

以一个简单的可逆电极为例，分析有电流和无电流通过时，电极的极化规律。

$$R \underset{\overleftarrow{i}}{\overset{\overrightarrow{i}}{\rightleftharpoons}} O + ne$$

式中 $\overrightarrow{i}$——氧化反应速度；

$\overleftarrow{i}$——还原反应速度。

平衡时，$\vec{i}=\overleftarrow{i}=i_0$，$i_0$ 为交换电流密度，表征平衡电位下正向反应与逆向反应的电荷交换速度，仅表示平衡态下氧化和还原速度的一种简便形式，并不表示有真正的净电流产生，在平衡态时，电荷交换是平衡的，正负抵消。平衡时，物质交换与电量交换虽然仍在进行，但电极表面不会出现物质变化，没有净电流产生。不同的金属电极有不同的 i_0 值；i_0 越大，表示金属腐蚀速度快，电极不易极化，易建立稳定的平衡电位；反之，i_0 越小，表示金属耐腐蚀性好。

当无电流通过电极时，$i=\vec{i}+\overleftarrow{i}=0$，故有 $\vec{i}=\overleftarrow{i}$，即氧化反应的电流 $\vec{i}$ 和还原反应的电流 $\overleftarrow{i}$ 相等，电极为可逆平衡电极，用电极电位 $E_{i=0}$，其过电位(超电压) $\eta=0$，没有极化现象。

当电极上通过负向电流时，$i=\vec{i}+\overleftarrow{i}<0$，相当于引入电子至电极，使氧化态物质还原，电位向负移，此时过电位 $\eta=E-E_{i=0}<0$，电极反应向还原方向进行，即还原反应速度大于氧化反应速度。

反之，当电极接通正向电流后，电极金属的电子大量流失出去，$i=\vec{i}+\overleftarrow{i}>0$，同时破坏了原平衡电极电位，$\eta=E-E_{i=0}>0$，相当于电流流入金属(或者说电子从金属向外流)，电极金属将发生氧化过程，即氧化反应速度大于还原反应。

因此对于单电极而言，当电极上有正电流通过时(阳极电流，电流从溶液流向金属或电子从金属流向溶液)，电极金属/溶液界面上必伴随有氧化反应，此时电极称为阳极，此过电位为正值。当电极上有负电流通过(阴极电流，电流从电极流向溶液或电子从溶液流向金属)，电极金属/溶液界面上必伴随有还原反应，此时电极称为阴极，过电位为负值。

综上所述，当过电位为正值时，电极上只能发生氧化反应，即通过阳极电流，i 为正值；当过电位为负值时，电极上只能发生还原反应，即通过阴极电流，i 为负值。这表明，推动电极反应的动力方向与电极反应方向具有一致性，称之为极化规律，用数学表达为

$$\eta \times i \geqslant 0 \tag{2-30}$$

该极化规律也适用于非平衡电极。综上所述，电极反应的极化值与净电流的关系可表示为

$$\Delta E \times i \geqslant 0 \tag{2-31}$$

四、极化曲线

(一) 概念与作用

极化行为通常用极化曲线来描述。极化曲线是表示电极电位和电流或电流密度之间关系的曲线；阳极极化曲线是表示阳极电位和电流或电流密度之间关系的曲线；阴极极化曲线是表示阴极电位和电流或电流密度之间关系的曲线。

极化曲线又可分为表观极化曲线和理论极化曲线。表观极化曲线表示通过外电流时的电位与电流的关系，亦称实测的极化曲线，它可借助参比电极实测出；理论极化曲线表示在腐蚀原电池中，局部阴极和局部阳极的电流和电位变化关系。在实际腐蚀中，有时局部阴极和局部阳极很难分开，所以理论极化曲线有时是无法得到的。

为了使电极电位随通过的电流的变化情况更清晰准确，经常利用电位-电流直角坐标图或电位-电流密度直角坐标图。例如，图2-9中的腐蚀电池在接通电路后，铜电极和锌电极的电极电位随电流的变化可以绘制成图2-10的形式。

图2-11为利用腐蚀电池自身电流变化，对应测出电极的极化电位的极化测量装置，它

的阳极和阴极在刚刚连接时具有非常大的电阻($R\to\infty$)，相当于电路未接通的情况；此时电极的电位就相当于起始的电位，分别为 $E_{0,A}$ 和 $E_{0,C}$。当减小欧姆电阻时，电流由零逐渐增大。如果不发生极化，当 $R=0$ 时，则 $I\to\infty$。但实际上正是由于电池极化的结果，当 $R\to0$ 时，I 趋向于一个一定的最大值 I_{max}。

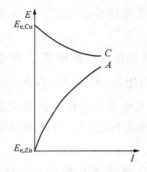

图 2-10　极化曲线示意图

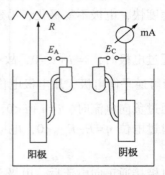

图 2-11　极化测量装置

实验测量时，使电阻 R 逐渐减小，同时测量所通过的电流强度和两极的电位，并将结果绘制成图（纵坐标表示电极电位，横坐标表示电流强度），就可得到图 2-12 所示的极化曲线，它是把表征腐蚀电池特征的阴、阳极极化曲线画在同一个 $E\text{-}I$ 坐标上，称为腐蚀极化图。

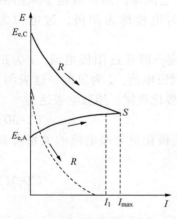

图 2-12　腐蚀极化图

由图 2-12 可以看出，电流随 R 减小而增加，同时引起极化，使得阳极电位升高而变得更正，阴极电位变得更负。结果，两极间电位差也就减小。但是因为 R 是任意调节的，R 减小对于电流的影响远远超过电位差减小对电流的影响，所以总的结果是使电流趋于增大。

当电阻（包括电池的外阻和内阻）进一步减小趋近于零时，电流达到了 I_{max}。此时由于进一步极化，阳极极化曲线与阴极极化曲线将相交于 S 点。但实际总电阻不可能为零（即使短路，使外阻为零，但存在一定的电池内阻），交点 S 是得不到的。电流只能达到和 I_{max} 相接近的数值 I_1，两极化曲线之间还存在着一定的电位差 ΔE（此时 $\Delta E=I_1R_e$）。但在理论上，可以将阳极极化和阴极极化曲线延长直至相交于一点 S，与 S 点相对应的横坐标，即表示此腐蚀电池的可能最大电流，其纵坐标即表示这一腐蚀系统的总电位 E_{corr}，由于极化作用，阴极与阳极电位已趋于同一数值。将任一金属放在电解液中，测到的电位就是这一点的电位，叫做腐蚀电位，也叫稳定电位。

如果阴极和阳极浸在溶液中的面积相等，则图中的横坐标可采用电流密度 i 表示；如果腐蚀电池的阴极和阳极面积不相等，但阴极和阳极上的电流强度总是相等的，因此用电流强度代替电流密度也十分方便。

也可借助外加电流实现电极极化来测定极化曲线。主要有以电流为自变量，测出 $E\text{-}I$ 关系的恒电流法及以电位为自变量，测出 $E\text{-}I$ 关系的恒电位法。把研究试样接于电源正极上，可测出阳极极化曲线；将其接在负极上，可测到阴极极化曲线。形成腐蚀原电池时，电池是阳极极化还是阴极极化要视通过该电极的电流来决定。

极化曲线形状各异，有的比较平缓，有的比较陡峭，从这些差异上可以看出电极极化的程度，从而判断电极反应过程的难易。若极化曲线较陡，则表明电极的极化程度较大，电极反应过程的阻力也较大；而极化曲线较平坦，则表明电极的极化程度较小，电极反应过程的阻力也较小，因而反应就容易进行。

极化曲线对于解释金属腐蚀的基本规律有重要意义。用实验方法测绘极化曲线并加以分析研究，是揭示金属腐蚀机理和探讨控制腐蚀措施的基本方法之一。

（二）伊文思腐蚀极化图

如果不管电位随电流增加而变化的详细情况，可以将电位变化的曲线画成直线，并以电流强度作横坐标，这种简化了的极化曲线就称为伊文思（Evans）极化图，如图 2-13 所示。

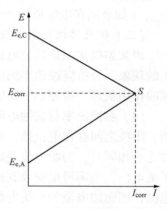

图 2-13　伊文斯极化图

伊文思极化图有以下一些特点：

（1）伊文思极化图是将表征腐蚀电池特性的阴、阳极化曲线画在同一个图上构成的，横坐标所表示的为腐蚀电流强度而不是电流密度。采用横坐标表示电流强度的方法很方便，因为一般情况下，宏电池中阴、阳极面积往往是不相等的，但稳态下阳极与阴极上流过的电流强度是相等的，因此可以不管阳极和阴极的面积大小如何，无论对于阳极或者阴极、无论对全面腐蚀或局部腐蚀都能适用。

（2）伊文思极化图可在实验室内用外加电流的方法，测取阳极极化曲线与阴极极化曲线来绘制。

（3）极化曲线的斜率。电极的极化性能可由极化曲线的斜率决定。如前所述，腐蚀电池在电流通过时，两极发生极化，如果当电流增加时电极电位的移动不大，这表明电极过程受到阻碍较小，可以说这个电极的极化率较小或极化性能较差。由曲线的倾斜情况可以看出极化的程度，曲线愈平坦，极化程度愈小（或者说极化率愈小）表示电极电位随极化电流的变化很小，也就是说电极材料的极化性能弱，电极过程容易进行；反之，曲线坡度愈大，极化程度也愈大（或者说极化率愈大），这表示电极材料的极化性能强，阴、阳极过程的进行愈困难。

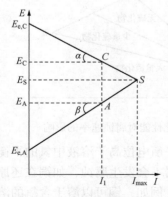

图 2-14　极化曲线的斜率

如图 2-14 中所示，阳极极化率为 $\tan\beta$，用 P_A 表示，阴极极化率为 $\tan\alpha$，用 P_C 表示。则

$$P_C = \tan\alpha = \frac{E_{e,C} - E_C}{I_1} = \frac{\Delta E_C}{I_1} \qquad (2-32)$$

$$P_A = \tan\beta = \frac{E_A - E_{e,A}}{I_1} = \frac{\Delta E_A}{I_1} \qquad (2-33)$$

$$\Delta E_A = I_1 \tan\beta = P_A I_1 \qquad (2-34)$$

$$\Delta E_C = I_1 \tan\alpha = P_C I_1 \qquad (2-35)$$

由于腐蚀体系有欧姆电阻 R，因此造成的电位降为

$$\Delta E_R = I_1 R = E_C - E_A \qquad (2-36)$$

由图可见

$$E_{e,C} - E_{e,A} = (E_{e,C} - E_C) + (E_C - E_A) + (E_A - E_{e,A}) = P_C I_1 + P_A I_1 + I_1 R \qquad (2-37)$$

则

$$I_1 = \frac{E_{e,C} - E_{e,A}}{P_C + P_A + R} \tag{2-38}$$

即

$$I_{corr} = \frac{E_{e,C} - E_{e,A}}{P_C + P_A + R} \tag{2-39}$$

这是表示腐蚀电流与电极电位及极化性能的关系式。由于忽略了欧姆电阻 R，此时的腐蚀电流就相当于图 2-13 中阴、阳极极化曲线交点 S 对应的电流，而电位 E_S 就是腐蚀电位 E_{corr}，（如金属在电解质中产生的微电池腐蚀）。

（三）伊文思极化图的应用

伊文思极化图是研究电化学腐蚀的重要工具。利用伊文思极化图可解释腐蚀过程中所发生的现象，分析腐蚀速率的影响因素，确定腐蚀的主要控制因素，计算腐蚀速率，判断缓蚀剂的作用机理，指导制定防腐措施等。

（1）腐蚀速率与腐蚀电池初始电位差的关系。发生电化学腐蚀的根本原因是腐蚀电池阴、阳极之间存在电位差，即腐蚀电池的初始电位差 $E_{e,C} - E_{e,A}$ 是腐蚀的原动力。当其他条件完全相同时，初始电位差越大，腐蚀电流就越大。如图 2-15 所示，不同金属具有不同的平衡电位，当阴极反应及其极化曲线相同时，如果金属阳极极化程度较小，金属的平衡电位越低，则腐蚀电池的初始电位差越大，腐蚀电流越大。

（2）极化性能对腐蚀速率的影响。如果腐蚀电池体系中的欧姆电阻很小，则电极的极化性能对腐蚀速率必然有很大影响。在其他条件相同时，极化率越小，其腐蚀电流越大，即腐蚀速率越大。图 2-16 为不同种类的钢在非氧化性酸溶液中的腐蚀极化图。因为氢在渗碳体上析出的过电位比 Fe 上低，所以含渗碳体的钢的阴极极化程度小，因此点 S_1 比点 S_2 对应的腐蚀电流大，即含渗碳体时钢的腐蚀速率更快。当钢中无渗碳体而含有硫化物时，由于 S^{2-} 能催化阳极反应，而且还可以使 Fe^{2+} 大大降低，能起到阳极去极化剂的作用，从而降低了阳极的极化率，加速了腐蚀的进行。

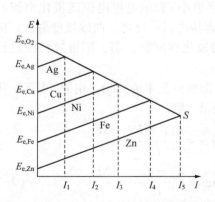

图 2-15 初始电位差对腐蚀速率的影响

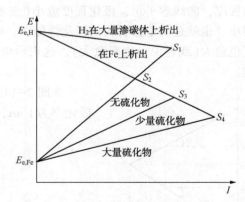

图 2-16 极化性能对腐蚀速率的影响

（3）去极化剂浓度及配位剂对腐蚀速率的影响。当金属的平衡电位高于溶液中氢的平衡电位，并且溶液中无其他去极化剂时，腐蚀电池无法构成，金属不会发生腐蚀，如铜在还原性酸溶液中。但当溶液中含有去极化剂时，情况则发生了变化。例如，铜可以溶于含氧的溶液或氧化性酸中，因为氧的平衡电位比铜高，可以构成阴极反应，组成腐蚀电池。当酸溶液中氧含量高时，氧分子作为阴极去极化剂使阴极极化程度大大降低，这时腐蚀电流较大；而当氧含量较低时，氧分子的去极化作用小，阴极极化程度高、腐蚀电流较小。如果溶液中存在配位剂，它们与阳极溶解下来的金属离子形成配离子，根据能斯特方程金属配离子的形成将会使金属在溶液中的平衡电极电位向负方向移动，进而使原本不能构成腐蚀电池的金属在溶液中构成腐蚀电池，发生溶解。例如，铜在还原性酸中是耐蚀的，但如果溶液中存在配合剂 CN^- 时，由于可以形成 $Cu(CN)_4^{2-}$ 配离子，使 $E_{e,Cu/Cu(CN)_4^{2-}} < E_{e,H}$，这样铜在含 CN^- 的还原性酸中发生溶解。

（四）腐蚀的控制因素

在腐蚀过程中如果某一步骤的阻力与其他步骤相比大很多，则这步骤对于腐蚀进行的速率影响最大，称为腐蚀的控制步骤，其参数称为控制因素。从公式

$$I_{corr} = \frac{E_{e,C} - E_{e,A}}{P_C + P_A + R}$$

可以看出，在腐蚀倾向一定的前提下，腐蚀电池的腐蚀电流（或腐蚀速率）大小，在很大程度上为 R、P_C、P_A 等所控制，即电化学腐蚀过程的三个环节：阴极过程、阳极过程和电子流动，每个环节都有可能成为腐蚀的控制因素。

利用极化图，可以大致定性地说明腐蚀电流是受哪一个因素所控制。例如，当 R 非常小时，如果 $P_C \gg P_A$ 时，则 I_{max} 基本取决于 P_C 的大小，即取决于阴极极化性能，这时称为阴极控制，如图 2-17（a）所示；当 R 非常小时，如果 $P_A \gg P_C$ 时，则 I_{max} 主要由阳极极化所决定，这称为阳极控制，如图 2-17（b）所示；当 R 非常小时，如果 $P_A \approx P_C$ 时，则腐蚀速率由 P_A 和 P_C 共同决定，这时则称为混合控制，如图 2-17（c）所示；如果系统中的欧姆 $R \gg (P_A + P_C)$，则腐蚀电流主要由电阻控制，如图 2-17（d）所示，此时称为欧姆控制。

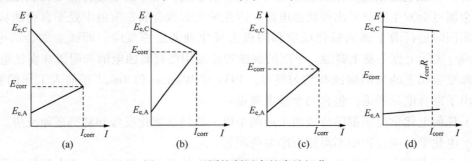

图 2-17 不同控制因素的腐蚀极化

可以把腐蚀电流看作是受 R、P_C、P_A 等阻力所控制，而起始电位差 $E_{e,C} - E_{e,A}$ 是腐蚀的推动力，消耗于克服这些阻力。

利用伊文思极化图，还可以判断各个控制因素对腐蚀过程的控制程度。通常是将各个阻力对于整个过程的总阻力之比的分数值看作是总过程中被各个阻力控制的程度。

$$C_C = \frac{P_C}{P_C + P_A + R} = \frac{\Delta E_C}{\Delta E_C + \Delta E_A + \Delta E_R} = \frac{\Delta E_C}{E_{e,C} - E_{e,A}} \times 100\% \qquad (2-40)$$

$$C_A = \frac{P_A}{P_C + P_A + R} = \frac{\Delta E_A}{\Delta E_C + \Delta E_A + \Delta E_R} = \frac{\Delta E_A}{E_{e,C} - E_{e,A}} \times 100\% \qquad (2-41)$$

$$C_R = \frac{P_R}{P_C + P_A + R} = \frac{\Delta E_R}{\Delta E_C + \Delta E_A + \Delta E_R} = \frac{\Delta E_R}{E_{e,C} - E_{e,A}} \times 100\% \qquad (2-42)$$

式中　C_C——阴极控制程度；

　　　C_A——阳极控制程度；

　　　C_R——欧姆控制程度。

在腐蚀与防护研究过程中，确定某一因素的控制程度是很重要的，可以有针对性地采取措施主动地去影响主控因素，最大限度地降低腐蚀速率。对于阴极控制的腐蚀，任何增大阴极极化率 P_C 的因素都可以明显地阻滞腐蚀，而影响阳极极化率的因素在一定范围内便不会明显影响腐蚀速率。比如金属在冷水中的腐蚀通常受氧的阴极还原过程控制，采取除氧的方法降低水中氧分子的浓度可以增加阴极极化程度，达到明显的缓蚀效果。对于阳极控制的腐蚀，任何增大阳极极化率 P_A 的因素都将对减小腐蚀速率有贡献；而此时在一定范围内改变影响阴极反应的因素则不会引起腐蚀速率的明显变化。例如，被腐蚀的金属在溶液中发生钝化，这时的腐蚀是典型的阳极控制。如果在溶液中加入少量促使钝化的试剂，可以大大降低反应速率；相反，若向溶液中加入阳极活化剂，可破坏钝化膜，加速腐蚀。

应当指出，虽然腐蚀极化图对于分析腐蚀过程很有价值，但它是建立在阴、阳极极化曲线基础上的。因此可以说准确地绘制出极化曲线是应用腐蚀极化图的前提。

五、混合电位理论

通常把腐蚀电池的阴、阳极分别看做单一的电极体系，即在一个电极表面上只进行一个电极反应的电极体系。单一金属处于平衡态时是不会发生腐蚀的，但在实际中，由于各种原因，金属不可能绝对均匀和纯净，通常总有一定量的杂质组分和电化学性质不均的区域。当整块金属浸入溶液中时，杂质和金属本体之间或电化学性质不同的区域之间就会形成很多局部腐蚀微电池，因此在金属表面不同区域内同时存在着阳极区和阴极区，阴、阳极区之间每时每刻都有腐蚀电流流过。即使非常均匀和纯净的金属，当溶液中含有能使其氧化的去极化剂时，金属也会发生溶解并出现腐蚀电流。因此绝大多数金属在溶液中处于自腐蚀状态，即金属表面同时进行着金属的氧化反应和阴极去极化剂的还原反应，即孤立的金属电极（如 Fe，Zn 等）实际上也会发生腐蚀。早期的腐蚀理论是用微观腐蚀电池和超微观腐蚀电池来分别解释孤立金属上的局部腐蚀和均匀腐蚀。1938 年 Wagnar 和 Traud 在前人工作的基础上，正式提出了混合电位理论，包含两个基本观点：

（1）任何电化学反应都能分成两个或两个以上的局部氧化反应和局部还原反应。

（2）电化学反应过程中不可能有净电荷积累。

第一个观点表明了腐蚀电化学反应是由同时发生的两个电极反应，即金属的氧化和去极化剂的还原过程共同决定的；第二个观点实质上就是电化学腐蚀过程中的电荷守恒定律，即当一块绝缘的金属试样腐蚀时，氧化反应的总速度等于还原反应的总速度，阳极电流一定等于阴极电流。例如，对金属 M 在溶液中的腐蚀，阳极存在如下氧化还原过程：

$$M \underset{\overleftarrow{i_1}}{\overset{\overrightarrow{i_1}}{\rightleftharpoons}} M^{n+} + ne \tag{2-43}$$

含有去极化剂 O 的阴极发生如下氧化还原过程：

$$R \underset{\overleftarrow{i_2}}{\overset{\overrightarrow{i_2}}{\rightleftharpoons}} O + ne \tag{2-44}$$

两个电极反应的平衡电极电位不同，它们将彼此相互极化，最终达到一个共同的混合电位，也称为稳定电位、自腐蚀电位、腐蚀电位，处于金属的平衡电位与腐蚀体系中还原反应的平衡电位之间。此时，阴、阳极均有净电流通过，且阴极净电流和阳极净电流相等并都等于 I_{corr}。对于上面的反应，阳极净电流是阳极正、逆反应的净结果，即

$$\vec{i_A} = \vec{i_1} - \overleftarrow{i_1} \tag{2-45}$$

阴极净电流是阴极正、逆反应的净结果，即

$$i_C = \overleftarrow{i_2} - \vec{i_2} \tag{2-46}$$

因为 $i_A = i_C$，所以

$$\vec{i_1} - \overleftarrow{i_1} = \overleftarrow{i_2} - \vec{i_2}$$

于是有

$$\vec{i_1} + \vec{i_2} = \overleftarrow{i_2} + \overleftarrow{i_1}$$

即

$$\Sigma \vec{i} = \Sigma \overleftarrow{i}$$

腐蚀电位是不可逆电位，其大小不能用能斯特方程式计算，可用实验测定。

六、极化控制下的腐蚀动力学方程式

金属的电化学腐蚀常常是在自腐蚀电位下进行的，其腐蚀速率由阴、阳极反应的控制步骤共同决定的，金属腐蚀的电化学动力学特征也是由阴、阳极反应的控制步骤的动力学特征决定的。用数学公式描述腐蚀金属的极化曲线就得到腐蚀金属的极化方程式，它是研究金属腐蚀过程的重要理沦基础。

（一）电化学极化控制下的腐蚀动力学方程式

金属腐蚀速率由电化学极化控制的腐蚀过程，称为电化学极化控制的腐蚀过程。例如，无钝化膜生成的金属在不合氧或其他阴极去极化剂的非氧化性酸中的腐蚀就是这种情况。这时，唯一的阴极去极化剂为溶液中的氢离子，而且氢离子的还原反应和金属的阳极溶解反应都由电化学极化控制。

1. 单电极反应的电化学极化方程式

对于下面单电极电化学反应：

$$R \rightleftharpoons O + ne \tag{2-48}$$

其正（氧化）、逆（还原）反应速率 $\vec{v}$ 和 $\overleftarrow{v}$ 分别为

$$\vec{v} = \vec{k}c_R \tag{2-49}$$

$$\overleftarrow{v} = \overleftarrow{k}c_O \tag{2-50}$$

$$\vec{k} = A_f \exp\left(-\frac{\vec{E}}{RT}\right) \tag{2-51}$$

$$\overleftarrow{k} = A_b \exp\left(-\frac{\overleftarrow{E}}{RT}\right) \tag{2-52}$$

式中，以"→"表示氧化反应，"←"表示还原反应；$\vec{k}$ 和 $\overleftarrow{k}$ 分别为正（氧化）、逆（还原）反应的速率常数；$\vec{E}$ 和 $\overleftarrow{E}$ 分别表示正（氧化）、逆（还原）反应的活化能；A_f 和 A_b 均为指前因子，c_R 和 c_O 分别为氧化还原对中还原剂和氧化剂的浓度；R 为气体常数，T 为绝对温度。

若反应速率用电流密度表示，则式（5-22）和式（5-23）两式应变为

$$\vec{i} = nF\vec{k}c_R \tag{2-53}$$

$$\overleftarrow{i} = nF\overleftarrow{k}c_O \tag{2-54}$$

式中，$\vec{i}$ 和 $\overleftarrow{i}$ 分别为正（氧化）、逆（还原）反应的电流密度；n 为反应中的电子数；F 为法拉第常数。

当电极处于平衡状态时，正、逆反应速率相等，电极上没有净电流流过。其电极电位为平衡电位 E_e。在平衡电位 E_e 下，有

$$i_0 = \vec{i} = \overleftarrow{i} \tag{2-55}$$

即
$$i_0 = nF\vec{k}c_R = nFc_OA_f\exp\left(-\frac{\vec{E_e}}{RT}\right) = nF\overleftarrow{k}c_O = nFc_OA_b\exp\left(-\frac{\overleftarrow{E_e}}{RT}\right) \tag{2-56}$$

式中，$\vec{E_e}$ 和 $\overleftarrow{E_e}$ 是平衡电位下正（氧化）、逆（还原）反应的活化能。

对于金属阳极来说，晶格中金属离子的能量会随着电极电位升高而增加，因此电位升高使金属离子更容易离开金属表面进入溶液，从而使氧化反应速率加快。电化学理论已经证明电极电位的变化是通过改变反应活化能来影响反应速率的，具体来说就是，电位升高可使氧化反应的活化能下降，加快氧化反应速率；而电极电位降低可使还原反应的活化能下降，加快还原反应速率。

当电极电位比平衡电位高即 $\Delta E > 0$ 时，电极上金属溶解反应的活化能将减小 $\beta nF\Delta E$。对于还原反应则相反，将使还原反应的活化能增加 $\alpha nF\Delta E$。即

$$\vec{E} = \vec{E_e} - \beta nF\Delta E \tag{2-57}$$

$$\overleftarrow{E} = \overleftarrow{E_e} + \alpha nF\Delta E \tag{2-58}$$

式中，α 和 β 称为传递系数或能量分配系数，分别表示电位变化对还原反应和氧化反应活化能影响的程度，且 $\alpha + \beta = 1$。α 和 β 可由实验获得，一般情况下可以粗略地认为 $\alpha = \beta = 0.5$。

将式（2-56）、式（2-57）和式（2-58）分别代入式（2-53）和式（2-54），得

$$\vec{i} = nFA_fc_R\exp\left(-\frac{\vec{E_e} - \beta nF\Delta E}{RT}\right) = i_0\exp\left(\frac{\beta nF\Delta E}{RT}\right) \tag{2-59}$$

$$\overleftarrow{i} = nFA_bc_O\exp\left(-\frac{\overleftarrow{E_e} + \alpha nF\Delta E}{RT}\right) = i_0\exp\left(-\frac{\alpha nF\Delta E}{RT}\right) \tag{2-60}$$

可见，当 $\Delta E = 0$ 时，$i_0 = \vec{i} = \overleftarrow{i}$，电极上无净电流通过。当 $\Delta E \neq 0$ 时，$\vec{i} \neq \overleftarrow{i}$，这时正、逆方向的反应速率不等，电极上有净电流通过，因此电极将发生极化。

阳极极化时，阳极过电位 $\eta_A = E - E_{e,A}$，$\vec{i} > \overleftarrow{i}$，二者之差就是通过电极的净电流，即阳极极化电流密度 i_A 为

$$i_A = \vec{i} - \overleftarrow{i} = i_0\left[\exp\left(\frac{\beta nF\eta_A}{RT}\right) - \exp\left(-\frac{\alpha nF\eta_A}{RT}\right)\right] \tag{2-61}$$

阴极极化时，阴极过电位 $\eta_C = E_{e,C} - E$，$\vec{i} < \overleftarrow{i}$，二者之差就是通过电极的净电流，即阴极极化电流密度 i_C 为

$$i_C = \overleftarrow{i} - \vec{i} = i_0\left[\exp\left(\frac{\alpha nF\eta_C}{RT}\right) - \exp\left(-\frac{\beta nF\eta_C}{RT}\right)\right] \tag{2-62}$$

令
$$b_A = \frac{2.3RT}{\beta nF}$$

$$b_C = \frac{2.3RT}{\alpha nF}$$

式中，b_A 和 b_C 分别为阳极和阴极塔菲尔（Tafel）斜率。则式（2-61）和式（2-62）可改写为

$$i_A = i_0 \left[\exp\left(\frac{2.3\eta_A}{b_A}\right) - \exp\left(-\frac{2.3\eta_A}{b_C}\right) \right] \qquad (2-63)$$

$$i_C = i_0 \left[\exp\left(\frac{2.3\eta_C}{b_C}\right) - \exp\left(-\frac{2.3\eta_C}{b_A}\right) \right] \qquad (2-64)$$

式(2-63)和式(2-64)就是单电极反应的电化学极化基本方程式。

当 $\eta > \dfrac{2.3RT}{nF}$，阴、阳极反应中的逆向过程可以忽略，即忽略式(2-63)和式(2-64)等号右边第二项，则式(2-63)和式(2-64)分别简化为

$$i_A = i_0 \exp\left(\frac{2.3\eta_A}{b_A}\right) \qquad (2-65)$$

$$i_C = i_0 \exp\left(\frac{2.3\eta_C}{b_A}\right) \qquad (2-66)$$

或者
$$\eta_A = -b_A \lg i_0 + b_A \lg i_A \qquad (2-67)$$
$$\eta_C = -b_C \lg i_0 + b_C \lg i_C$$

式(2-67)和式(2-68)就是单电极反应 Tafel 方程式。

2. 电化学极化控制下的腐蚀速率表达式

金属电化学腐蚀时，一对或一对以上的电极反应同时发生在金属表面的不同区域。假设金属 M 在只有一种阴极去极化剂 O 的溶液中发生腐蚀，这时阳极反应和阴极反应分别表示如下，其中以"→"表示氧化过程，"←"表示还原过程：

$$M \underset{\overleftarrow{i_1}}{\overset{\overrightarrow{i_1}}{\rightleftharpoons}} M^{n+} + ne \qquad (2-69)$$

$$R \underset{\overleftarrow{i_2}}{\overset{\overrightarrow{i_2}}{\rightleftharpoons}} O + ne \qquad (2-70)$$

对于反应式(2-69)，在其平衡电位 $E_{e,M}$ 下，正、逆反应速率相等，氧化过程的电流等于还原过程的电流，即 $\overrightarrow{i_1} = \overleftarrow{i_1} = i_{0,1}$。这时如果溶液中不存在阴极去极化剂，金属将保持平衡状态而不发生腐蚀。对于阴极反应式(2-70)，在其平衡电位 $E_{e,O/R}$ 或 $E_{e,C}$ 下，同样存在 $\overrightarrow{i_2} = \overleftarrow{i_2}$ $= i_{0,2}$，这时如果没有金属阳极，反应式(2-70)也将保持在平衡状态。当金属和阴极去极化剂同时存在时，由于 $E_{e,M} < E_{e,O/R}$，引发电子流动，产生净电流，使平衡遭到破坏，阴、阳极均发生极化，具体表现为两对反应的电极电位彼此相向移动。阳极电位向正方向移动，阴极电位向负方向移动，最后达到稳定的腐蚀电位 E_{corr}。在此电位下，对于金属来说，发生腐蚀的阳极过电位为

$$\eta_A = E_{corr} - E_{e,M} \qquad (2-71)$$

这时金属的氧化反应速率 $\overrightarrow{i_1}$ 大于还原反应速率 $\overleftarrow{i_1}$，阳极反应的净电流为

$$i_A = \overrightarrow{i_1} - \overleftarrow{i_1} \qquad (2-72)$$

因此金属 M 将发生溶解。

对于阴极反应来说，由于发生了阴极极化，其过电位为

$$\eta_C = E_{e,O/R} - E_{corr} \qquad (2-73)$$

这使 O 的还原反应速率$\overleftarrow{i_2}$大于的氧化反应速率$\overrightarrow{i_2}$，阴极将发生净还原反应，其净还原电流为

$$i_C = \overleftarrow{i_2} - \overrightarrow{i_2} \tag{2-74}$$

在自腐蚀电位下，金属的净氧化反应速率 i_A 等于阴极去极化剂的净还原反应速率 i_C，结果造成金属的腐蚀，其腐蚀速率 i_{corr} 为

$$i_{corr} = i_A = i_C \tag{2-75}$$

即

$$i_{corr} = \overrightarrow{i_1} - \overleftarrow{i_1} = \overleftarrow{i_2} - \overrightarrow{i_2} \tag{2-76}$$

将单电极反应的电化学极化方程式代入，可得腐蚀电池的电流与腐蚀电位或过电位间的关系式为

$$i_{corr} = i_{0,1}\left[\exp\left(\frac{2.3\eta_A}{b_{A1}}\right) - \exp\left(-\frac{2.3\eta_A}{b_{C1}}\right)\right] \tag{2-77}$$

或

$$i_{corr} = i_{0,2}\left[\exp\left(\frac{2.3\eta_C}{b_{C2}}\right) - \exp\left(-\frac{2.3\eta_C}{b_{A2}}\right)\right] \tag{2-78}$$

当过电位大于$\frac{2.3RT}{nF}$时，即 E_{corr} 距离 $E_{e,M}$ 和 $E_{e,O/R}$ 较远时，式(5-49)中的$\overleftarrow{i_1}$和$\overrightarrow{i_2}$可忽略，于是该式简化为

$$i_{corr} = \overrightarrow{i_1} = \overleftarrow{i_2} \tag{2-79}$$

同样，式(2-77)和式(2-78)可简化为

$$i_{corr} = i_{0,1}\exp\left(\frac{2.3\eta_A}{b_{A1}}\right) \tag{2-80}$$

或

$$i_{corr} = i_{0,2}\exp\left(\frac{2.3\eta_C}{b_{C2}}\right) \tag{2-81}$$

可见，腐蚀速率 i_{corr} 与相应的过电位、交换电流 i_0 和 Tafel 斜率 b_A 或 b_C 有关，可由这些参数计算得出。这些参数对腐蚀特征及腐蚀速率的影响，也可通过极化图进行分析。测定出 i_{corr} 并根据热力学数据计算出 $E_{e,M}$ 和 $E_{e,O/R}$ 后，可以得到 η_A 和 η_C，比较其大小可确定腐蚀是阴极控制还是阳极控制或是共同控制。当 $E_{e,M}$ 和 $E_{e,O/R}$ 及 Tafel 斜率 $6b_A$ 和 b_C 不变时，$i_{0,1}$ 或 $i_{0,2}$ 越大，则腐蚀速率越大。当平衡电位和交换电流不变时，Tafel 斜率越大，即极化曲线越陡，则腐蚀速率越小，腐蚀电位也会相应地发生变化。

3. 电化学极化控制下腐蚀金属的极化曲线

对处于自腐蚀状态下的金属电极进行电化学极化时，相当于使整个金属腐蚀体系成为另一个电池的一个电极，整块金属与外电路之间将会出现净电流，因此自腐蚀状态下的电化学反应将会受到很大影响。例如，对腐蚀金属进行阳极极化时，金属所处电位高于自腐蚀电位，这将使电极上的净氧化反应速率$(\overrightarrow{i_1}-\overleftarrow{i_1})$增加，净还原反应速率$(\overleftarrow{i_2}-\overrightarrow{i_2})$减小，二者之差为流经外电路的外加阳极极化电流，即

$$i_{A外} = (\overrightarrow{i_1} - \overleftarrow{i_1}) - (\overleftarrow{i_2} - \overrightarrow{i_2}) = (\overrightarrow{i_1} + \overrightarrow{i_2}) - (\overleftarrow{i_2} + \overleftarrow{i_1}) \tag{2-82}$$

实际上，在阳极极化电位 E_{ap} 下，金属上所有的氧化过程的速率都将加快，而所有的还原过程的速率都将降低，因此电极上流经外电路的外加阳极极化电流 $i_{A外}$ 等于电极上所有的

氧化过程速率的总和 $\sum \vec{i}$ 减去所有还原过程速率的总和 $\sum \overleftarrow{i}$，即

$$i_{A外} = \sum \vec{i} - \sum \overleftarrow{i} \qquad (2-83)$$

相反，在阴极极化电位 E_{cp} 下，金属上所有的还原过程的速率都将加快，而所有的氧化过程的速率都将降低，因此总还原电流和总氧化电流之差即为外加阴极极化电流，即

$$i_{C外} = (\overleftarrow{i_2} - \vec{i_2}) - (\vec{i_1} - \overleftarrow{i_1}) = (\overleftarrow{i_2} + \overleftarrow{i_1}) - (\vec{i_1} + \vec{i_2}) \qquad (2-84)$$

或

$$i_{C外} = \sum \overleftarrow{i} - \sum \vec{i} \qquad (2-85)$$

当自腐蚀电位 E_{corr} 距离 $E_{e,M}$ 和 $E_{e,O/R}$ 较远时，忽略 $\overleftarrow{i_1}$ 和 $\vec{i_2}$，则 $i_{corr} = \vec{i_1} = \overleftarrow{i_2}$，同时式(2-83)和式(2-85)可简化为

$$i_{A外} = \vec{i_1} - \overleftarrow{i_2} \qquad (2-86)$$

$$i_{C外} = \overleftarrow{i_2} - \vec{i_1} \qquad (2-87)$$

在外加极化电位 E_p 下，相对于自腐蚀电位 E_{corr} 的阳极电位变化为 ΔE_{ap}，则

$$\Delta E_{ap} = E_p - E_{corr} \qquad (2-88)$$

根据式(2-59)和式(2-80)，得到氧化反应速率 $\vec{i_1}$ 与 ΔE_{ap} 的关系为

$$\vec{i_1} = i_{corr} \exp\left(\frac{2.3\Delta E_{ap}}{b_A}\right) \qquad (2-89)$$

同样，设相对于自腐蚀电位 E_{corr} 的阴极电位变化为 ΔE_{cp}，则

$$\Delta E_{cp} = E_p - E_{corr} \qquad (2-90)$$

根据式(2-60)和式(2-81)，得到还原反应速率 $\overleftarrow{i_2}$ 与 ΔE_{cp} 的关系为

$$\overleftarrow{i_2} = i_{corr} \exp\left(-\frac{2.3\Delta E_{cp}}{b_C}\right) \qquad (2-91)$$

将式(2-89)式(2-91)代入式(2-86)和式(2-87)，并注意到 $\Delta E_{ap} = \Delta E_{cp}$，则腐蚀金属阳极极化时，有

$$i_{A外} = i_{corr}\left[\exp\left(\frac{2.3\Delta E_{ap}}{b_A}\right) - \exp\left(-\frac{2.3\Delta E_{ap}}{b_C}\right)\right] \qquad (2-92)$$

对腐蚀金属进行阴极极化时，

$$i_{C外} = i_{corr}\left[\exp\left(-\frac{2.3\Delta E_{cp}}{b_C}\right) - \exp\left(\frac{2.3\Delta E_{cp}}{b_A}\right)\right] \qquad (2-93)$$

式(2-92)和式(2-93)为电化学极化控制下金属腐蚀动力学基本方程式，是实验测定电化学腐蚀速率的理论基础。式中，b_A 和 b_C 分别为腐蚀金属阳极极化曲线和阴极极化曲线的 Tafel 斜率(或 Tafel 常数)，可由实验测得。Tafel 斜率的数值通常在 $0.05 \sim 0.15V$ 之间，一般取 $0.1V$。值得注意的是，式(2-92)和式(2-93)的应用是有条件的，即腐蚀电位 E_{corr} 必须与 $E_{e,M}$ 和 $E_{e,O/R}$ 有较大差值，使 $\overleftarrow{i_1}$ 和 $\vec{i_2}$ 可以忽略。当 E_{corr} 与 $E_{e,M}$ 和 $E_{e,O/R}$ 很接近时，$\overleftarrow{i_1}$ 和 $\vec{i_2}$ 或二者其中之一不能忽略时，金属腐蚀动力学方程变得较复杂。

(二)浓差极化控制下的腐蚀动力学方程式

1. 稳态扩散方程式

由于电极过程是在电极/溶液界面上进行的，并伴随着反应物的消耗和产物的生成，因此物质在电极表面附近溶液相中的传输过程对电极反应十分重要，有时甚至成为电极反应的控制步骤。

电极过程动力学中物质在溶液中的传输过程主要有三种方式：对流、扩散和电迁移。对流传质指物质的粒子随着流动的液体而移动。由于在电极表面附近的液层中对流速率很小，因此对流对电极表面附近液层中的物质传质贡献很小。电迁移传质是指带电粒子在电场作用下在溶液中的定向移动。如果反应物粒子或产物粒子带电，电迁移会对传质过程有贡献，但是当溶液中存在大量支持电解质(不参加电极反应的局外电解质)时，电迁移主要由支持电解质承担。这时电迁移对反应物或产物的传质贡献很小，因此在电极表面附近液层中的传输过程主要是扩散过程。当扩散过程速率比电化学反应速率更慢时，扩散过程成为整个电极过程的控制步骤。由于电极反应的不断进行，电极表面附近液层中反应物的浓度不断下降而产物的浓度则不断升高，由此造成与溶液本体的浓度梯度。在这种浓度梯度下，反应物从溶液本体向电极表面扩散，产物由电极表面向溶液本体扩散。由于电极表面附近液层中反应物和产物的浓度变化，使电极电位发生变化，即产生浓差极化。

将腐蚀金属电极看作平面电极，这时只考虑一维扩散。根据 Fick 第一扩散定律，电活性物质单位时间内通过单位面积的扩散流量与浓度梯度成正比，即

$$J = - D \left(\frac{dc}{dx} \right)_{x \to 0} \tag{2-98}$$

式中，J 为扩散流量，单位为 $mol \cdot cm^{-2} \cdot s^{-1}$；$\left(\frac{dc}{dx} \right)_{x \to 0}$ 表示电极表面的近液层中电活性粒子的浓度梯度，单位为 $mol \cdot cm^{-4}$；D 为扩散系数，即单位浓度梯度下单位截面积电活性粒子的扩散速率，单位为 $cm^2 \cdot s^{-1}$，它与温度、粒子的大小及溶液黏度等因素有关。式中负号表示扩散方向与浓度增大的方向相反。

稳态扩散条件下，如果电极反应引起的溶液本体的浓度变化可以忽略小计，浓度梯度 $\left(\frac{dc}{dx} \right)_{x \to 0}$ 为一常数，即

$$\left(\frac{dc}{dx} \right)_{x \to 0} = \frac{C^0 - C^s}{\delta} \tag{2-99}$$

式中，C^0 为溶液本体的浓度；C^s 为电极表面浓度；δ 为扩散层有效厚度。

在稳态扩散下，单位时间内单位面积上扩散到电极表面的电活性物质的量等于参加电极反应的量，因此反应粒子的扩散流量也可以用电流表示。因为每消耗 1mol 的反应物需要通过 nF 的电量，所以扩散总流量可用扩散电流密度 i_d 表示，即

$$i_d = - nFJ \tag{2-100}$$

式中，负号表示反应物粒子的扩散方向与 x 轴方向相反，即从溶液本体向电极表面扩散。将式(5-67)和式(5-68)代入式(5-69)，可得

$$i_d = nFD \left(\frac{dc}{dx} \right)_{x \to 0} = nFD \frac{C^0 - C^s}{\delta} \tag{2-101}$$

因为在扩散控制条件下，当整个电极过程达到稳态时，电极反应的速率等于扩散速率。对于阴极过程，阴极电流 i_C 就等于阴极去极化剂的扩散速率 i_d，即

$$i_C = i_d = nFD \frac{C^0 - C^s}{\delta} \tag{2-102}$$

随着阴极电流的增加，电极表面附近去极化别的浓度 C^s 降低。在极限清况下，$C^s = 0$。

这时扩散速率达到最大值，阴极电流也就达到极大值，用 i_L 表示，叫做极限扩散电流密度，即

$$i_L = nFD\frac{C^0}{\delta} \tag{2-103}$$

由此可见，极限扩散电流与放电粒子的本体浓度 C^0 成正比，与扩散层有效厚度成反比。加强溶液搅拌，δ 变小，可使 i_L 增大。

由式（2-102）和式（2-103），可得

$$\frac{i_C}{i_L} = 1 - \frac{C^s}{C^0} \tag{2-104}$$

$$C^s = C^0\left(1 - \frac{i_C}{i_L}\right) \tag{2-105}$$

由于扩散过程为整个电极过程的控制步骤，可以近似认为电子传递步骤（电化学步骤）处于准平衡状态，因此电极上有扩散电流通过时，仍可以近似用能斯特方程计算电极电位，即

通电前

$$E_{e,C} = E_{0,C} + \frac{RT}{nF}\ln C^0 \tag{2-106}$$

通电后

$$E_C = E_{0,C} + \frac{RT}{nF}\ln C^s \tag{2-107}$$

由式（2-106）和式（2-107），得

$$\Delta E_C = E_C - E_{e,C} = \frac{RT}{nF}\ln\frac{C^s}{C^0} \tag{2-108}$$

将式（2-104）代入，得

$$\Delta E_C = \frac{RT}{nF}\ln\left(1 - \frac{i_C}{i_L}\right) \tag{2-109}$$

即此式为浓差极化方程式。

2. 浓差极化控制下的腐蚀速率

对于阳极过程为金属的电化学溶解而阴极过程为氧的扩散控制的腐蚀，金属的腐蚀速率受氧扩散速率控制，腐蚀速率等于氧的极限扩散电流，与电位无关，即

$$i_{corr} = i_L = nFD\frac{C^0}{\delta} \tag{2-110}$$

可以看出，对于扩散控制的腐蚀体系，影响 i_L 的因素，就是影响腐蚀速率的因素。因此有：

（1）i_{corr} 和 C^0 成正比，即去极化剂浓度降低，会使腐蚀速率减小。

（2）搅拌溶液或使溶液流速增加，会减小扩散层厚度，增大极限电流 i_L，因而会加速腐蚀。

（3）升高温度，会使扩散系数 D 增大，使腐蚀速率增加。

3. 浓差极化控制下腐蚀金属的极化曲线

当对腐蚀金属进行外加电位极化时，如果阴极过程为扩散控制，则式（2-86）中的 $\overleftarrow{i_2}$ 等于极限扩散电流 i_L。这意味着式（2-92）中 $b_C \to \infty$，因此式（2-92）可简化为

$$i_{A\text{外}} = i_{\text{corr}}\left[\exp\left(\frac{2.3\Delta E_{\text{ap}}}{b_{\text{A}}}\right) - 1\right] \qquad (2\text{-}111)$$

此式即为阴极过程为浓差极化控制时腐蚀金属的阳极极化曲线方程式。

第六节　析氢腐蚀和吸氧腐蚀

在金属的电化学腐蚀过程中，阴极过程和阳极过程相互依存，缺一不可。若没有相应的阴极过程发生，则阳极过程（即金属的腐蚀）也就不会发生。而且在许多情况下，阴极过程对金属的腐蚀速率起着决定作用。特别是金属处于活化状态的电化学腐蚀，通常阳极溶解过程阻力较小，而阴极的去极化反应过程阻力较大，成为腐蚀过程的控制因素。在阴极去极化剂的还原反应中，氢离子和氧分子的阴极还原反应是经常遇到的两个阴极去极化过程，二者分别引起析氢腐蚀和吸氧腐蚀。

一、析氢腐蚀

以氢离子去极化剂还原反应为阴极过程的腐蚀，称为氢去极化腐蚀，或称析氢腐蚀。阴极反应为 $2H^+ + 2e \longrightarrow H_2$ 的电极过程称为氢离子去极化过程，简称氢去极化或析氢。

（一）析氢腐蚀的条件

由热力学可知，金属在腐蚀介质中能够发生电化学腐蚀的必要条件是该金属的平衡电极电位比氢的平衡电极电位低，即 $E_{e,M} < E_{e,H}$。因此，常用的金属材料，如 Fe，Ni，Zn 等，由于它们的平衡电极电位比氢的平衡电极电位低，故会发生氢去极化腐蚀。而 Cu、Ag 等由于它们的平衡电极电位比氢的平衡电极电位高，不会发生氢去极化腐蚀。

（二）析氢腐蚀的特征

（1）在酸性溶液中，当没有其他氧化还原电位较正的去极化剂（如氧、氧化性物质）存在时，金属腐蚀过程属于典型的析氢腐蚀。

（2）在金属表面上没有钝化膜或其他成相膜的情况下，由于酸中 H^+ 浓度高，H^+ 扩散系数特别大，而且氢气泡析出时起了搅拌作用，因此，酸中进行的析氢腐蚀是一种活化极化控制的阳极溶解过程，浓差极化可以忽略。

（3）金属在酸中的析氢腐蚀与溶液中的 pH 值有关。随着溶液 pH 值的下降，腐蚀速率加快。

（4）金属在酸中的析氢腐蚀通常是一种宏观均匀的腐蚀现象。

（三）析氢反应的基本步骤

在酸性和中性、碱性溶液中，析氢反应有着不同的形式。在酸性溶掖中，反应物来源于水合氢离子（H_3O^+），它在阴极上放电，析出氢气，即

$$H_3O^+ + 2e \longrightarrow H_2 + 2H_2O$$

而在中性或碱性溶液中，则是水分子直接接受电子析出氢气，即

$$2H_2O + 2e \longrightarrow H_2 + 2OH^-$$

因此，在酸性和中性、碱性溶液中，氢去极化过程的基本步骤是不同的。

一般认为，在酸性溶液中，析氢过程是按下列步骤进行的：

（1）水合氢离子向阴极表面扩散并脱水，即

$$H_3O^+ \longrightarrow H^+ + H_2O$$

（2）H^+ 与电极表面的电子结合放电，在电极表面上形成吸附态的氢原子 H_{ad}，即

$$H^+ + e \longrightarrow H_{ad}$$

H_{ad} 表示吸附在金属表面的氢原子，这一反应称为氢离子的放电反应。

（3）吸附态氢原子通过复合脱附（化学脱附反应），形成 H_2 分子，即

$$H_{ad} + H_{ad} \longrightarrow H_2$$

或通过电化学脱附反应，形成 H_2 分子，即

$$H_{ad} + H^+ + e \longrightarrow H_2$$

（4） H_2 分子形成氢气泡，从电极表面析出。

在中性、碱性溶液中氢去极化过程按下列基本步骤进行：

（1）水分子到达阴极表面，同时氢氧根离子离开电极表面。

（2）水分子解离及 H^+ 还原生成吸附在电极表面的吸附氢原子，即

$$H_2O \longrightarrow H^+ + OH^-$$

$$H^+ + e \longrightarrow H_{ad}$$

（3）吸附氢原子复合脱附（化学脱附反应）形成氢分子，即

$$H_{ad} + H_{ad} \longrightarrow H_2$$

或电化学脱附形成氢分子，即

$$H_{ad} + H^+ + e \longrightarrow H_2$$

（4）氢分子形成氢气泡，从电极表面析出。

不论是在酸性还是在中性或碱性溶液中，析氢过程的各个步骤都是连续进行的。在这些步骤中，如果其中有一个步骤进行地比较迟缓，则整个析氢过程受到阻滞，导致电极电位向负方向移动，产生一定的超电位（或过电位）。

对于大多数金属来说，第二个步骤即 H^+ 与电子结合而放电的电化学步骤最缓慢，是控制步骤，即所谓"迟缓放电"。但对于某些氢过电位很低的金属（如 Pt，Pd）来说，则是第三个步骤，即复合脱附步骤进行得最缓慢，是控制步骤，即所谓"迟缓复合"。除此以外，其他步骤对氢去极化过程的影响不大。

在氢去极化过程中，由于控制步骤形成阻力，在氢电极平衡电位下将不发生析氢过程，只有克服了这一阻力之后才能发生氢的析出，因此氢的析出电位总是比氢电极的平衡电位更低一些，由此产生了阴极极化。

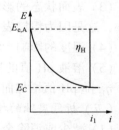

图 2-18 是典型的氢去极化的阴极极化曲线，是在 H^+ 为唯一的去极化剂的情况下实测绘制而成的。它表明在氢的平衡电位 $E_{e,H}$ 时没有氢析出，电流为零。而只有在一定的电流密度下，电位比 $E_{e,H}$ 更低并达到了一定值，如图 2-18 中 i_1 相对应于 E_C 时，才会发析出电位，简称析氢电位。在一定电流密度下，氢的平衡电位 $E_{e,H}$ 与析氢电位 E_C 之间的差值，就是该电流密度下的析氢过电位或氢过电位，用 η_H 表示。即

图 2-18　析氢过程的
阴极极化曲线

$$\eta_H = -(E_C - E_{e,H}) = E_{e,H} - E_C$$

可见， E_C 比 $E_{e,H}$ 更负。因此要真正发生析氢，不仅要满足 $E_{e,M} < E_{e,H}$ ，而且要满足 $E_{e,M} < E_C < E_{e,H}$ ，这是发生析氢腐蚀的动力学条件。

可以看出，析氢过电位 η_H 增加，意味着阴极电位的降低，也就使腐蚀电池的电位差减小，结果腐蚀过程将进行得较慢。

金属上产生氢过电压的现象对于金属腐蚀具有很重要的实际意义。在阴极上氢的过电压愈大，氢去极化过程就愈难进行，腐蚀速率也就愈小。

析氢过电位 η_H 与阴极电流密度 i_C 之间的关系，当电流密度很小，约小于 $10^{-4} \sim 10^{-5} A/cm^2$ 时，E 与 i_C 呈线性关系，即

$$\eta_H = R_F i_C$$

式中，R_F 为法拉第电阻。当继续增加电流密度时，在一个很大的电流密度范围内，$E - i_C$ 曲线呈对数关系，即

$$\eta_H = a_H + b_H \lg i_C$$

上式即为析氢反应时的塔菲尔电化学极化方程式。

（四）影响氢过电位的主要因素

影响析氢过电位的主要因素有电流密度、电极材料及其表面状态、溶液组成、浓度和温度等。

（1）电流密度。析氢反应的塔菲尔电化学极化方程式反映并指出了 η_H 与 i_C 的关系。对于给定电极，在一定的溶液组成和温度下，a_H 与 b_H 均为常数。常数 a_H 与电极析氢反应的交换电流密度 i_0、电极材料性质、表面状态、溶液组成、浓度及温度有关，其数值等于单位电流密度下的过电位。a_H 值越大，η_H 就越大，阴极极化程度也愈大，则析氢腐蚀中阳极金属对应的腐蚀速率就愈小。常数 b_H 与电极材料无关，而与控制步骤中参加反应的电子数 n 和温度 T 有关。各种金属阴极上析氢反应的数值大致相同，约在 $0.1 \sim 0.2V$ 的范围内。

（2）电极材料。不同金属电极在给定溶液中对析氢过电位的影响，主要反映在塔菲尔方程式中的常数项 a_H 值的差别上，而 b_H 值差别较小。

根据 a_H 值数据，可将金属材料按析氢过电位大小分成三类：

① 高氢过电位金属：$a_H = 1.0 \sim 1.6V$。如 Pb，Cd，Hg，Tl，Zn，Be，Sn 等。

② 中氢过电位金属：$a_H = 0.5 \sim 1.0V$。如 Fe，Co，Ni，Cu，Ag，Ti 等。

③ 低氢过电伦金属：$a_H = 0.5 \sim 1.0V$。如 Pt，Pd，Au，W 等。

（3）表面状态的影响。对于相同的金属材料，粗糙表面上的 η_H 要比在光滑表面上的 η_H 要小，这是因为粗糙表面的有效面积比光滑表面的大，所以电流密度小，η_H 就小。

（4）温度的影响。温度增加，η_H 减小。一般温度每增高 $1℃$，η_H 约减小 $2mV$。

（5）溶液 pH 值的影响。一般在酸性溶液中，η_H 随 pH 值增加而增大，而在碱性溶液中，η_H 随 pH 值增加而减小。

（五）析氢腐蚀的控制途径

（1）减少或消除金属中的有害杂质，特别是 η_H 小的阴极性杂质。

（2）金属中加入 η_H 大的成分，如 Bi、Hg、Sn、Pb 等。

（3）对于阴极非浓差极化控制（即阴极活化控制）的腐蚀过程，减小合金中的活性阴极面积。如钢在盐酸中的腐蚀，可降低含碳量。

（4）介质中加入缓蚀剂，增加 η_H。如酸洗缓蚀剂若丁，有效成分为二磷甲苯硫脲。

二、吸氧腐蚀

（一）吸氧腐蚀的产生条件

在中性和碱性溶液中，由于氢离子的浓度较小，析氢反应的电位较低，一般金属腐蚀过程的阴极反应往往不是析氢反应，而是溶解在溶液中的氧的还原反应。以氧的还原反应为阴极过程的腐蚀，称为氧还原腐蚀，或称吸氧腐蚀，也称之为耗氧腐蚀。与氢离子还原反应相

50

比，氧还原反应可以在较高的电位下进行，因此吸氧腐蚀比析氢腐蚀更为普遍。

发生吸氧反应的阴极实际上可以看作是一个氧电极。氧去极化作用，只有在阳极电位较氧电极的平衡电位为负时，即 $E_M < E_{e,O}$ 才可能发生，也即为发生吸氧腐蚀的热力学条件。

由能斯特方程可知，在同一溶液和相同条件下，氧的平衡电位比氢的平衡电位高1.229V。因此，溶液中只要有氧存在，首先发生的应该是吸氧腐蚀。实际上金属在溶液中发生电化学腐蚀时，析氢腐蚀和吸氧腐蚀往往会同时存在，仅是各自占有的比例不同而已。但也应看到，氧是不带电荷的中性分子，在溶液中仅有一定的溶解度，并以扩散方式到达阴极。因此，氧在阴极上的还原速率与氧的扩散速率有关，并会产生氧浓差极化。在一定条件下，氧的去极化腐蚀将受氧浓差极化的控制。

（二）吸氧腐蚀的特征

（1）电解质溶液中，只要有氧存在，无论在酸性、中性还是碱性溶液中都有可能首先发生吸氧腐蚀。这是由于在相同条件下氧的平衡电位总是比氢的平衡电位高的缘故。

（2）氧在稳态扩散时，其吸氧腐蚀速率将受氧浓差极化的控制。氧的离子化过电位将是影响吸氧腐蚀的重要因素。

（3）氧的双重作用主要表现在，对于易钝化金属，可能起着腐蚀剂作用。也可能起着阻滞剂的作用。

（三）氧还原反应过程及其特点

1. 氧去极化过程的基本步骤

吸氧腐蚀可分为两个基本过程：氧的输送过程和氧分子在阴极上被还原的过程，即氧的离子化过程。

氧的输送过程包括以下几个子步骤：

（1）氧通过空气和电解液的界面进入溶液；

（2）氧依靠溶液中的对流作用向阴极表面溶液扩散层迁移；

（3）氧借助扩散作用，通过阴极表面溶液扩散层，到达阴极表面，形成吸附氧。

氧分子在阴极表面进行还原反应的历程主要包括以下两种情况：

（1）在中性和碱性溶液中，氧的总还原反应为

$$O_2 + 2H_2O + 4e \longrightarrow 4OH^-$$

具体可能由以下列系列步骤组成：

$$O_2 + e \longrightarrow O_2^-$$

$$O_2^- + H_2O + e \longrightarrow HO_2^- + OH^-$$

$$HO_2^- + H_2O + 2e \longrightarrow 3OH^-$$

（2）在酸性溶液中，氧的总反应为

$$O_2 + 4H^+ + 4e \longrightarrow 2H_2O$$

具体可能分成以下几个基本反应步骤：

$$O_2 + e \longrightarrow O_2^-$$

$$O_2^- + H^+ \longrightarrow HO_2$$

$$HO_2 + e \longrightarrow HO_2^-$$

$$HO_2^- + H^+ \longrightarrow H_2O_2$$

$$H_2O_2 + 2H^+ + 2e \longrightarrow 2H_2O$$

在上述步骤中，任何一个分步骤进行迟缓都会引起阴极极化作用。由于氧为中性分子，不存在电迁移作用，其输送仅能依靠对流和扩散作用。通常在溶液中对流对氧的传输远远超过氧的扩散，仅在靠近电极表面附近，对流速率逐渐减小，在自然对流情况下，稳态扩散层厚度 δ 约为 $0.1\sim0.5mm$，在此扩散层内，氧的传输只有靠扩散进行。因此，现代理论认为，氧电极的极化主要是由于氧通过扩散层的扩散缓慢所造成的浓差极化，在加强搅拌或流动的腐蚀介质中，电化学反应缓慢所造成的电化学极化才可能成为控制步骤。对于电化学极化控制的情况，一般认为在中性、碱性溶液中以生成二氧化氢离子 HO_2^- 迟缓，为控制步骤；在酸性溶液中以生成过氧化氢 H_2O_2 迟缓，因而成为控制步骤。吸氧还原反应的中间产物有可能是 HO_2^-、H_2O_2，也可能是表面氧化物等。

2. 氧还原过程的阴极极化曲线

由于氧的还原反应受到氧向电极表面的输运和氧的离子化过程两方面因素的影响，因此，氧去极化的阴极极化曲线比氢去极化的阴极极化曲线复杂。图 2-19 为氧还原反应的总的阴极极化曲线。根据控制步骤的不同，这条极化曲线可分成四个部分：

（1）当阴极极化电流密度 i_C 不大，而且阴极表面供氧充分时，氧离子化反应为控制步骤，氧还原反应的过电位 η_O 与极化电流密度 i_C 之间服从塔菲尔关系式（图 2-19 中 PBC 线段），即

$$\eta_O = a_0 + b_0 \lg i_C$$

式中，a_0 是一个与阴极材料、表面状态、溶液组成及温度有关的常数。$b_0 = \dfrac{2.3RT}{\alpha nF}$，设 $T = 295K$，$\alpha = 0.5$，$n = 1$，则 $b_0 = 0.118V$。

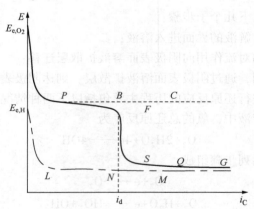

图 2-19　氧原反应过程阴极极化曲线

（2）当阴极极化电流密度增大，一般大约在 $i_L/2 < i_C < i_L$ 时，（i_L 为氧的极限扩散电流密度），由于氧浓差极化出现，阴极过电位由氧离子化反应与氧的扩散过程混合控制（即氧离子化电化学极化和氧浓差极化混合控制）。此时，相当于图 2-19 中极化曲线的 PF 段，在此区间，过电位 η_O 与电流密度 i_C 及 i_L 之间的关系为

$$\eta_O = a_0 + b_0 \lg i_C - b_0 \lg \left(1 - \frac{i_C}{i_L}\right)$$

（3）随着极化电流 i_C 的增加，由氧扩散控制而引起的氧浓差极化不断加强，使极化曲

线更陡地下降，如图 2-19 中 FSN 线段所示。此时，氧浓差过电位 η_O 与电流密度 i_C 的关系为

$$\eta_O = -\frac{RT}{nF}\ln\left(1-\frac{i_C}{i_L}\right) = -b_0 \lg\left(1-\frac{i_C}{i_L}\right)$$

式中，$n=4$ 表示参与一个氧分子放电过程的电子数。此式是一个表达完全为氧扩散控制的氧浓差极化方程式。当 $i_C = i_L$ 时，$\eta_O \to \infty$，即氧的还原反应过电位完全取决于氧的极限扩散电流密度 i_L，而与电极材料无关。

（4）实际上，氧去极化过程中电位的负移不可能无限制地沿 FSN 方向进行下去。因为当阴极电位足够低时，在水溶液中可能发生氢离子还原反应，此时阴极过程将由氧去极化和氢去极化共同组成。如图 2-19 所示，在阴极极化到达氢平衡电位 $E_{e,H}$ 后，氢离子去极化过程 $E_{e,H}M$ 开始与氧的去极化过程加合起来同时进行。极化曲线 SQG 线段表示电极上总的阴极电流密度 i_C 是氧去极化作用的电流密度 i_O 和氢去极化作用的电流密度 i_H 的总和，即

$$i_C = i_O + i_H$$

总的阴极电流密度中 i_O 和 i_H 的比值取决于金属电极的性质和水溶液的 pH 值。

（四）吸氧腐蚀的影响因素

吸氧腐蚀速率大多由氧的极限扩散电流密度所决定，所以凡是影响 i_L 值的因素都将影响吸氧腐蚀过程。

（1）溶解氧浓度的影响。溶解氧的浓度增大时，氧的极限扩散电流密度将增大，氧离子化反应的速率也将加快，因而吸氧腐蚀的速率也随着增大。但对于可钝化金属，当氧浓度大到一定程度，其腐蚀电流增大到腐蚀金属的致钝电流而使金属由活性溶解状态转为钝化状态时，则金属的腐蚀速率将要显著降低。由此可见，溶解氧对金属腐蚀往往有作用恰恰相反的双重影响。

（2）溶液流速的影响。在氧浓度一定的条件下，极限扩散电流密度与扩散层厚度 δ 成反比。溶液流速增大，扩散层厚度减小，氧的极限扩散电流密度就增大，通常这会导致金属的腐蚀速率增大。在层流区内，由于流速较低，腐蚀速率随溶液流速的增加而缓慢上升，当流速增加到临界流速时，腐蚀速率急剧上升，这是由于腐蚀电化学因素与流体动力学因素交互作用协同加速所致，此时溶液基本上处于湍流状态，搅动很激烈。流速再继续增大，协同效应强化，则腐蚀类型由磨损腐蚀变为空泡腐蚀。

（3）盐浓度的影响。溶液中盐浓度对金属的腐蚀速率有双重影响。一方面随着盐浓度的增加，由于溶液电导率的增大，腐蚀速率通常会有所上升；另一方面，溶液中盐浓度的增大，会使溶解氧的量减少，对于阴极为吸氧腐蚀控制的情况，腐蚀速率则会降低。例如，在中性水溶液中，当氯化钠含量达到质量分数为 0.03%（相当于海水中氯化钠的含量）时，铁的腐蚀速率达到最大值。随着氯化钠的浓度进一步增加时，因氧的溶解度显著降低，铁的腐蚀速率反而下降。

（4）温度的影响。溶液温度升高将使氧的扩散过程和电极反应速率加快，因此在一定的温度范围内，腐蚀速率将随温度的升高而加快。但是对于开放系统，温度升高的相反影响是使溶液中氧的溶解度降低，这将导致腐蚀速率的减小。所以在敞口系统中，铁的腐蚀速率约在 80℃ 达到最大值，然后则随温度的升高而下降。在封闭系统中，温度升高使气相中氧的分压增大，氧分压增大将增加氧在溶液中的溶解度，这就抵消了温度升高使氧溶解度降低的效应，因此腐蚀速率将随温度的升高而单调增大。

第七节 金属的钝化

按照腐蚀电化学动力学规律，通常金属在按照阳极反应历程溶解时，电极电位越正，金属的溶解速度也随之越大，如铁和镍在盐酸中进行阳极极化时就是如此。但也有许多情况下，如金属的电极电位因施加阳极电流而向正方向移动，当超过一定值后，金属的溶解速度不但不随之增大，却反而剧烈地减小了，铁和不锈钢在硫酸中进行阳极极化时便可观察到这种现象。金属的这种失去了原来的化学活性的现象被称为钝化，金属钝化后所获得的耐蚀性质称为钝性。

根据金属钝化产生的条件，可将钝化分为化学钝化和电化学钝化。

一、化学钝化

如果把铁片放在硝酸中，观察铁片溶解速率(腐蚀速率)与浓度关系的变化规律，可以发现在最初阶段铁在稀硝酸中剧烈地溶解，并且铁的溶解速率随着硝酸的浓度增加而迅速增大。当硝酸的浓度增加到质量分数为 $0.30 \sim 0.40$ 时，铁的腐蚀速率达到最大值。若继续增加硝酸的浓度，使之超过 0.40 时，铁的溶解速率就突然下降，直到反应接近停止，这一异常现象就被称为钝化。如果继续增加硝酸浓度，使质量分数超过 0.90，腐蚀速率又有较快地上升(在质量分数为 0.95 的硝酸中，铁的腐蚀速率约为质量分数为 0.90 硝酸中的 10 倍)，这一现象则称为过钝化。并且还发现经过浓硝酸处理过的铁再放入稀硝酸(如质量分数为0.30)或硫酸中也能保持一定的时间不会受到侵蚀，其原因是金属表面已经发生了钝化。

不仅是铁，其他一些金属，如铬、镍、钴、钼、钽、铌、钨、钛等，在适当条件下都会产生钝化。除硝酸外，其他强氧化剂如 KNO_3、$K_2Cr_2O_7$、$KMnO_4$、$KClO_3$、$AgNO_3$ 等都可使金属发生钝化，甚至非氧化性试剂也能使某些金属钝化，例如，镁可在氢氟酸中钝化，钼和铌可在盐酸中钝化，汞和银在 Cl^- 的作用下也能发生钝化。这一系列能使金属钝化的物质，统称为钝化剂。溶液中或大气中的氧也是一种钝化剂。不过钝化的发生并不简单地取决于钝化剂氧化能力的强弱。例如，H_2O_2 和 $KMnO_4$ 溶液的氧化-还原电位比 $K_2Cr_2O_7$ 溶液的氧化-还原电位要高，按理说它们是更强的氧化剂，但实际上它们对铁的钝化作用比 $K_2Cr_2O_7$ 差；$Na_2S_2O_8$ 的氧化-还原电位比 $K_2Cr_2O_7$ 更高、可是它反而不能使铁钝化。显然，这与阴离子的特性及其对钝化过程的影响有关。

综上所述，金属与钝化剂的化学作用而产生的钝化现象，称为化学钝化或自钝化。例如，铬、铝、钴等金属在空气中和很多种含氧的溶液中都易被氧所钝化，故称为自钝化金属。

金属变为钝态时，还会出现一个较为普遍的现象，即金属的电极电位朝正的方向移动。例如，Fe 的电位为 $-0.5 \sim +0.2$ V，在钝化后升高到 $+0.5 \sim +1.0$ V；又如，Cr 的电位为 $-0.6 \sim +0.4$V，钝化后为 $+0.8 \sim +1.0$ V。这样，由于金属的钝化而使电位强烈地正移，几乎接近贵金属(如 Au，Pt)的电位。由于电位升高，钝化后的金属失去它原有的某些特性，例如，钝化后的铁在铜盐中不能将铜置换出来。

二、电化学钝化

金属除了可用一些钝化剂处理使之产生钝化外，还可采用电化学阳极极化的方法使金属变成钝态。例如，18-8 型不锈钢在质量分数为 0.30 的硫酸中会剧烈溶解。但如用外加电流使之阳极极化，并使阳极极化至 -0.1V(SCE)后，不锈钢的溶解速率会迅速下降到原来的数万分之一，并且在-0.1~+1.2 V范围内一直保持着高度的稳定性。这种采用外加阳极电流的方法，使金属由活性状态变为钝态的现象，称为电化学钝化或阳极钝化。如铁、镍、铬、钼等金属在稀硫酸中均可发生因阳极极化而引起的电化学钝化。

化学钝化是强氧化剂作用的结果，而电化学钝化是外加电流的阳极极化产生的效应，尽管二者产生的条件有所不同，但是电化学钝化和化学钝化之间没有本质的区别。因为这两种方法得到的结果都使溶解中的金属表面化学性质发生了某种突变，这种突变使它们的电化学溶解速率急剧下降，金属表面的活性大幅度降低。

三、钝化特性

阳极极化曲线可以直观地揭示金属的阳极钝化行为和特征。利用控制电位法(恒电位法)可以测得具有活化-钝化行为金属的完整的阳极极化曲线。图2-20所示是用控制电位法测得的典型的具有钝化特征的金属电极的阳极极化曲线示意图(或称S形曲线)，它揭示了金属活化、钝化的各特性点和特性区。

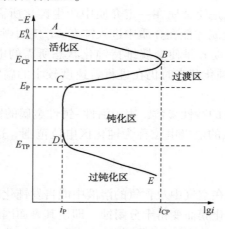

图2-20 可钝化金属的阳极极化曲线

(一)曲线分析

图中的阳极极化曲线被四个特征电位(E_A^0、E_{CP}、E_P、E_{TP})分成四个区段。

(1)曲线 *AB* 段。在低于某一临界电流密度 i_{CP} 时，进行金属离子化的阳极过程，极化曲线很平坦，表示阳极过程很少受到阻碍。这时金属表面没有钝化膜形成，处于活化状态，金属受到腐蚀，这个区域称为活化区。

当 $E=E_{CP}$ 时，金属的阳极电流密度达到最大值 i_{CP}，称为临界(钝化)电流密度；E_{CP} 称为临界电位。

(2)曲线 *BC* 段这个区域称为活化-钝化过渡区。当电位达到 E_{CP} 时，电流超过最大值 i_{CP} 后立即急剧下降，金属开始钝化，表面开始有钝化膜形成，且不断处于钝化与活化相互转变的不稳定状态，很难测得各点的稳定数值。

(3)曲线 *CD* 段这个区域称为钝化(态)区。当电位到达 E_P 时，即出现所谓阳极钝化现象，金属表面处于稳定的钝化状态，这时金属表面已生成了具有足够保护性的氧化膜，电流密度突然降低到一个很小值 i_P，称为维钝电流密度。当进一步使电位逐渐上升时(在 *CD* 段内)，电流密度却仍旧保持为很小值 i_P，没有什么大的变化。

(4)曲线 *DE* 段。即电位高于 E_{TP} 的区段，称为过钝化区。从过钝化电位 E_{TP} 开始，阳极电流密度再次随着电位的升高而增大。这种已经钝化了的金属，在很高的电位下，或在很强的氧化剂(如铁在>90%的HNO_3)中，重新由钝态变成活态的现象，称为过钝化。这是因为金属表面原来的不溶性膜转变为易溶性的产物(高价金属离子)，并且在阴极发生新的吸氧腐蚀。

典型的S形阳极极化曲线不仅可以用以解释活性-钝性金属的阳极溶解行为，而且还提供了一个给钝性金属下定义的简便方法，那就是，呈现典型S形阳极极化曲线的金属或合金就是钝性金属或合金(钛是例外，没有过钝化区)。

（二）钝化特性参数

上述钝化曲线上的几个转折点，为钝化特性点，它们所对应的电位和电流密度称为钝化特性参数。

对应于曲线B点上的电位E_{CP}，是金属开始钝化时的电极电位，称为临界电位。E_{CP}越小表示金属越易钝化。

B点对应的电流密度i_{CP}是使金属在一定介质中产生钝化所需的最小电流密度，称为临界电流密度。必须超过i_{CP}金属才能在介质中进入钝态。i_{CP}越小则金属越易钝化。

对应于C点上的电流密度i_P是使金属维持钝化状态所需的电流密度，称为维钝电流密度。i_P也就是表示金属处于钝化状态时仍在进行着速度较小的腐蚀。i_P越小，表明这种金属钝化后的腐蚀速率越慢。

E_{CP}、i_{CP}、i_P是三个重要的特性参数，表示活性-钝性金属的钝化性能好坏。

在曲线上从C点到D点的电极电位称为钝化区电位范围。这一区域越宽，表示钝化越容易维持或控制。

四、金属的自钝性

金属的自钝性是指那些在空气中及含氧的溶液中能自发钝化的金属。如暴露在大气中的铝，在空气中能自发形成钝化膜而变得十分耐蚀。即使其表面因摩擦、撞击等原因破坏了表面膜而露出了新鲜表面，也很快会在新鲜的表面上重新生成钝化膜。因此对于铝这种金属来说，往往只能测得铝钝化膜的电位，而真正的铝电极的电位要比它低许多。金属铁和普通碳钢则不能依靠在空气中生成的钝化膜来保护钝性。金属的自钝化是在没有任何外加极化情况下而产生的自然钝化，此种钝化是自腐蚀电流所引起的极化促成了金属的钝化。金属的自钝化必须满足以下两个条件：

（1）钝化剂的氧化-还原平衡电位要高于该金属的致钝电位，即$E_C^0 > E_P$；

（2）在致钝电位下，钝化剂阴极还原反应的电流密度必须大于该金属的致钝电流密度，即$i_L > i_{CP}$。

只有满足以上两个条件，才能使金属的腐蚀电位落在该金属的阳极极化曲线上的稳定钝化区的电位范围内。氧化剂的浓度和金属材料的种类对钝化有着重要的影响。铁在稀硝酸溶液中，因H^+和NO_3^-氧化能力或浓度不够高，阴极极化曲线和阳极极化曲线相交于活化区，因此铁发生剧烈的腐蚀。若把硝酸浓度增加，NO_3^-/NO电极的初始电位会正移，达到一定程度后，阴、阳极的极化曲线的交点落在稳定钝化区电位范围内，铁进入了钝态。由于镍的钝化电位较铁更正，所以使铁进入钝化区的硝酸浓度不一定能使镍也进入钝化区。

若自钝化的电极还原过程是由浓度极化控制，则自钝化不仅与氧化剂浓度有关，还与影响扩散的因素有关，如金属的转动、介质流动和搅拌等。当阴极反应物氧化剂的浓度不够大时，极限扩散电流密度小于致钝电流密度，使阴、阳极极化曲线交于活化区，金属不断溶解。若提高氧化剂浓度，使极限扩散电流密度大于致钝电流密度，则金属进入钝化区。若提高介质与金属表面的相对运动速度，则由于扩散层变薄而提高了极限扩散电流密度，同样能使极限扩散电流密度大于致钝电流密度，金属也能进入钝化区。

五、钝化理论

金属由活化状态转变成为钝态是一个相当复杂的暂态过程，其中涉及电极表面状态的不断变化，表面液层中的扩散和电迁移过程以及新相的析出过程等。前面介绍的诸因素又都可影响上述各过程的进行，因此，直到现在还没有一个完整的理论来说明所有的金属钝化现象。目前比较为大多数人所接受的解释金属钝化现象的主要理论有两种，即所谓成相膜理论和吸附理论。

（一）成相膜理论

该理论认为，金属钝态是由于金属和介质作用时在金属表面上生成一种非常薄的、致密的、覆盖性良好的保护膜，这种保护膜作为一个独立相存在，并把金属与溶液机械地隔开，使金属的溶解速率大大降低，亦即使金属转变为钝态。

这种理论的证实是在某些钝化的金属上测得了钝化膜的厚度的实验事实。如铁在浓硝酸中的钝化膜厚度约为 $2.5 \sim 3nm$，碳钢上的钝化膜厚一些，约为 $9 \sim 10nm$，不锈钢上的钝化膜薄一些，仅为 $0.9 \sim 1nm$。用电子衍射法对钝化膜进行相分析，证实大多数钝化膜是由金属氧化物组成的。

必须指出，虽然生成成相膜的先决条件是电极反应中有固体产物的生成，但并不是所有的固体产物都能形成钝化膜。那种多孔、疏松的沉积层并不能直接导致金属钝化，而只能阻碍金属的正常溶解过程。不过它可能成为钝化的先导，当电位提高时，它可在强电场的作用下转变为高价的具有保护特征的氧化膜，促使金属钝化的发生。

按照成相膜理论，过钝化态是因为表面氧化物组成和结构的变化，这种变化是由于形成更高价离子而引起的。这些更高价离子扰乱了膜的连续性，于是膜的保护作用就降低了，金属就再度溶解，该溶解是在更正的电位下进行的。

（二）吸附理论

该理论认为，钝态不一定要形成氧化膜或难溶性盐膜，金属钝化的原因是氧或含氧粒子在金属表面上吸附。这一吸附只有单分子层厚，它可以是原子氧或分子氧，也可以是 OH^- 或 O^-。吸附层对反应活性的阻滞作用有以下几种观点：一是这些粒子在金属表面上吸附后，改变了"金属/电解质溶液"界面的结构，使金属阳极反应的活化能显著升高，因而降低了金属的活性；二是认为吸附氧饱和了表面金属的化学亲和力，使金属原子不再从其晶格中溶解出来，形成钝化；三是认为含氧吸附粒子占据了金属表面的反应活性点，例如，边角、棱角等处，因而阻滞了整个表面的溶解。可见，吸附理论强调吸附引起的钝化不是吸附粒子的阻挡作用，而是通过含氧粒子的吸附改变了反应的机制，减缓了反应速度。与成相膜理论不同，该理论认为金属钝化是由于吸附膜存在使金属表面的反应能力降低了，而不是由于膜的隔离作用。

吸附理论解释了一些成相膜理论难以解释的事实。例如，不少无机阴离子能在不同程度上引起金属钝态的活化或阻碍钝化过程的发展，而且常常是在较正的电位下才能显示出其活化作用，这用成相膜理论很难说清楚。而从吸附理论出发，认为钝化是由于表面吸附了某种含氧粒子所引起的，各种阴离子在足够正的电位下，可能或多或少地通过竞争吸附，从电极表面上排除了引起钝化的含氧粒子，这就较好地解释了上述事实。Cr、Ni、Fe 等金属和合金上的过钝化现象也可以通过吸附理论加以解释。因为增大阳极极化既可促进含氧粒子的表面吸附量，使阳极溶解的阻碍作用加强，同时还加强了界面电场对金属溶解的促进作用，这两种作用在一定电位范围内彼此基本抵消，所以出现了几乎不随电位变化的稳定电流区间。然而在过钝化电位范围内，后一因素起主导作用，由此导致在一定电位下生成可溶性、高价金属的含氧离子（如 $Cr_2O_7^{2-}$）。

两种钝化理论都能解释部分实验现象，然而无论哪一种理论都不能较全面、完整地解释各种钝化现象。两种理论都认为钝化是由于在金属表面上生成一层极薄的膜，从而阻碍了金属的溶解，但对成膜的解释却不相同。吸附理论认为，只要形成单分子层的二维薄膜就能导致金属的钝化；而成相膜理论认为，至少要形成几个分子层的三维膜才能使金属达到完全的钝化，是金属的溶解速度大大降低。另外，两者在是否吸附键还是化学键的成键理论上也有差异。事实上金属在钝化过程中，在不同条件下，吸附膜和成相膜可分别起主导作用。有人将这两种理论结合起来解释所有的钝化现象，认为含氧粒子的吸附是形成良好钝化膜的前提，可能先生成吸附膜，然后发展成成相膜。这种观点认为钝化的难易主要取决于吸附膜，而钝化状态的维持则主要取决于成相膜。

六、影响金属钝化的因素

1. 金属本身性质的影响

不同的金属具有不同的钝化性能。一些金属的钝化趋势按下列顺序依次减小：钛、铝、铬、钼、镁、镍、铁等，这个次序并不表示上述金属的耐蚀性也依次递减，而只代表钝化倾向的大小或发生钝化的难易程度。钛、铝、铬是很容易钝化的金属，它们在空气中及很多介质中钝化，通常称它们为自钝化金属。

2. 介质的成分和浓度的影响

能使金属钝化的介质称为钝化剂或助钝剂，钝化剂主要是氧化性介质。一般说来，介质的氧化性越强，金属越容易钝化（或钝化的倾向越大）。除浓硝酸和浓硫酸外，KNO_3、$K_2Cr_2O_7$、$KMnO_4$、$KClO_3$、$AgNO_3$ 等强氧化剂都很容易使金属钝化。但是有的金属在非氧化性介质中也能钝化，如钼能在 HCl 中钝化，镁能在 HF 中钝化。

金属在氧化性介质中是否能获得稳定的钝态，必须要注意氧化剂的氧化性能强弱程度和它的浓度。如果在一定的氧化性介质中，无其他活性阴离子存在的情况下，金属能够处于稳定的钝化状态，存在着一个适宜的浓度范围，浓度过与不足都会使金属活化造成腐蚀。介质中含有活性阴离子如 Cl^-、Br^-、I^- 浓度足够高时，还可能使整个钝化膜被破坏，引起活化腐蚀。

3. 介质 pH 值的影响

对于一定的金属来说，在它能形成钝性表面的溶液中，一般溶液的 pH 值越高，钝化越容易。如碳钢在碱性介质中易钝化。但要注意，某些金属在强碱性溶液中，能生成具有一定溶解度的酸根离子，如 ZnO_2^{2-} 和 PbO_2^{2-}，因此它们在碱液中也较难钝化。

实际上，金属在中性溶液里一般钝化较容易，而在酸性溶液中则要困难得多，这往往与阳极反应产物的溶解度有关。如果溶液中不含有络合剂和其他能和金属离子生成沉淀的阴离子，对于大多数金属来说，它们的阳极反应生成物是溶解度很小的氧化物或氢氧化物。而在强酸性溶液则生成溶解度很大的金属盐。

4. 氧的影响

溶液中的溶解氧对金属的腐蚀性具双重作用。在扩散控制情况下，一方面氧可作为阴极去极化剂引起金属的腐蚀；另一方面如果氧在供应充分的条件下，又可促使金属进入钝态。因此，氧也是助钝剂。

5. 温度的影响

温度越低，金属越容易钝化；温度越高，钝化越困难。

七、金属钝化的应用

图 2-21 仅仅表示了一条阳极极化曲线，而实际上一个腐蚀体系是阳极过程与阴极过程同时进行的，或者说，金属腐蚀是金属本身性质和环境介质共同决定的，所以实际上一个腐蚀体系的腐蚀速率应是这一体系的阴极行为和阳极行为联合作用的结果。

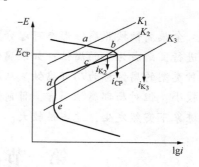

图 2-21　阴极过程对金属钝化的影响

第一种情况它有一个稳定的交点 a，位于活化区，表示金属发生活性溶解，具有较高的腐蚀速率，此种情况如钛在无空气的稀硫酸或盐酸中以及铁在稀硫酸中迅速溶解不能钝化的情况。

第二种情况可能有三个交点 b、c、d，其腐蚀电位分别落在活化区、过渡区和钝化区。c点处于电位不稳定状态，体系不能在这点存在，其余两点是稳定的，金属可能处于活性态，也可能处于钝化态，即钝化很不稳定。此种情况类似于铁在 35% 硝酸中：若将铁片直接浸入 35% 的室温硝酸中，发生剧烈的腐蚀，铁表面处于活性态（b点）；若将铁片先浸入 70% 的硝酸中，然后再浸入 35% 的硝酸中，此时铁表面处于钝化态（d点），腐蚀速率很小以致观察不到。但此时钝态不稳定，一旦表面膜被破坏，则铁表面立即由钝化态（d点）转变到活化态（b点），又开始剧烈腐蚀。

第三种情况只有一个稳定的交点 e，位于钝化区，对于这种体系金属或合金将自发钝化并保持钝态，这个体系不会活化并表现出很低的腐蚀速率，如铁在浓硝酸中就属于这种情况。

显然，从工程的角度来看最希望发生第三种情况，这种腐蚀体系称为自钝化体系。在这种腐蚀体系中，金属或合金能够自发钝化，钝化膜即使偶尔被破损，能立即自动修补。

根据以上对活性-钝化金属耐蚀性的讨论可知，使金属电位保持在钝化区的方法一般有以下三种。

（1）阳极钝化法就是用外加电流使金属阳极极化而获得钝态的方法，也叫电化学钝化法。例如碳钢在稀硫酸中，采取阳极保护法就是这种方法。

（2）化学钝化法就是用化学方法使金属活性状态变为钝态的方法。例如，将金属放在一些强氧化剂中如浓硝酸、浓硫酸、重铬酸盐等溶液中处理，可生成保护性氧化膜。缓蚀剂中阳极型缓蚀剂就是利用钝化的原理。氧气也是有些金属的钝化剂，如铝、铬、不锈钢等在空气中氧或溶液中氧的作用下即可自发钝化，因而具有很好的耐蚀性。

（3）利用合金化方法使金属钝化。例如在碳钢中加入铬、镍、铝、硅等合金元素可使碳钢的钝化区范围变大，提高了碳钢的耐蚀性。不锈钢在防腐中应用如此广泛，正是因为铁中加入易钝化的金属铬后产生了钝化效应，使其具有良好的耐蚀性。

第三章　金属的腐蚀形态

金属腐蚀按照腐蚀形态可以分为全面腐蚀和局部腐蚀两大类。如果腐蚀在整个金属表面上进行，则成为全面腐蚀；如果腐蚀只集中在金属表面局部区域，其余大部分不发生腐蚀，这种类型的腐蚀称为局部腐蚀。从腐蚀控制角度来看，全面腐蚀可以预测和及时防止，危害性较小，但对局部腐蚀而言，目前预测和防止仍存在较大困难，腐蚀事故通常在没有明显预兆迹象下突然发生，危害性较大。

第一节　全面腐蚀和局部腐蚀

一、全面腐蚀

全面腐蚀是一种常见的腐蚀形态。化学或电化学反应在全部暴露的表面或大部分表面上均匀地进行，腐蚀分布于金属的整个表面，使金属整体逐渐变薄，最终失效。其电化学特点是腐蚀电池的阴、阳极面积非常小，而且微阳极与微阴极的位置是变化不定的，整个金属在溶液中处于活化状态，只是各点随时间（或地点）有能量起伏，能量高时（处）为阳极，能量低时（处）为阴极。暴露在大气中的桥梁、设备、管道以及其他钢结构的腐蚀基本上都为全面腐蚀。

实际上即使在比较均匀的腐蚀情况下，随着研究和观察的尺度不同，如观察很小面积，放大倍数又很大时，可以发现表面上的腐蚀深度往往是不均匀的，所以按全面腐蚀程度，全面腐蚀可分为均匀全面腐蚀和不均匀全面腐蚀两类。

全面腐蚀往往造成金属的大量损失，但从技术观点来看，这类腐蚀并不可怕，不会造成突然的腐蚀事故。其腐蚀速率较易测定，一般用失重或失厚来表示，如通常用 mm/a 来表达全面腐蚀速率。

二、局部腐蚀

局部腐蚀是金属表面某些部分的腐蚀速率或腐蚀深度远大于其余部分的腐蚀速率或深度，因而导致局部区域的损坏。其特点是腐蚀仅局限或集中于金属的某一特征部位。

局部腐蚀时，阳极和阴极一般是截然分开的。腐蚀电池中的阳极溶解反应和阴极区腐蚀剂的还原反应在不同区域发生，而次生腐蚀产物又有可能在第三个位置生成。

归纳起来，和全面腐蚀比较，局部腐蚀电池有如下一些特征：

（1）阴、阳极相互分离，可分别测出其腐蚀电位；

（2）阴、阳极面积不等，通常是大阴极、小阳极；

（3）阳极腐蚀速率远大于阴极腐蚀速率（即腐蚀产生在局部区域）；

（4）腐蚀产物一般无保护作用，有时甚至会促进腐蚀。

就腐蚀形态的种类而言，全面腐蚀的腐蚀形态单一，而局部腐蚀的腐蚀形态较多，而且腐蚀形态各异。

就腐蚀的破坏程度而言，金属发生局部腐蚀的腐蚀量往往比全面腐蚀要小，甚至要小很多，但对金属强度和金属制品整体结构完整性的破坏程度却比全面腐蚀大得多。所以，全面腐蚀可以预测和预防，危害性较小，但对局部腐蚀来说。至少目前的预测和预防还很困难，以至于腐蚀破坏事故常常是在没有明显预兆下突然发生，对金属结构具有更大的破坏性。

从全面腐蚀和局部腐蚀在腐蚀破坏事例中所占的比例来看，局部腐蚀所占的比例要比全面腐蚀大得多。据粗略统计，局部腐蚀所占的比例通常高于 80%，而全面腐蚀所占的比例不超过 20%。

有些情况下全面腐蚀与局部腐蚀很难区分。如果整个金属表面上都发生明显的腐蚀，但是腐蚀速率在金属表面各部分分布不均匀，部分表面的腐蚀速率明显大于其余表面部分的腐蚀速率，如果这种差异比较大，以致金属表面上显现出明显的腐蚀深度的不均匀分布，也习惯地称为"局部腐蚀"。例如，低合金钢在海水介质中发生的坑蚀；在酸洗时发生的孔腐蚀和缝隙腐蚀等都属于这种情况。一般情况下，如果以宏观的观察方法能够测量出局部区域的腐蚀深度明显大于邻近表面区域的腐蚀深度，就可以认为是局部腐蚀。

第二节　电　偶　腐　蚀

一、电偶腐蚀特征

电偶腐蚀又称接触腐蚀或双金属腐蚀，指的是在电解质溶液中，当两种金属或合金相接触（电导通）时，电位较负的金属腐蚀被加速，而电位较正的金属受到保护的腐蚀现象。

在工程技术中，采用不同金属连接是不可避免的，几乎所有的机器、设备和金属结构件都是由不同的金属材料部件组合而成，因此电偶腐蚀非常普遍。电偶腐蚀主要发生在两种不同金属或金属与非金属导体相互接触的边线附近，而在远离边缘的区域，其腐蚀程度要轻得多。但当在两种金属的接触面上同时存在缝隙时，而缝隙中又存留有电解液，这时构件可能受到电偶腐蚀与缝隙腐蚀的联合作用，其腐蚀程度更加严重。

二、电偶腐蚀发生条件

根据电化学腐蚀的机理，可以得到电偶腐蚀发生必须同时满足以下条件：

（1）同时存在两种不同电位的金属或非金属导体；

（2）有电解质溶液存在；

（3）两种金属通过导线连接或直接接触。

三、电偶电流及电偶腐蚀效应

电偶腐蚀的推动力是电位差，而电偶腐蚀速率的大小与电偶电流成正比，可以用下式表示：

$$I_g = \frac{E_{0,C} - E_{0,A}}{\dfrac{P_C}{f_C} + \dfrac{P_A}{f_A} + R} \qquad (3-1)$$

式中　I_g——电偶电流强度；

$E_{0,C}$，$E_{0,A}$——阴、阳极金属偶接前的稳定电位（腐蚀电位）；

P_C，P_A——阴、阳极金属的极化率；

f_C，f_A——阴、阳极金属的面积；

R——欧姆电阻（包括溶液电阻和接触电阻）。

由此可知，电偶电流随电位差的增大和极化率、欧姆电阻的减小而增大，从而使阳极金属腐蚀速率加大、阴极金属腐蚀速率降低。

一般把 A、B 两种金属偶接后，阳极金属（B）的腐蚀电流 i'_B 与未偶合时该金属的自腐蚀电流 i_B 之比 γ 称为电偶腐蚀效应。

$$\gamma = i'_B/i_B = (i_g + |i_{B_c}|)/i_B \approx i_g/i_B \qquad (3-2)$$

式中　i_g——电偶电流；

　　　$|i_{B_c}|$——阴极自腐蚀电流。

该公式表示两金属偶接后，阳极金属溶解速率增加了多少倍。γ 越大，则电偶腐蚀越严重。

电偶腐蚀与相互接触的金属在溶液中的电位有关，正是由于接触金属电位的不同，构成了电偶腐蚀原电池，接触金属的电位差是电偶腐蚀的推动力。

四、影响电偶腐蚀的因素

（一）电偶序电位差

按金属在某种介质中腐蚀电位的大小排列而成的顺序表叫腐蚀电位序，又称电偶序。某些金属与合金在海水中的电偶序见表 3-1。若电位高的金属材料与电位低的金属材料相接触，则电位低的金属为阳极，被加速腐蚀。两种材料之间电位差愈大，电位低的金属愈易被加速腐蚀。

表 3-1　某些金属与合金在海水中的电偶序

增加惰性的（阴极的）	增加活性的（阳极的）
铂	因科镍（活性的）
金	镍（活性的）
石墨	锡
钛	铅
银	316 不锈钢（钝态）
316 不锈钢（钝态）	304 不锈钢（钝态）
304 不锈钢（钝态）	铸铁
因科镍（80Ni-13Cr-7Fe）（钝态）	钢铁
镍（钝态）	铝合金
蒙乃尔（70Ni-30Cu）	镉
铜-镍合金	商用纯铝
青铜合金（Cu-Sn）	锌
黄铜合金（Cu-Zn）	镁及镁合金

（二）环境因素

介质的组成、温度、电解质电阻、溶液 pH 值以及搅拌等，都对电偶腐蚀有影响。

（1）介质的组成。同一对电偶在不同的介质中有时会出现电位逆转的情况。例如，水中锡相对于铁是阴极，而在大多数有机酸中，锡对铁来说是阳极。在食品工业中使用的内壁镀锡作为阳极性镀层防止有机酸腐蚀，就是此缘故。

（2）温度。温度不仅影响电偶腐蚀速率，有时还可能改变金属表面膜或腐蚀产物的结构，从而使电偶电位发生逆转的情况。例如，锌-铁电偶，在冷水中锌是阳极，而热水中（约80℃以上）锌是阴极。因此，钢铁镀锌后热水洗的温度不允许超过70℃。

（3）电解质电阻。电解质电阻的大小会影响腐蚀过程中离子的传导过程。一般来说，在导电性低的介质中，电偶腐蚀程度轻，而且腐蚀易集中在接触边线附近。而在导电性高的介质中，电偶腐蚀严重，而且腐蚀的分布也要大些。如浸在电解液中的电偶比在大气中潮湿液膜下的电偶腐蚀更加严重些。

（4）溶液 pH 值。pH 值的变化，可能会改变电解反应，也可能改变电偶金属的极性。例如，铝-镁合金在中性或弱酸性低浓度的氯化钠溶液中，铝是阴极，但随着镁阳极的溶解，溶液可变为碱性，电偶的极性随之发生逆转，铝保持了阳极，而镁则变成了阴极。

（5）搅拌。搅拌可使氧向阴极扩散的速率加快，使阴极上氧的还原反应更快，从而加速电偶腐蚀。此外，搅拌还能改变溶液的充气状况，有可能改变金属的表面状态，甚至改变电偶的极性。例如，在充气不良的静止海水中，不锈钢处于活化状态，在不锈钢-铜电偶腐蚀中，不锈钢为阳极，而在充气良好的流动海水中，不锈钢处于钝化状态，在电偶腐蚀中为阴极。

（三）面积效应

所谓面积效应就是指电偶腐蚀电池中阴极和阳极面积之比对阳极腐蚀速率的影响。在腐蚀电池中，阳极电流等于阴极电流，阳极面积越小，其电流密度越大，腐蚀速率也就越高。用钢制铆钉固定铜板，即小阳极-大阴极结构，钢制铆钉被强烈腐蚀。而钢板用铜螺钉连接，这是属于大阳极-小阴极的结构。由于阳极面积大，阴极面积小，阳极溶解速度相对减小，不至于在短期内引起连接结构的破坏，因而相对地较为安全。

电偶腐蚀中阳极腐蚀速率与阴、阳极面积比的关系呈直线函数关系。随着阴极面积对阳极面积比值的增加，作为阳极体的金属腐蚀速率随之增加。

在生产中，由于忽视电偶腐蚀及其面积效应问题而造成严重损失的例子很多。如某化工厂为使设备延长使用期，把原来用碳钢制造的反应器塔板改用不锈钢制造，但却用碳钢螺栓来紧固不锈钢板，结果使用不到一年螺栓全部断裂，塔板被冲垮。

五、电偶腐蚀的防护措施

（1）设计时，在选材方面尽量避免由异种材料或合金相互接触，若不可避免，尽量选用电偶序相近的材料；

（2）设计时选用容易更换的阳极部件，或将它加大、加厚以延长使用寿命；

（3）避免大阴极、小阳极面积比的组合；

（4）施工中可考虑在异种材料连接处或接触面采取绝缘措施；

（5）采用适当的非金属涂层或金属涂层进行保护；

（6）采用电化学方法保护；

（7）在封闭系统或条件允许的条件下，向介质中加入缓蚀剂，如暖气水循环系统。

第三节　小孔腐蚀

一、小孔腐蚀特征

小孔腐蚀又称点蚀，是一种腐蚀集中在金属表面的很小范围内，并深入到金属内部的小孔状腐蚀形态，蚀孔直径小、深度深，其余地方不腐蚀或腐蚀很轻微。点蚀通常发生在易钝化金属或合金中，往往在有侵蚀性阴离子与氧化剂共存的条件下发生。

二、点蚀发生条件

（1）点蚀多发生于表面生成钝化膜的金属材料上（如不锈钢、铝、铝合金、镁合金、钛及钛合金等）或表面有阴极性镀层的金属上（如碳钢表面镀锡、铜和镍等）。

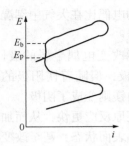

图 3-1　钝化金属典型的"环形"阳极极化曲线示意图

（2）点蚀发生在有特殊离子的介质中，即有氧化剂（如空气中的氧）和同时有活性阴离子存在的钝化液中。如不锈钢对含有卤素离子的腐蚀介质特别敏感，其作用顺序是 $Cl^->Br^->I^-$。

（3）在某一阳极临界电位以上，电流密度突然增大，点蚀发生，该电位称点蚀电位或击破电位（用 E_b 表示）（图3-1）。点蚀电位反映了表面钝化膜被击穿的难易程度。如对极化曲线回扫，达到钝态电流时所对应的电位 E_p，称再钝化电位或保护电位。大于 E_b，点蚀迅速发生、发展；$E_b \sim E_p$ 之间，已发生的蚀坑继续发展，但不产生新的蚀坑；小于 E_p，点蚀不发生，所以电位越高，表征材料耐点蚀性能越好。E_b 与 E_p 越接近，说明钝化膜修复能力越强。

三、点蚀机理

点蚀可分为两个阶段，即点蚀成核（发生）阶段和蚀坑生长（发展）阶段。

（一）点蚀成核（发生）阶段

点蚀从发生到成核之前有一段很长的孕育期，有的长达几个月甚至几年时间。孕育期是从金属与溶液接触一直到点蚀开始的这段时间。所以点蚀的初始阶段又称为孕育期阶段。

关于点蚀成核的理论有钝化膜破坏理论和吸附理论两种。

1. 钝化膜破坏理论

钝化膜破坏理论认为，点蚀坑是由于腐蚀性阴离子在钝化膜表面吸附，并穿过钝化膜而形成可溶性化合物（如氯化物）所致。当电极阳极极化时，钝化膜中的电场强度增加，吸附在钝化膜表面上的腐蚀性阴离子（如 Cl^-），因其离子半径较小而在电场的作用下进入钝化膜，使钝化膜局部变成了强烈的感应离子导体，钝化膜在该点上出现了高的电流密度。当钝化膜-溶液界面的电场强度达到某一临界值时，就发生了点蚀。

2. 吸附理论

吸附理论认为，点蚀的发生是由于活性氯离子和氧竞争吸附的结果造成的。当金属表面上氧的吸附点被氯离子所取代后，氯离子和钝化膜中的阳离子结合形成可溶性氯化物，结果在新露出的基体金属特定点上产生小蚀坑，这些小蚀坑便称为点蚀核。吸附理论认为蚀坑的形成是阴离子（如 Cl^-）与氧竞争吸附的结果。在初期溶液中，金属表面吸附是由水形成的稳定氧化物离子。一旦氯的络合离子取代稳定氧化物离子，该处吸附膜被破坏，而发生点蚀。点蚀的击破电位 E_b 是腐蚀性阴离子可以可逆地置换金属表面上吸附层的电位。当 $E>E_b$ 时，氯离子在某些点竞争吸附强烈，该处发生点蚀。

3. 蚀孔成核位置

金属材料表面组织和结构的不均匀性使表面钝化膜的某些部位较为薄弱，从而成为点蚀容易形核的部位，如晶界、夹杂、位错和异相组织等。

4. 蚀孔的孕育期

从金属与溶液接触到点蚀产生的时间称为点蚀的孕育期。孕育期随溶液中 Cl^- 浓度增加和电极电位的升高而缩短。Engell 等人发现低碳钢发生点蚀的孕育期 τ 的倒数与 Cl^- 浓度呈线性关系。即

$$\frac{1}{\tau}=k\left[Cl^-\right]$$ （3-3）

当然，[Cl⁻]在一定临界值以下时，不发生点蚀。总之，这还只是定性的讨论，并不成熟。

（二）蚀坑生长（发展）阶段

蚀孔内部电化学条件发生的显著改变，对蚀孔的生长有很大的影响，因此蚀孔一旦形成，发展十分迅速。蚀孔发展的主要理论是以"闭塞电池"的形成为基础的，并进而形成"活化-钝化腐蚀电池"的自催化理论。

为此，应首先了解闭塞电池的形成条件。

（1）在反应体系中具备阻碍液相传质过程的几何条件，如孔口腐蚀产物的塞积可在局部造成传质困难，缝隙及应力腐蚀的裂纹也都会出现类似的情况；

（2）有导致局部不同于整体的环境；

（3）存在导致局部不同于整体的电化学和化学反应蚀孔的自催化发展过程。

以不锈钢在充气的含 Cl⁻ 介质中的腐蚀过程为例，说明点蚀生长过程。点蚀源形成后，孔内金属表面处于活态，电位较负；孔外金属表面处于钝态，电位较正。孔内和孔外金属构成活态-钝态微电偶腐蚀电池，具有大阴极-小阳极的面积比。阳极电流密度很大，蚀孔不断加深，孔外金属表面受到阴极保护，继续维持钝态。孔内发生阳极溶解，反应有

$$Fe \longrightarrow Fe^{2+}+2e \quad Cr \longrightarrow Cr^{3+}+3e \quad Ni \longrightarrow Ni^{2+}+2e \tag{3-4}$$

若介质为中性或弱酸性，孔外反应为

$$O_2+2H_2O+4e \longrightarrow 4OH^- \tag{3-5}$$

随着蚀孔的加深，阴、阳极位置彼此分开，二次腐蚀产物在孔口形成。随腐蚀的进行，孔口介质 pH 值逐渐升高，水中可溶性盐 $Ca(HCO_3)_2$ 转化为 $CaCO_3$ 沉淀。锈层和垢层在孔口堆积形成闭塞电池。

闭塞电池形成以后，溶解氧不易扩散进入，造成氧浓差。在蚀坑内溶解的金属离子不易向外扩散，造成 Fe^{2+} 浓度不断增加，为保持电中性，坑外氯离子向坑内迁移以维持电中性，形成可溶性盐 $FeCl_3$，使坑内形成氯化物的高浓度溶液，氯离子浓度达到整体溶液的 3~10 倍。坑内氯化物水解：

$$FeCl_3+3H_2O \longrightarrow Fe(OH)_3+3H^++3Cl^- \tag{3-6}$$

产生更多的 H^+ 和 Cl^-，使坑内外 pH 值下降，酸度增加，pH 值低至 2~3，促使阳极溶解进一步加快。这样，点蚀以自催化过程不断发展下去。由于自催化作用的结果，加上介质重力的影响，使蚀坑不断向深处发展，甚至严重的可把金属断面蚀穿。由此可见，点蚀的发展是化学和电化学共同作用的结果。

四、点蚀影响因素

（一）材料因素

（1）金属性质的影响。金属性质对点蚀有重要影响。一般具有自钝化特性的金属或合金对点蚀的敏感性较高，并且钝化能力愈强，则敏感性愈高。

（2）合金元素的影响。不锈钢中 Cr 是最有效的提高耐点蚀性能的元素。在一定含量下增加含 Ni 量，也能起到减轻点蚀的作用，而加入2%~5%的 Mo 能显著提高不锈钢耐点蚀性能。多年来，人们对合金元素对不锈钢点蚀的影响进行大量研究的结果表明，Cr、Ni、Mo、N 元素都能提高不锈钢抗点蚀能力，而 S、P、C 等会降低不锈钢抗点蚀能力。

（3）表面状态的影响。一般来说，表面状态如抛光、研磨、侵蚀、变形对点蚀有一定影响。例如，随着金属表面粗糙度的提高，其耐点蚀能力增强；电解抛光可使钢的耐点蚀能力

提高。一般，光滑、清洁的表面不易发生点蚀；粗糙表面往往不容易形成连续而完整的保护膜，在膜缺陷处，容易产生点蚀；积有灰尘或有非金属和金属杂屑的表面易引起点蚀；加工过程的锤击坑、表面机械擦伤或加工后的焊渣，都会导致耐点蚀能力下降。

（二）环境因素

1. 介质性质

材料通常在特定的介质中发生点蚀，如不锈钢容易在含有卤素离子 Cl^-、Br^-、I^- 的溶液中发生点蚀，而铜对 SO_4^{-2} 则比较敏感。OH^-、SO_4^-、NO_3^- 等含氧阴离子能抑制点蚀，抑制不锈钢点蚀作用的大小顺序为 $OH^- > NO_3^- > SO_4^{-2} > Cl^-$，抑制铝点蚀的顺序为 $NO_3^- > CrO_4^- > SO_4^{-2}$。

2. 溶液浓度

一般认为，只有当卤素离子的浓度达到一定时，才发生点蚀。产生点蚀的最小浓度可以作为评定点蚀趋势的一个参量。

3. 溶液 pH 值的影响

在质量分数为 3% 的 NaCl 溶液中，随着 pH 值的升高，点蚀电位显著地正移。而在酸性介质中，pH 值对点蚀电位的影响，目前还没有一致的说法。

4. 溶液温度

在 NaCl 溶液中，介质温度升高，显著地降低不锈钢的点蚀电位 E_b，使点蚀坑数目急剧增多。当然，点蚀坑数目的急剧增多与 Cl^- 的反应能力增加有关。

5. 溶液流速

介质处于流动状态，金属的点蚀速率比介质静止时小。溶液流动有利于氧向金属表面的输送，减少沉积物在表面沉积的机会。流速增大，点蚀倾向降低。不锈钢有利于减少点蚀的流速为 1 m/s 左右，若流速过大，则将发生冲刷腐蚀。

五、控制点蚀的措施

从影响点蚀的因素出发，防止点蚀的措施可以从两方面考虑。

（一）从材料角度出发

（1）添加耐点蚀的合金元素。加入适量的耐点蚀的合金元素，降低有害杂质，可降低材料的点蚀敏感性。例如，添加抗点蚀的合金元素 Cr、Mo、Si 和 N，降低钢中 C、S、P 等有害元素和杂质，会明显提高不锈钢在含 Cl^- 溶液中耐点蚀的性能。实践证明，高 Cr 量与高 Mo 量相配合的钢种耐点蚀效果较显著；采用精炼方法除去钢中所含的 C、S、P 等杂质，不锈钢的耐点蚀性能会得到进一步提高。

（2）选用耐点蚀的合金材料。避免在 Cl^- 浓度超过拟选用的合金材料临界 Cl^- 浓度值的环境条件中使用这种合金材料。在海水环境中，不宜使用 18-8 型的 Cr-Ni 不锈钢制造的管道、泵和阀等。例如，原设计寿命要求达 10 年以上的大型海水泵，由于选用了这类 Cr-Ni 不锈钢制造的泵轴，结果仅使用了半年就断裂报废。这是由于在海水中 Cl^- 浓度已超过了这种材料不发生点蚀的临界 Cl^- 浓度值，这类 Cr-Ni 不锈钢在海水中极易诱发点蚀，最后导致材料的早期腐蚀疲劳断裂。可见，不仅点蚀本身对工程机构有极大的破坏性，而且，它往往还是诱发和萌生应力腐蚀开裂和腐蚀疲劳断裂等低应力脆性断裂裂纹的起始点。近十几年来发展了很多耐点蚀不锈钢，这些钢中都含有较多的 Cr、Mo，有的还含有 N，而碳含量都低于 0.03%。双相钢及高纯铁素体不锈钢抗点蚀性能都是良好的。钛和钛合金有最好的抗点蚀性能。

（3）保护好材料表面。在设备的制造、运输、安装过程中，不要碰伤或划破材料表面膜；焊接时注意焊渣等飞溅物不要落在设备表面上，更不能在设备表面上引弧。

（二）从环境、介质角度出发

（1）改善介质条件。如降低溶液中 Cl^- 含量，防止 Fe^{3+} 及 Cu^{2+} 存在，降低温度，提高 pH 值等皆可减少点蚀的发生。

（2）使用缓蚀剂。特别在封闭系统中使用缓蚀剂最有效，用于不锈钢的缓蚀剂有硝酸盐、铬酸盐、硫酸盐和碱，最有效的是亚硝酸钠。但要注意，缓蚀剂用量不足反而会加速腐蚀。

（3）控制适当流速。不锈钢等钝化型材料在滞流或缺氧的条件下易发生点蚀，控制适当流速可减轻或防止点蚀的发生。

（三）电化学保护

用阳极法抑制点蚀，把金属的极化电位控制在临界孔蚀电位以下，使电位低于 E_b，最好低于 E_p，使不锈钢处于稳定钝化区，这称为钝化型阴极保护，应用时要特别注意严格控制电位。

第四节 缝 隙 腐 蚀

一、缝隙腐蚀特点

由于金属表面上存在异物或结构上的原因会形成 $0.025\sim0.1mm$ 的缝隙，这种在腐蚀环境中因金属部件与其他部件(金属或非金属)间存在间隙，引起缝隙内金属加速腐蚀的现象称为缝隙腐蚀。

在工程结构中，一般需要将不同的结构件相互连接，缝隙是不可避免的。缝隙腐蚀将减小部件的有效几何尺寸，降低吻合程度。缝内腐蚀产物体积的增大，易形成局部应力，并使装配困难，因此应尽量避免。

二、缝隙腐蚀产生条件

（1）不同结构件的连接，如金属和金属之间的铆接、螺纹连接，以及各种法兰盘之间的衬垫等金属和非金属之间的接触等都可以引起缝隙腐蚀。

（2）金属表面的沉积物、附着物、涂膜等，如灰尘、沙粒、沉积的腐蚀产物，也会引起缝隙腐蚀。

三、缝隙腐蚀特征

（1）可发生在所有的金属和合金上，特别容易发生在靠钝化作用耐蚀的金属材料表面。但它们对缝隙腐蚀的敏感性有所不同，具有自钝化特性的金属或合金对缝隙腐蚀的敏感性较高，不具有自钝化能力的金属和合金，如碳钢等对缝隙腐蚀的敏感性较低。

（2）几乎所有的腐蚀性介质都有可能引起金属的缝隙腐蚀。介质可以是酸性、中性或碱性的溶液，但一般以充气的、含活性阴离子(如 Cl^- 等)的中性介质最易引起缝隙腐蚀。

（3）遭受缝隙腐蚀的金属，在缝隙内呈现深浅不一的蚀坑或深孔。缝隙口常有腐蚀产物覆盖，即形成闭塞电池。因此缝隙腐蚀具有一定的隐蔽性，容易造成金属结构的突然失效，具有相当大的危害性。

（4）与点蚀相比，同一金属或合金在相同介质中更易发生缝隙腐蚀。对点蚀而言，原有的蚀孔可以发展，但不产生新的蚀孔，而在发生缝隙腐蚀电位区间内，缝隙腐蚀既能发展，又能产生新的蚀坑，原有的蚀坑也能发展，所以，缝隙腐蚀是一种比点蚀更为普遍的局部腐蚀。

（5）与点蚀一样，造成缝隙腐蚀加速进行的根本原因是闭塞电池的自催化作用。换言之，光有氧浓差作用而没有自催化作用，不至于构成严重的缝隙腐蚀。

四、缝隙腐蚀机理

缝隙腐蚀过程一般可以分为初始阶段和发展阶段。初始阶段时，缝隙内外的全部金属表面进行着金属阳极溶解和氧的阴极去极化反应。

微阳极：
$$M \longrightarrow M^{n+} + ne$$

微阴极：
$$O_2 + 2H_2O + 4e \longrightarrow 4OH^-$$

因缝隙内滞留状态使氧迅速消耗且难以得到补充，缝隙内氧化还原反应很快终止，缝内外形成氧浓差电池。此时缝隙内金属的阳极溶解过程在继续，而氧还原的阴极反应已全部转移到缝隙外金属表面进行，加之大阴极（缝外）与小阳极（缝内）的面积关系，又加速了缝内金属溶解反应，二次腐蚀产物渐渐在缝口形成，逐渐发展成为典型的闭塞电池，使缝隙腐蚀进入发展阶段，此时缝内溶液中积聚了大量溶解的带正电的金属离子。这时溶液中氯离子迁入缝内的保持电中性，同时形成金属盐类，接着发生氯化物水解，使酸度增加，pH 值降低，这更加促进了缝隙内金属阳极溶解。这一过程反复循环，就形成了缝隙腐蚀的自催化过程。

从机理分析中可见，缝隙腐蚀和点蚀有许多相似的地方，尤其在腐蚀发展阶段上更为相似。有人曾把点蚀看作是一种以蚀孔作为缝隙的缝隙腐蚀，但只要把两种腐蚀加以分析和比较，就可以看出两者有本质上的区别。

（1）从腐蚀发生的起因来看，点蚀强调金属表面的缺陷导致形成点蚀核，而缝隙腐蚀强调金属表面的合适缝隙导致形成缝隙内外的氧浓差。点蚀必须在含活性阴离子的介质中才会发生，而后者即使在不含活性阴离子的介质中也能发生。

（2）从腐蚀过程来看，点蚀是通过逐渐形成闭塞电池，然后才加速腐蚀的，而缝隙腐蚀由于事先已有缝隙，腐蚀刚开始很快便形成闭塞电池而加速腐蚀。点蚀闭塞程度较大，缝隙腐蚀闭塞程度较小。

（3）从腐蚀形态看，点蚀的蚀孔窄而深，缝隙腐蚀的蚀坑相对广而浅。

五、缝隙腐蚀影响因素

金属缝隙腐蚀的发生与许多因素有关，主要有材料因素、几何因素和环境因素。

（1）材料因素。大多数工业用金属或合金都可能会产生缝隙腐蚀，而对于耐蚀性依靠氧化膜或钝化层的金属或合金，对缝隙腐蚀尤为敏感。不锈钢中随着 Cr、Mo、Ni、N、Cu、Si 等元素含量的增高，增加了钝化膜的稳定性和钝化、再钝化能力，使其耐缝隙腐蚀性能有所提高。例如，0Cr18Ni8Mo3 这种奥氏体不锈钢，是一种能耐多种苛刻介质腐蚀的优良合金，也会产生缝隙腐蚀。

（2）几何因素。影响缝隙腐蚀的重要几何因素包括缝隙宽度和深度以及缝隙内、外面积比等。一般发生缝隙腐蚀的缝宽为 0.025~0.1mm 的范围，最敏感的缝宽为 0.05~0.1mm，超过 0.1mm 就不会发生缝隙腐蚀，而是倾向于发生均匀腐蚀。在一定限度内缝隙愈窄，腐蚀速度愈大。由于缝隙内为阳极区，缝隙外为阴极区，所以缝内外面积比愈大，缝隙内腐蚀速度愈大。

（3）环境因素：

① 溶液中氧的浓度。溶解氧的浓度若大于 0.5mg/L 时，便会引起缝隙腐蚀。而且随着氧浓度增加，缝外阴极还原更易进行，缝隙腐蚀加速。

② 腐蚀介质流速。对缝隙腐蚀有双重影响。一方面，当流速增加时，缝外溶液中含氧量相应增加，缝隙腐蚀增加；另一方面，对由于沉积物引起的缝隙腐蚀，当流速加大时，有可能把沉积物冲掉，相应使缝隙腐蚀减轻。

③ 温度的影响。一般来说，温度越高，缝隙腐蚀的危险性越大。

④ pH 值。只要缝外金属仍处于钝化状态，则随着 pH 值下降，缝内腐蚀加剧。

⑤ 溶液中 Cl⁻ 浓度。通常介质中的 Cl⁻ 浓度愈高，发生缝隙腐蚀的可能性愈大，当 Cl⁻ 浓度超过 0.1% 时，便有缝隙腐蚀的可能。

六、缝隙腐蚀控制措施

如前所述，几乎所有的金属和合金在几乎所有的腐蚀性介质中都有可能产生缝隙腐蚀，因此，用改变材料的方法避免缝隙腐蚀是很困难的。防止缝隙腐蚀最好的方法是通过合理的设计和施工避免形成和消除缝隙。

(1) 合理设计与施工。例如，从防止缝隙腐蚀的角度来看，施工时应尽量采用焊接，而不宜采用铆接或螺栓连接；对接焊优于搭接焊；焊接时要焊透，避免产生焊孔和缝隙；搭接焊的缝隙要用连续焊、钎焊等方法将其封塞。

垫片不宜采用石棉、纸质等吸湿性材料，使用橡胶垫片、聚四氟乙烯垫片等较好。长期停车时，应取下湿的垫片和填料。

热交换器的花板与热交换管束之间，用焊接代替胀管，或先胀后焊。

对于几何形状复杂的海洋平台节点处，采用涂料局部保护。避免在长期的使用过程中，由于沉积物的附着而形成缝隙。

若在结构设计上不可能采用无缝隙方案，亦要避免金属制品的积水处，使液体能完全排净。要便于清理和去除污垢，避免锐角和静滞区(死角)，以便出现沉积物时能及时清除。

(2) 阴极保护。如果缝隙难以避免时，可采用阴极保护，如在海水中采用锌或镁的牺牲阳极法。

(3) 选用耐缝隙腐蚀的材料。如果缝隙实在难以避免，也可选用耐缝隙腐蚀的材料。一般 Cr、Mo 含量高的合金，其抗缝隙腐蚀性较好，如含 Mo、含 Ti 的不锈钢、超纯铁素体不锈钢、铁素体奥氏体双相不锈钢以及钛合金等。Cu-Ni、Cu-Sn、Cu-Zn 等铜基合金也有较好的耐缝隙腐蚀性能。

(4) 介质处理。带缝隙的结构若采用缓蚀剂法防止缝隙腐蚀，一定要采用高浓度的缓蚀剂才行。由于缓蚀剂进入缝隙时常受到阻滞，其消耗量大，如果用量不当反而会加速腐蚀。如有可能，应设法除去介质中的悬浮固体，这不仅可以防止沉积(垢下)腐蚀，还可以降低管道的阻力和设备的动力。

第五节　晶　间　腐　蚀

一、晶间腐蚀特征

金属材料在特定的腐蚀介质中沿着材料的晶粒边界或晶界附近发生腐蚀，使晶粒之间丧失结合力的一种局部破坏的腐蚀现象称为晶间腐蚀。晶间腐蚀破坏主要发生在金属晶粒的边界上。从外观上看，金属表面没有明显变化，但晶粒间的结合力已大大削弱，严重时材料强度完全丧失，轻轻一击就碎了。不锈钢焊件在其热影响区(敏化温度的范围内)容易引起对晶间腐蚀的敏化。晶间腐蚀常常会转变为沿晶应力腐蚀开裂，而成为应力腐蚀裂纹的起源。在极端的情况下，可以利用材料的晶间腐蚀过程制造合金粉末。

二、发生条件

（1）多晶体的金属和合金本身的晶粒和晶界的结构和化学成分存在差异。

（2）晶界处的原子排列较为混乱，缺陷和应力集中、位错和空位等在晶界处积累，导致溶质、各类杂质（如 S、P、B、Si 和 C 等）在晶界处吸附和偏析，甚至析出沉淀相（碳化物、σ 相等），从而导致晶界与晶粒内部的化学成分出现差异，产生了形成腐蚀微电池的物质条件。

（3）当这样的金属和合金处于特定的腐蚀介质中时，晶界和晶粒本体就会显现出不同的电化学特性。

（4）在晶界和晶粒构成的腐蚀原电池中，晶界为阳极，晶粒为阴极。由于晶界的面积很小。构成"小阳极-大阴极"结构。

三、晶间腐蚀机理

1. 贫乏理论

贫乏理论认为，晶间腐蚀是由于晶界易析出第二相，造成晶界某一成分的贫乏。现以奥氏体不锈钢 1Cr18Ni9 为例介绍贫乏理论，1Cr18Ni9 之所以在氧化性或弱氧化性介质，如充气的 NaCl 溶液或 50%H_2SO_4 溶液中产生晶间腐蚀，多数是由于含碳量较高和热处理不当造成的。固溶状态下的不锈钢，在 400～850℃温度范围内加热或缓慢冷却 1～2h 的情况下，会出现晶间腐蚀敏感性。出现晶间腐蚀敏感性的温度称为敏化温度，在一定敏化温度下加热一定时间的热处理称为敏化处理。1Cr18Ni9 产生晶间腐蚀的原因是经过敏化处理后，在晶界 C 与 Cr 形成 $Cr_{23}C_6$ 化合物，析出的 $Cr_{23}C_6$ 化合物中 Cr 的含量比奥氏体基体中 Cr 含量高很多，而且在析出的过程中，C 的扩散阻力小，能较快到达晶界，而 Cr 在奥氏体中扩散阻力大，形成碳化物时，必定要消耗晶界附近的 Cr，导致晶界附近的含 Cr 量低于钝化必须的限量（即 12%Cr），从而形成贫铬区，其宽度约为 10μm。当处于适宜的介质条件下，就会形成腐蚀原电池，$Cr_{23}C_6$ 化合物及其晶粒为阴极，贫铬区为阳极而遭受腐蚀。

2. 第二相析出理论——晶间 σ 相析出

对于低碳和超低碳不锈钢来说，不存在碳化物在晶界析出引起贫铬的条件。但一些试验表明，低碳和超低碳不锈钢，特别是高铬钼钢，在 650～850℃受热时，在强氧化性介质中，或其电位处于过钝化区，也会发生晶间腐蚀，这种晶间腐蚀与 σ 相析出有关。σ 相是 FeCr 的金属间化合物，含 Cr 质量分数为 0.18～0.54，σ 相在晶界的析出，同样会引起晶界区贫铬，由此导致晶间腐蚀。

3. 晶界吸附理论

该理论认为，杂质元素 P、Si 在晶界偏聚和选择性溶解导致了晶间腐蚀。试验表明，超低碳奥氏体不锈钢 18Cr9Ni 在 1050℃固溶处理后，在强氧化性介质（如硝酸加重铬酸盐）中也会发生晶间腐蚀。显然，这不能用贫铬理论和 σ 相析出理论来解释。经过研究，将这类晶间腐蚀归于晶界吸附溶质 P 等产生电化学侵蚀而造成晶界吸附性溶解所致。其依据之一是，对 14Cr-4Ni 合金在 115℃的 5 mol/L HNO_3+4g/L Cr^{6+} 溶液中进行腐蚀试验的研究表明，含 C 高达 0.1%，并没有产生晶间腐蚀，而 P 含量大于 0.01%，腐蚀量就显著增加。电子金相分析也未发现有晶界沉积物存在。同时，试验发现晶界吸附造成的晶界硬化与晶界腐蚀敏感性相一致。

4. 应力理论

该理论认为，铁素体不锈钢经过高温固溶和空冷后会显示晶间腐蚀趋势，是源于第二相沉淀时所产生的内应力，即在第二相析出的过程中，会导致其周围邻近的晶体点阵发生畸变，这种畸变可产生巨大的内应力。具有巨大内应力的畸变区在腐蚀介质中显示出优先溶解的阳极行为。因此，只要在晶界有引起巨大内应力的第二相析出，就不可避免地会产生晶间腐蚀。快冷能抑制导致晶格产生巨大内应力的第二相析出，从而避免晶间腐蚀的出现。经过650~815℃退火处理也能消除晶间腐蚀倾向，其原因在于消除了内应力。

四、影响因素

通过以上机理分析可见，在腐蚀介质中，金属及合金的晶粒与晶界显示出明显的电化学不均一性，这种变化或是由于金属或合金在不正确的热处理时产生的金相组织变化引起的，或是由晶界区存在的杂质或沉淀相引起的。

晶间腐蚀的发生与合金成分、结构以及加工及使用温度有关。

1. 加热温度与时间

固溶处理的奥氏体不锈钢若在450~850℃温度范围内保温或缓慢冷却，此时的钢就有了晶间腐蚀的敏感性。

实际生产中，产生晶间腐蚀敏感性一般有以下三种情况：

（1）从退火处理温度慢冷，在大部分产品中这是常见的现象，这是因为通过敏化温度范围冷却速度比较慢所致；

（2）在敏化温度范围内为了消除应力而停留几个小时，如在593℃；

（3）在焊接过程中，焊缝的两边在敏化温度范围内加热数秒或数分钟而产生敏感性，即所谓焊接热影响区。

2. 合金成分

（1）碳。显然，奥氏体不锈钢中碳含量愈高，晶间腐蚀倾向愈严重。不仅产生晶间腐蚀倾向的加热温度和时间的范围扩大，晶间腐蚀程度也加重。

（2）铬、镍。Cr 含量增高，有利于减弱晶间腐蚀倾向；而 Ni 含量增高，会降低 C 在奥体中的溶解度，增加不锈钢晶间腐蚀敏感性。

（3）钛、铌。Ti 和 Nb 与 C 的亲和力大于 Cr 与 C 的亲和力，高温时能形成稳定的碳化物 TiC、NbC，从而大大降低了钢中的固溶碳量，使 Cr 的碳化物难以析出，从而降低了产生晶间腐蚀倾向的敏感性。

3. 腐蚀介质

酸性介质中晶间腐蚀较严重（如 H_2SO_4、HNO_3 等），含 Cu^{2+}、Hg^{2+}、Cr^{6+} 介质可促进发生晶间腐蚀；化工介质，如尿素、海水、水蒸气（锅炉）等也可发生晶间腐蚀。

五、晶间腐蚀控制措施

1. 降低含碳量

低碳不锈钢，甚至是超低碳不锈钢，可有效减少碳化物析出造成的晶间腐蚀。实践表明，如果奥氏体不锈钢的含碳量低于0.03%时，即使钢在700℃长期退火，对晶间腐蚀也不会产生敏感性。

2. 合金化

加入与碳亲和力大的合金元素，如 Ti、Nb 等，析出 TiC 或 NbC，避免贫铬区的形成。对于含 Ti、Nb 的18-8不锈钢，在高温下使用，一般都要经过稳定化处理（在常规固溶处理后，还要在850~900℃保温1~4h，然后空冷至室温，以充分生成TiC、NbC）。

3. 适当热处理

含碳量为0.06%~0.08%的奥氏体不锈钢，要在1050~1100℃进行固溶处理；对具有晶间腐蚀倾向的铁素体不锈钢，如1Cr17，在700~800℃进行退火处理；含钛、铌的钢要进行稳定化处理。

4. 适当的冷加工

在敏化前进行30%~50%的冷形变，可以改变碳化物的形核位置，促使沉淀相在晶内滑移带上析出，减少在晶界的析出。

5. 调整钢的成分，形成双相不锈钢

由于相界的能量更低，碳化物择优在相界析出，从而减少了在晶的沉淀。

第六节　选择性腐蚀

选择性腐蚀是由于通过腐蚀过程多元合金中较活泼组分的优先溶解，是属于化学成分的差异而引起的。在二元或三元以上合金中，较贵的合金元素为阴极，次之的为阳极，构成腐蚀原电池，较贵的合金元素保持稳定或重新沉淀，而次之的合金元素发生阳极溶解。发生选择性腐蚀后，可能引起合金颜色的改变，金属变得比较轻，多孔并失去了金属原有的力学性能，变得很脆。比较典型的选择性腐蚀是黄铜脱锌和铸铁的石墨化腐蚀。类似的腐蚀过程还有铝青铜脱铝、磷青铜脱锡、硅青铜脱硅以及钴钨合金脱钨腐蚀等。

一、黄铜脱锌

（一）脱锌特征

黄铜即Cu-Zn合金，加锌可提高铜的强度、耐冲蚀性能，但随着锌含量的增加，脱锌腐蚀及应力腐蚀开裂将变得更加严重。黄铜脱锌即锌被选择性地溶解，而留下了多孔的富铜区，从而导致合金强度大大下降。

脱锌有两种形态：一种是均匀型或层状腐蚀，多发生于含锌量高的合金中，而且总是发生在酸性介质中；另一种是不均匀的带状或栓状脱锌，多发生于含锌量低的黄铜合金中及中性、碱性或弱酸性介质中，用作海水热交换器的黄铜经常出现这类脱锌腐蚀。

（二）脱锌机理

人们对脱锌机理的认识尚不一致，多数人认为黄铜脱锌分三步：①黄铜溶解；②锌离子留在溶液中；③铜镀回基体上。脱锌反应如下：

阳极反应：$\qquad Zn \longrightarrow Zn^{2+} + 2e \qquad Cu \longrightarrow Cu^+ + e$

阴极反应：$\qquad O_2 + 2H_2O + 4e \longrightarrow 4OH^-$

Zn^{2+}留在溶液中，而Cu^+迅速与溶液中的氯化物反应，形成Cu_2Cl_2，接着Cu_2Cl_2分解

$$Cu_2Cl_2 \longrightarrow Cu + CuCl_2$$

这里的Cu^{2+}参与阴极还原反应，使铜又沉淀到基体上。总的效果是锌溶解，留下多孔的铜。

（三）防止脱锌的措施

（1）改善环境，如脱氧或阴极保护，但不经济。

（2）选用对脱锌不敏感的黄铜，如红黄铜（含Zn<15%的铜锌合金）。

（3）在α黄铜中加入抑制脱锌的元素（砷、锑和磷）。一般地，加入少量砷（0.04%）可

有效地防止黄铜脱锌。加入磷容易引起晶间腐蚀，但这种方法对 $\alpha+\beta$ 黄铜是无效的，在 $\alpha+\beta$ 黄铜中加入一定量的 Sn、Al、Fe、Mn，虽然能减少脱锌腐蚀，但不能避免这种腐蚀。

砷的作用在于降低了 Cu^{2+} 浓度，抑制 Cu_2Cl_2 分解

$$3Cu^{2+}+As \longrightarrow 3Cu^++As^{3+}$$

α 黄铜在中性水溶液中，电位低于 Cu^{2+}/Cu 的电位，而高于 Cu^+/Cu 的电位，显然只有前者能生成活性铜。α 黄铜脱锌必须经过 Cu_2Cl_2 分解形成 Cu^{2+} 的过程，而砷能抑制 Cu^{2+} 产生，也就抑制了 α 黄铜的脱锌。另外，As^{3+} 还可优先沉积在基体上，增加了合金吸氧过电位，因此降低了 α 黄铜的脱锌速度。

对应 $\alpha+\beta$ 黄铜，Cu^{2+}/Cu 和 Cu^+/Cu 的电位都高于 $\alpha+\beta$ 黄铜的电位，即 Cu^{2+}、Cu^+ 可参与阴极反应，从而加速脱锌过程。因此，加入砷对 $\alpha+\beta$ 黄铜脱锌不起抑制作用。

二、石墨化腐蚀

石墨化腐蚀有时称为"石墨化"，它是脱合金元素的一种形式。例如，灰口铸铁中的石墨以网络状分布在铁素体中，在介质为盐水、矿水、土壤(尤其是含硫酸盐的土壤)或极稀的酸性溶液中，发生了铁基体的选择性腐蚀，石墨对铁为阴极，形成腐蚀原电池，铁被溶解后，成为石墨、孔隙和铁锈构成的多孔体，使铸铁失去了强度和金属性能。灰铸铁在土壤、海水等环境中使用常常发生选择性腐蚀，埋地管线石墨化是一个非常缓的过程，由于难以监测，管道石墨化腐蚀使管道强度降低造成的破裂常常带来巨大的经济损失。

第七节 应力腐蚀

一、应力腐蚀开裂现象

受一定拉伸应力作用的金属材料在某些特定的介质中，由于腐蚀介质和应力的协同作用而发生的脆性断裂现象。

应力腐蚀开裂通常具有如下特点：①通常在某种特定的腐蚀介质中，材料在不受应力时腐蚀甚微；②受到一定的拉伸应力时(可远低于材料的屈服强度)，经过一段时间后，即使是延展性很好的金属也会发生脆性断裂；③断裂事先没有明显的征兆，往往造成灾难性的后果。

二、应力腐蚀发生条件

一般认为发生应力腐蚀开裂需要同时具备三个基本条件。

1. 敏感材料

几乎所有的金属或合金在特定的介质中都有一定的应力腐蚀开裂(SCC)敏感性，合金和含有杂质的金属比纯金属更容易产生 SCC。一般认为纯金属不会发生 SCC。据报道，纯度达99.999%的铜在含氨介质中没有发生腐蚀断裂，但含质量分数为 0.004%P 或 0.01%Sb 时，则发生过应力腐蚀开裂。

2. 拉伸应力(分量)

该拉伸应力来源于外加载荷造成的工作应力或者是加工、冶炼、焊接、装配过程中产生的残余应力、温差产生的热应力及相变产生的相变应力。

3. 特定腐蚀介质表

表 3-2 列出了各种合金发生应力腐蚀的常见环境。每种合金的 SCC 只对某些特定的介质敏感，并不是任何介质都能引起 SCC。

表 3-2　各种发生应力腐蚀的合金/环境体系

合　金	腐　蚀　介　质
低碳钢	热硝酸盐溶液、过氧化氢
碳钢和低合金钢	氢氧化钠、三氯化铁溶液、氢氰酸、沸腾氯化镁(MgCl 质量分数为 42%)溶液、海水
高强度钢	蒸馏水、湿大气、氯化物溶液、硫化氢
奥氏体不锈钢	氯化物溶液、高温高压含氧高纯水、海水、F⁻、Br⁻、NaOH-H₂S 水溶液、NaCl-H₂O₂ 水溶液、二氯乙烷等
铜合金	氨蒸气、汞盐溶液、含 SO₂ 大气、氨溶液、三氯化铁、硝酸溶液
镍合金	氢氧化钠溶液、高纯蒸汽
铝合金	氯化钠水溶液、海水、蒸汽、含 SO₂ 大气、熔融氯化钠、含 Br⁻ 和 I⁻ 水溶液
镁合金	硝酸、氢氧化钠、氢氟酸溶液、蒸馏水、NaCl-H₂O₂ 水溶液、NaCl-K₂CrO₄ 溶液、海洋大气、湿空气
钛合金	含 Cl⁻、Br⁻、I⁻ 水溶液、N₂O₄、甲醇、三氯乙烯、有机酸

三、应力腐蚀特征

1. 典型的滞后破坏

材料在应力和腐蚀介质共同作用下，需要经过一定时间使裂纹形核、裂纹亚临界扩展，并最终达到临界尺寸，发生失稳断裂。

孕育期：裂纹萌生阶段，即裂纹源成核所需时间，约占整个时间的 90% 左右。

裂纹扩展期：裂纹成核后直至发展到临界尺寸所经历的时间。

快速断裂期：裂纹达到临界尺寸后，由纯力学作用使裂纹失稳瞬间断裂。

整个断裂时间，与材料、介质、应力有关，短则几分钟，长可达若干年。对于一定的材料和介质，应力降低，断裂时间延长。对大多数的腐蚀体系来说，存在一个临界应力 σ_{th}(临界应力强度因子 K_{ISCC})，在此临界值以下，不发生 SCC。

2. 裂纹分为晶间型、穿晶型和混合型

SCC 裂纹分为晶间型、穿晶型和混合型三种。晶间型裂纹沿晶界扩展，如软钢、铝合金、铜合金、镍合金等，显微断口呈冰糖块状。穿晶型裂纹穿越晶粒而扩展，如奥氏体不锈钢、镁合金等；混合型如钛合金，微观断口往往具有河流花样、扇形花样、羽毛状花样等形貌特征。

裂纹的途径取决于材料与介质，同一材料因介质变化，裂纹途径也可能改变。应力腐蚀裂纹的主要特点是：①裂纹起源于表面；②裂纹的长宽不成比例，相差几个数量级；③裂纹扩展方向一般垂直于主拉伸应力的方向；④裂纹一般呈树枝状；⑤SCC 裂纹扩展速度快，一般为 $10^{-6} \sim 10^{-3}$ mm/min，比均匀腐蚀快约 10^6 倍，仅为纯机械断裂速度的 10^{-10} 倍；⑥SCC 是一种低应力的脆性断裂。

断裂前没有明显的宏观塑性变形，大多数条件下是脆性断口-解理、准解理或沿晶。由于腐蚀的作用，断口表面颜色暗淡，可见腐蚀坑和二次裂纹。

四、应力腐蚀机理

目前关于应力腐蚀机理有多种不同看法，主要分为阳极溶解型和氢致开裂型两大类。应该指出对某些材料-环境体系的应力腐蚀很难是某种机理单独作用的结果，而是两种机理可能共同起着作用。例如，铝合金的应力腐蚀通常认为是阳极溶解机理，但研究表明它也能从水溶液或水蒸气吸附氢而导致晶间应力腐蚀。

（一）阳极溶解型应力腐蚀机理

在大多数情况下，在腐蚀环境中，金属通常是被钝化膜覆盖，不与腐蚀介质相接触。只有膜遭受局部破坏后，裂纹才能形成核，并在应力作用下裂纹尖端才有可能延某一择优路径定向活性溶解，导致裂纹扩展，最终发生断裂。按这种理论，应力腐蚀要经历膜破裂-溶解-断裂这三个阶段。

1. 膜破裂导致裂纹形核

吸附膜、氧化膜、反应产物膜等表面膜可因电化学作用或机械作用发生局部破坏，使裂纹形核。电化学作用是由点蚀、晶间腐蚀等诱发应力腐蚀裂纹形核。在不发生点蚀情况下，如腐蚀电位处于活化-钝化或钝化-过钝化电位区，由于钝化膜处于不稳定状态，应力腐蚀裂纹容易在较薄弱的部位形核。机械作用是因膜的可裸露新鲜的金属表面，该处将发生定向阳极溶解，导致应力腐蚀第二阶段——裂纹扩展。

2. 裂纹定向溶解导致裂纹扩展

只有在裂纹形核后裂纹高速溶解，而裂纹壁保持钝态情况下，裂纹才能不断地扩展。由于裂纹特殊的几何形状构成了闭塞区，在自催化作用下，裂纹快速溶解成为可能。如晶粒保持钝态，晶界具有较高活性时，裂纹沿晶界活性途径扩展，造成晶间应力腐蚀。这就是裂纹发展的预存活性途径。而另一途径为应力产生的活性途径，裂纹尖端附近的应变集中强化了无膜裂纹尖端的溶解，而裂尖的阳极溶解又有利于位错的发生、增值和运动，促进了裂尖局部塑性变形，使应变进一步集中，又加速了裂尖的溶解，这种溶解和局部应变的协同作用造成延性或强度较基体金属差，受力变形后局部破裂、诱发应力腐蚀裂纹形核。如零件结构上的沟槽、材料缺陷、加工痕迹、附着的异物都可能引起应力应变集中或导致有害离子浓缩而引起诱发裂纹。

3. 断裂

在应力腐蚀扩展到临界尺寸时，裂纹失稳导致纯机械断裂。

（二）氢致开裂型应力腐蚀机理

在很多情况下，用纯粹的电化学溶解很难解释 SCC 的脆性断口形貌和 SCC 的速度。这种机理承认 SCC 必须首先有腐蚀，蚀坑或裂纹内形成闭塞电池，局部平衡使裂纹根部或蚀坑底部具备低的 pH 值，满足了由于腐蚀的阴极反应产生氢，氢原子扩散到裂纹尖端金属内部，使这一区域变脆，在拉应力作用下发生脆断。目前几乎都认为，在 SCC 过程中，氢起了重要作用。有关氢脆的机理有许多，如氢进入金属内部将降低裂缝前缘原子间结合能；或由于吸附氢使表面能降低；造成很高的内压力；促进位错运动和发射；生成氢化物等。

五、影响 SCC 的因素

影响应力腐蚀的主要因素有三个，即力学因素，环境因素，材料因素。

（一）力学因素

拉应力是导致应力腐蚀的推动力，包括：

（1）工作应力。即工程构件一般在工作条件下承受外加载荷引起的应力。

（2）在生产、制造、加工过程中，如铸造、热处理、冷热加工变形、焊接、切削加工等过程中引起的残余应力。残余应力引起的应力腐蚀事故占有相当大的比例。

（3）由于腐蚀产物在封闭裂纹内的体积效应，可在垂直裂纹面方向产生拉应力导致应力腐蚀开裂。

总之，对应力腐蚀破裂而言，拉应力是有害的，压应力是有益的。

（二）环境因素

应力腐蚀发生的环境因素是比较复杂的。介质种类、浓度、杂质、温度、pH 值等参数都会影响应力腐蚀的发生。材料表面所接触的环境，即外部环境又称为宏观环境，而裂纹内狭小区域环境称为微观环境。宏观环境会影响微观环境，而局部区域如裂缝尖端的环境对裂缝的发生和发展有更为直接的重要作用。

宏观环境最早发现应力腐蚀是在特定的材料–环境组合中发生的。但近十几年实践中，仍不断在发现特定材料发生应力腐蚀的新的、特定的环境。例如 Fe-Cr-Ni 合金，不仅在含 Cl^- 溶液中，而且在硫酸、盐酸、氢氧化钠、纯水（含微量 F^- 或 Pb）和蒸汽中也可能发生应力腐蚀破裂；蒙乃尔合金在高温氟气中也可能发生应力腐蚀破裂等。

环境的温度、介质的浓度和溶液的 pH 值对应力腐蚀发生各有不同的影响。

特别要指出的是，温度对应力腐蚀发生有重要影响。例如，316 及 347 型不锈钢在 Cl^-（875mg/L）溶液中就有一个临界破裂温度（约 90℃），当温度低于该温度，试件长期不发生应力腐蚀开裂。

关于浓度的影响，只是发现宏观环境中如 Cl^- 或 OH^- 越高，应力腐蚀敏感性越强。

溶液的 pH 值下降会使应力腐蚀敏感性增大，开裂时间缩短。

（三）材料因素

材料因素主要是指合金成分、组织结构和热处理以及材料表面状态的影响。

以奥氏体不锈钢在氯化物介质中应力腐蚀开裂为例。

（1）合金成分的影响。不锈钢中加入一定量的 Ni、Cu、Si 等可改善耐应力腐蚀性能，而 N、P 等杂质元素对耐应力腐蚀性能是有害的。

（2）组织结构的影响。具有面心立方结构的奥氏体不锈钢易产生应力腐蚀，而体心立方结构的铁素体不锈钢较难发生应力腐蚀。

（3）热处理影响。如奥氏体不锈钢敏化处理后，应力腐蚀敏感性增大。

（4）材料表面状态的影响。材料表面的缺陷，如焊接过程中的飞溅物、气孔等或安装、使用过程中的碰伤、划伤，都有可能成为裂纹源。

六、防止 SCC 的措施

防止 SCC 的措施应针对具体材料使用的环境，考虑到有效、可行和经济性等方面因素来选择，一般可从应力、环境和材料三方面因素来考虑。

（一）降低或消除应力

（1）首先应改进结构设计。设计时要尽量避免和减少局部应力集中。对应力腐蚀事故分析表明，由残余应力引起的事故所占比例最大，因此在加工、制造、安装中应尽量避免产生较大的残余应力。结构设计时应尽量采用流线形设计，选用大的曲率半径，将边、缝、孔置于低应力或压应力区，防止可能造成腐蚀液残留的死角，使有害物质（如 Cl^-、OH^-）浓缩；应尽量避免缝隙。

对焊接设备要尽量减少聚集的焊缝，尽可能避免交叉焊缝以减少残余应力。闭合的焊缝越少越好：最好采用对接焊，避免搭接焊，减少附加的弯曲应力。

（2）采取热处理工艺消除加工、制造、焊接、装配中造成的残余应力。如钢铁材料可在 500~600℃ 处理 0.5~1h，然后缓慢冷却。对于那些有可能产生应力腐蚀开裂的设备特别是内压设备，焊接后均需进行消除焊接应力的退火处理。又如，高强度铝合金，通过时效处理，可降低应力腐蚀开裂的敏感性。

（3）改变金属表面应力的方向。既然引起应力腐蚀开裂的应力为拉应力，那么给予一定的压缩应力可以降低应力腐蚀开裂的敏感性，如采用喷丸、滚压、锻打等措施，都可减小制造拉应力。

（4）严格控制制造工艺。对制造工艺必须严格控制，特别是焊接的设备、焊接工艺尤为重要。例如，未焊透和焊接裂缝往往就可以扩展而形成应力腐蚀开裂；另外，应保证焊接部件在施焊过程中伸缩自如，防止因热胀冷缩形成内应力。

（二）严格控制腐蚀环境

（1）为了防止 Cl⁻、OH⁻ 等的浓缩，一方面要防止水的蒸发，另一方面还应对设备定期清洗。有的水中 Cl⁻ 含量虽然很低，但不锈钢表面由于 Cl⁻ 的吸附、浓缩，腐蚀产物中 Cl⁻ 含量可以达到很高的程度。因此，对于像不锈钢换热器这样的设备很有必要进行定期清洗和及时排污，防止局部地方 Cl⁻ 浓缩，高温设备更应如此。

（2）由于应力腐蚀与温度有很大关系，应控制好环境温度，条件许可应降低温度使用，还应考虑减少内外温差。

要控制好含氧量和 pH 值。一般说来，降低氧含量、升高 pH 值是有益的。

（3）添加缓蚀剂（又称腐蚀抑制剂）。对一些有应力腐蚀敏感性的材料-环境体系，添加某种缓蚀剂，能有效降低应力腐蚀敏感性。如储存和运输液氨的低合金钢容器常发生应力腐蚀开裂，防止措施就是保持 0.2% 以上的水，效果良好，这里所加的水就是缓蚀剂。

（三）选择适当的材料

（1）一种合金只有在特定的介质中，才会发生应力腐蚀开裂。因此在特定环境中选择没有应力腐蚀开裂敏感性的材料，是防止应力腐蚀的主要途径之一。化工过程中广泛采用的奥氏体不锈钢装置就发生过大量的应力腐蚀开裂事故。从材料观点看来，既要选择具有与奥氏体不锈钢相当或超过它的耐全面腐蚀的能力，又要有比它低的应力腐蚀开裂敏感性。镍基合金、铁素体不锈钢、双相不锈钢、含高硅的奥氏体不锈钢等，都具有上述的优越性能。

（2）开发耐应力腐蚀的新材料以及改善冶炼和热处理工艺。采用冶金新工艺，减少材料中的杂质，提高纯度；通过热处理改变组织，消除有害物质的偏析、细化晶粒等，都能减少材料应力腐蚀敏感性。

（3）保护好材料表面。在设备的制造、运输、安装过程中，不要碰伤或划破材料表面膜；焊接时注意焊接过程中的一切缺陷，如飞溅物、气孔等可以形成裂纹源，进而引发出应力腐蚀开裂。不锈钢设备的焊接更需要谨慎。

（四）采用保护性覆盖层

保护性覆盖层种类很多，主要是电镀、喷镀、渗镀等所形成的金属保护层和以涂料为主体的非金属保护层。

使用对环境不敏感的金属作为敏感材料的镀层，可减少材料对应力腐蚀的敏感性。铝、锌等金属保护层在有些情况下可以起到缓和或防止应力腐蚀开裂的作用。非金属覆盖层用得最多的是涂料，可使材料表面与环境隔离。

（五）电化学保护

应力腐蚀开裂发生在活化-钝化和钝化-过钝化两个敏感电位区间，可以通过控制电位进行阴极保护或阳极保护防止 SCC 的发生。

第八节 腐蚀疲劳

一、腐蚀疲劳的概念及特征

材料或构件在交变应力和腐蚀环境共同作用下引起的材料疲劳强度降低并最终导致脆性断裂现象称为腐蚀疲劳。交变应力是指应力的大小、方向，或大小和方向都随时间发生周期性变化的一类应力。在船舶推进器、涡轮叶片、汽车的弹簧和轴、泵轴和泵杆、矿山的钢绳等常出现这种破坏。在化工行业中，在泵及压缩机的进、出口管连接处，间歇性输送热流体的管道、传热设备、反应釜等，都有可能因承受（因振动产生的）交变应力或周期性温度变化而产生腐蚀疲劳。

事实上，只有在干燥纯空气中的疲劳通常称为疲劳。而腐蚀疲劳是指除干燥纯空气以外的腐蚀环境中的疲劳行为。一般，随着环境介质腐蚀作用的增强，疲劳极限下降。

腐蚀环境与交变应力共同作用下的腐蚀疲劳有下列特征：

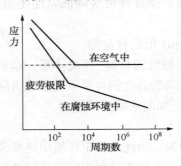

图 3-2　纯机械疲劳和
腐蚀疲劳的应力周期曲线

（1）在干燥纯空气中的疲劳存在着疲劳极限，但腐蚀疲劳往往已不存在明确的腐蚀疲劳极限。一般规律是：在相同应力下，腐蚀环境中的循环次数大为降低，而在同样循环次数下，无腐蚀环境所承受交变应力要比腐蚀环境下的大得多。如图 3-2 所示。

（2）与应力腐蚀不同，纯金属也会发生腐蚀疲劳，而且不需要材料-腐蚀环境特殊组合就能发生腐蚀疲劳。金属在腐蚀介质中，不管是处于活化态或钝态，在交变应力下都可能发生腐蚀疲劳。

（3）腐蚀疲劳裂纹多起源于表面腐蚀坑或表面缺陷处，往往成群出现，容易观察到有短而粗的裂纹群。腐蚀疲劳裂纹主要是穿晶型，但也可出现沿晶或混合型，并随腐蚀发展而裂纹变宽。

（4）腐蚀疲劳强度与其材料耐蚀性有关。耐蚀材料的腐蚀疲劳强度随抗拉强度提高而提高；耐蚀性差的材料尽管它的疲劳极限与抗拉强度有关，但在海水、淡水中的腐蚀疲劳强度与抗拉强度无关。

（5）腐蚀疲劳断裂属脆性断裂，没有明显宏观塑性变形，断口有疲劳特征（如疲劳辉纹），又有腐蚀特征（如腐蚀坑、腐蚀产物、二次裂纹等）。

二、腐蚀疲劳的机理

腐蚀疲劳的定义已说明其是在交变应力和腐蚀环境共同作用的结果，所以研究机理时往往将纯疲劳机理与电化学腐蚀作用结合起来考虑，蚀孔应力集中模型和滑移带优先溶解模型是最有代表性的两种机理模型。

1. 蚀孔应力集中模型

该模型认为，首先是腐蚀环境使金属表面产生蚀孔，在点蚀底部由于交变应力发生应力集中产生滑移。滑移台阶发生阳极溶解，使逆向加载时表面不能复原，形成裂纹源，反复加载使裂纹不断扩展。

2. 滑移带优先溶解模型

在某些合金中，如碳钢腐蚀疲劳裂纹萌生不是发生在点蚀底部，虽然也产生了点蚀。所以又提出了另一种裂纹萌生机理，认为在交变应力作用下产生驻留滑移带，挤出、挤入处由于位错密度高，或杂质在滑移带沉积等原因，是原子具有较高的活性，故受到优先腐蚀。在交变载荷作用下，变形区为阳极，导致腐蚀疲劳裂纹形核，未变形区为阴极，反复加载应力作用下促进裂纹扩展。

三、腐蚀疲劳的影响因素

影响腐蚀疲劳的因素可从三方面来讨论，即力学因素、环境因素和材料因素。

（一）力学因素

（1）应力交变(循环)频率。当应力交变频率很高时，腐蚀作用不明显，以机械疲劳为主；当应力交变频率很低时，又与静拉伸应力的作用相似；只是在某一频率范围内最容易产生腐蚀疲劳。这是因为低频循环增加了金属和腐蚀介质的接触时间。

（2）交变幅度。交变幅度增大，腐蚀速度也随之增大。一般，大幅度、低频率的交变应力更容易加快腐蚀疲劳。

（3）应力集中。表面缺陷处易引起应力集中引发裂纹，尤其对腐蚀疲劳初始影响较大。但随疲劳周次增加，对裂纹扩展影响减弱。

（二）环境因素

（1）介质的腐蚀性。一般来讲介质的腐蚀性越强，腐蚀疲劳强度越低。而腐蚀性过强时，形成腐蚀疲劳裂纹可能性减少，裂纹扩展速度下降。在介质中添加氧化剂，可提高钝化金属的腐蚀疲劳强度。

（2）介质 pH 值。当介质 pH<4 时，疲劳寿命较低；当 pH 值在 4~10 时，疲劳寿命逐渐增加；pH>12 时与纯疲劳寿命相同。

（3）温度。温度对腐蚀疲劳有显著的影响。随温度升高，腐蚀现象越发严重，疲劳寿命逐渐下降。

（三）材料因素

（1）耐蚀性。耐蚀性较好的金属，如钛、青铜、不锈钢等，对腐蚀疲劳敏感性较小；耐蚀性较差的高强铝合金、镁合金等对腐蚀疲劳敏感性较大。

（2）材料的组织结构成分。研究表明，材料中成分偏析程度、夹杂物含量及分布、缺陷等，是腐蚀疲劳寿命下降的重要原因。

（3）材料的强度。提高金属或合金的强度对改善纯力学疲劳是有利的，因为可阻止裂纹形核，但对腐蚀疲劳却有害，因为一旦因腐蚀诱发形成裂纹后，高强合金比低强材料的裂纹扩展速度要快得多，所以高强合金抗腐蚀疲劳的性能比较差。

（4）另外，如表面残余的压应力对耐腐蚀疲劳性能比拉应力好。

（5）在材料的表面有缺陷处(或薄弱环节)易发生腐蚀疲劳断裂。施加某些保护镀层(或涂层)也可改善材料耐腐蚀疲劳性能。

四、腐蚀疲劳的控制方法

（1）尽量消除或减少交变应力。首先是合理设计，注意结构平衡，采用合理的加工、装配方法以及消除应力等措施减少构件的应力；其次要提高机器、设备的安装精度和质量，避免颤动、振动或共振出现；生产中还要注意控制工艺参数(如温度、压力)，减少波动。

（2）正确选材与优化材料。可以采用改善和提高耐蚀性的合金化元素来提高合金耐腐蚀疲劳性能，如在不锈钢中增加 Cr、Ni、Mo 等元素含量能改善海水中的耐点蚀性能，也改善了耐腐蚀疲劳性能。另外，选择强度低的钢种，可降低腐蚀疲劳的敏感性。

（3）保护材料表面。可造成材料表面压应力或采用表面涂镀层来改善耐腐蚀疲劳性能，如镀锌钢丝可提高耐海水的腐蚀疲劳寿命。

（4）电化学保护。采用阴极保护可改善海洋金属结构的耐腐蚀疲劳性能。

（5）添加缓蚀剂。例如，加重铬酸盐可以提高碳钢在盐水中耐腐蚀疲劳性能。

第九节　磨损腐蚀

一、磨损腐蚀的概念和特征

腐蚀流体和金属表面间以较高速度做相对运动而引起金属的腐蚀损坏，称为磨损腐蚀。从某种程度上讲，这种腐蚀是流动引起的腐蚀，亦称流体腐蚀。只有当腐蚀电化学作用与流体动力学作用同时存在、交互作用，磨损腐蚀才会发生，缺一不可。在腐蚀性流体作用下，金属以溶解的离子状态脱离表面，或是生成固态腐蚀产物，然后受高速流体的机械冲刷脱离表面，从而加速腐蚀。

暴露在运动流体中的所有类型的金属设备、构件都可能遭受磨损腐蚀。例如，管道系统，特别是弯头、三通，泵和阀及其过流部件，鼓风机、离心机、推进器、叶轮、搅拌桨叶，有搅拌的容器、换热器、透平机叶轮等，经常出现这类腐蚀。

磨损腐蚀往往具有以下特征：

（1）磨损腐蚀的外表特征是槽、沟、波纹、圆孔和山谷形，还常常显示有方向性。在许多情况下，磨损腐蚀是在较短的时间内就能造成严重的破坏，而且破坏往往出乎意料。因此，特别要注意，绝不能把静态的选材试验数据不加分析地用于动态条件下的选材，应该在模拟实际工况的动态条件下进行实验才行。

（2）大多数的金属和合金都会遭受磨损腐蚀。依靠产生某种表面膜（钝化）的耐蚀金属，如铝和不锈钢，当这些保护性表层受流动介质的破坏或磨损，金属腐蚀会以很高的速度进行着，结果形成严重的磨损腐蚀。而软的、容易遭受机械破坏或磨损的金属，如铜和铅，也非常容易遭受磨损腐蚀。

（3）许多类型的腐蚀介质都能引起磨损腐蚀，包括气体、水溶液、有机介质和液态金属，悬浮在液体或气体中的固体颗粒（或第二相）对磨损腐蚀特别有害。

（4）湍流引起的磨损腐蚀常位于冷凝器或换热器管的入口处，冲击引起的磨损腐蚀常发生流体改变运动方向的地方，如管子的弯头、三通容器正对入口管的部位等。

二、磨损腐蚀的影响因素

在流动体系中，影响磨损腐蚀的因素很多。除影响一般腐蚀的所有因素外，直接有关的因素如下：

（1）流速。流速在磨损腐蚀中起重要作用，它常常强烈地影响腐蚀反应的过程和机理。一般说来，随流速增大，腐蚀速度随之增大。开始时，在一定的流速范围内，腐蚀速度随之缓慢增大。当流速高达某临界值时，腐蚀速度急剧上升。

在高流速的条件下，不仅均匀腐蚀随之严重，而且出现的局部腐蚀也随之严重。

（2）流动状态。流体介质的运动状态有两种：层流与湍流。介质流动状态不仅取决于流体的流速，而且与流体的物性有关，也与设备的几何形状有关。不同的流动状态具有不同的流体动力学规律，对流体腐蚀的影响也很不一样。湍流使金属表面的液体搅动程度比层流时剧烈得多，腐蚀的破坏也更严重。例如，工业上常见的冷凝器、管壳式换热器的入口管端的

"进口管腐蚀"就是典型例子。这是由于流体从大口径管突然流入小口径管，介质的流动状态改变而引起的严重湍流腐蚀。除高流速外，有凸出物、沉积物，缝隙、突然改变流向的截面以及其他能破坏层流的障碍存在，都能引起这类腐蚀。

（3）材料因素。①表面膜。材料表面形成的保护性膜，它的性质、厚度、形态和结构，以及膜的稳定性、附着力、生长和剥离都与流体对材料表面的剪切力和冲击力密切相关。如不锈钢是依靠钝化而耐蚀的，在静滞介质中，这类材料完全能钝化，所以很耐蚀；可在高流速运动的流体中，却不耐磨损腐蚀。对碳钢和铜而言，随流速增大，从层流到湍流，表面腐蚀产物膜的沉积、生长和剥离对腐蚀均起着重要的作用。②耐磨性能。一般，较软的金属，耐磨性能较差，更容易遭受磨损腐蚀。但耐磨性能好的金属材料往往耐蚀性能降低（如马氏体不锈钢）。因此在实际生产中，应根据具体工况下机械作用和腐蚀作用的相对强弱程度，选择合理的耐磨损腐蚀材料。

（4）第二相。当流动的单相介质中存在第二相（通常是固体颗粒或气泡、液滴）时，特别是在高流速下，腐蚀明显加剧。随着流体的运动，固体颗粒对金属表面的冲击作用不可忽视。它不仅破坏金属表面上原有的保护膜，而且也使在介质中生成的保护膜受到破坏，甚至会使材料机体受到损伤，从而造成材料的严重腐蚀破坏。另外，颗粒的种类、浓度、硬度、尺寸对磨损腐蚀也有显著影响。

三、磨损腐蚀的特殊形式

由高速流体引起的磨损腐蚀，其表现的特殊形式主要有湍流腐蚀和空泡腐蚀两种。

（1）湍流腐蚀。在设备或部件的某些特定部位，介质流速急剧增大形成湍流。由湍流导致的金属加速腐蚀称之为湍流腐蚀。例如，管壳式热交换器离入口管端高出少许的部位，正好是流体从大管径转到小管径的过渡区间，此处便形成了湍流，磨损腐蚀严重。这是由于湍流不仅加速阴极去极剂的供应量，而且又附加了一个流体对金属表面的剪切应力，这个高剪切应力可使已形成的腐蚀产物膜剥离并随流体带走，如果流体中还含有气泡或固体颗粒，还会使切应力的力矩增大，使金属表面磨损腐蚀更加严重。当流体进入列管后很快又恢复为层流，层流对金属的磨损腐蚀并不显著。

遭受湍流腐蚀的金属表面常呈现深谷或马蹄形凹槽，蚀谷光滑没有腐蚀产物积存，根据蚀坑的形态很容易判断流体的流动方向。

构成湍流腐蚀除流体速度较大外，不规则的构件形状也是引起湍流的一个重要条件，如泵叶轮、蒸汽透平机的叶片等构件是容易形成湍流的典型的不规则几何构型。

在输送流体的管道内，管壁的腐蚀是均匀减薄的，但在流体突然改向处，如弯管、U形换热管等的弯曲部位，其管壁的腐蚀要比其他部位的腐蚀严重，甚至穿洞。这种由高流速流体或含颗粒、气泡的高速流体直接不断冲击金属表面所造成的磨损腐蚀又称为冲击腐蚀，但基本上可属于湍流腐蚀的范畴，这类腐蚀都是力学因素和电化学因素共同作用对金属破坏的结果。

（2）空泡腐蚀。空泡腐蚀是流体与金属构件做高速相对运动，在金属表面局部区域产生涡流，伴随有气泡在金属表面迅速生成和破灭而引起的腐蚀，又称空穴腐蚀或气蚀。在高流速液体和压力变化的设备中，如水力透平机、水轮机翼、船用螺旋桨、泵叶轮等容易发生空泡腐蚀。

当流体速度足够大时，局部区域压力降低，当低于液体的蒸气压时，液体蒸发形成气泡，随流体进入压力升高区域时，气泡会凝聚或破灭。这一过程以高速反复进行，气泡迅速生成又溃灭，如"水锤"作用，使金属表面遭受严重的损伤破坏。这种冲击压力足以使金属发生塑性变形，因此遭受空蚀的金属表面会出　现许多孔洞。

通常，空泡腐蚀的形貌有些类似点蚀，但前者蚀孔分布紧密，且表面往往变得十分粗糙。

四、磨损腐蚀的控制方法

磨损腐蚀的控制通常要根据工作条件、结构形式、使用要求和经济等因素综合考虑。通常为了避免或减缓磨损腐蚀，最有效的方法是合理的结构设计与正确选择材料。

1. 选用能耐磨损腐蚀性较好的材料

选择能形成良好保护性的表面膜的材料，以及在基本不降低材料耐蚀性的前提下，提高材料的硬度，可以增强耐磨损腐蚀的能力。例如，含 14.5%Si 的高硅铸铁，由于有很高的硬度，所以在很多介质中都具有抗磨损腐蚀的良好性能。

2. 合理设计

合理的设计可以减轻磨损腐蚀的破坏。如适当增大管径可减低流速，保证流体处于层流状态。使用流线形的弯头以消除阻力减小冲击作用；为消除空泡腐蚀，应改变设计使流程中流体动压差尽量减小等。设计设备时也应注意腐蚀严重部位、部件检修和拆换的方便，可降低磨损腐蚀的费用。

3. 改变环境

去除对腐蚀有害的成分（如去氧）或加缓蚀剂。特别是采用澄清和过滤除去固体颗粒物，是减轻磨损腐蚀的有效方法。

对工艺过程影响不大时，应降低环境温度。温度对磨损腐蚀有非常大的影响。事实证明，降低环境温度可显著降低磨损腐蚀，例如，常温下双相不锈钢耐高速流动海水的磨损腐蚀性能很好，腐蚀轻微。但当温度升至 55℃，当流速超过 10m/s 时，磨损腐蚀急剧增大。

4. 使用耐磨覆盖层

可以采用在金属（如碳钢、不锈钢）表面涂覆覆盖层的表面工程技术，如整体热喷涂、表面熔覆耐蚀合金、采用高分子耐磨涂层等。相比较而言，采用高分子耐磨涂层较为经济，目前得到广泛的应用。

5. 涂料与阴极保护联合应用

单用涂料不能很好解决磨损腐蚀问题，而当涂料与阴极保护联合，综合了两者的优点，是最经济、有效的一种防护方法。

第十节　氢　损　伤

一、概念和分类

氢损伤是指金属材料中由于氢的存在或氢与金属相互作用，造成材料力学性能变坏的总称。氢损伤可分为氢鼓泡、氢脆、氢腐蚀。氢鼓泡是由于氢进入金属内部而产生的，导致金属局部变形，甚至完全破坏。氢脆也是由于氢进入金属内部引起的，导致韧性和抗拉强度下降。氢腐蚀是由于高温下合金中的组分与氢的反应而引起的。

二、氢的来源

根据氢的来源不同，可分为内氢和外氢两种。内氢是指材料使用前就已存在在其内部的氢，是材料在冶炼、热处理、酸洗、电镀和焊接等过程中吸收的氢。外氢是指材料在使用过程中与含氢介质接触或进行电化学反应(如腐蚀、阴极保护)所吸收的氢。

在冶炼过程中,由于原料或环境含有较高的水分,使熔融钢液溶入过量氢,在随后的凝固过程中来不及扩散出去。钢中的"白点"和铝合金中的"亮点"即由此引起。

焊接是一种局部的冶炼过程,由于焊条药皮中水分或施工环境湿度大,也可将氢带入熔池。

酸洗过程中产生的氢一部分逸出,还有少量氢可能进入金属内部。

电镀过程中工件为阴极,在其表面会有氢气析出,所以难免有部分氢进入工件内部。

在某些氢致气氛(如 H_2、H_2S、H_2O 等)中,氢进入金属基体中。例如在合成氨脱硫装置中的设备。

另外,在电化学腐蚀和应力腐蚀、腐蚀疲劳过程中,也可能产生氢,进入金属基体中。

三、氢的存在形式

在金属中,氢的存在形式多种多样,它以 H^-、H、H^+、H_2、金属氢化物、固溶体、碳氢化合物以及位错气团等形式存在于金属中。当金属中氢含量超过溶解度时,氢原子往往会在金属的缺陷(孔洞、裂纹、晶间)聚集而形成氢分子;氢可与 V、Ti、Nb、Zr 等 IVB 或 VB 族金属以及碱土金属等作用,形成氢化物。

四、氢鼓泡

当环境中含有硫化物、氰化物、含磷离子等阻止放氢反应的成分,氢原子就会进入钢内产生鼓泡。石油工业物料常含有上述成分,氢鼓泡是常见的危害。

(一)机理

对低强度钢,特别是含大量非金属夹杂时,溶液中产生的氢原子很容易扩散到金属内部,大部分 H 通过器壁在另一侧结合为 H_2 逸出,但有少量 H 积滞在钢内空穴,结合为 H_2,因氢分子不能扩散,将积累形成巨大内压,使钢表面鼓泡,甚至破裂。

(二)影响氢鼓泡的因素

首先是介质的影响。随 H_2S 的酸性水溶液 pH 值降低,裂纹发生率增大,随 H_2S 浓度增大,出现裂纹倾向增大。Cl^- 的存在,影响电极反应过程,促进氢的渗透。

其次是温度的影响。因氢鼓泡主要在室温下出现,提高或降低温度可减少开裂倾向。油、气管线如在 60~200℃ 工作,一般不发生这种破坏。

另外降低钢中硫化物夹杂的数量,尤其 MnS 夹杂可改善其氢鼓泡的敏感性。钢中加入 0.2%~0.3%Cu 由于抑制表面反应可减少氢诱发开裂。加入少量的 Cr、Mo、V、Nb、Ti 等元素可改善钢的力学性能,提高基体对裂纹扩展阻力。

(三)防止方法

除去环境中含有硫化物、氰化物、含磷离子等阻止放氢反应的成分最为有效;也可选用无空穴的镇静钢以代替有众多空穴的沸腾钢。此外,可采用氢不易渗透的奥氏体不锈钢或镍的衬里,或橡胶、塑料、瓷砖衬里,加入缓蚀剂等。

五、氢脆

(一)概念

氢脆是在高强钢中晶格高度变形,当 H 进入后,晶格应变更大,使韧性及延展性降低,导致脆化,在外力下可引起破裂。不过在未破裂前,氢脆是可逆的。如进行适当的热处理,使氢逸出,金属可恢复原性能。进入金属的氢常产生于电镀、焊接、酸洗、阴极保护等操作中。应力腐蚀的裂尖酸化后,也将产生氢脆。但阳极腐蚀,已造成永久性损害,与单纯氢脆有别，氢脆与钢内空穴无关。

（二）特点

时间上属于延迟断裂；对含氢量敏感；对缺口敏感；室温下最敏感；发生在低应变速率下；裂纹扩展不连续；裂纹源一般不在表面，裂纹较少有分支现象。

（三）氢脆机理

一般钢的强度越高，氢脆破裂的敏感性越大。它的机理还不十分清楚，较为流行的氢脆理论有以下四种：

（1）氢压理论。该理论认为，在金属中一部分过饱和氢在晶界、孔隙或其他缺陷处析出，结合成氢分子，使这些部位造成巨大的内压力，降低了裂纹扩展所需的内外应力。

（2）吸附氢降低表面能理论。按照 Griffith 公式，材料发生脆性断裂的应力 σ_f 为

$$\sigma_f = \sqrt{\frac{2E\gamma_s}{\pi l}}$$

式中，γ_s 为表面能；E 为杨氏模量；l 为裂纹长度。当裂纹尖端有氢吸附在表面时，使表面能下降，因而使断裂应力下降。

（3）弱键理论。该理论认为氢的 1s 电子进入了过渡金属元素的未填满的 3d 带，因而增加了 d 带电子密度，其结果使原子间的斥力增大，即减弱了原子间的键力，使金属脆化。

（4）氢促进局部塑性变形导致脆断的理论。本理论认为氢致开裂与一般断裂过程的本质是相同的，都是以局部塑性变形为先导，当发展到临界状态时就导致了开裂，而氢的作用只是促进了这一过程。有学者发现氢能促进裂纹尖端局部塑性变形，并在发展到一定程度后裂纹形核、扩展。这是因为通过应力诱导扩散在裂纹尖端附近富集的原子氢与应力共同的作用，促进了该处位错大规模增值与运动，使裂纹前端塑性区增大，且塑性区中变形量也随着时间增长而不断增大，即产生了氢致滞后塑性变形，当变形量继续增大到临界状态则形成不连续的氢致滞后裂纹。在新形成的滞后裂纹前端又会产生新的滞后塑性区，又产生了新的氢致滞后裂纹，随着塑性区中变形量的不断增大，滞后裂纹逐渐长大并相互连接，直到断裂。

（四）防护措施

氢脆防护方法与防氢鼓泡稍有不同，氢脆的防护措施包括：

（1）在容易发生氢脆的环境中，避免使用高强钢，可用 Ni、Cr 合金钢；

（2）焊接时采用低氢焊条，保持环境干燥（水是氢的主要来源）；

（3）电镀液要选择，控制电流；

（4）酸洗液中加入缓蚀剂；

（5）氢已进入金属后，可进行低温烘烤驱氢，如钢一般在 90~150℃脱氢。

六、氢腐蚀

（一）概念

在高温（约 200℃以上）高压氢（压力高于 30MPa）环境中，氢进入金属，产生化学反应。例如，在钢中与渗碳体（Fe_3C）反应，即

$$Fe_3C + 2H_2 \longrightarrow 3Fe + CH_4$$

生成甲烷气体，结果导致材料脱碳，并在材料中形成裂纹或鼓泡，最终是材料力学性能下降，这种现象称为氢腐蚀。氢腐蚀是化学工业、石油炼制、石油化工和煤转化工业等部门中一些临氢装置经常遇到的一种典型损伤形式。

（二）氢腐蚀的三个阶段

氢腐蚀过程一般包括如下三个阶段：

（1）孕育期。此阶段腐蚀率极低，材料机械性能和显微组织无变化，晶界碳化物及其附近有大量亚微型充满甲烷的鼓泡形核。

（2）迅速腐蚀期。此时钢中脱碳十分迅速，甲烷气泡核在钢的晶界上迅速长大，互相连接。当其压力大于材料的强度时，气泡转化为裂纹，导致材料的体积膨胀，力学性能下降。

（3）饱和期。随着材料内部碳的耗尽，腐蚀速率降低，材料的体积不再变化。

（三）影响因素

温度和氢偏压是影响钢发生氢腐蚀的重要因素。因为氢腐蚀属于化学腐蚀，反应速度、氢吸收、碳扩散及裂纹扩展等均属热激活过程，所以温度升高，氢腐蚀速率增大。在一定的氢压条件下，钢发生氢腐蚀存在一最低温度；在一定温度条件下，氢腐蚀的发生需要一定的氢分压。

（四）防护措施

（1）研制和选用适当的合金钢。例如，我国自行研制的 10MoWVNb 抗氢、氮、氨腐蚀用钢，就有良好的抗氢腐蚀性能。

（2）在结构设计上采取措施降低设备的温度与压力。例如，常采用在碳钢或低合金钢压力容器的内壁加套不锈钢内筒衬里，使抗氢腐蚀性能极好的不锈钢与氢直接接触。此时氢可通过内筒扩散到内外之间的间隙中，通过开在外筒上的小孔泻出。小孔并不影响外筒强度，这样外筒只与常压接触，不会发生氢腐蚀。

第四章 典型环境下的金属腐蚀

材料总是在一定的环境中使用。导致金属腐蚀的环境有两类：一类是自然环境，如大气、海水与土壤等；另一类是工业环境，如石油、天然气生产输送过程及石油化工生产中遇到的各种介质，以及酸、碱、盐等溶液和高温气体等。

现已发现，几乎所有材料在自然环境作用下都存在着电化学腐蚀问题。其特点是：自然环境腐蚀是一个渐进的过程，一些腐蚀是在不知不觉中发生的，易为人们所忽视；同时自然环境条件各不相同，差别很大。例如，我国地域辽阔、海岸线长、土壤类型多、大气环境差别大，材料在不同自然环境中的腐蚀速率可以相差数倍至几十倍，而且自然环境腐蚀情况十分复杂，影响因素很多。因此，材料在不同自然环境条件下的腐蚀规律各不相同；同样，在石油、天然气生产输送过程及石油化工生产中的各种介质性质也不同，金属在其中的腐蚀规律也不同。因此，研究掌握各类材料在各种典型环境中的腐蚀规律和特点，对于控制材料的腐蚀、减少经济损失、合理选材、科学用材、采用相应的防护措施具有重要的意义。

第一节 大 气 腐 蚀

金属在大气条件下发生腐蚀的现象称为大气腐蚀。大气腐蚀是金属腐蚀中最普遍的一种。金属材料从原材料库存、零部件加工和装配以及产品的运输和储存过程中都会遭到不同程度的大气腐蚀。例如，表面很光洁的钢铁零件在潮湿的空气中过不多久就会生锈，光亮的铜零件会变暗或产生铜绿。又如长期暴露在大气环境下的桥梁、铁道、交通工具及各种机械设备等都会遭到大气腐蚀。据估计因大气腐蚀而引起的金属损失，约占总腐蚀损失量的一半以上。

随着大气环境的不同，其腐蚀严重程度有着明显的差别。在含有硫化物、氯化物、煤烟、尘埃等杂质的环境中会大大加重金属腐蚀。例如，钢在海岸的腐蚀要比在沙漠中的大 $400 \sim 500$ 倍。离海岸越近，钢的腐蚀也越严重。试验表明，若以 Q235 钢板在拉萨市大气腐蚀速率为1，则青海察尔汗盐湖大气腐蚀速率为4.3，湛江海边为29.4，相差近30倍。又如，空气中的 SO_2 对钢、铜、镍、锌、铝等金属腐蚀的速度影响很大。特别是在高湿度情况下，SO_2 会大大加速金属的腐蚀。

一、大气腐蚀类型及特点

1. 大气腐蚀类型

从全球范围看，纯净大气的主要成分几乎是不变的，只是其中的水分含量随地域、季节、时间等的不同而变化。其中，参与大气腐蚀过程的主要成分是氧和水汽。而大气中的水汽是决定大气腐蚀速率和历程的主要因素。因此，根据大气中的水汽含量把大气分为"干的"、"潮的"和"湿的"三种类型，相应产生的大气腐蚀则分为：

(1) 干的大气腐蚀。这种大气腐蚀也叫干氧化和低湿度下的腐蚀，即金属表面基本上没有水膜存在时的大气腐蚀，属于化学腐蚀中的常温氧化。在清洁而又干燥的室温大气中，大多数金属生成一层极薄的不可见的氧化膜，其厚度为 $1 \sim 4nm$。在室温下某些非铁金属能生成一层可见的膜，这种膜的形成通常称为失泽作用。金属失泽和干氧化作用之间有着密切的关系。

（2）潮的大气腐蚀。这种大气腐蚀是相对湿度在100%以下，金属在肉眼不可见的薄水膜下进行的腐蚀。如铁在没有被雨、雪淋到时生锈。这种水膜是由于毛细管作用、吸附作用或化学凝聚作用而在金属表面上形成的。所以，这类腐蚀是在超过临界相对湿度情况下发生的。此外，它还需要有微量的气体沾污物或固体沾污物存在，当超过临界湿度时，沾污物的存在能强烈地促使腐蚀速率增大，而且沾污物还常会使临界湿度值降低。

（3）湿的大气腐蚀。这是水分在金属表面上凝聚成肉眼可见的液膜层时的大气腐蚀。当空气相对湿度约为100%或水分(雨、飞沫等)直接落在金属表面上时，就发生这种腐蚀。对于潮的和湿的大气腐蚀来说，它们都属于电化学腐蚀。

由于表面液膜层厚度的不同，它们的腐蚀速率也不相同。如图4-1所示。

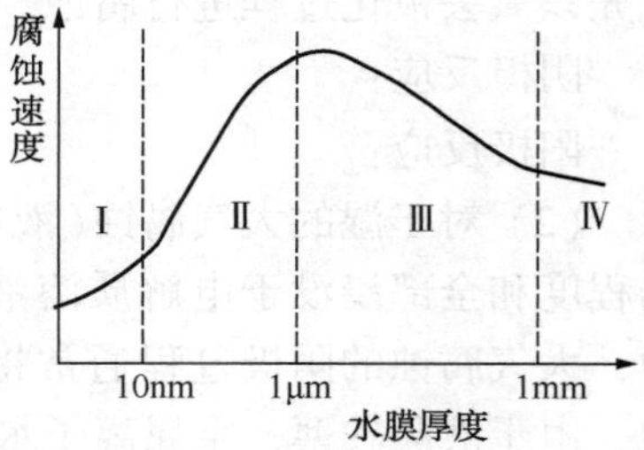

区域Ⅰ：金属表面只有薄薄的一层吸附水膜，约几个水分子厚(10～100 Å)，未形成连续的电解液，相当于干大气腐蚀，腐蚀速率很小。

区域Ⅱ：金属表面液膜厚度增加，约为几十至几百个水分子厚，形成连续的电解液薄层，开始了电化学过程，相当于潮大气腐蚀，此时腐蚀速率急剧增大。

图4-1　大气腐蚀与金属表面水膜厚度的关系

区域Ⅲ：随着液膜继续增厚，水膜变得可见，相当于湿大气腐蚀，此时氧通过液膜扩散到金属表面变得困难，因此腐蚀速率逐渐下降。

区域Ⅳ：金属表面水膜变得更厚(大于1mm)，相当于全浸在电解质溶液中，腐蚀速率基本不变。

随着气候条件和金属表面状态(氧化物、盐类的附着情况)的变化，各种腐蚀形式可以互相转换。例如，在空气中起初以干的腐蚀历程进行的构件，当湿度增大或由于生成吸水性的腐蚀产物时，就会开始按照潮的大气腐蚀形式进行腐蚀。若雨水直接落到金属上时，潮的大气腐蚀又转变为湿的大气腐蚀，而当雨后金属表面上的可见水膜被蒸发掉，又重新按潮的大气腐蚀形式进行腐蚀。但通常所说的大气腐蚀，就是指常温下潮湿空气中的腐蚀。

根据大气腐蚀环境中污染物质的不同，大气的类型又可以分为乡村大气、城市大气、工业大气、海洋大气和海洋工业大气。

（1）乡村大气。乡村大气是洁净的大气环境，空气中不含强烈的化学污染，主要含有机物和无机物尘埃等。影响腐蚀的因素主要是相对湿度、温度和温差。

（2）城市大气。城市大气中的污染物主要是指城市居民生活所造成的大气污染，如汽车尾气、锅炉排放的二氧化硫等。实际上很多大城市往往又是工业城市，或者是海滨城市，所以大气环境的污染相当复杂。

（3）工业大气。工业生产区所排放的污染物中含有大量 SO_2、H_2S 等含硫化合物，所以工业大气环境最大特征是含有硫化物。它们易溶于水，形成的水膜成为强腐蚀介质，加速金属的腐蚀。随着大气相对湿度和温差的变化，这种腐蚀作用更强。很多石化企业和钢铁企业往往规模非常大，大气质量相当差，对工业设备和居民生活造成的污染极其严重。

（4）海洋大气。其特点是空气湿度大，含盐分多。暴露在海洋大气中的金属表面有细小盐粒子的沉降。海盐粒子吸收空气中的水分后很容易在金属表面形成液膜，引起腐蚀。在季节或昼夜变化气温达到露点时尤为明显。同时尘埃、微生物在金属表面的沉积，会增强环境的腐蚀性。所以海洋大气对金属结构的腐蚀比内陆大气，包括乡村大气和城市大气，要严重得多。

（5）海洋工业大气。处于海滨的工业大气环境，属于海洋工业大气，这种大气中既含有化学污染的有害物质，又含有海洋环境的海盐粒子。两种腐蚀介质的相互作用对金属危害更重。

2. 大气腐蚀特点

（1）大气腐蚀基本上属于电化学腐蚀范围。它是一种液膜下的电化学腐蚀，和浸在电解质溶液内的腐蚀有所不同。由于金属表面上存在着一层饱和了氧的电解液薄膜，使大气腐蚀优先以氧去极化过程进行腐蚀。

阴极反应：$$O_2+2H_2O+4e \longrightarrow 4OH^-$$

阳极反应：$$Fe \longrightarrow Fe^{2+}+2e$$

（2）对于湿的大气腐蚀（液膜相对较厚），腐蚀过程主要受阴极控制，但其受阴极控制的程度和全部浸没于电解质溶液中的腐蚀情况相比，已经大为减弱。随着金属表面液层变薄，大气腐蚀的阴极过程通常将更容易进行，而阳极过程相反变得困难。对于潮的大气腐蚀，由于液膜较薄，金属离子水化过程难以进行，使阳极过程受到较大阻碍，而且在薄层电解液下很容易产生阳极钝化，因此腐蚀过程主要受阳极控制。

（3）一般说来，在大气中长期暴露的钢，其腐蚀速率是逐渐减慢的。一方面，固体腐蚀产物（锈层）常以层状沉积在金属表面，增大了电阻和氧渗入的阻力，因而带来一定的保护性；另一方面，附着性好的锈层内层将减小活性阳极面积，增大了阳极极化，使大气腐蚀速率减慢。这也为采用合金化的方法提高金属材料的耐蚀性，指出了有效的途径。例如，钢中含有千分之几的铜，由于生成一层致密的、保护性较强的锈膜，使钢的耐蚀性得到明显提高。

二、大气腐蚀的影响因素

影响大气腐蚀的主要因素包括：大气中的污染物质、气候条件及金属表面状态等。

1. 大气中的污染物质

全球范围内大气中的主要成分一般几乎不变，但在不同的环境中，大气中会有其他污染物，其中对大气腐蚀有影响的腐蚀性气体有：二氧化硫（SO_2）、硫化氢（H_2S）、二氧化氮（NO_2）、氨气（NH_3）、二氧化碳（CO_2）、臭氧（O_3）、氯化氢（HCl）、有机物及尘粒等。

（1）二氧化硫（SO_2）。在大气污染物质中，SO_2对金属腐蚀的影响最大。大气中SO_2主要来源于含硫金属矿的冶炼、含硫煤和石油的燃烧所排放的废气。

由大气暴露试验结果表明，铜、铁、锌等金属的大气腐蚀速率与空气中所含的SO_2量近似地成正比，耐稀硫酸的金属如铅、铝、不锈钢等在工业大气中腐蚀比较慢。

SO_2是无色有刺激性气味的气体，易溶于水。大气中的SO_2气体在氮氧化物或悬浮颗粒中的某些过渡金属元素的化合催化下，部分地被空气中的氧气等氧化为SO_3，遇水即可变稀硫酸，从而加速钢铁等的腐蚀。大气中SO_2对Fe的加速腐蚀是一个自催化反应过程，其反应为

$$Fe+SO_2+O_2 \Longleftrightarrow FeSO_4$$
$$4FeSO_4+O_2+6H_2O \Longleftrightarrow 4FeOOH+4H_2SO_4$$
$$2H_2SO_4+2Fe+O_2 \Longleftrightarrow 2FeSO_4+2H_2O$$

生成的硫酸亚铁又被水解形成氧化物，重新形成硫酸，硫酸又加速铁的腐蚀，反应生成新的硫酸亚铁，再被水解生成硫酸……如此循环往复而使铁不断被腐蚀。研究表明，碳钢的腐蚀速率与大气中的 SO_2 含量成线性关系增大。SO_2 对大气腐蚀的影响还会由于空气中沉降的固体颗粒而加强。

（2）硫化氢（H_2S）。硫化氢在潮湿空气中的存在会加速铁、锌、黄铜，特别是铁和锌均匀腐蚀。主要是由于其溶于水中会形成酸性水膜，增加水膜的导电性。

（3）氯化钠（NaCl）。在海洋大气环境中，海风吹起海水形成细雾，由于海水的主要成分是氯化物盐类，这种含盐的细雾称为盐雾。当夹带着海盐粒子盐雾沉降在暴露的金属表面上时，由于海盐（特别是 NaCl 和 $MgCl_2$）很容易吸水潮解，所以在金属表面形成一层薄薄的液膜，且增大了液膜层的电导；在 Cl^- 作用下，金属钝化膜遭到破坏，丧失保护性，促进了碳钢的腐蚀。

（4）固体颗粒物。城市大气中大约含 $2mg/m^3$ 的固体颗粒物，而工业大气中固体颗粒物含量可达 $1000\ mg/m^3$，估计每月每平方千米的降尘量大于 100t。工业大气中固体颗粒物的组成多种多样，有煤烟、灰尘等碳和碳的化合物、金属氧化物、砂土、硫酸盐、氯化物等，这些固体颗粒落在金属表面上，与潮气组成原电池或氧浓差电池而造成金属腐蚀。固体颗粒物与金属表面接触处会形成毛细管，大气中水分易于在此凝聚。如果固体颗粒物是吸潮性强的盐类，则更有助于金属表面上形成电解质溶液，尤其是空气中各种灰尘与二氧化硫、水共同作用时，腐蚀会大大加剧，在固体颗粒下的金属表面常易发生点蚀。

2. 气候条件

大气湿度、气温及润湿时间、日光照射、风向及风速等是影响大气腐蚀的气候条件。

（1）大气湿度。空气中含有水蒸气的程度叫作湿度，水分愈多，空气愈潮湿。通常以 $1m^3$ 空气中所含的水蒸气的质量（g）来表示潮湿程度，称为绝对湿度。在一定温度下，空气中能包含的水蒸气量不高于其饱和蒸气压。温度愈高，空气中达到饱和的水蒸气量就愈多。所以习惯用某一温度下空气中实际水汽含量（绝对湿度）与同温度下的饱和水汽含量的百分比值定义相对湿度，用符号 RH 表示。如果水汽量达到了空气能够容纳水汽的限度，这时的空气就达到了饱和状态，相对湿度为 100%。在饱和状态下，水分不再蒸发。相对湿度的大小不仅与大气中水汽含量有关，而且还随气温升高而降低。

湿度的波动和大气尘埃中的吸湿性杂质容易引起水分凝结，在含有不同数量污染物的大气中，金属都有一个临界相对湿度。即超过这一临界值，腐蚀速率就会突然猛增；而在临界值以下，腐蚀速率很小或几乎不腐蚀。出现临界值相对湿度，标志着金属表面上产生了一层吸附的电解液膜，这层液膜的存在使金属从化学腐蚀变成了电化学腐蚀，腐蚀大大增强。

一般来说，金属的临界相对湿度在 70% 左右。临界相对湿度随金属种类、金属表面状态及环境气氛的不同而有所不同。Al 腐蚀的临界相对湿度为 80%～85%；Cu 约为 60%；钢铁为 50%～70%；Zn 与 Ni 则大于 70%。在大气中，如含有大量的工业气体，或含有易于吸湿的盐类、腐蚀产物、灰尘等情况下，临界相对湿度要低得多。

（2）气温和温差的影响。空气的温度和温度差对金属大气腐蚀速率有一定的影响。尤其是温度差比温度的影响还大，因为它不但影响着水汽的凝聚，而且还影响着凝聚水膜中气体和盐类的溶解度。

对于温度很高的雨季或湿热带，温度会起较大作用，一般随着温度的升高，腐蚀速率加快。

在一些大陆性气候的地区，日夜温差很大，造成相对湿度的急剧变化，使空气中的水分在金属表面上结露，引起锈蚀；或由于白天供暖气而晚上停止供暖的仓库和工厂；或在冬天将钢铁零件从室外搬到室内时，由于室内温度较高，冷的钢铁表面上就会凝结一层水珠等。这些因素都会促使金属锈蚀，特别是周期性地在金属表面结露，腐蚀更为严重。

（3）日照时间和气温。如果温度较高并且阳光直接照射到金属表面上，由于水膜蒸发速率较快，水膜的厚度迅速减薄，停留时间大为减少。如果新的水膜不能及时形成，则金属腐蚀速率就会下降；如果气温高、湿度大而又能使水膜在金属表面上的停留时间较长，则金属腐蚀速率就会加快。例如，我国长江流域的一些城市在梅雨季节时就是如此。

（4）风向和风速。在沿海地区，在靠近工厂的地区，风将带来多种不同的有害杂质，如盐类、硫化物气体、尘粒等，从海上吹来的风不仅会带来盐分，还会增大空气的湿度，这些情况都会加速金属的腐蚀。

3. 金属表面状态

金属的表面加工方法和表面状态对大气中水汽的吸附凝聚有较大的影响。光亮洁净的金属表面可以提高金属的耐蚀性，加工粗糙的表面比精磨的表面易腐蚀，而经喷砂处理的新鲜且粗糙的表面易吸收潮气和污物，易遭受锈蚀。

金属表面存在污染物质或吸附有害杂质，会进一步促进腐蚀过程。如空气中的固体颗粒落在金属表面，会使金属生锈。一些比表面积大的颗粒（如活性炭）可吸附大气中的 SO_2，会显著增加金属的腐蚀速率。

在固体颗粒下的金属表面常发生缝隙腐蚀或点蚀。有些固体颗粒虽不具腐蚀性，也不具吸附性，但由于能造成毛细凝聚缝隙，促使金属表面形成电解液薄膜，形成氧浓度电池，也会导致缝隙腐蚀。

4. 腐蚀产物膜的影响

腐蚀产物膜在金属表面有一定保护作用，各种金属锈膜结构不同，纯 Fe 上的锈膜为粉状疏松物，腐蚀速度较大，低合金钢锈膜完整致密，附着力好，耐腐蚀性好。

三、防止大气腐蚀的措施

防止金属大气腐蚀的方法很多，可以根据金属制品所处环境及对防腐蚀的要求，选择合适的防护措施。

（1）采用金属或非金属覆盖层是最常用的方法。其中最普通的为涂料保护层，也就是涂漆保护。化工大气腐蚀性特别严重，普通钢铁包括低合金钢在化工大气中使用时，一般都采用金属或非金属覆盖层保护，如利用电镀、喷镀、渗镀等方法镀镍、锌、铬、锡等金属；也有用涂料或玻璃钢等非金属覆盖层来保护钢铁不受大气腐蚀。

（2）采用耐大气腐蚀的金属材料。耐大气腐蚀的金属材料，一般有耐候钢、不锈钢、铝、钛及其合金等。其中工程结构材料多采用耐候钢。如含铜、磷、铬、镍等合金元素的低合金钢就是一类在大气中比普通碳钢耐蚀性要好得多的钢种。

（3）控制环境条件。主要用于局部环境控制，如仓储金属制品的保护。

① 充氮封存。将产品密封在金属或非金属容器内，经抽真空后充入干燥的而纯净的氮气，利用干燥剂使内部保持在相对湿度低于40%以下，因低水分和缺氧，故金属不易生锈。

② 采用吸氧剂。密封容器内控制一定的湿度和露点，以除去大气中的氧，常用的吸氧剂是 Na_2SO_3。

③ 干燥空气封存。亦称控制相对湿度法，是常用的长期封存方法之一。其基本依据是，

在相对湿度不超过35%的洁净空气中一般金属不会生锈，非金属不会长霉，因此，必须在密封性良好的包装容器内充以干燥空气或用干燥剂降低容器内的湿度，形成比较干燥的环境。

（4）注意文明生产，及时除去金属表面的灰尘；开展环境保护，减少大气污染。

（5）使用气相缓蚀剂和暂时性保护涂层。这些都是暂时性的保护方法，主要用于储藏和运输过程中的金属制品的保护。保护钢铁的气相缓蚀剂有亚硝酸二环己胺和碳酸环己胺等。气相缓蚀剂一般有较高的蒸气压，能在金属表面形成吸附膜而发挥缓蚀作用，并随温度升高易挥发，因此使用时应注意密封，以免失效。

暂时性保护涂层和防锈剂有凡士林、石油磺酸盐、亚硝酸钠等。

第二节 水 腐 蚀

一、淡水腐蚀

淡水通常是指雨水、河流湖泊水、地下水及城市自来水等，一般是工业用水的水源，其成分因地区而有很大差异，所以腐蚀特性也有很大不同。

（一）钢铁在淡水中的腐蚀特点

（1）钢铁在淡水中的腐蚀通常是吸氧腐蚀。

阴极反应：$\qquad O_2+2H_2O+4e \longrightarrow 4OH^-$

阳极反应：$\qquad Fe \longrightarrow Fe^{2+}+2e$

溶液中：$\qquad 2Fe+2OH^- \longrightarrow Fe(OH)_2$

$\qquad 2Fe(OH)_2+O_2 \longrightarrow Fe_2O_3 \cdot H_2O$ 或 $2FeOOH$

（2）淡水中钢铁的电化学腐蚀过程通常是阴极氧的扩散控制。

（3）淡水中钢铁腐蚀受环境因素影响较大，材料的影响是次要的。

总之，具有吸氧腐蚀的一般特点。

（二）钢铁在淡水中腐蚀的影响因素

（1）水的pH值。钢铁的腐蚀速率与水的pH值的关系如图4-2所示。图中可见，pH值在4~10范围内，腐蚀速率与水的pH值无太大关系，主要取决于水中氧的浓度；pH值小于4时，氢氧化物覆盖层溶解，发生析氢反应，腐蚀加剧；pH值大于10对，钢铁容易钝化，腐蚀速率下降。

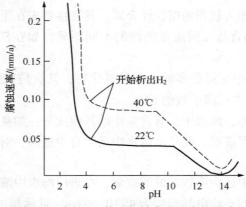

图4-2 水的pH值对钢铁腐蚀速率的影响

（2）水中溶解氧。中性水中，钢铁的电化学腐蚀过程通常是阴极氧的扩散控制，因此，其腐蚀速率与水中溶解氧量及氧的消耗近似呈直线关系。但当氧浓度超过一定值时，钢铁可能产生钝化（在无破坏钝态的离子时），此时腐蚀速率急剧下降。

此外，淡水中溶入的 SO_2、H_2S、NH_3、CO_2 等气体，也会加速水对金属的腐蚀。

（3）电导率。电导率是衡量淡水腐蚀的一个综合指标，凡电导率大的水，其腐蚀性较强。一般，水中含盐量增加，其电导率增大。但当含盐量超过一定浓度后，氧的溶解度降低，腐蚀速率减小。

（4）水中溶解盐种类。从淡水中溶解盐的组成来看，当含有 Cu^{2+}、Fe^{3+}、Cr^{3+} 等阳离子时，能促进阴极过程而使腐蚀加速；而 Ca^{2+}、Zn^{2+}、Fe^{2+} 等离子则具有缓释作用。阴离子中，Cl^-、S^{2-}、ClO^- 等是有害的，而 PO_4^{3-}、NO_2^-、SiO_3^{2-} 等有缓释作用。

（5）水的温度、流速的影响参见第二章第六节的吸氧腐蚀相关内容。

（三）防止淡水腐蚀的措施

（1）覆盖层保护。采用涂料、喷铝或喷铝加涂料等方法防止钢铁设备的腐蚀。

（2）对于循环水系统采用水质稳定处理，即加入阻垢剂防止结垢，加入缓蚀剂（如锌盐、铬酸盐、磷酸盐等）抑制腐蚀，加入杀菌灭藻剂阻止微生物滋生等。

（3）尽可能除去水中的有害成分。如除去氧、Cl^- 及各种机械杂质等。

（4）采用阴极保护。

二、海水腐蚀

金属结构在海洋环境中发生的腐蚀称为海水腐蚀。我国海域辽阔，大陆海岸线长达18000km，拥有近 300 万平方千米的海域。近年来海洋开发受到普遍重视，港口的钢桩、栈桥、跨海大桥、海上采油平台、海滨电站、海上舰船以及在海上和海水中作业的各种机械，无不受到海水腐蚀的侵扰。而且未来的世界会遇到更多海水腐蚀的问题。海洋环境对设施的破坏原因可以大致的归纳为作用力和腐蚀。研究钢铁在海洋及滩涂环境中的腐蚀行为，对采取有效的防腐蚀措施，预防开发设施遭受意外破坏，具有重要的意义。

（一）海水腐蚀的特点

1. 海水的性质及特点

海水是自然界中数量最大并且具有较强腐蚀性的天然电解质溶液，除含有多种盐类外，还含有海洋生物、悬浮泥沙、溶解气体和腐败的有机物质等。作为腐蚀性介质，海水主要有以下特点。

（1）含盐量高。海水作为较强的腐蚀性介质，其特性首先在于它的含盐量相当大，平均含盐量高达 3.5%。海水的含盐量因地区条件的不同而异，如在江河入海口，海水被稀释，含盐量变小。

（2）Cl^- 含量高。海水中含量最多的盐类是氯化物，其次是硫酸盐。氯化物含量占总盐量的 88.7%，Cl^- 的含量约占总离子数的 55%。

除了这些主要成分之外，海水中还有含量小的其他成分，如臭氧、游离的碘和溴也是强烈的阴极去极化剂和腐蚀促进剂。此外，海水中还含有少量的、对腐蚀不产生重大影响的许多其他元素。

（3）含氧量高。海水中还含有较多的溶解氧，在表层海水中溶解氧接近饱和。

（4）电导率高。海水的平均电导率约为 4×10^{-2}S/cm，远远超过河水和雨水。

2. 海水腐蚀的特点

海水作为中性含氧电解液的性质决定了海水中金属腐蚀的电化学特性。电化学腐蚀的基本规律都适用于海水腐蚀。但基于海水本身的特点，海水腐蚀又具有自己的特点。

（1）海水腐蚀是氧去极化过程。只有负电性很强的金属，如镁及其合金，腐蚀时阴极才发生氢的去极化作用。

（2）多数金属在海水中的腐蚀是阴极氧的扩散控制。过程的快慢取决于氧的扩散的快慢。尽管表层海水被氧所饱和，但氧通过扩散到达金属表面的速度却是有限的，也小于氧还原的阴极反应速度。在静止状态或海水流速不大时，金属腐蚀的阴极过程一般受氧到达金属表面的速度控制。所以钢铁等在海水中的腐蚀几乎完全决定于阴极去极化反应。减小扩散层厚度、增加流速，都会促进氧的阴极极化反应，促进钢的腐蚀。如对于普通碳钢、低合金钢、铸铁，海水环境因素对腐蚀速率的影响远大于钢本身成分和组分的影响。

（3）海水中含有大量的 Cl^-，对于大多数金属（如铁、钢、锌、铜等），其阳极极化程度是很小的。对于铁、铸铁、低合金钢和中合金钢来说，在海水中建立钝态是不可能的。由于 Cl^- 的存在，使钝化膜易遭破坏，对于含高铬的合金钢来说，在海水中的钝态也不完全稳定，即使是不锈钢也可能出现小孔腐蚀。只有少数易钝化金属，如钛、锆、铌、钽等，才能在海水中保持钝态，因而有较强的耐海水腐蚀性能。

（4）海水的电导率很大，电阻性阻滞很小，在金属表面形成的微电池和宏观电池都有较大的活性。

在海水中异种金属的接触能造成显著的电偶腐蚀，且作用强烈，影响范围较大。如海船的青铜螺旋桨可引起远达数十米处的钢制船身的腐蚀。再如铁板和铜板同时浸入海水中，让两者接触时，则铁板腐蚀加快，而铜板受到保护。此即为海水中的电偶腐蚀（宏电池腐蚀）现象。即使两种金属相距数十米，只要存在足够的电位差并实现稳定的电连接，就可以发生电偶腐蚀。所以在海水中，必须对异种金属的连接予以重视，以避免可能出现的电偶腐蚀。

（5）海水中除易发生均匀腐蚀外，还易发生局部腐蚀，由于钝化膜的破坏，很容易发生点蚀和缝隙腐蚀。且在高流速的情况下，还易产生空蚀和冲刷腐蚀。

（二）海水腐蚀的影响因素

各个海域的海水性质（如含盐量、含氧量、温度、pH 值、流速、海洋生物等）可以差别很大，同时，波、浪、潮等在海洋设施和海工结构上产生低频往复应力和飞溅的浪花与飞沫的持续冲击；海洋微生物、附着生物和它们新陈代谢的产物（如硫化氢、氨基酸等）对腐蚀过程产生直接与间接的加速作用。加之，海洋设施和海工结构种类、用途以及工况条件上有很大差别，因此它们发生的腐蚀类型和严重程度也各不相同。金属的腐蚀行为与这些因素的综合作用有关。

1. 含盐量

一般，随着海水中含盐量增大，金属腐蚀速率增大，但若盐浓度过大，海水中溶解氧量会下降，故盐浓度超过一定值后，金属腐蚀速率下降。海水中盐的浓度对钢来讲，刚好接近于最大腐蚀速率的浓度范围。此外，海水中含盐量增大，其中的 Cl^- 含量也增大，易破坏金属钝化。

2. 含氧量

大多数金属在海水中发生的是吸氧腐蚀。海水腐蚀是以阴极氧去极化控制为主的腐蚀过程。海水中含氧量增加，可使金属腐蚀速率增加。

海水表面因与大气接触面积相当大，海水还不断受到海浪的搅拌作用并有强烈的自然对流，所以通常海水中含氧量较高。除特殊情况外，可以认为海水表面层被氧饱和。

含盐量的增加和温度的升高，会使溶解氧量有所降低；随海水深度的增加，含氧量减少；海洋绿色植物的光合作用能提高含氧量；海洋动物的呼吸及死生物的分解都要消耗氧，会使含氧量降低。

3. 温度

海水的温度随地理位置和季节的不同在一个较大的范围变化。从两极高纬度到赤道低纬度海域，表层海水的温度可由 0℃ 增加到 35℃。例如，北冰洋海水温度为 2~4℃，热带海洋可达 29℃。温热带海水温度随海水深度而变化，深度增加，水温下降。

海水温度升高，腐蚀速率加快。但是温度升高后，氧在海水中的溶解度下降，金属腐蚀速率减小。但总的效果是温度升高，腐蚀速率增大。因此在炎热的季节或环境中，海水腐蚀速率较大。

4. 流速

海水的流速增大，将使金属腐蚀速率增大。海水流速对铁、铜等常用金属的腐蚀速率的影响存在一个临界值，超过此流速，金属的腐蚀速率显著增加。在平静海水中流速极低、均匀，氧的扩散速度慢，腐蚀速率较低。当流速增大时，因氧扩散加快，使腐蚀加速。对一些在海水中易钝化的金属(如钛、镍合金和高铬不锈钢)，有一定流速反而能促进钝化和耐蚀，但很大的流速，因受介质的冲击、摩擦等机械作用影响，会出现冲刷腐蚀或空蚀。

5. 海洋生物

生物因素对腐蚀影响很复杂，在大多数情况下是加大腐蚀的，尤其是局部腐蚀。海洋中叶绿素植物，可使海水的含氧量增加，是加大腐蚀的。海洋生物放出的 CO_2，使周围海水呈酸性。海洋生物死亡、腐烂可产生酸性物质和 H_2S，因而可使腐蚀加速。

此外，有些海洋生物会破坏金属表面的油漆或金属镀层，因而也会加速腐蚀。甚至由于海洋生物在金属表面的附着，可形成缝隙而引起氧浓差电池腐蚀。

6. 海洋环境

从海洋腐蚀的角度出发，按照构筑物(如采油平台)接触海水的位置不同，可将海洋腐蚀环境划分为几个不同特性的区(带)，即海洋大气区、浪花飞溅区、潮差区、全浸区(又分为浅海区、大陆架区、深海区)和海底泥沙区。图 4-3 是普通碳钢构件在海洋环境不同区带的腐蚀情况。

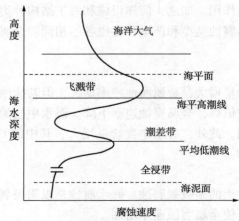

图 4-3　碳钢构件在海洋环境不同区带的腐蚀情况

94

可见，处于干、湿交替区的飞溅带腐蚀最为强烈，这是因为此处海水与空气充分接触，氧供应充足，同时，光照和浪花冲击破坏了金属的保护膜。实验表明：

在这样的环境中放一铁片，它受腐蚀的速度是陆地上的 3～10 倍。潮差带是指平均高潮线和平均低潮线之间的区域。高潮位处因涨潮时受高含氧量海水的飞溅，腐蚀也较严重。高潮位与低潮位之间，由氧浓差作用而受到保护。在紧靠低潮线的全浸带部分，因供氧相对缺少而成为阳极，使腐蚀加速。平静海水处（全浸带）的腐蚀受氧的扩散控制，腐蚀随温度变化，生物因素影响随深度增加腐蚀减弱。污泥区有微生物腐蚀产物（硫化物），泥浆一般有腐蚀性，有可能形成泥浆海水间腐蚀电池，但污泥中溶氧量大大减少，又因腐蚀产物不能迁移，使腐蚀减小。

（三）防止海水腐蚀的措施

1. 正确选材

不同金属材料在海水中的耐蚀性，其差别是很大的。钛合金和镍铬钼合金的耐蚀性最好，铸铁和碳钢较差，铜基合金如铝青铜、铜镍合金也较耐蚀。不锈钢虽耐均匀腐蚀，但易产生点蚀。

大量的海洋工程构件仍然使用普通碳钢或低合金钢。从海水腐蚀挂片试验来看，普通碳钢与低合金钢腐蚀失重相差不大，但腐蚀破坏的情况不同。一般来说，普通碳钢的腐蚀破坏比较均匀，而低合金钢的局部腐蚀破坏比碳钢严重。所以普通碳钢和低合金钢可以用于海洋工程，但必须加以切实的保护措施。

不锈钢在海洋环境中的应用是有限的。除了价格较贵的原因之外，不锈钢在海水流速小和有海洋生物附着的情况下，由于供氧不足，在 Cl^- 作用下钝态容易遭到破坏，促使点蚀发生。另外，不锈钢在海水中还可能出现应力腐蚀破裂。在不锈钢中添加合金元素钼可以提高不锈钢耐点蚀的性能，所以一些适用于海水介质的不锈钢都是含钼的不锈钢。

钛、镍、铜合金在海水中耐蚀性虽好，但价格昂贵，主要用于关键部位。

2. 合理设计与施工

由于海水中容易产生各种局部腐蚀，因此可以通过合理设计与施工，尽量避免形成电偶和缝隙，尽可能减少应力集中和表面缺陷等。

3. 覆盖层保护

这是防止金属材料海水腐蚀普遍采取的方法，如应用防锈涂料、长效金属复合涂层、塑料涂层、厚浆型重防腐涂料等，有时还采用防生物污染的防污漆。对于处在潮差带和飞溅带的某些固定结构物，可以使用蒙乃尔合金包覆。

海洋工程用钢的主要保护措施是在钢的表面施加涂层（如富锌涂料）。但是，任何一种有机涂层长时间浸泡在水溶液中，水分子都会渗过涂层到达金属表面，在涂层下发生电化学腐蚀。而且一旦涂层下的金属表面发生腐蚀过程，阴极反应所生成的 OH^- 会使涂层失去与金属表面的附着力而剥离，另外整个腐蚀过程所产生的固相腐蚀产物也会将涂层挤得鼓起来，所以光用简单的涂料涂层不能起很好的保护作用。为达到更好的保护效果，通常采用涂料和阴极保护相结合的办法。

4. 阴极保护

阴极保护是防止海水腐蚀常用的方法之一，但只在全浸带才有效，是保护海底管线和海工结构水下部分的首选措施。阴极保护又分为外加电流法和牺牲阳极法。外加电流阴极保护便于调节，而牺牲阳极法则简单易行。海水中常用的牺牲阳极有锌合金、镁合金和铝合金。

已有的研究结果表明，对钢质海洋平台的水下部分，不采用涂料，只采用阴极保护同样能得到良好的保护效果。

5. 使用缓蚀剂

海水中加缓蚀剂一般只能用于封闭或循环体系。如在循环冷却用海水中投加缓蚀剂是一种减缓碳钢腐蚀的经济有效的方法。防护涂料底层中添加缓蚀剂，也能取得良好的效果。

第三节 土壤腐蚀

金属或合金在土壤环境中发生的腐蚀称为土壤腐蚀，这是自然界中一类很重要的腐蚀形式。随着现代工业的发展，大量的金属管线（如油管、水管、蒸汽和煤气管道）、通信电缆、地基钢桩及电视塔金属基座等，埋设在地下，由于土壤腐蚀造成管道穿孔损坏，引起油、气、水的渗漏或使电信设备发生故障，甚至造成火灾、爆炸事故。一些地下基础构件的腐蚀破坏会影响地面构筑物的牢固性。这些地下设备往往难以检修，给生产带来很大的损失和危害，因此金属的土壤腐蚀和防护问题受到很大重视。

一、土壤的性质和特点

（一）土壤的性质

（1）土壤的组成。土壤是由各种颗粒状的矿物质、有机物质、水分、空气及微生物等组成的多相并具有生物活性和离子导电性的多孔的毛细管胶体体系。它含有固体颗粒，如砂子、灰、泥渣和植物腐烂后的腐殖土，在这个体系中有许多弯弯曲曲的微孔（毛细管），水分和空气可以通过这些微孔到达土壤深处。

（2）土壤中的水分。土壤中的水分和溶解在这些水中的盐类，使土壤成为电解质。土壤的导电性与土壤的孔隙度、含水量及含盐量等因素有关。土壤越干燥，含盐量越少，其电阻越大；土壤越潮湿，含盐量越多，其电阻越小。干燥而少盐的土壤电阻率可高达 $10000\Omega \cdot cm$，而潮湿而多盐的土壤电阻率可低于 $500\Omega \cdot cm$。土壤电阻率越小，土壤腐蚀越严重。

（3）土壤中的氧。土壤中的氧气，部分存在于土壤的孔隙与毛细管中，部分溶解在水里。土壤中的含氧量与土壤的湿度和结构有密切关系。在干燥的砂土中，含氧量较高；在潮湿的砂土中，含氧量较少；而在潮湿密实的黏土中，含氧量最少。由于湿度和结构的不同，土壤中的含氧量可相差几万倍，这种充气的极不均匀性，也正是造成氧浓差电池腐蚀的原因。

（4）土壤的酸碱性。大多数土壤是中性的，pH 值在 6.0~7.5。有的土壤是碱性的，pH 值在 7.5~9.0。还有些土壤是酸性的，如腐殖土和沼泽土，pH 值为 3.0~6.0。一般认为 pH 值越低，也就是土壤的酸性越强，其腐蚀性越大。

（5）土壤中的微生物。微生物腐蚀是指由微生物直接的或间接的参与腐蚀过程引起金属的破坏，微生物腐蚀往往与电化学腐蚀同时发生，两者很难截然分开。微生物对金属的土壤腐蚀影响最重要的是厌氧的硫酸盐还原菌、硫杆菌和好氧的铁杆菌，微生物对金属的腐蚀，对油田、矿井、水电站、码头、海上建筑和地下设备均有不可忽视的破坏作用。

（二）土壤的特点

金属在土壤中的腐蚀与在电解液中的腐蚀本质上都是电化学腐蚀，但由于土壤作为腐蚀性介质所具有的特性，使土壤腐蚀的电化学过程具有它自身的特点。

（1）多相性。土壤是由土粒、空气、水、有机物等多种组分构成的复杂的多相体系。实际的土壤由这几种不同组分按一定的比例结合在一起。

（2）多孔性。土壤颗粒间形成大量毛细微孔或孔隙，孔隙中充满空气和水，盐类溶解在水中，常形成胶体体系。溶解有盐类和其他物质的土壤是一种特殊的电解质，具有一定的离子导电性。土壤的导电性与土壤的干湿程度及含盐量有关。

（3）不均匀性。土壤的性质和结构是不均匀的、多变的。从小范围看，土粒的大小、气孔多少、水分含量及土壤结构的紧密程度均存在着差异。从大范围看，由于地区的不同，土壤的类型也会不同。土壤中氧浓度与土壤的温度和结构有密切关系，氧含量在干燥沙土中最高，在潮湿沙土中次之，在潮湿密实的粒土中最少。这种含氧量的不均匀性造成土壤的氧浓差电池腐蚀。因此，土壤组成和性质的复杂多变性，使不同的土壤腐蚀性相差很大。

（4）相对固定性。土壤的固体部分对埋设在其中的金属结构来说，是固定不动的，而土壤中的气、液相则可做有限运动。例如，土壤孔穴中的对流和定向流动，以及地下水的移动等。

土壤作为腐蚀性介质所具有的这些特点，必然影响到其电化学过程的特征。

二、土壤腐蚀的电化学过程

土壤中还有一定的水分，是电解质，其腐蚀与在电解液中的腐蚀相同，是一种电化学腐蚀，大多数金属在土壤中的腐蚀为氧的去极化腐蚀。

（一）阴极过程

土壤中的常用结构金属是钢铁，在发生土壤腐蚀时，阴极过程是氧的还原，在阴极区域生成 OH^-：

$$O_2+2H_2O+4e \longrightarrow 4OH^-$$

只有在酸性很强的土壤中，才会发生氢的析出：

$$2H^++2e \longrightarrow H_2 \uparrow$$

在缺氧条件的土壤中，在硫酸盐还原菌的参与下，硫酸根的还原也可作为土壤腐蚀的阴极过程：

$$SO_4^{2-}+4H_2O+8e \longrightarrow S^{2-}+OH^-$$

金属离子的还原，当金属（M）由高价离子获得电子变成低价离子，也是一种土壤腐蚀的阴极过程：

$$M^{n+}+e \longrightarrow M^{(n-1)}$$

实践证明，金属构件在土壤中的腐蚀，阴极过程是主要控制步骤，而这种过程受氧输送所控制。因为氧从地面向地下的金属构件表面扩散，是一个非常缓慢的过程，与传统电解液中的腐蚀不同，在土壤条件下，氧的进入不仅受到紧靠着阴极表面电解质（扩散层）的限制，而且还受到阴极上面整个土层的阻碍，输送氧的主要途径是氧在土壤气相中（孔隙）的扩散。对于颗粒状的疏松土壤来讲，氧的输送还是比较快的。相反，在紧密的高度潮湿土壤中，氧的输送效果是非常低的。尤其是在排水和通气不良，甚至在水饱和的土壤中，因土壤结构很细，氧的扩散速度更低。

（二）阳极过程

钢铁构件在土壤中腐蚀的阳极过程，像在大多数中性电解液中那样，是两价铁离子进入土壤电解质，并发生两价铁离子的水合作用：

$$Fe+nH_2O \longrightarrow Fe^{2+} \cdot nH_2O+2e$$

或简化为

97

$$Fe \longrightarrow Fe^{2+}+2e$$

只有在酸性较强的土壤中，才有相当数量的铁成为二价和三价离子，以离子状态存在于土壤中。在稳定的中性和碱性土壤中，由于 Fe^{2+} 和 OH^- 之间的次生反应而生成 $Fe(OH)_2$：

$$Fe^{2+}+2OH^- \longrightarrow Fe(OH)_2(绿色产物)$$

在阳极区有氧存在时，$Fe(OH)_2$ 能氧化成为溶解度很小的 $Fe(OH)_3$：

$$2Fe(OH)_2+1/2O_2+H_2O \longrightarrow 2Fe(OH)_3$$

通过对大量的低碳钢土壤腐蚀产物的分析发现，$Fe(OH)_3$ 产物是很不稳定的，它转变成更稳定的产物

$$Fe(OH)_3 \longrightarrow FeOOH+H_2O$$

和

$$2Fe(OH)_3 \longrightarrow Fe_2O_3 \cdot 3H_2O \longrightarrow Fe_2O_3+3H_2O$$

FeOOH(赤色产物)有三种主要结晶形态：α-FeOOH、β-FeOOH、γ-FeOOH。$Fe_2O_3 \cdot 3H_2O$ 是一种黑色的腐蚀产物，在比较干燥条件下转变成 Fe_2O_3。

当土壤中存在 HCO_3^-、CO_3^{2-} 和 S^{2-} 阴离子时，与阳极区附近的金属阳离子反应，生成不溶性的腐蚀产物：

$$Fe^{2+}+CO_3^{2-} \longrightarrow FeCO_3$$

$$Fe^{2+}+S^{2-} \longrightarrow FeS$$

低碳钢在土壤中生成的不溶性腐蚀产物与基体结合不牢固，与土壤中细小土粒黏合在一起，形成一种紧密层，有效阻碍阳极过程，尤其在土壤中存在钙离子时，生成的 $CaCO_3$，与铁的腐蚀产物黏合在一起，阻碍阳极过程的作用就更大。这是影响阳极过程的一个重要原因。

在土壤介质中，影响阳极过程的第二个原因是阳极钝化。在土壤中，铁的阳极钝化的历程与在其他电解质中相近，活性离子(如 Cl^-)的存在阻碍阳极钝化的产生；反之，在疏松、透气性好的土壤中，空气中的氧很容易扩散到金属电极表面，促使阳极钝化。

一般金属在潮湿土壤中的腐蚀远比在干燥土壤中严重。根据金属在潮湿、透气不良且含有 Cl^- 的土壤中的阳极极化行为，可以将金属分为四类：

（1）阳极溶解时没有显著阳极极化的金属，如 Mg、Zn、Al、Mn、Sn 等。

（2）阳极溶解的极化率较低，并决定金属离子化反应的过电位，如 Fe、碳钢、Cu、Pb。

（3）因阳极钝化而具有高的起始极化率的金属。在更高的阳极电位下，阳极钝化因土壤中有 Cl^- 而受到破坏，如 Cr、Zr、含铬或铬镍的不锈钢。

（4）在土壤条件下不发生阳极溶解的金属。如 Ti、Ta 是完全钝化稳定的。

根据对土壤腐蚀阴极过程和阳极过程的分析，可以设想可能存在以下几种典型情况。

（1）对大多数土壤来讲，尤其是潮湿和密实的土壤，腐蚀过程主要由阴极过程所控制。

（2）对于疏松和干燥的土壤，腐蚀特征已接近于大气条件的腐蚀，腐蚀过程由阳极过程所控制。

（3）对于长距离宏观电池起作用的土壤来说，电阻因素所引起的作用增加，在这种情况下，土壤的腐蚀可能由阴极-电阻控制，甚至是电阻控制占优势。

三、土壤腐蚀中常见的腐蚀形式

（一）腐蚀宏电池引起的土壤腐蚀

（1）长距离腐蚀宏电池：当金属管道通过结构不同和潮湿程度不同的土壤时(如通过砂

土和黏土时），由于充气不均匀形成氧浓差腐蚀电池。处在砂土中的金属管段，由于氧容易渗入，电位高而成为阴极；而处在黏土中的金属管段，由于缺氧，电位低而成为阳极。这样就构成了氧浓差腐蚀电池，因而使黏土中的金属管段加速腐蚀。

（2）因土壤的局部不均匀性所引起的腐蚀宏电池：土壤中石块夹杂物等的透气性如果比土壤本体的透气性差，则该区域金属就成为腐蚀宏电池的阳极，而和土壤本体区域接触的金属就成为阴极。土壤腐蚀中有许多这样的腐蚀实例。所以在埋设地下金属构件时，回填土壤的密度要均匀，尽量不带夹杂物。

（3）埋设深度不同及边缘效应所引起的腐蚀宏电池：埋在地下的管道（特别是水平埋放，并且直径较大的管子）、金属钢桩、设备底架等，由于各部位所处的深度不同，氧到达的难易程度就会有所不同，因此，就会构成氧浓差电池。埋得较深的地方（如管子的下部），由于氧不容易到达而成为阳极区，腐蚀主要就集中在这一区域。同样，由于氧更容易到达电极的边缘（即边缘效应），因此，在同一水平面上的金属构件的边缘就成为阴极，比成为阳极的构件中央部分腐蚀要轻微得多。例如，石油化工厂的储罐底部若直接与土壤接触，则底部的中央，氧到达困难，而边缘处，氧则容易到达。这样就形成充气不均的宏观氧浓差电池，导致罐底的中部遭到加速腐蚀。

（4）金属所处状态的差异引起的腐蚀宏电池：由于土壤中异种金属的接触、温差、应力及金属表面状态的不同，也能形成腐蚀宏电池，造成局部腐蚀。例如新旧管道连接埋于土壤中所形成的腐蚀。

（二）杂散电流引起的土壤腐蚀

杂散电流是地下的导电体因绝缘不良而漏失出来的电流，或者说是正常电路流出的电流。地下埋设的金属构筑物在杂散电流影响下所发生的腐蚀，称为杂散电流腐蚀或干扰腐蚀。杂散电流的主要来源是直流大功率电气装置，如电气化铁道、有轨电车、电解及电镀车间、电焊机、电化学保护设施和地下电缆等。如电力机车顶上有根架空线，在正常情况下，电流自电源的正极通过电力机车的架空线，再沿铁轨回到电源负极，但当铁轨与土壤间绝缘不良时，有一部分电流就会从铁轨漏失到土壤中。若附近埋设金属管道等构件，杂散电流就会由此良导体通过，再流经土壤及轨道回到电源。此时，土壤作为电解质传递电流，有两个串联的电池存在，即

$$路轨（阳极）\rightarrow 土壤\rightarrow 管线（阴极）$$
$$管线（阳极）\rightarrow 土壤\rightarrow 路轨（阴极）$$

杂散电流从金属管道或路轨流入土壤（电解质）的部位是电解池的阳极区，腐蚀就发生在此处。前者腐蚀的是路轨，暴露在地面上，易被发现，维修也方便；后者腐蚀的是地下管线，不易被发现，且维修也不方便，问题更为严重。此外，杂散电流也能引起钢筋混凝土结构的腐蚀。尤其冬季施工，为了防冻而在混凝土中加入氯化物（如 $NaCl$、$CaCl_2$），其腐蚀就更为严重。

（三）微生物引起的土壤腐蚀

在缺氧的土壤条件下，如密实、潮湿的黏土深处，金属腐蚀过程似较难进行，但是这样条件下却有利于某些微生物的生长，常常发现硫酸盐还原菌的活动而引起强烈的腐蚀。硫酸盐还原菌的活动有促进阴极去极化的作用，生成的硫化氢也有加速腐蚀的作用。因此，在不透气的土壤中如有严重的腐蚀发生，腐蚀生成物为黑色，伴有恶臭，可考虑为硫酸盐还原菌所致的微生物腐蚀。测定土壤的氧化还原电位，有助于判断细菌腐蚀发生的倾向。

四、土壤腐蚀的影响因素

影响土壤腐蚀的因素很多，有土壤的孔隙度（含氧量）、含水量、含盐量、导电性、pH值、杂散电流和微生物等。有些因素相互之间有着密切的联系。

（一）土壤因素

（1）孔隙度。孔隙度大的土壤（如干燥、疏松的砂土），有利于氧的渗透、扩散，含氧量较高，但水的渗透能力强，土壤中不易保持水分。而孔隙度小的土壤（如潮湿、密实的黏土），不利于氧的渗透、扩散，但容易保持水分，土壤的含水量大。

（2）含水量与含氧量。水分的多少对土壤腐蚀影响很大。土壤中含水量对钢制管道的腐蚀速率影响存在一个最大值，即含水量很低时腐蚀速率不大，随着含水量的增加，土壤中盐分的溶解量增大，因而加大腐蚀速率。若水分过多时，因土壤颗粒膨胀堵塞了土壤的孔隙，氧的扩散渗透受阻，腐蚀速率反而减小。

土壤中含氧量实际上就是空气含量。一般，土壤中的含水量与含氧量存在一定的关系，即含水量增加，含氧量减少，反之亦然。土壤中的水和氧此升彼降，同时影响着土壤的腐蚀性，当两者达到某一合适的比例时，土壤腐蚀性达到最大值。因此，一般来讲，水、氧含量交替变化，即干湿不定的土壤腐蚀性强。

（3）含盐量及成分。不同的土壤含盐量相差很大，一般在 2%~5%，土壤中含盐量大，土壤的电导率增高，腐蚀性也增强。土壤中一般含有硫酸盐、硝酸盐和氯化钠等无机盐类。SO_4^{2-}、NO_3^- 和 Cl^- 等阴离子对腐蚀影响较大。Cl^- 对土壤腐蚀有促进作用，海边潮汐区或接近盐场的土壤，腐蚀性更强。在透气性差的含硫酸盐土壤中，常有硫酸盐还原菌繁殖，加速金属腐蚀。而在富含 Ca^{2+}、Mg^{2+} 的石灰质土壤（非酸性土壤）中，因在金属表面形成难溶的氧化物或碳酸盐保护层而使腐蚀减小。

（4）导电性。土壤的导电性受土质、含水量及含盐量等影响。通常，土壤含水量大，可溶性盐类溶解得多，则导电性好，腐蚀性强。一般的低洼地和盐碱地因导电性好，所以有很强的腐蚀性。对于宏观腐蚀电池起主导作用的土壤腐蚀，特别是阴极与阳极相距较远时，为电阻（欧姆）控制，导电性的好坏直接关系到腐蚀速率。

（5）pH值。大多数土壤是中性的，但有些是碱性的砂质黏土和盐碱土，pH值为 7.5~9.5。也有的土壤是酸性腐殖土和沼泽土，pH值为 3.0~6.0。一般认为，酸性土壤比中性、碱性土壤的腐蚀性强。

（6）温度。温度升高能加快氧的渗透扩散速度和金属离子化过程，因此，使腐蚀加速。温度升高，如处于 25~35℃时，最适宜于微生物的生长，从而也加速腐蚀。此外，过高的温度还将促进钢制管道的防护层材料老化。

（7）微生物。土壤中缺氧时，一般难以进行金属腐蚀，因为氧是阴极过程的去极化剂。但当土壤中有细菌，特别是有厌氧的硫酸盐还原菌存在时，会促进腐蚀。其原因是在这些还原菌的生活过程中，能利用氢（如腐蚀过程中阴极区产生的氢原子）或者某些还原物质将硫酸盐还原成硫化物时所放出的能量而繁殖起来。

还有些细菌能有效放出 H_2S、CO_2 等腐蚀性气体，也加速金属的腐蚀过程。

（8）杂散电流。由杂散电流引起的腐蚀，破坏程度与杂散电流的电流强度成正比。杂散电流造成的集中腐蚀破坏是非常严重的，一个壁厚 8~9mm 的钢管，快则几个月就会穿孔。

（二）材料因素

与土壤接触的金属结构材料大多使用碳钢、铸铁和低合金钢（其他金属材料作为结构材料使用时往往不经济而很少使用），其中主要是碳钢。这些材料在土壤中的腐蚀速率差别不大，或者说，材料的成分对土壤腐蚀影响不大，但材料本身的相结构和组织变化（如焊缝及热影响区），对土壤腐蚀则比较敏感。不锈钢在土壤中容易发生局部腐蚀，很少使用；铅适用于含盐量高的土壤，不宜用于酸性土壤和强碱性土壤；铝在透气性不良的酸性或碱性土壤中耐蚀性类似钢铁。

五、防止土壤腐蚀的措施

（1）覆盖层保护。在金属表面施加保护涂层的作用是使金属表面与土壤介质隔离开，以阻碍金属表面上微电池的腐蚀作用。地下金属构件上施加的涂层，通常是有机或无机物质制成的。常用的有石油沥青、煤焦油沥青、环氧煤沥青、聚乙烯胶黏带、聚氨酯泡沫塑料、环氧树脂等。目前用得比较普遍的是煤焦油沥青、环氧树脂涂料和聚氨酸泡沫塑料等。

（2）阴极保护。阴极保护是利用外加电流或牺牲阳极法对金属施加外加阴极电流以减小或防止金属腐蚀的一种电化学保护方法。

（3）联合保护。延长地下管线寿命的最经济有效的方法是把适当的覆盖层和电化学阴极保护法联合使用。涂层与阴极保护联合使用法，不仅可以弥补保护涂层的针孔或破损缺陷造成的保护不完整，而且可以避免单独阴极保护时高电能的消耗。目前为止，金属管线的土壤腐蚀防护都采用涂层和阴极保护联合防腐措施。

（4）土壤处理。利用石灰处理酸性土壤可有效地降低其浸蚀性。在地下构件周围填充石灰石碎块，或移入浸蚀性小的土壤，并设法降低土壤中的水分，也可达到有效控制土壤腐蚀的目的。

第四节　微生物腐蚀

微生物腐蚀是指在微生物生命活动参与下所发生的腐蚀过程。凡是同水、土壤或湿润空气相接触的金属设施，都可能遭到微生物腐蚀。例如，油田汽水系统、深水泵、循环冷却系统、水坝、码头、海上采油平台、飞机燃料箱等一系列装置，都曾发现过受微生物腐蚀的危害。

一、微生物腐蚀的特征

（1）微生物的生长繁殖需具有适宜的环境条件，如一定的温度、湿度、酸度、环境氧及营养源等。

（2）微生物腐蚀并不是微生物直接食取金属，而是微生物生命活动的结果直接或间接参与了腐蚀过程。

（3）微生物腐蚀往往是多种微生物共生、交互作用的结果。

微生物主要由以下四种方式参与腐蚀过程：

（1）微生物新陈代谢产物的腐蚀作用，腐蚀性代谢产物包括无机酸、有机酸、硫化物、氨等，它们能增加环境的腐蚀性。

（2）促进了腐蚀的电极反应动力学过程，如硫酸盐还原菌的存在能促进金属腐蚀的阴极去极化过程。

（3）改变了金属周围环境的氧浓度、盐度、酸度等而形成了氧浓差等局部腐蚀电池。

（4）破坏保护性覆盖层或缓蚀剂的稳定性，例如地下管道有机纤维覆盖层被分解破坏，亚硝酸盐缓蚀剂因细菌作用而氧化等。

二、与腐蚀有关的主要微生物

与腐蚀有关的微生物主要是细菌类，因而往往也称为细菌腐蚀。其中最主要的是直接参与自然界硫、铁循环的微生物，即硫氧化细菌、硫酸盐还原菌、铁细菌等。此外某些霉菌也能引起腐蚀。上述细菌按其生长发育中对氧的要求分属嗜氧性及厌氧性两类。前者需有氧存在时才能生长繁殖，称嗜氧性细菌，如硫氧化菌、铁细菌等。后者主要在缺氧条件下才能生存与繁殖，称为厌氧性细菌，如硫酸盐还原菌。它们的主要特征列于表4-1。

表4-1 与腐蚀有关的主要微生物的特性

类型	对氧的需要	被还原或氧化的土壤组分	主要最终产物	生存环境	活动的pH范围	温度范围/℃
硫酸盐还原菌（脱硫弧菌）	厌氧	硫酸盐、硫代硫酸盐、亚硫酸盐、连二亚硫酸盐、硫	硫化氢	水、污泥、污水、油井、土壤、沉积物、混凝土	最佳：6~7.5 限度：5~9	最佳：25~30 限度：55~65
硫氧化菌（氧化硫杆菌）	嗜氧	硫、硫化物、硫代硫酸盐	硫酸	含有硫及磷酸盐的施肥土壤、氧化不完全的硫化物土壤、污水、海水	最佳：2~4 限度：0.5~6	最佳：28~30 限度：18~37
铁细菌（铁细菌属）	嗜氧	碳酸亚铁、碳酸氢亚铁、碳酸氢锰	氢氧化铁	含铁盐和有机物的静水和流水	最佳：7~9	最佳：24 限度：5~40

1. 硫酸盐还原菌

硫酸盐还原菌在自然界中分布极广，所造成的腐蚀类型常呈点蚀等局部腐蚀。腐蚀产物通常是黑色的带有难闻气味的硫化物。硫酸盐还原菌所具有的氢化酶能移去阴极区氢原子，促进腐蚀过程的阴极去极化反应，其阴极去极化过程为：

水的电离： $\qquad H_2O \longrightarrow H^+ + OH^-$

阳极： $\qquad Fe \longrightarrow Fe^{2+} + 2e$

阴极： $\qquad H^+ + e \longrightarrow H$

硫酸盐还原菌阴极去极化： $SO_4^{2-} + 8H \longrightarrow S^{2-} + 4H_2O$

腐蚀产物： $\qquad Fe^{2+} + S^{2-} \longrightarrow FeS$

$$Fe^{2+} + 2OH^- \longrightarrow Fe(OH)_2$$

整个腐蚀反应为： $4Fe + SO_4^{2-} + 4H_2O \longrightarrow FeS + 3Fe(OH)_2 + 2OH^-$

硫酸盐还原菌可分为中温型和高温型两种，一般冷却水系统的温度范围内都可以生长。

脱硫弧菌属为中温型硫酸盐还原菌，其典型菌是脱硫弧菌。脱硫肠状菌属为高温型硫酸盐还原菌，最适生长温度为35~55℃，最高可达70℃，其典型菌属为致黑脱硫肠状菌。

2. 硫氧化菌

当腐蚀现象发生于含有大量硫酸的环境，而又无外界直接的硫酸来源时，其腐蚀现象是由硫氧化菌的作用引起的。硫氧化菌能将硫及硫化物氧化成硫酸，其反应为

$$2S + 3O_2 + 2H_2O \xrightarrow{\text{硫氧化菌}} 2H_2SO_4$$

在酸性土壤及含黄铁矿的矿区土壤中，由于这种菌形成了大量的酸性矿水，是矿山机械设备发生剧烈腐蚀。

硫氧化菌属于氧化硫杆菌，在冷却水中出现的有氧化硫杆菌、排硫杆菌、氧化铁硫杆菌。

3. 铁细菌

铁细菌分布广泛，形态多样，有杆、球、丝等形状。它们能使二价铁离子氧化成三价，并沉积于菌体内外：

$$2Fe(OH)_2 + H_2O + \frac{1}{2}O_2 \xrightarrow{\text{铁细菌}} 2Fe(OH)_3 \downarrow$$

从而促进了铁的阳极溶解过程，三价铁离子且可将硫化物进一步氧化成硫酸。铁细菌又常在水管内壁附着生长形成结瘤，造成氧浓差局部腐蚀。在受到铁细菌腐蚀水管内，经常出现机械堵塞以及称为"红水"的水质恶化现象。

铁细菌常见于循环水和腐蚀垢中，有嘉氏铁饼杆菌、鞘铁细菌、纤毛细菌、多孢铁细菌、球衣细菌几种。

4. 生物黏泥

生物黏泥是主要由微生物组成的附着于管道、壁面上的黏质膜层。它往往是多种微生物的集合体，并包容着水中的各种无机物和由铁细菌生成的铁氧化物等无机物沉积而成。生物黏泥是氧浓差电池的成因，由此产生局部腐蚀。在氧浓度高的一侧生长着好气性微生物如铁细菌、氢细菌、硫氧化菌等，其内侧是厌氧菌的繁殖场所。微生物的活动加速了腐蚀，而腐蚀生成的铁离子、氢等以进一步促进微生物的生长，由此形成比一般氧浓差电池作用更为严重的腐蚀。

三、防止微生物的措施

（1）用杀菌剂或抑菌剂。可根据微生物种类及环境而选择，对于铁细菌可通氯杀灭，残留氯含量一般控制为 0.1～1ppm。抑制硫酸盐还原菌用铬酸盐很有效，加入量约为 2ppm。处理生物黏泥时，联合使用杀菌剂，剥离剂及缓蚀剂效果好。

除采用氯气等氧化性杀菌剂，还可用季铵盐等非氧化性杀菌剂。

（2）改变环境条件，控制环境条件可抑制微生物生长。如减少细菌的有机物营养源，提高 pH 值（pH>9）及温度（>50℃）可有效抑制微生物生长。工业用水装置的曝气处理，土壤中积水的排泄可改善通气条件，使硫酸盐还原菌减轻。

（3）覆盖防护层。近年来发现，聚乙烯涂层对微生物腐蚀有很好防护作用，用呋喃树脂层防护油箱燃料中微生物腐蚀有一定效果。另外也有用镀锌、镀铬、衬水泥、涂环氧树脂漆等防护措施。

（4）阴极保护。通常是和涂层保护联合使用。为防止土壤中微生物腐蚀，对钢铁物件采用的保护电位应控制在−0.95V（相对 Cu/CuSO$_4$电极）才能有效防止硫酸盐还原菌的腐蚀。

第五节　高温气体腐蚀

这里所谓的高温是指在金属表面不致凝结出液膜，又不超过金属表面氧化物熔点的温度。金属在高温气体中的腐蚀是一种很普遍而又重要的腐蚀形式。例如，汽轮机叶片、内燃机气门、喷气发动机、火箭以及原子能工业设备等，都是在高温下同气体介质接触的，所以常发生高温气体腐蚀。其中，最常见的是钢铁的高温氧化。

实际上，在任何高温环境下，甚至在室温下的干燥空气中，也可能发生金属氧化，其腐蚀产物称为氧化膜或锈皮。它对腐蚀的继续进行有着不同的影响：可能抑制腐蚀的进行，起到防护作用；也可能没有保护性，甚至可加速腐蚀的进行。因此，了解金属氧化的机理及其规律，对于正确选用高温结构材料、寻找有效的防护措施、防止或减缓金属在高温气体中的腐蚀是十分必要的。

一、金属的高温氧化与氧化膜

（一）高温氧化的可能性判断

金属的氧化有两种含义，狭义的氧化是指金属与环境介质中的氧化合而生成金属氧化物的过程。在反应中，金属原子失去电子变成金属离子，同时氧原子获得电子成为氧离子，可用下式表示：

$$M + \frac{x}{2}O_2 = MO_x$$

实际上能获取电子的并不一定是氧，也可以是硫、卤素元素或其他可以接受电子的原子或原子团。因此，广义的金属氧化就是金属与介质作用失去电子的过程，氧化反应产物不一定是氧化物，也可以是硫化物、卤化物、氢氧化物或其他化合物。

金属的高温氧化从热力学角度看是一个自由能降低的过程。对于一个金属的氧化反应：

$$M + \frac{1}{2}O_2 = MO$$

可以根据氧的分压（p_{O_2}）与氧化物的分解压力（p_{OM}）比较高低来判定氧化反应能自发进行，即在给定温度下，如果氧的分压高于氧化物的分解压力（$p_{O_2} > p_{OM}$），则金属氧化反应能自发进行；反之（$p_{O_2} < p_{OM}$），则金属不能被氧化。

通常金属氧化物的分解压力随温度升高而急剧增加，即金属氧化的趋势随温度的升高而显著降低。例如空气中，Cu 在 1800K 时能被氧化，但是当温度高达 2000K 时，Cu_2O 的分解压力就已超过空气中氧的分压（0.21atm），因而 Cu 就不可能被氧化了。而对于 Fe，即使在这样高的温度下，其氧化物的分解压力还是远小于氧的分压，因此氧化反应仍然可能进行。只有剧烈地降低氧的分压，例如将金属转移到无氧的或还原性气氛中，金属才不会发生氧化反应。

（二）金属氧化膜的完整性和保护性

金属氧化膜的完整性是具有保护性的必要条件。金属氧化过程中形成的氧化膜是否具有保护性，首先决定于膜的完整性。完整性的必要条件是，氧化时所生成的金属氧化膜的体积（V_{MO}）比生成这些氧化膜所消耗的金属的体积（V_M）要大，这就是氧化膜完整性的 P-B 比原理。即

$$V_{MO}/V_M > 1$$

此比值称为 P-B 比，以 γ 表示。

可见，只有 $\gamma > 1$ 时，金属氧化膜才是完整的，才具有保护性。当 $\gamma < 1$ 时，生成的氧化膜不完整，不能完全覆盖整个金属表面，即形成了疏松多孔的氧化膜，不能有效地把金属与环境隔离开来，因此这类氧化膜不具有保护性，或保护性很差。例如，碱金属或碱土金属的氧化物 MgO、CaO 等。

$\gamma > 1$ 只是氧化膜具有保护性的必要条件，但不是充分条件。因为 γ 过大（如 $\gamma > 2.5$），膜的内应力大，易使膜破裂，从而失去保护性或保护性很差。

表 4-2 列出了一些金属氧化膜的 P-B 比（γ）。

实践证明，并非所有的固态氧化膜都有保护性，只有那些组织结构致密、能完整覆盖金属表面的氧化膜才有保护性。因此，氧化膜要具有保护性，必须满足以下条件。

（1）膜必须是完整性的。一般认为，金属氧化物膜在 $1<\gamma<2.5$ 时具有较好的保护性能。

（2）膜必须是致密性的。膜的组织结构致密，金属离子或氧离子在其中扩散系数小、电导率低，可以有效地阻碍腐蚀环境对金属的腐蚀。

（3）膜在高温介质中是稳定的。金属氧化膜的热力学稳定性要高，而且熔点要高、蒸气压要低，才不易熔化和挥发。

（4）膜要有足够的强度和塑性，而且膜与基体的附着性要好，不易剥落。

（5）膜具有与基体金属相近的热膨胀系数。

表 4-2　金属氧化物-金属体积比 γ

金属	氧化物	V_{MO}/V_M	金属	氧化物	V_{MO}/V_M
K	K_2O	0.45	Cu	Cu_2O	1.68
Na	Na_2O	0.55	Fe	FeO	1.77
Li	Li_2O	0.57	Mn	MnO	1.79
Ca	CaO	0.64	Co	Co_3O_4	1.99
Ba	BaO	0.67	Cr	Cr_2O_3	2.07
Mg	MgO	0.81	Fe	Fe_2O_3	2.14
Al	Al_2O_3	1.28	Si	SiO_2	2.27
Sn	SnO_2	1.32	Sb	Sb_2O_3	2.35
Pb	PbO	1.31	W	WO_3	3.35
Ti	Ti_2O_3	1.48	Mo	MoO_2	3.40
Zn	ZnO	1.55			
Ni	NiO	1.65			

二、影响金属高温氧化的因素

1. 金属的抗氧化性能

不同的金属抗氧化性能也不同。耐氧化的金属可分为两类，第一类是贵金属，如 Au、Pt、Ag 等，其热力学稳定性高；第二类是与氧的亲和力强，且生成致密的保护性氧化膜的金属，如 Al、Cr、耐热合金等。前者昂贵，很少使用，因此，工程上多利用第二类耐氧化金属的性质，通过合金化提高钢和其他合金的抗氧化性能。

由于 Al、Cr 与氧的亲和力比 Fe 更大，因而加入到 Fe 中后，在高温下发生选择性氧化，分别形成 Al_2O_3。或 Cr_2O_3 的氧化膜，这些氧化膜薄而致密，阻碍氧化的继续进行。

2. 氧化膜的保护性

所谓金属的抗氧化性并不是指在高温下完全不被氧化，而通常是指在高温下迅速氧化，但在氧化后能形成一层连续而致密的、并能牢固地附着在金属表面的薄膜，从而使金属具有不再继续被氧化或氧化速度很小的特性。

例如，钢铁在空气中加热时，在 570℃ 以下，氧化膜由 Fe_3O_4 和 Fe_2O_3 组成，它们的结构致密，有较好的保护性，离子在其中的扩散速度较小，所以氧化速度较慢；但在 570℃ 以上高温氧化时，生成的氧化膜结构是十分复杂的，即从内到外为 FeO、Fe_3O_4 和 Fe_2O_3。在这些氧化物中，FeO 结构疏松，易于破裂，保护作用较弱，而 Fe_3O_4 和 Fe_2O_3 结构较致密，有较好的保护性。

3. 温度的影响

温度升高会使金属氧化的速度显著升高。如上所述，钢铁在较低的温度下（200～300℃），表面已生成一层可见的、保护性能良好的氧化膜，氧化速度非常缓慢，随着温度的升高，氧化速度逐渐加快，但在 570℃以下，氧化膜由 Fe_3O_4 和 Fe_2O_3 组成，相对来说，它们有保护作用，氧化速度仍然较低。而当温度超过 570℃以后，氧化层中出现大量有晶格缺陷的 FeO，形成的氧化膜层结构变得疏松（称为氧化铁皮），不能起保护作用，这时氧原子容易穿过膜层而扩散到基体金属表面，使钢铁继续氧化，且氧化速度大大增加。

当温度高于 700℃时，除了生成氧化铁皮外，同时还发生钢的脱碳（钢组织中的渗碳体减少）现象。脱碳作用中析出的气体破坏了钢表面膜的完整性，使耐蚀性降低，同时随着碳钢表面含碳量的减少，造成表面硬度、疲劳强度的降低。

不同气体介质对钢铁的氧化有很大的影响。大气中含有 SO_2、H_2O 和 CO_2 可显著地加速钢的氧化；碳钢在含有 CO、CH_4 等高温还原性气体长期作用下，将使其表面产生渗碳现象，可促进裂纹的形成；在高温高压的 H_2 中，钢材会出现变脆甚至破裂的现象（称为氢侵蚀）；在合成氨工业中除了氢侵蚀外，还有钢的氮化问题，氮化的结果使钢材的塑性和韧性显著降低，变得硬而脆。

大气或燃烧产物中，含硫气体的存在会导致产生高温硫化腐蚀。高温硫化腐蚀比氧的高温氧化腐蚀严重得多，主要是硫化物膜层易于破裂、剥落、无保护作用，有些情况下不能形成连续的膜层。金属硫化物的熔点常低于相应的氧化物的熔点。例如铁的熔点为 1539℃，铁的氧化物的熔融温度大致接近于这一温度，但铁的硫化物共晶体的熔融温度只有 985℃，大大低于铁的熔点，因此限制了它的工作温度。

高温硫的腐蚀介质，常见的有 SO_2、SO_3、H_2S 和有机硫等。

在石油炼制过程中，各种石油产品的分离系统中常出现高温硫的腐蚀。

H_2S 在高温下对钢铁的化学腐蚀反应为

$$H_2S+Fe \Longrightarrow FeS+H_2$$

反应的速度受温度和 H_2S 浓度的影响。开始时腐蚀速率随温度升高而增大，在 360～390℃最大，到 450℃左右就变得不明显了。当 H_2S 浓度较低时，腐蚀速率随浓度的升高而升高，此时浓度是主要影响因素；当 H_2S 浓度较高时，腐蚀速率随浓度变化较小，而受温度的影响较大。因此，随温度的升高，所选用材料的等级也应相应提高。

三、防止高温氧化的措施

（1）合理选择耐热金属结构材料。

（2）改变气相介质成分。即应用保护性气体或控制气体成分，以降低气体介质的侵蚀性。

（3）应用保护性覆盖层。即在金属构件表面覆盖金属或非金属层，以防止气体介质与底层金属直接接触从而达到提高抗氧化性的目的。较常用的是热扩散的方法（又称为表面合金化），如渗铝、渗铬、渗硅等。此外，还可以在金属表面上涂刷耐高温涂料或用炔-氧焰喷涂或等离子喷涂的方法，使耐热的氧化物、碳化物、硼化物等在金属表面形成具有抗高温性能的陶瓷覆盖层。

第六节　H_2S 和 CO_2 腐蚀

湿的含 H_2S、CO_2 酸性组分的油气通称酸性油气。产出酸性油气的油气田为酸性油气田。在我国天然气资源中，大部分都含有 H_2S 和 CO_2。四川气田就是一个典型的酸性天然气气田。多数天然气层中 H_2S 含量为 1%～13%（体积分数，下同），最高可达 35.11%，CO_2 含量通常为 0.55%～5.46%。我国含 H_2S 最高的酸性油气田为华北赵兰庄油气田，有的井 H_2S 含量可达 92%，相当于 $1400g/m^3$。地层中的油气除了含 H_2S、CO_2 外，一般均含有矿化水，在高温高压下，有时还含有多硫和单质硫类络合物，因此具有很强的腐蚀性。在引起酸性油气环境下金属腐蚀的众多因素中，H_2S 和 CO_2 是最危险的。特别是 H_2S，不仅会导致金属材料突发性的硫化物应力开裂，造成巨大的经济损失，而且硫化氢的毒性将威胁着人身安全。因此，石油天然气采输与加工工业中存的 H_2S 和 CO_2 腐蚀，其腐蚀的发生、发展的现象具有其特殊性，对石油天然气工业正常安全生产具有不可忽视的影响。

一、H_2S 腐蚀

（一）H_2S 腐蚀机理

研究表明，H_2S 不仅对钢材具有很强的腐蚀性，而且 H_2S 本身还是一种很强的渗氢介质，H_2S 腐蚀破裂是由氢引起的。

1. H_2S 电化学腐蚀过程

H_2S 是可燃性无色气体，具有典型的臭鸡蛋味，相对分子质量为 34.08，密度为 $1.539kg/m^3$。H_2S 在水中的溶解度随着温度升高而降低。在 760mmHg，30℃时 H_2S 在水中的饱和浓度大约 3580mg/L。

干燥的 H_2S 对金属材料无腐蚀破坏作用，H_2S 只有溶解在水中才具有腐蚀性。在油气开采中与 CO_2 和氧相比，H_2S 在水中的溶解度最高。H_2S 一旦溶于水，便立即电离，使水具有酸性。H_2S 在水中的离解反应为

$$H_2S \longrightarrow H^+ + HS^-$$
$$HS^- \longrightarrow H^+ + S^{2-}$$

释放出的氢离子是强去极化剂，极易在阴极夺取电子，促进阳极铁溶解反应而导致钢铁的全面腐蚀。H_2S 水溶液对钢铁的电化学腐蚀过程反应式为

阳极反应：$\qquad\qquad Fe - 2e \longrightarrow Fe^{2+}$

阴极反应：$\qquad\qquad 2H^+ + 2e \longrightarrow H_2$

阳极反应的产物：$\qquad\qquad Fe^{2+} + S^{2-} \longrightarrow FeS$

阳极反应生成的硫化亚铁腐蚀产物，通常是一种有缺陷的结构，它与钢铁表面的黏结力差，易脱落，易氧化，它电位较正，于是作为阴极与钢铁基体构成一个活性的微电池，对钢基体继续进行腐蚀。

扫描电子显微镜和电化学测试结果均证实了钢铁与腐蚀产物硫化亚铁之间的这一电化学电池行为。对钢铁而言，附着于其表面的腐蚀产物（Fe_xS_y）是有效的阴极，它将加速钢铁的局部腐蚀。阴极性腐蚀产物（Fe_xS_y）的结构和性质对腐蚀的影响，相对 H_2S 来说，将起着更为主导的作用。

腐蚀产物主要有 Fe_9S_8、Fe_3S_4、FeS_2、FeS。它们的生成是随 pH 值、H_2S 浓度等参数而变化。其中 Fe_9S_8 的保护性最差，与 Fe_9S_8 相比，FeS 和 FeS_2 具有较完整的晶格点阵，因此保护性较好。

2. H_2S 导致氢损伤过程

H_2S 水溶液对钢材电化学腐蚀的另一产物是氢。被钢铁吸收的氢原子，将破坏其基体的连续性，从而导致氢损伤。在含 H_2S 酸性油气田上，氢损伤通常表现为硫化物应力开裂（SSC）、氢诱发裂纹（HIC）和氢鼓泡（HB）等形式的破坏。

H_2S 作为一种强渗氢介质，不仅是因为它本身提供了氢的来源，而且还起着毒化的作用，阻碍氢原子结合成氢分子，于是提高了钢铁表面氢浓度，其结果加速了氢向钢中的扩散溶解过程。通常认为，钢中氢的含量一般是很小的，有试验表明通常只有百万分之几。若氢原子均匀地分布于钢中，则难以理解它会萌生裂纹，因此，萌生裂纹的部位必须有足够富集氢的能量。实际工程中使用的钢材都存在着缺陷，如面缺陷（晶界、相界等）、位错、三维应力区等，这些缺陷与氢的结合能强，可将氢捕捉陷住，使之难以扩散，便成为氢的富集区，通常把这些缺陷称为陷井。富集在陷井中的氢一旦结合成氢分子，积累的氢气压力很高，有学者估算这种氢气压力可达 3000atm，于是促使钢材脆化，局部区域发生塑性变形，萌生裂纹最后导致开裂。

（二）H_2S 腐蚀的破坏类型

材料在受 H_2S 腐蚀时，其腐蚀破坏形式是多种多样的：包括全面腐蚀、坑蚀、氢鼓泡、氢诱发的阶梯腐蚀裂纹、氢脆及硫化物引起的应力腐蚀破裂等。

1. 全面腐蚀

H_2S 导致钢铁的全面腐蚀，可能使整个金属表面的厚度均匀减小，也可能将金属的表面腐蚀成凹凸不平。当金属表面受到 H_2S 的全面腐蚀时，有鳞片状硫化物腐蚀产物沉积。生产设备和构件在遭受硫化合物腐蚀时，一般常在其某些死角区可见大量黑色硫化铁腐蚀产物堆积，硫化铁腐蚀产物有时呈片状，有时呈黑色污泥状。若生产介质内含有 O_2，则腐蚀产物中会生成少许黄色的硫黄；若存在 CN^-，则硫化铁产物与 CN^- 相互作用生成络合物，遇空气则转化为蓝色的铁氰化物。

H_2S 的腐蚀产物常以固态形式存在。在静止或流速不太大的腐蚀环境中，适当的 pH 值条件下，金属硫化物能在金属表面生成膜。

高温 H_2S 腐蚀属于化学腐蚀。

H_2S 全面腐蚀的影响因素：

（1）H_2S 浓度　H_2S 浓度对钢材腐蚀速率的影响如图 4-4 所示。软钢在含 H_2S 蒸馏水中，当 H_2S 含量为 200~400mg/L 时，腐蚀率达到最大，而后又随着 H_2S 浓度增加而降低，到 1800mg/L 以后，H_2S 浓度对腐蚀速率几乎无影响。如果含 H_2S 介质中还含有其他腐蚀性组分，如 CO_2、Cl^-、残酸等时，将促使 H_2S 对钢材的腐蚀速率大幅度增高。

H_2S 浓度对腐蚀产物 FeS 膜也有影响。有研究资料表明，H_2S 为 2.0mg/L 的低浓度时，腐蚀产物为 FeS_2 和 FeS；H_2S 浓度为 2.0~20mg/L 时，腐蚀产物除了 FeS_2 和 FeS 外，还有少量的 Fe_9S_8；H_2S 浓度为 20~600mg/L 时，腐蚀产物中的 Fe_9S_8 的含量最高。

（2）pH 值　H_2S 水溶液的 pH 值将直接影响着钢铁的腐蚀速率。通常表现出在 pH 值为 6 时是一个临界值。当 pH 值小于 6 时，钢的腐蚀率高，腐蚀液呈黑色且浑浊。

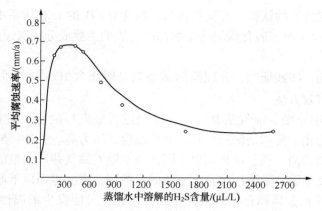

图 4-4 软钢的腐蚀速率与 H_2S 浓度之间的关系

pH 值将直接影响着腐蚀产物硫化铁膜的组成、结构及溶解度等。通常在低 pH 值的 H_2S 溶液中，生成的是以含硫量不足的硫化铁，如 Fe_9S_8 为主的无保护性的膜，于是腐蚀加速；随着 pH 值的增高，FeS_2 含量也随之增多，于是在高 pH 值下生成的是以 FeS_2 为主的具有一定保护效果的膜。

（3）温度 温度对腐蚀的影响较复杂。钢铁在 H_2S 水溶液中的腐蚀速率通常是随温度升高而增大。有试验表明在 10% 的 H_2S 水溶液中，当温度从 55℃ 升至 84℃ 时，腐蚀速率大约增大 20%。但温度继续升高，腐蚀速率将下降，在 110~200℃ 之间的腐蚀速率最小。

温度对硫化铁膜也有影响。通常，在室温下的湿 H_2S 气体中，钢铁表面生成的是无保护性的 Fe_9S_8。在 100℃ 含蒸汽的 H_2S 中，生成的也是无保护性的 Fe_9S_8 和少量 FeS；在饱和 H_2S 水溶液中，碳钢在 50℃ 下生成的是无保护性的 Fe_9S_8 和少量的 FeS；当温度升高到 100~150℃ 时，生成的是保护性较好的 FeS 和 FeS_2。

（4）暴露时间 在 H_2S 水溶液中，碳钢和低合金钢的初始腐蚀速率很大，约为 0.7mm/a，但随着时间的增长，腐蚀速率会逐渐下降，有试验表明 2000h 后，腐蚀速率趋于平衡，约为 0.011mm/a。这是由于随着暴露时间增长，硫化铁腐蚀产物逐渐在钢铁表面上沉积，形成了一层具有减缓腐蚀作用的保护膜。

（5）流速 当含 H_2S 的水溶液处于静止或流速不大的情况下，长期暴露于其中的碳钢和低合金钢的腐蚀速率较低。如果处于流速较大或湍流状态下，由于受到气、液的机械冲刷影响，硫化铁腐蚀产物不能牢固附着于钢铁表面，将一直保持其初始的高速腐蚀（剥蚀-腐蚀），从而使设备、管线（尤其是弯头等部位）、构件等很快受到破坏。

在天然气田上，为了避免 H_2S 或其他酸性气体的腐蚀，设计规定阀门的气体流速要低于 15m/s，但为了防止在流速太低的部位因气体中的液体沉积引起管线底部或其他较低部位有浓差引起的腐蚀（坑蚀），因此又规定气体的流速应大于 3m/s。

（6）氯离子 在酸性油气田水中带有负电荷的氯离子，基于电价平衡，它总是争先吸附到钢铁的表面上，因此，氯离子的存在往往会阻碍保护性的硫化铁膜在钢铁表面的形成。氯离子可以通过钢铁表面硫化铁膜的细孔和缺陷渗入其膜内，使膜发生显微开裂，于是形成孔蚀核。由于氯离子的不断移入，在闭塞电池的作用下，加速了点蚀破坏。在酸性天然气气井中与矿化水接触的油套管腐蚀严重，穿孔速率快，与氯离子的作用有着十分密切的关系。

（7）CO_2 其溶于水便形成碳酸，使介质的 pH 值下降，增加介质的腐蚀性。CO_2 对 H_2S

腐蚀过程的影响尚无统一的认识，有资料认为，在含有 CO_2 的 H_2S 体系中，如果 CO_2 与 H_2S 的分压之比小于 500∶1 时，硫化铁仍将是腐蚀产物膜的主要成分，腐蚀过程受 H_2S 控制。

2. 防护措施

（1）添加缓蚀剂。实践证明，合理添加缓蚀剂是防止含 H_2S 酸性油气对碳钢和低合金钢设施腐蚀的一种有效方法。

① 缓蚀剂的选用原则。油气从井下、井口到进入处理厂的生产过程中，温度、压力、流速都发生了很大变化，特别是深层气井，井底温度、压力高。另外，油气井开采的不同时间阶段，从井中采出的油、气、水比例也不同，通常随着油气井产水量的增加，腐蚀破坏将加重。因此，为了能正确选取适用于特定系统的缓蚀剂，需要遵循以下原则：

a. 根据所要防护的金属和介质的组成、运行参数及可能发生的腐蚀类型选取不同的缓蚀剂；

b. 选用的缓蚀剂应与腐蚀介质具有较好的相溶性，且在介质中具有一定的分散能力才能有效到达金属表面，发挥缓释效果；

c. 选用的缓蚀剂应与其他添加剂具有良好的兼容性；

d. 要考虑添加工艺上的要求（如预处理、加量、加注方式、加注周期）；

e. 要考虑对天然气集输和加工工艺可能造成的有害影响及费用等。

② 缓蚀剂类型及其缓蚀效果的影响因素。用于含 H_2S 酸性环境中的缓蚀剂，通常为含氮的有机缓蚀剂（成膜型缓蚀剂），有胺类、咪唑啉、酰胺类和季胺盐，也包括含硫、磷的化合物。经长期的研制，大量成功的缓蚀剂已商品化，如 CT2-1、CT2-4、CT2-14、CT2-15、CT2-2 以及 CZ3-1Z 和 ZT-1。

在含 H_2S 酸性油气环境中，影响缓蚀剂效果的因素主要有以下几点。

a. 金属材料的表面状态：在含 H_2S 环境中使用的成膜型缓蚀剂是通过与金属表面的硫化铁腐蚀产物膜结合，在金属表面与环境之间形成非渗透性的缓蚀剂膜而起作用。缓蚀剂膜的形成又将阻止硫化铁的电偶腐蚀。因此，这类成膜型缓蚀剂的缓蚀效果取决于金属表面的硫化铁腐蚀产物膜是否能与缓蚀剂结合成完整的、稳定的缓蚀膜。

b. pH 值：几乎所有的缓蚀剂都有一个有效缓蚀作用的 pH 值范围。吸附型成膜缓蚀剂一般 pH 值在 4~9 范围内缓蚀效果较好，pH 值低或高都会降低其缓蚀效果。

c. 温度：成膜缓蚀剂对温度比较敏感。一旦使用环境的温度超过其正常使用温度时，就会分解失效。因此对深层高温高压酸性油气井使用的缓蚀剂应具有较宽的使用温度范围。

d. 缓蚀剂的浓度：所有的缓蚀剂都存在着一个具有一定缓蚀效率的最低浓度值。在金属面生成的缓蚀膜是不稳定的，处于变化状态。如系统中残留的缓蚀剂不足，缓蚀膜将得不到及时的修补，防蚀作用很快会丧失。有资料表明，一旦残留缓蚀剂不足，其膜的寿命只能维持数分钟至数小时。

③ 缓蚀剂注入与腐蚀监测。缓蚀剂的防腐蚀效果必须通过合理的缓蚀剂加注技术来实现。缓蚀剂未到达腐蚀区，或采出油气流将缓蚀剂冲刷剥落，均起不到保护作用。因此，缓蚀剂注入的方法及注入位置的选择应能确保整个生产系统受益，即注入的缓蚀剂不仅能在起始时在整个系统的金属表面形成一有效的缓释膜，而且在缓释膜被气流冲刷剥落后，能及时不断提供足够浓度的剩余缓蚀剂来修补缓释膜。

通常，缓蚀剂的加注采用连续式或间歇式两种方法，其中间歇式法比较普遍。可采用重力式注入，也可用化学比例注射泵泵入、文丘里喷嘴喷射和清管器加注等方法。

对于含硫气井，也可把缓蚀剂挤压注入产气层，使缓蚀剂被吸附于气层多孔的岩石中。在采气过程中，缓蚀剂吸附并不断被带出，保证气流中长期有一最佳缓蚀剂浓度，从而获得良好的保护作用。

为确定最佳的缓蚀剂添加方案，在天然气系统中，必须设置在线腐蚀监测系统，通过监测腐蚀速率的变化来调整缓蚀剂的添加方案，以确保腐蚀得到较好的控制。腐蚀监测可采用腐蚀挂片或者用线性极化电阻探针和电阻探针监测液相的腐蚀性变化；用电阻探针和氢探针监测气相的腐蚀性变化。由于硫化铁不溶于水，故含铁量分析无实际作用。

(2) 覆盖层和衬里。覆盖层和衬里为钢材与含 H_2S 酸性天然气之间提供一个隔离层，从而起到防止腐蚀作用。可供含 H_2S 酸性气田选用的内防腐覆盖层和衬里有环氧树脂、聚氨酯以及环氧粉末等。

有资料表明，对于高温高压的天然气气井，内覆盖层易在针孔处起泡剥落而导致坑、点腐蚀，且补口质量无法得到保证。因此，认为在含 H_2S 酸性天然气气井中，使用内覆盖层并不是一种好的选择。

(3) 耐蚀材料。可根据设备、管道等运行的条件(温度、压力、介质的腐蚀性，要求的运行寿命等)经济合理地选用耐蚀材料。

近年来非金属耐蚀材料发展很快，如环氧型、热塑性工程塑料型和热固性增强塑料型管材及其配件，很适合腐蚀性强的系统，已迅速地应用于油气田强腐蚀性系统。

耐蚀合金虽然价格昂贵，但使用寿命长。有资料表明，耐蚀合金油管的使用寿命相当几口气井的生产开采寿命，它可以重复多井使用，不需加注缓蚀剂以及修井、换油管等作业。因此，从总的成本算并不显得昂贵，对腐蚀性强的高压高产油气井来说，可能是一种有效的、经济的防护措施。

(4) 井下封隔器。油管外壁和套管内壁环形空间的腐蚀防护，通常采用井下封隔器。封隔器下至油管下端，将油管与套管环形空间密封，阻止来自气层的含 H_2S 酸性天然气及地层水进入，并向环形空间注入添加有缓蚀剂的密封液。

(5) 工艺控制措施。

脱水：含 H_2S 酸性天然气经深度脱水处理后，由于无水则不具备电解质溶液性能，因此就不会发生电化学反应，使腐蚀终止。

定期清管：对于天然气集输管线，用清管器定期清除管内的污物和沉积物，达到改善和保护管内清洁的目的。

3. 局部腐蚀

碳钢(特别是强度较低的碳钢)在 H_2S-H_2O 系统中，钢铁表面可能出现氢鼓泡，而在钢铁内部则可能出现平行于轧制方向的氢诱发阶梯裂纹(或称氢诱发破裂)的破坏形式。油田管道上普遍存在硫化物应力腐蚀开裂。某些特殊条件下还有可能产生氢脆。

(1) H_2S 引起的氢鼓泡。氢鼓泡是氢损伤的类型之一，是指氢原子扩散到钢中时，在钢的空穴处结合成氢分子，当氢分子不能扩散时，就会在金属某些部位积累形成巨大内压，引起钢材鼓泡，甚至破裂。这种现象经常在低强度钢，特别是含有夹杂物的低强度钢中发生。在含有硫化物的介质中，H_2S、S^{2-} 在金属表面的吸附对析氢过程有阻碍作用，从而促使氢原子向金属内部渗透。这种破坏常发生在石油天然气输送与加工的设备上。

(2) 硫化物应力开裂(SSC)：

① SSC 的特点。在含 H_2S 酸性油气系统中，SSC 主要出现于高强度钢、高内应力构件

及硬焊缝上。SSC 是由 H_2S 腐蚀阴极反应所析出的氢原子，在 SSC 的催化下进入钢中后，通过扩散，在拉伸应力(外加的或/和残余的)作用下，在冶金缺陷提供的三向拉伸应力区富集而导致的开裂，开裂垂直于拉伸应力方向。SSC 的主要特征有：

a. SSC 发生在存在拉伸应力的条件下。

b. 主裂纹沿着垂直于拉伸应力方向扩散。

c. SSC 属低应力破裂，开裂时的应力远低于钢材的抗拉强度。

d. SSC 具有脆性机制特征的断口形貌，裂纹源及稳定扩展区呈灰黑色，可发现覆盖的腐蚀产物。

e. 穿晶和沿晶破坏均可观察到，一般高强度钢多为沿晶破裂。

f. SSC 破坏多为突发性，裂纹产生和扩展迅速。对 SSC 敏感的材料在含 H_2S 酸性油气中，经短暂暴露后，就会出现破裂，以数小时到 3 个月情况为多。

发生 SSC 钢的表面无须有明显的一般腐蚀痕迹。SSC 可以起始于构件的内部，不一定需要一个作为开裂起源的表面缺陷。因此，它不同于应力腐蚀开裂(SCC)必须起始于正在发展的腐蚀表面。

② SSC 产生的基本条件。对于酸性气体环境，产生 SCC 的基本条件有两个：一是输送介质中酸性 H_2S 含量超过临界值；二是拉伸应力的存在，两者相辅相成，缺一不可。H_2S 只有溶入水，才具有酸性，发生 SCC 的临界值为 12g/L，脱水干燥过的 H_2S，可视为无腐蚀性；拉伸应力主要为输送工作压力、焊接残余应力。90%以上的 SCC 发生在管线的出站端，原因就在于这里有较大的应力。

③ SSC 产生的机理。由 H_2S 电化学过程可知，反应生成的氢，一部分结成氢气溢出；另一部分进入裂纹尖端塑性区，并在夹杂物界面、晶界、偏析区、位错等缺陷处富集并形成氢分子。由于氢气的积聚而产生很高的氢压，当其达到一临界值时，引起微观区域断裂，导致裂纹的形成和材料脆性开裂。反应生成的 FeS 腐蚀产物存在缺陷结构，在其腐蚀层的结晶颗粒表面有许多裂纹和腐蚀沟槽，这更有利于 H_2S 溶液的渗入，易脱落，其电位也较正，作为负极可以和基体构成一活跃的微电池，在含有 H_2S 的水溶液中不能对进一步的应力腐蚀提供保护作用。

影响 SSC 的主要因素包括环境因素和材料因素。

① 环境因素：

a. H_2S 浓度。含 H_2S 酸性天然气系统，当其气体总压等于或大于 0.448MPa(绝)，气体中的 H_2S 分压等于或大于 0.00034MPa(绝)时，可引起敏感材料发生 SSC。天然气中 H_2S 气体分压等于天然气中 H_2S 气体的体积百分数与天然气总压的乘积。含 H_2S 酸性天然气-油系统，当其天然气与油之比大于 1000m³/t 时，作为含硫酸性天然气系统处理；当天然气与油之比等于或小于 1000m³/t 时，即系统总压大于 1.828MPa(绝)，天然气中 H_2S 分压大于 0.00034MPa(绝)；或天然气中 H_2S 分压大于 0.069MPa(绝)；或天然气中 H_2S 体积含量大于 15%时，可引起敏感材料发生 SSC。

b. 温度。温度升高，原子扩散速度加快，因此有利于由 H_2S 还原出来的氢原子进入钢中，但温度升高也有利于钢中的氢原子及分子氢向外迁移，综合的影响是在室温(20~30℃)附近钢的 H_2S 应力腐蚀开裂速度最快，温度降低或升高都会使开裂速度明显减缓。

c. pH 值。pH 值表示介质中 H^+ 浓度的大小。根据 SSC 机理可推断随着 pH 值的升高，H^+ 浓度下降，SSC 敏感性降低。

d. CO₂。在含 H₂S 酸性油气田中，往往都含有 CO₂，CO₂一旦溶于水便形成碳酸，释放出氢离子，于是降低了含 H₂S 酸性油气环境的 pH 值，从而增大 SSC 的敏感性。

② 材料因素：

a. 硬度。钢材的硬度（强度）是钢材 SSC 现场失效的重要变量，是控制钢材发生 SSC 的重要指标。钢材硬度越高，开裂所需的时间越短，SSC 敏感性越高。碳钢和低合金钢的硬度如果低于 22HRC，一般不会开裂。

b. 显微组织。马氏体组织的开裂敏感性最大，贝氏体组织也有较高的开裂倾向。马氏体经过高温回火后，形成的铁素体中均匀分布着细小球形碳化物的组织，耐 H₂S 应力腐蚀破裂性能大大提高。含有粗大的板状或块状碳化物组织的破裂敏感性介于上述二者之间。因此，为消除马氏体组织的不利影响，用于 H₂S 水溶液中的低合金钢淬火后应进行高温回火处理，也可采用长时间低温回火或二次回火。

c. 化学成分。碳含量提高使钢强度增高及淬火马氏体数量增多，增大破裂倾向。锰和硫在钢中会优先结合形成硬度低于基体的硫化锰，在钢材轧制后形成沿轧向伸长的硫化锰夹杂，往往成为氢致开裂的裂源；磷和镍具有促进渗氢的作用。这些都是有害元素。

钼、铌、钛、钒能促进细小稳定的球形碳化物形成，提高钢的抗开裂能力；稀土元素例如铈，可促使钢中的硫化物夹杂球化，改善钢的横向冲击韧性，也提高抗破裂能力；铝和硼对于抗 H₂S 应力腐蚀破裂性能也有益，铬和硅的作用不明显。

d. 冷变形。经冷轧制、冷锻、冷弯或其他制造工艺以及机械咬伤等产生的冷变形，其不仅使冷变形区的硬度增大，而且还产生一个很大的残余应力，有时可高达钢材的屈服强度，从而导致对 SSC 敏感。管材随着冷加工变形量（冷轧压缩率）的增加，硬度增大，SSC 敏感性增大。

预防 SCC 的措施：在进行含 H₂S 的酸性油气田开发设计时，可通过控制环境因素和控制设施用材两种办法来防止 SCC。采用抗 SSC 材料及工艺将是防止 SSC 最有效的方法。

控制环境因素有如下具体措施：

a. 脱水是防止 SSC 的一种有效方法。对油气田现场而言，经脱水干燥的 H₂S 可视为无腐蚀性，因此，脱水使 H₂S 露点低于系统的运行温度，就不会导致 SSC。

b. 脱硫是防止 SSC 广泛应用的有效方法。脱除油气中的 H₂S，使其含量低于 NACE MR0175 和 SY/T 0599—2006 规定的发生 SCC 的临界 H₂S 分压值。

c. 控制 pH 值。提高含 H₂S 油气环境的 pH 值，可有效地降低环境的 SSC 敏感性。因此，对有条件的系统，采取控制环境 pH 值可达到减缓或防止 SSC 的目的，但必须保证生产环境始终处于控制的状态下。

d. 添加缓蚀剂。从理论上讲，缓蚀剂可通过防止氢的形成来阻止 SSC。但现场实践表明，要准确无误地控制缓蚀剂的添加，保证生产环境的腐蚀处于被控制的状态下，是十分困难的。因此，缓蚀剂不能单独用作防止 SSC，它只能作为一种减缓腐蚀的措施。

（3）氢诱发裂纹（HIC）。又称氢致裂开，是一组平行于板面，沿轧致方向的裂纹，它的生成不需外加应力，并与拉伸应力无关。也不受钢级的影响。它生成的驱动力是进入钢中的氢产生的氢压。

① HIC 的特点。在常含 H₂S 酸性天然气气田上，HIC 常见于具有抗 SSC 性能的，延性较好的低、中强度管线用钢和容器用钢上。

HIC 在钢内可以是单个直裂纹，也可以是阶梯状裂纹。当氢锈发裂纹在接近材料表面的地方形成时，往往在表面会产生氢鼓泡。氢鼓泡是近表面的缺陷或裂纹内的氢压使表面发生塑性变形的结果，当材料内部条片状硫化物夹杂比较严重时，可形成阶梯状氢诱发裂纹。

HIC 极易起源于呈梭形，两端尖锐的 MnS 夹杂，并沿碳、锰和磷元素偏析的异常组织扩展，也可产生于带状珠光体和铁素体间的相界扩展。

② 影响 HIC 因素。研究资料表明，钢材发生 HIC 可以用能够独立测定的两个因素 C_0 和 C_{th} 来论述。C_0 为钢材从环境中吸收的氢含量；C_{th} 为钢材萌生裂纹所需的最小氢含量。当 $C_0 > C_{th}$ 时就会发生 HIC。C_0 和 C_{th} 值随钢种和环境而异，其主要受环境因素和材料因素的影响。

环境因素主要有：

a. H_2S 浓度。H_2S 浓度越高，则 HIC 的敏感性越大。发生 HIC 的临界 H_2S 分压随钢种而异，研究表明，对于低强度碳钢一般为 0.002MPa；加入微量 Cu 后可升至 0.006MPa；经 Ca 处理的可达到 0.15MPa。

b. pH 值。pH 值在 1~6 范围内，HIC 的敏感性随着 pH 值的增加而下降，当 pH 值大于 6 时则不发生 HIC。

c. CO_2。CO_2 溶于水形成碳酸，释放出氢离子，于是降低环境的 pH 值，从而增大 HIC 的敏感性。

d. Cl^-。pH 值在 3.5~4.5 范围内，Cl^- 的存在使腐蚀速度增加，HIC 敏感性也随之增大。

e. 温度。HIC 敏感性最大的温度约 24℃，当温度高于 24℃后，随着温度的升高 HIC 的敏感性下降。当温度低于 24℃时，HIC 敏感性随着温度的升高而增大。

材料因素主要有：

a. 显微组织。热力学平衡而稳定的细晶粒组织是抗 HIC 理想的组织。对中、低强度管线用钢和容器用钢而言，HIC 易出现于带状珠光体组织及板厚中心 C、Mn、P 等元素偏析区的硬显微组织。

b. 化学成分。含碳量为 0.05%~0.15% 的热轧态钢，当含锰量超过 1.0% 时，HIC 敏感性突然增大；而低碳（小于 0.05%）的热轧钢，在锰含量达到 2.0% 时仍具有优良的抗 HIC 性能。因此，提高 Mn/C 比，对改善轧制钢的抗 HIC 性能极为有益。经淬火＋回火的钢，其含碳量从 0.05% 到 0.15%，锰含量达 1.6% 时，同样表现出良好的抗 HIC 性能。在热轧钢中，Mn、P 高，极易在中心偏析区生成对 HIC 敏感的硬显微组织；C 高会增加钢中的珠光体量，从而降低 HIC 抗力。S 对 HIC 是极有害的元素，它与 Mn 生成的 MnS 夹杂，是 MnS 最易成核的位置。

c. 非金属夹杂物。非金属夹杂物的形状和分布直接影响着钢的抗 HIC 性能，特别是 MnS 夹杂。钢板热轧后，沿轧制方向分布的被拉长呈梭形状的 MnS 夹杂，由于其热膨胀系数大于基体金属，于是冷却后就会在其周围造成空隙，是氢集聚处，最易导致 HIC。

③ 控制 HIC 的措施：

a. 添加缓蚀剂。缓蚀剂能减缓金属表面腐蚀反应，从而降低可供钢材吸收的氢原子。

b. 涂层。涂层可起到保护钢材表面不受腐蚀或少受腐蚀的作用，从而降低氢原子的来源；涂层还可起到阻止氢原子向钢中渗透的作用。

c. 提高热轧钢的抗 HIC 性能。对于 pH 值等于或大于 5 的环境，添加 Cu，可使钢材表面形成保护膜，从而抑制氢进入钢中；拉长的 MnS 和聚集的氧化物都是 HIC 最可能成核的位置，通过净化钢水，降低 S 含量和加 Ca 处理，可降低钢中非金属夹杂物的含量和控制其形态，对提高钢材 HIC 抗力非常有效；降低具有强烈偏析倾向的合金元素，如 C，Mn，P 等的含量，可避免偏析区生成对 HIC 敏感的硬显微组织；控制钢的轧制工艺，使显微组织均匀化。

二、CO_2 腐蚀

CO_2 腐蚀是石油天然气开发、集输和加工中的主要腐蚀类型之一。随着目前石油天然气工业的发展，尤其是 CO_2 驱油工艺的发展，油气开采和集输过程中的 CO_2 腐蚀问题日益突出。

在标准状况下，CO_2 是无色无臭或略有酸性的气体，相对分子质量为 44.01，不能燃烧，容易被液化。

在自然界中，CO_2 是最丰富的化学物质之一，为大气的一部分，也包含在天然气或油田伴生气中或以碳酸盐形式存在于矿石中。大气中 CO_2 的含量为 0.03%~0.04%。

CO_2 在水介质中能引起钢铁的全面腐蚀和严重的局部腐蚀，使得管道和设备发生早期腐蚀失效。CO_2 溶于水后对部分金属材料有极强的腐蚀性，在相同的 pH 值下，由于 CO_2 的总酸度比盐酸高，因此它对钢铁的腐蚀比盐酸更为严重。CO_2 腐蚀能使油气管道的寿命大大低于设计寿命，低碳钢的腐蚀速率可达 7mm/a，有的甚至更高。

在油气田开发的过程中，往往有 H_2S 和 CO_2 相互伴随的油气井，在 H_2S 协同作用下其腐蚀过程更加复杂。

（一）CO_2 腐蚀类型

CO_2 对设备可形成全面腐蚀(均匀腐蚀)，也可以形成局部腐蚀。

（1）CO_2 引起的全面腐蚀。与前述腐蚀基本类型中全面腐蚀的形貌相似，形成 CO_2 全面腐蚀时，金属的全部或大部分表面上均匀地受到破坏。CO_2 腐蚀属于氢去极化腐蚀，往往比相同 pH 值的强酸腐蚀更严重。其腐蚀除受到去极化反应速度控制外，还与腐蚀产物是否在金属表面形成保护层有很大关系。

（2）CO_2 引起的局部腐蚀。形成局部腐蚀时，钢铁表面某些局部发生严重的腐蚀，而其他部分没有腐蚀或依然只发生轻微腐蚀。现场失效的 CO_2 腐蚀多为溃疡式的穿孔腐蚀，有关 CO_2 腐蚀的微观形貌，国际上普遍认为，点蚀、台地状腐蚀和涡旋状腐蚀是 CO_2 腐蚀的典型形貌，此外还有其他一些腐蚀形貌。

① CO_2 的点蚀。发生 CO_2 点蚀的钢材上一般可以发现凹孔并且凹孔四周光滑。随着 CO_2 分压的增大和介质温度的升高，材料对点蚀的敏感性增强。一般说来，CO_2 的点蚀存在一个温度敏感区间，且与材料的组成有着密切的关系。在含 CO_2 的油气井中的油套管，点腐蚀主要出现在温度为 80~90℃ 的部位。

② CO_2 的台面状腐蚀。钢质管材处于流动的含 CO_2 水介质中所发生的 CO_2 腐蚀的破坏形式是台面状腐蚀，往往在材料的局部出现较大面积的凹台，底部平整，周边垂直凹底，流动诱使局部腐蚀形状如凹沟，即平行于物流流动方向的刀形线沟槽。当在钢铁表面形成大量的碳酸亚铁膜，而此膜又不是很致密和稳定时，极容易造成此类破坏，导致金属发生更严重的腐蚀。

③ CO_2 流动诱发的局部腐蚀。钢铁材料在湍流介质条件下发生的局部腐蚀，在此类腐蚀情况下，往往在被破坏的金属表面形成沉积物层，但表面很难形成具有保护性的膜。形状有涡旋状、蜂窝状腐蚀等。

（二）CO_2 腐蚀机理

在 CO_2 腐蚀环境中，碳钢的腐蚀是一种很复杂的现象。干燥的 CO_2 气体没有腐蚀性，它较易溶解于水中，而在碳氢化合物中的溶解度则更高，当 CO_2 溶解于水中形成碳酸，就会引发钢铁材料发生电化学腐蚀并促进其发展。其原因在于，当钢铁材料暴露在含 CO_2 的介质中时，表面很容易沉积一层垢或腐蚀产物。当这层垢或腐蚀产物的结构较为致密时，将像一层物理屏障一样，阻抑金属的腐蚀；当这层垢或腐蚀产物为不致密的结构时，垢下的金属缺氧，就和周围的富氧区形成一个氧浓差电池。垢下金属因缺氧，电位较负而发生阳极溶解，导致沉积物下方腐蚀。垢外大面积阴极区的存在则形成了小阳极-大阴极的腐蚀电池，从而促进了垢或腐蚀产物膜下方金属基体的快速腐蚀。

由于 CO_2 腐蚀的发生存在于各种不同的环境条件中，各种因素的相互影响也各不相同，因而有关 CO_2 的腐蚀机理有很多理论。现有已知的一些机理仅局限于某些特定的条件；还有一些机理也仅为实验室研究的结果，在现场并未得到广泛的认同，所以目前还没有得到可以揭示各种不同条件下具有广泛意义的 CO_2 腐蚀机理。目前，局部腐蚀的初始诱发机制主要有台地腐蚀机制、流动诱导机制和内应力致裂机制等三种机制。CO_2 腐蚀机理可以简单理解为 CO_2 溶于水生成碳酸后引起的电化学腐蚀。

在大多数天然水中都含有溶解的 CO_2 气体。当水中有游离 CO_2 存在时，水呈弱酸性，产生的弱酸反应为

$$CO_2 + H_2O \Longrightarrow H^+ + HCO_3^-$$

由于水中 H^+ 的量增多，就会产生氢去极化腐蚀。从腐蚀电化学的观点来看，就是含有酸性物质而引起的氢去极化腐蚀。

阴极反应：
$$2H^+ + 2e \longrightarrow H_2$$

阳极反应：
$$Fe - 2e \longrightarrow Fe^{2+}$$

钢材受游离 CO_2 腐蚀而生成的腐蚀产物都是易溶的，在金属表面不易形成保护膜。

（三）CO_2 腐蚀的影响因素

CO_2 的腐蚀过程是一种错综复杂的电化学过程，影响 CO_2 腐蚀的因素有多种，可以根据腐蚀机理从理论上得到，也可以从生产时间中了解到，CO_2 腐蚀的影响因素主要有温度、CO_2 分压、流速及流型、pH 值、氯离子、一氧化碳、硫化氢、氧含量、腐蚀产物膜、合金元素、砂砾等，这些因素可导致钢的多种腐蚀破坏、高的腐蚀速率、严重的局部腐蚀、穿孔、甚至发生应力腐蚀开裂等。

1. 温度的影响

在一定温度范围内，碳钢在 CO_2 水溶液中的腐蚀速率随温度升高而增大，但当温度升得较高时，当碳钢表面生成致密的腐蚀产物（$FeCO_3$）膜后，碳钢的溶解速率将随着温度升高而降低。

温度对 CO_2 腐蚀的影响主要表现在三个方面，一是温度影响了介质中 CO_2 的溶解度，介质中 CO_2 的浓度随着温度升高而减小；二是温度影响了反应进行的速率，反应速率随着温度的升高而增大；三是温度影响了腐蚀产物成膜的性质。

根据温度对腐蚀的影响，铁的 CO_2 腐蚀可分为：

（1）当温度低于 60℃时，腐蚀产物膜为 $FeCO_3$，膜软而无附着力，金属表面光滑，主要发生均匀腐蚀。

（2）当温度为 60~110℃时，钢铁表面可生成具有一定保护性的腐蚀产物膜，局部腐蚀较突出。

（3）当温度为 110~150℃时，均匀腐蚀速率较高，局部腐蚀严重（一般为深孔），腐蚀产物为厚而疏松的 $FeCO_3$ 粗结晶。

（4）当温度高于 150℃时，生成细致、紧密、附着力强的 $FeCO_3$ 和 Fe_3O_4 膜，腐蚀速率较低。

分析表明，温度的变化可能影响了基体表面 $FeCO_3$ 晶核的数量与晶粒长大的速率，从而改变了腐蚀产物膜的结构与附着力，即改变了膜的保护性。由此可见，温度的影响主要是通过影响化学反应速率与腐蚀产物成膜机制来影响 CO_2 腐蚀的。

2. CO_2 分压的影响

CO_2 的分压与介质的 pH 值有关，CO_2 的分压值越大，pH 值越低，去极化反应就越快，腐蚀速率也越快，在 CO_2 水溶液体系中，CO_2 分压与 pH 值有如下关系：

$$pH（CO_2 水溶液体系）= 3.71+0.0042t-0.5lg（ap_{CO_2}）$$

式中　t——温度，℃；

　　　a——逸度系数；

　　p_{CO_2}——CO_2 分压，MPa。

CO_2 分压是衡量 CO_2 腐蚀性的一个重要参数，通常认为，当 CO_2 分压超过 0.2MPa 时，该类流体是具有腐蚀性的。在较低温度下（≤60℃低温区），由于温度较低没有完善的 $FeCO_3$ 保护膜，腐蚀速率随 CO_2 分压的增大而加大，在 100℃左右（中温区），此时虽已形成 $FeCO_3$ 保护膜，但膜多孔，附着力差，因而保护不完全，出现点蚀等局部腐蚀，腐蚀速率也随 CO_2 分压的增大而增大，在 150℃左右（高温区），致密的 $FeCO_3$ 保护膜形成，腐蚀速率大大降低。

3. 流速及流型的影响

流速对 CO_2 腐蚀的影响主要是因为在流动状态下，将对钢表面产生一个切向的作用力，其结果可能会阻碍钢表面形成保护膜或对表面已形成的保护膜起破坏作用，从而使腐蚀加剧。当介质中有固相、气相或三相共存时，就有可能对表面产生冲刷腐蚀。

流速使管壁承受一定的冲刷应力，促进腐蚀反应的物质交换，对沉积垢的形成和形貌起一定的作用。流速影响的具体表现如下：

（1）流速较低时，能使缓蚀剂充分达到管壁表面，促进缓蚀作用。

（2）流速较高时，冲刷应力使部分缓蚀剂未发挥作用。

（3）当流速高于 10m/s 时，缓蚀剂不再起作用，流速增加，腐蚀速率提高，流速较高时，将形成冲刷腐蚀。

另外，腐蚀介质中有固体颗粒时，腐蚀将加剧。

4. pH 值的影响

液体的 pH 值是影响腐蚀的一个重要因素。CO_2 水溶液的 pH 值主要由温度、H_2CO_3 的浓度决定，pH 值升高将引起腐蚀速率的降低。

在 20℃时 pH 值可由下试计算：

$$pH = 3.19-0.5lgm_{H_2CO_3}$$

式中　$m_{H_2CO_3}$——H_2CO_3 的摩尔浓度，mol/L。

但是，值得注意的是 CO_2 水溶液的腐蚀性并不由溶液的 pH 值决定，而主要由 CO_2 的浓度来判断。试验表明，在相同的 pH 值条件下，CO_2 水溶液的腐蚀性比 HCl 水溶液的高。

当 CO_2 分压固定时,增大 pH 值将降低碳酸铁的溶解度,有利于生成碳酸铁保护膜;pH 值增大使 H^+ 含量减少,氢的还原反应速率降低,故可以减小腐蚀速率。

pH 值对腐蚀速率的影响表现在两个方面:

(1) pH 值的增加改变了水的相平衡,使保护膜更易形成。

(2) pH 值的增加改善了 $FeCO_3$ 保护膜的特性,使其保护作用增加。

5. 氯离子的影响

在常温下 Cl^- 的进入使 CO_2 在溶液中的溶解度减小,碳钢的腐蚀速率降低。如介质中含有 H_2S,则结果会截然相反。当 Cl^- 浓度为 $10 \sim 10^5 \mu g/g$ 时,对在 100℃ 左右出现的点蚀等局部腐蚀的速率和形态没有影响,但在 150℃ 左右的温度环境和有 $FeCO_3$ 保护膜存在的情况下,Cl^- 浓度越高腐蚀速率越大,特别是当 Cl^- 浓度大于 $3000 \mu g/g$ 时更为明显。这种现象可能是由于金属表面吸附 Cl^- 而延缓了 $FeCO_3$ 保护膜的形成。另外有些报导认为 Cl^- 的存在可大大降低 CO_2 溶液中 N80 钢表面钝化膜形成的可能性。Cl^- 的影响很复杂,对合金钢和非钝化钢的影响不同,可导致合金钢点蚀、缝隙腐蚀等局部腐蚀。

6. 一氧化碳的影响

近来发现,CO 对湿 CO_2 环境中的局部腐蚀有重要的影响。在 $CO-CO_2-H_2O$ 系统中,中碳钢和低碳钢易产生应力腐蚀开裂(SCC)。两种气体的分压低至 0.06MPa 时,足以促进 SCC。氧的存在将加剧 SCC 的严重性。管线钢对 $CO-CO_2$ 应力腐蚀开裂的灵敏度及其严重性随 CO_2 和 O_2 浓度的增加而增加,随 CO 浓度的减小和阳极极化的增加而增加。采用含铬量大于 9% 的钢可以有效防止 SCC。

7. 硫化氢的影响

H_2S 和 CO_2 是油气工业中主要的腐蚀气体。H_2S 对 CO_2 腐蚀的影响很复杂,微量的 H_2S 不但影响了腐蚀的阴极过程,而且对 CO_2 腐蚀产物的结构和性质也有很大的影响。其影响有双重作用:在低浓度时,由于 H_2S 可以直接参加阴极反应,导致腐蚀加剧;在高浓度时,由于 H_2S 可以与铁反应生成 FeS 膜,从而减缓腐蚀。即它既可通过阴极反应加速 CO_2 腐蚀,也可通过 FeS 的沉积而减缓腐蚀,其变化与温度和水的含量直接相关。一般地,在低温下(30℃),少量 H_2S(3.3mg/L)将使 CO_2 腐蚀成倍加速,而高含量(330mg/L)则使腐蚀速率降低;在高温下,当 H_2S 含量大于 33mg/L 时,腐蚀速率反而比纯 CO_2 低;温度超过 150℃ 时,腐蚀速率则不受 H_2S 含量的影响。另外,H_2S 对铬钢的抗蚀性有很大的破坏作用,可使其发生严重的局部腐蚀,甚至应力腐蚀开裂。

8. 氧含量的影响

研究表明,O_2 和 CO_2 的共存会使腐蚀程度加剧。O_2 对 CO_2 腐蚀的影响主要是基于两方面,一是氧起到了去极化剂的作用,去极化还原电极电位高于氢离子去极化的还原电极电位,因而它比氢离子更易发生去极化反应;二是亚铁离子与由 O_2 去极化生成的 OH^- 反应生成 $Fe(OH)_3$ 沉淀,若亚铁离子(Fe^{2+})迅速氧化成铁离子(Fe^{3+})的速率超过铁离子(Fe^{3+})的消耗速率,腐蚀过程就会加速进行。同时,由于表面具有半导体性质的 $Fe(OH)_3$ 的生成,可能会在金属表面引发严重的局部腐蚀。而且,氧含量的增加大大增加了点蚀的倾向,但对于生成了保护性能很好的保护膜的 CO_2 腐蚀类型,不受氧含量的影响。

9. 腐蚀产物膜的影响

CO_2 腐蚀能显著影响腐蚀产物膜。在含 CO_2 介质中,钢表面腐蚀产物膜的组成、结构、形态是受介质组成，CO_2 分压、温度、流速、pH 值和钢组成等因素的影响。

钢被 CO_2 腐蚀最终导致的破坏形式往往受碳酸盐腐蚀产物膜的控制。当钢表面生成的是无保护性的腐蚀产物膜时，将遵循 De Waard 的关系式，以"最坏"的腐蚀速率被均匀腐蚀；当钢表面的腐蚀产物膜不完整或被破坏、脱落时，会诱发局部点蚀而导致严重穿孔破坏。当钢表面生成的是完整、致密、附着力强的稳定性腐蚀产物膜时，可降低均匀腐蚀速率。

10. 合金元素的影响

合金元素对 CO_2 腐蚀有很大影响。例如，在低于 30℃ 时，阴极反应机制是水解生成碳酸，其决定速率。当钢材中加入少量的 Cu 元素时，会大大降低 CO_2 水解生成碳酸的活化能，因而极大地提高了决定速率步骤的反应速率，使腐蚀加快。钢中加入 Cr 元素后可以降低腐蚀速率，且随着 Cr 含量的增加，腐蚀速率降低。除了 Cr 元素之外，研究发现 Mo 元素也可能提高碳钢的抗 CO_2 腐蚀的能力。C 含量对 CO_2 腐蚀性能的影响与碳钢组织结构中 Fe_3C 相有密切关系，一方面 C 在腐蚀过程中会暴露在钢铁表面充当阴极而加速钢铁的腐蚀，另一方面 Fe_3C 又可能形成腐蚀产物膜的结构支架而阻滞 CO_2 腐蚀。

11. 砂粒的影响

对于大直径、光滑的管道，在流体流动较慢的情况下，砂粒造成的磨蚀腐蚀是相当微小的。管道内壁的腐蚀速率要么保持在无保护膜状态下的较大值，要么保持在有保护膜状态下的较小值。上述结论不适用于管壁保护膜不完整的情况，也不适用于弯头或具有复杂几何形状的管件。

但在大直径输送管道内，滞留的砂粒会带来比磨损腐蚀更严重的问题。被砂粒覆盖区域与周围无砂粒区域间的电偶作用会加快钢材的局部腐蚀速率。

（四）CO_2 腐蚀的防护措施

目前，防止 CO_2 腐蚀的主要措施是采用抗蚀金属材料，表面涂层保护，加注缓蚀剂。除去水、氧和其他杂质以及通过适当的系统和设备设计尽量避免或减轻各种加速腐蚀的因素等。这些措施应该在着手开发油气田时就决定，如井下管柱及地面设备管线是否采用昂贵的抗蚀材料或进行涂层保护、井身结构及完井时是否下封隔器等。因此，在油气田开发方案制定时，就必须首先完钻的第一、第二口井的资料预测今后腐蚀性的大小，从而确定最经济的防护措施。

1. 耐腐蚀材料的选择

耐 CO_2 腐蚀管道材料的选择一般都是按照 API Spec 5CT 的规定，根据井深，油气压等条件，选择不同强度级别的油管、套管。对于腐蚀程度一般的井，可选取 J55 和 N80 等低强度级别管材，而对于超深井，则需要用 C-95、P110、Q125 或更高强度级别的管材。对于 CO_2 腐蚀较为恶劣的油气井，国外采用含镍铁素体不锈钢或使用特种耐腐蚀合金钢管材，如 1Cr、9Cr、13Cr、$(22\sim25)$ $Cr_{(\alpha-\gamma)}$ 双相不锈钢等钢管，这些管材凭自身的耐腐蚀性能抵制 CO_2 腐蚀，在其有效期内无需其他配套措施，对油气井生产作业无影响，且工艺简单。我国多数油田是贫矿低渗透油田，使用价格昂贵的 13Cr 或更高钢级的油管，一次性投资太大，经济性较差，因此多数油田在 CO_2 腐蚀环境中使用的还是 J55、N80、P105 等一般碳钢管。

一般情况下，在湿 CO_2 环境中，即使在高 CO_2 分压下，不锈钢是很耐腐蚀的。用 316 不锈钢制造的 CO_2 注入井的计量仪表，阀和井口装置及闸板阀和止回阀耐腐蚀性能良好。在含氯化物的湿 CO_2 环境中，含 3%~4%Mo 的 317 不锈钢耐腐蚀能力最强。在 $H_2O-CO_2-Cl^-$ 系统中应用高 Cr 含量的钢，例如，9Cr-1Mo 和 13Cr 马氏体钢或（22~25）Cr$_{(\alpha-\gamma)}$双相不锈钢，它们既可适用于溶蚀相，又适用于高流速（超过 26m/s）的两相流中，但要注意：无论奥氏体、马氏体、铁素体不锈钢，在含 H$_2$S 的酸性环境中使用时，硬度不超过 22HRC。在 CO$_2$和 Cl$^-$共存的严重腐蚀条件下，采用 Cr-Mn-N 系统的不锈钢管[（22~25）Cr]作油管和套管；在 CO$_2$和 Cl$^-$共存并且井温也较高的条件下，应用 Ni-Cr 基合金或 Ti 合金（Ti-15Mo-5Zr-3Al）作套管和油管等；在苛刻的极强腐蚀环境条件下，油井管螺纹也需满足特殊的要求。这时，圆螺纹和偏梯形螺纹不能满足使用要求，需用特殊的螺纹连接起来实现螺纹部分与腐蚀介质相隔绝的螺纹设计并满足螺纹连接的强度超过管体强度的要求。

总之，对含有 H$_2$S、CO$_2$、Cl$^-$等腐蚀介质的油气田，油套管一般选用合金钢。但是由于不锈钢和碳钢的价格有很大差距，所以人们还是试图寻找碳钢的防护措施。因此应采用综合的腐蚀速率来制定材料的选择原则，归纳如下：

（1）低腐蚀率，使用碳钢，可能留有腐蚀裕量。

（2）中等腐蚀率，使用碳钢并留有腐蚀裕量，化学处理（腐蚀抑制剂）。

（3）高腐蚀率，使用耐蚀合金钢。

2. 涂层保护

国外普遍采用防腐蚀的内涂层来防止管道的内腐蚀，涂层技术对油气井的生产影响相对较小，成本低，使用方便，因此在防腐蚀过程中应用也很广泛。在管道容器的内壁采用树脂、塑料等涂层衬里保护，已成为防止腐蚀的常用方法。该种方法用无机和有机胶体混合物溶液，通过涂敷或其他方法覆盖在金属表面，经过固化在金属表面形成一层薄膜，使物体免受外界环境的腐蚀。

管道防腐层选择应考虑以下几个重要因素：

（1）合理的设计。包括根据环境选择适合的防腐层，进行合理的结构设计等。

（2）较好的表面处理。依据防腐层品种进行相应的表面处理，特别是修复防腐层应强调有良好的表面处理。

（3）足够的防腐层厚度、无防腐层缺陷。

（4）对防腐层局限性的认识。由于没有一种防腐层能适应任何环境，因此在应用中对防腐层的优点和缺点要有足够的认识，才能避免造成防腐层的过早失效。

3. 缓蚀剂防腐

缓蚀剂目前在市场上的品种繁多，国外常用的康托尔（Kontol）系列缓蚀剂及纳尔科（Nalco）公司的 2VJ-612 型缓蚀剂等，据称抑制 CO$_2$腐蚀有较好的效果。国内以华北油田生产的 WSI-02 型缓蚀剂抗 CO$_2$腐蚀效果较好。含有氮、磷和硫分子的缓蚀剂对 CO$_2$的腐蚀控制效果更好。

实际工业体系中，环境是极其复杂的，在不同的油气田环境中，所用的缓蚀剂成分可能是不一样的。在一个油气田适用的防腐剂，在另一个油气田中未必能发挥效用。目前使用较多的是咪唑啉类的缓蚀剂，复合型的缓蚀剂使用也较广泛。

4. 系统设计中的防腐考虑

湿 CO$_2$腐蚀控制应该从设计和工程建设阶段开始。设计中应考虑的问题是：

（1）保持液体流速低于磨蚀限。

（2）适当的设备尺寸，以避免夹带和污染。

（3）使用过滤器以保持系统无固体。

（4）采用在低温下操作的湿 CO_2 调节过程，并考虑使用非腐蚀性溶剂。

（5）在装置入口处用水冲洗塔和过滤分离器以清除送进的一些污染物。

（6）使用符合规范的良好设备和焊接规程。

（7）避免不同金属接触同种溶液。

（8）不能用平焊法兰和封闭焊接的螺纹接头。

（9）若气水交替使用，应考虑使用气水分离线。

5. 其他防护措施

（1）去除杂质。某些杂质如水、氧、氯化物和固体等的存在会加剧 CO_2 的腐蚀。因此，在油气田中进行 CO_2 腐蚀的防护工作时，应考虑将这些杂质除去。

采用水洗法可将氯化物和固体从系统中除去；氧可通过密封原料系统或用除氧剂除去。在系统开工之前和在系统与大气相通的任何时候，需要用除氧剂除氧。

从系统中除去湿气（即脱水）是最有效的防腐方法。目前，四川气田川东地区就是采用脱水工艺，而不是脱出采出气中的 H_2S 和 CO_2 来达到防腐的目的。因为在高压装置中，管线供给气脱水有助于将腐蚀减少到可接受的水平。

（2）增大 pH 值。在高 pH 值（6~7）条件下，因 Fe^{2+} 的溶解度降低很多倍（$\leq 10^{-6}$），故保护膜更容易形成，同时 Fe^{2+} 溶解度降低也意味着保护膜（$FeCO_3$）不易被溶解。保护膜一旦形成，则只能靠机械力或冲刷作用才能出去。向凝结物中人为添加 pH 值稳定剂或同时使用水化物抑制剂，可使高达 10~20mm/a 的腐蚀速率降低到合乎要求的程度，这一技术已经在 ELF Aquitaine 公司和挪威北海的里弗哥（Fille-Tragy）油田得到实际应用。

（3）降低温度。一般在 80℃ 以内，腐蚀速率随温度升高而增加，所以降低温度也是抑制 CO_2 腐蚀的一种方法。这可通过如下方式实现：在管道的前面部分使用无隔热层的不锈钢管来使其温度降低，从而后面部分便可使用碳钢管材。

（4）避免紊流。管道中的弯头和突出部位的紊流程度很高，这样会破坏保护膜或缓蚀剂吸附膜。此外，在这些部位，水也更容易分离出来，因而会增大腐蚀速率。

（5）阴极保护。从理论上说，设备管线的金属材料在 CO_2 介质中的腐蚀是一种电化学腐蚀。根据 CO_2 腐蚀的电化学原理，将发生 CO_2 腐蚀的材料进行阴极极化，这就是阴极保护。阴极保护可以通过外加电流法和牺牲阳极法两种途径来实现。对于管线内腐蚀，实际上很难通过阴极保护来实现管线的防护。

第五章 腐蚀的控制方法

研究腐蚀的目的，是为了防止腐蚀和控制腐蚀的危害，延长材料的使用寿命。各种工程材料，从原材料加工成产品，直到使用和长期储存过程中都会遇到不同的腐蚀环境，产生不同程度的腐蚀。材料腐蚀的过程是一个自发的过程，完全避免材料的腐蚀是不可能的。因此才有腐蚀控制的问题。

第一节 正确选材与合理设计

现代工业腐蚀介质种类繁多，工艺条件苛刻，耐蚀材料品种和性能也十分繁杂，正确地选材和合理设计是一项复杂的任务。在设计时，除在选择材料、结构设计、强度核算等几方面进行考虑外，还必须考虑选用什么防腐措施（如涂装、衬里、添加缓蚀剂、进行电化学保护等）及施工的可能性，并且在结构上保证能顺利完成这些措施。

一、金属材料的耐蚀性能及选用

工业用金属结构材料，应用比较广泛的是铁合金、铜合金、铝合金、钛合金、镍合金、镁合金等。纯金属主要是铜、镍、铝、镁、钛、锆等，但应用并不多。

（一）金属耐蚀能力的体现

在各种腐蚀环境中，金属的耐蚀能力主要体现在以下三个方面：

（1）金属的热力学稳定性。各种纯金属的热力学稳定性，大体上可按它们的标准电位值来判断。标准电极电位较正者，其热力学稳定性较高；标准电极电位越负，热力学稳定性越差，也就容易被腐蚀。

（2）金属的钝化。有不少热力学不稳定的金属在适当的条件下能发生钝化而获得耐蚀能力，可钝化的金属有锆、钛、钽、铌、铝、铬、铍、钼、镁、镍、钴、铁。它们的大多数都是在氧化性介质中容易钝化，而在 Cl^-、Br^- 等离子的作用下，钝态容易受到破坏。

（3）腐蚀产物膜的保护性能。在热力学不稳定的金属中，除了因钝化耐腐蚀者外，还有因在腐蚀过程初期或一定阶段生成致密的保护性能良好的腐蚀产物膜而耐腐蚀。

（二）金属耐蚀合金化的途径

根据腐蚀理论，金属的电化学腐蚀速率可用腐蚀电流的大小表征，即

$$I_{corr} = \frac{E_{e,C} - E_{e,A}}{P_C + P_A + R}$$

可以看出，腐蚀电池的腐蚀电流大小，在很大程度上为 R、P_A、P_C 等所控制，式中的分子，表示腐蚀反应的推动力，亦即系统的热力学稳定性，分母表示腐蚀过程的阻力。显然，如果能减小腐蚀过程的推动力，或者增大系统的阻力，都能有效地降低腐蚀电流而提高耐蚀性。因此根据各种金属的不同特性，一般工业上金属耐蚀合金化有以下几种途径：

（1）提高金属的热力学稳定性（提高 $E_{e,A}$），这种方法就是通过向本来不耐蚀的纯金属或者合金中加入热力学稳定性高的合金元素，制成合金。加入的元素将其固有的高热力学稳定性带给了合金，提高了合金的电极电位，从而提高了合金整体的耐蚀性能。例如，铜中加入

122

金，镍中加入铜，铬钢中加入镍等。

但是，这种方法应用很有限，因为往往需要添加大量的贵重金属才有效。

（2）增大阴极极化率 P_C。即减弱合金的阴极活性。这种方法适用于阴极控制的腐蚀过程。

① 减小金属或合金中的活性阴极面积。金属或合金在酸溶液中腐蚀时，阴极析氢过程优先在析氢过电压低的阴极性合金组成物或夹杂物上进行，如果减少合金中的这种阴极相（如降低含碳量），就减少了活性阴极数目或面积，使阴极极化电流密度增大，增加了阴极极化程度，从而提高合金的耐蚀性。

另外，也可以采用热处理的方法，如固溶处理，使阴极性夹杂物转入固溶体内，消除了作为活性阴极的第二相，也能提高合金的耐蚀性。

② 加入析氢过电位高的合金元素。往合金中加入析氢过电位高的合金元素，增大合金阴极析氢反应的阻力，可以显著降低合金在酸中的腐蚀速率。这种办法只适应于基体金属不会钝化、由析氢过电压控制的析氢腐蚀过程。

例如，在碳钢和铸铁中加入砷、铋、锡等，可以显著降低其在非氧化性酸中的腐蚀速率。

（3）增大阳极极化率 P_A。即减弱合金的阳极活性。用合金化的方法，减弱合金的阳极活性，阻滞阳极过程的进行，以提高合金的耐蚀性，是金属耐蚀合金化措施中最有效、应用最广泛的方法。

① 加入易钝化的合金元素。工业上大量应用的合金的基体元素铁、铝、镁、镍等都属于可钝化元素，其中应用最多的钢铁材料中的元素铁，钝化能力不强，一般需要在氧化性较强的介质中才能钝化。为了显著提高耐蚀性，可以往这些基体金属中加入更容易钝化的元素，以提高合金整体的钝化性能。例如，往铁中加入（12%～30%）铬，制得不锈钢或耐酸钢。这种加入易钝化元素以提高合金钝化能力的方法是耐蚀合金化途径中应用最广泛的一种。

② 加入阴极合金元素促进阳极钝化。对于有可能钝化的腐蚀体系（包括合金与腐蚀环境），如果往金属或合金中加入强阴极性元素，由于电化学腐蚀中阴极过程加剧，使其阴、阳极电流增加，当腐蚀电流密度超过钝化电流密度时，阳极出现钝态，其腐蚀电流急剧下降。这是一种很有发展前途的耐蚀合金化措施。

（4）使合金表面生成电阻大的腐蚀产物膜（增大 R）。加入某些元素使合金表面生成致密的腐蚀产物膜，加大了体系的电阻，也能有效地阻滞腐蚀过程的进行。

例如，耐大气腐蚀钢的耐蚀锈层结构中一般含有非晶态羟基氧化铁，它的结构是致密的，保护性能非常好。而钢中加入 Cu 或 P 与 Cr，则能促进此种非晶态保护膜的生成。因此以 Cu 和 P，或 P 与 Cr 来合金化，可制成耐大气腐蚀的低合金钢。

二、铁碳合金

铁碳合金是碳钢和普通铸铁的总称，也是工业上应用最广泛的金属材料，它产量较大、价格低廉，有较好的力学性能及工艺性能；在耐蚀性方面，虽然它的电极电位较负，在自然条件下（大气、水及土壤中）化学稳定性较差，但是可采用多种方法对它进行保护，如采用覆盖层及电化学保护等，防腐蚀的主要对象也多数是指铁碳合金，因此，铁碳合金现在仍然是作为主要的结构材料。通常只有在铁碳合金不能满足要求时，才选用其他耐蚀材料。

总的说来，铁碳合金在各种环境介质中，它们的耐蚀性都较差，因此一般在使用过程中都采取不同的保护措施。碳钢在水中溶解氧或大气中的氧的作用下产生耗氧腐蚀，其阴极过程主要由氧的浓度扩散所控制。同时受其他因素的影响，明显加剧了碳钢或铸铁的腐蚀。下面是铁碳合金在不同介质中的耐蚀性：

（1）在中性溶液中。铁碳合金主要是氧去极化腐蚀，碳钢和铸铁的腐蚀行为相似。

（2）在碱性溶液中。常温下浓度小于 30% 的稀碱水溶液可以使铁碳合金表面生成不溶且致密的钝化膜，因而稀碱溶液具有缓蚀作用。在浓的碱液中，例如，浓度大于 30% 的 NaOH 溶液，表面膜的保护性能降低，这时膜溶于 NaOH 溶液生成可溶性铁酸钠；随着温度的升高，普通铁碳合金在浓碱液中的腐蚀将更加严重，在一定的拉应力共同作用下，可产生碱脆，而以靠近 30% 浓度的 NaOH 溶液为最危险。

一般来说，当拉应力小于某一临界应力时，NaOH 溶液浓度小于 35%、温度低于 120℃，碳钢可以用；铸铁耐碱腐蚀性能优于碳钢。

（3）在酸中。酸对铁碳合金的腐蚀类型主要根据酸分子中的酸根是否具有氧化性确定。非氧化性酸对铁碳合金腐蚀的特点是其阴极过程为氢离子去极化作用，如盐酸就是典型的非氧化性酸；氧化性酸对铁碳合金腐蚀的特点是其阴极过程主要是酸根的去极化作用，如硝酸就是典型的氧化性酸。但是如果把酸硬性划分为氧化性酸和非氧化性酸是不恰当的，例如，浓硫酸是氧化性酸，但当硫酸稀释之后与碳钢作用也与非氧化性酸一样，发生氢离子去极化而析出氢气。因而区分这两种性质的酸应根据酸的浓度，同时与金属本身的电极电位高低也有密切关系，特别是当金属处于钝态的情况下，氧化性酸与非氧化性酸对金属作用的区别，显得更为突出。此外，温度也是一个重要的因素。

① 盐酸是典型的非氧化性酸，铁碳合金的电极电位又低于氢的电位，因此，它的腐蚀过程是析氢反应，腐蚀速率随酸的浓度增高而迅速加快。同时在一定浓度下，随温度上升，腐蚀速率也直线上升。所以，铁碳合金都不能直接用作处理盐酸设备的结构材料。

② 碳钢在硫酸中的腐蚀速率与浓度有密切关系，当硫酸浓度小于 50% 时，腐蚀速率随浓度的增大而加大，这属于析氢腐蚀，与非氧化性酸的行为一样。在浓度为 47%～50% 时，腐蚀速率达最大值，以后随着硫酸浓度的增加，腐蚀速率下降；在浓度为 75%～80% 的硫酸中，碳钢钝化，腐蚀速率很低，因此储运浓硫酸时，可用碳钢和铸铁制作设备和管道，但在使用中必须注意浓硫酸易吸收空气中的水分而使表面酸的浓度变稀，从而使得气液交界处的器壁部分遭受腐蚀，因而这类设备可适当考虑采用非金属材料衬里或其他防腐措施。当硫酸浓度大于 100% 后，由于硫酸中过剩 SO_3 增多，使碳钢腐蚀速率重新又增大，因而碳钢在发烟硫酸中的使用浓度范围应小于 105%。

铸铁与碳钢有相似的耐蚀性，除发烟硫酸外，在 85%～100% 的硫酸中非常稳定。总的说来，在浓硫酸中特别是温度较高、流速较大的情况下，铸铁更适宜，而在发烟硫酸的一定范围内，碳钢能耐蚀，铸铁却不能。这是因为发烟硫酸的渗透性促使铸铁内部的碳和石墨被氧化，会产生晶间腐蚀。在小于 65% 的硫酸中，在任何温度下，铁碳合金都不能使用。当温度高于 65℃ 时，不论硫酸浓度多大，铁碳合金一般也不能使用。

③ 碳钢在硝酸中的腐蚀速率以 30% 时为最大，当浓度大于 50% 时腐蚀速率显著下降；如果浓度提高到大于 85%，腐蚀速率再度上升。在 50%～85% 的硝酸中，铁碳合金比较稳定的原因就是因为它的表面钝化而使腐蚀电位正移。碳钢在硝酸中的钝化随温度的升高而易被破坏，同时当浓度增加时，又会产生晶间腐蚀。为此，从实际应用的角度出发，碳钢与铸铁都不宜作为处理硝酸的结构材料。

④ 碳钢在低浓度氢氟酸(浓度 48%～50%)中迅速腐蚀，但在高浓度(大于 75%～80%，温度 65℃以下)时，则具有良好的稳定性。这是由于表面生成铁的氟化物膜不溶于浓的氢氟酸中，在无水氢氟酸中，碳钢更耐蚀，然而当浓度低于 70% 时，碳钢很快被腐蚀。因此，可用碳钢制作储存和运输 80% 以上氢氟酸的容器。

⑤ 对铁碳合金腐蚀最强烈的有机酸是草酸、甲酸(蚁酸)、乙酸(醋酸)及柠檬酸，但它们与同等浓度无机酸(盐酸、硝酸、硫酸)的侵蚀作用相比要弱得多。铁碳合金在有机酸中的腐蚀速率随着酸中含氧量增大及温度升高而增大。

(4) 在盐溶液中。铁碳合金在盐类溶液中的腐蚀与这种盐水解后的性质有密切关系，根据盐水解后的酸碱性有以下三种情况：

① 中性盐溶液。以 NaCl 为例，这类盐水解后溶液呈中性，铁碳合金在这类盐溶液中的腐蚀，其阴极过程主要为溶解氧所控制的耗氧腐蚀，随浓度增加，腐蚀速率存在一个最高值(3%NaCl)，此后则逐渐下降，所以钢铁在高浓度的中性盐溶液中，腐蚀速率是较低的，但当盐溶液处于流动或搅拌状态时，因氧的补充变得容易，腐蚀速率要大得多。

② 酸性盐溶液。这类盐水解后呈酸性，引起铁碳合金的强烈腐蚀，因为在这种溶液中，其阴极过程既有氧的去极化，又有氢的去极化；如果是铵盐，则 NH_4^+ 与铁形成络合物，增加了它的腐蚀性；高浓度的 NH_4NO_3，由于 NO_3^- 的氧化性，更促进了腐蚀。

③ 碱性盐溶液。这类盐水解后呈碱性，当溶液 pH 值大于 10 时，同稀碱液一样，腐蚀速率较小，这些盐，如 Na_3PO_4、Na_2SiO_3 等，能生成铁盐膜，具有保护性，腐蚀速率大大降低而具有缓蚀性。

④ 氧化性盐溶液。这类盐对金属的腐蚀作用，可分为两类：一类是强去极剂，可加速腐蚀，如 $FeCl_3$、$CuCl_2$、$HgCl_2$ 等，对铁碳合金的腐蚀很严重；另一类是良好的钝化剂，可使钢铁发生钝化，如 $K_2Cr_2O_7$、$NaNO_2$ 等，只要用量适当，可以阻止钢铁的腐蚀，通常是良好的缓蚀剂。但结构钢在沸腾的浓硝酸盐溶液中易产生应力腐蚀破裂。

应该注意的是氧化性盐的浓度，不是它们氧化能力的标准，而腐蚀速率也不都是正比于氧化能力，例如，铬酸盐比 Fe^{3+} 盐是更强的氧化剂，但 Fe^{3+} 盐能引起钢铁更快的腐蚀，而铬酸盐却能使钢铁钝化。

(5) 在气体介质中。化工过程中的设备、管道常受气体介质的腐蚀，大致有高温气体腐蚀、常温干燥气体腐蚀、湿气体腐蚀等。常温干燥条件下的气体，如氯碱厂的氯气，硫酸厂的 SO_2 及 SO_3 等，对铁碳合金的腐蚀均不强烈，一般均可采用普通钢铁处理；而湿的气体，如 Cl_2、SO_2、SO_3 等，则腐蚀强烈，其腐蚀特性与酸相似。

(6) 在有机溶剂中。在无水的甲醇、乙醇、苯、二氯乙烷、丙酮、苯胺等介质中，碳钢是耐蚀的；在纯的石油烃类中，碳钢实际上也耐蚀，但当水存在时就会遭受腐蚀，例如，石油储槽或其他有机液体的钢制容器，如果介质中含有水分，则水会积存在底部的某一部位，与水接触部位成为阳极，与油或有机液体接触的表面则成为阴极，而这个阴极面积很大，为油膜覆盖阻止了腐蚀；当油中含溶解氧或其他盐类、H_2S、硫醇等杂质，将导致阴极反应迅速发生，使碳钢阳极部位的腐蚀速率剧增。

总之，碳钢和普通铸铁的耐蚀性虽然基本相同，但又不完全一样，在一般可以采用铁碳合金的场合下，究竟是用碳钢还是铸铁，应根据具体条件并结合力学性能进行综合比较，有时还应通过试验才能确定。在使用普通碳钢和铸铁时，除了要考虑耐蚀性外，还应注意其他性能，例如普通铸铁属于脆性材料，强度低，不能用来制造承压设备，也不用来处理和储存有剧毒或易燃、易爆的液体和气体介质的设备。

三、高硅铸铁

在铸铁中加入一定量的某些合金元素，可以得到在一些介质中有较高耐蚀性的合金铸铁。高硅铸铁就是其中应用最广泛的一种。工业上应用最广泛的是含硅 14.5% ~ 15% 的高硅铸铁。

含硅量达 14% 以上的高硅铸铁之所以具有良好的耐蚀性，是因为硅在铸铁表面形成一层由 SiO_2 组成的保护膜，如果介质能破坏 SiO_2 膜，则高硅铸铁在这种介质中就不耐蚀。

一般来说，高硅铸铁在氧化性介质及某些还原性酸中具有优良的耐蚀性，它能耐各种温度和浓度的硝酸、硫酸、醋酸、常温下的盐酸、脂肪酸及其他许多介质的腐蚀。它不耐高温盐酸、亚硫酸、氢氟酸、卤素、苛性碱溶液和熔融碱等介质的腐蚀。不耐蚀的原因是由于表面的 SiO_2 保护膜在苛性碱作用下，形成了可溶性的 Na_2SiO_3；在氢氟酸作用下形成了气态 SiF_4 等而使保护膜破坏。

高硅铸铁性质为硬而脆，力学性能差，应避免承受冲击力，不能用于制造压力容器。铸件一般不能采用除磨削以外的机械加工。

由于高硅铸铁耐酸的腐蚀性能优越，已广泛用于化工防腐蚀，最典型的牌号是 STSi15，主要用于制造耐酸离心泵、管道、塔器、热交换器、容器、阀件和旋塞等。

总的来说，高硅铸铁质脆，所以安装、维修、使用时都必须十分注意。安装时不能用铁锤敲打；装配必须准确，避免局部应力集中现象；操作时严禁温差剧变，或局部受热，特别是开、停车或清洗时升温和降温速度必须缓慢；不宜用作受压设备。

四、耐腐蚀低合金钢

低合金钢是指加入到碳钢中的合金元素的质量分数小于 3% 的一类钢。耐腐蚀低合金钢是低合金钢中的一个重要类别，合金元素添加在钢中的主要作用是改善钢的耐腐蚀性。这类钢成本低、强度高、综合力学性能及加工工艺性能好，由于合金元素含量较低，耐腐蚀性低于不锈钢而优于碳钢，强度则显著高于奥氏体不锈钢，适用于中等腐蚀性的各种环境，如作为大气、海水、石油、化工、能源等环境中的设备、管道和结构材料等。

根据耐腐蚀低合金钢的适用环境，主要有以下几类：

（一）耐大气腐蚀低合金钢（耐候钢）

美国在 20 世纪 30 年代研制的 Corten-A 钢是最早的耐大气腐蚀钢，其成分特点是：碳含量控制在 0.1% 左右，加入少量 Cu、P、Cr 和 Ni 构成复合的致密腐蚀产物层以阻碍腐蚀反应，适量的 Si 对耐蚀性有益，Mn 的主要作用是提高强度，有害的 S 控制在低水平。根据美国发表的 15 年工业大气腐蚀试验结果，Corten 钢的腐蚀速率为 0.0025mm/a，而碳钢为 0.05mm/a；Corten 钢屈服强度为 343MPa，有良好缺口韧性和焊接性，广泛用作桥梁、建筑、井架等结构件。

我国的耐大气腐蚀低合金钢，主要有仿 Corten 钢系列、铜系、磷钒系、磷稀土系和磷铌稀土系等钢种。仿 Corten - A 的钢种主要有 06CuCrNiMo、10Cr CuSiV、09CuPCrNi、09CuPCrNiAl、15MnMoVN 等，仿 Corten-B 的主要有 09CuPTiRE、10CrMoAl、14MnMoNbB 等。

铜系钢主要有 16MnCu、09MnCuPTi、15MnVCu、10PCuRE、06CuPTiRE 等，这些钢种在干燥风沙地区与 A3 碳钢的耐蚀性差别不大，但在南方潮湿大气、海洋大气和工业大气环境中，Cu 系低合金钢的腐蚀速率在 0.01mm/a 左右，耐蚀性比 A3 钢提高 50% 以上。这类钢的屈服强度均为 343MPa 左右，适用于制造车辆、船舶、井架、桥梁、化工容器等。

磷钒系钢有 12MnPV、08MnPV，磷稀土系有 08MnPRE、12MnPRE，磷铌稀土系有 10MnPNbRE 等，这些钢种利用我国的稀土元素富产资源，可改善钢中加磷导致的脆性，耐大气腐蚀性能一般比碳钢提高 20%~40%。

（二）耐海水腐蚀低合金钢

钢在海水飞溅区和全浸区的腐蚀过程和影响因素有所不同，合金元素的作用也有差别。Si、Cu、P、Mo、W 和 Ni 等元素都能改善钢在飞溅区和全浸区的耐蚀性，复合加入时效果更明显；Cr 和 Al 主要提高全浸区的耐蚀性，Cr、Al、Mo、Si 同时加入钢中耐蚀效果更佳。钢中加入 Mn 可提高强度，对耐蚀性影响不大。

国外耐海水腐蚀钢主要有 Ni-Cu-P 系、Cu-Cr 系和 Cr-Al 系。美国的 Mariner 钢为 Ni-Cu-P 系，在海水飞溅区的耐蚀性比碳钢提高 1 倍，但因钢中含磷量较高，低温冲击韧性和焊接性较差，主要用于钢桩等非焊接结构。日本的 MariloyG 钢为 Cu-Cr-Mo-Si 系。对于飞溅区和全浸区海水均有良好耐蚀性，腐蚀速率约为碳钢的 1/3，由于磷含量低，焊接性亦较好。法国的 Cr-Al 系低合金钢 APS20A，兼具良好的耐大气和海水腐蚀性能，在全浸海水中耐蚀性比碳钢提高 1 倍以上。

我国耐海水腐蚀低合金钢主要有铜系、磷钒系、磷铌稀土系和铬铝系等类型，例如 08PV、08PVRE、10CrPV 等。含 Cu、P 的钢种一般耐飞溅区腐蚀性能较好，而含 Cr、Al 的钢种更耐全浸区腐蚀。

（三）耐硫酸露点腐蚀低合金钢

（1）硫酸露点腐蚀。在以高硫重油或劣质煤为燃料的燃烧炉中，燃料中的硫燃烧后转变为 SO_2，SO_2 与 O_2 可进一步反应生成 SO_3。SO_2 通常随燃气排出，但 SO_3 可以与燃气中的水蒸气结合生成硫酸，凝结在低温部件上，造成腐蚀，称作硫酸露点腐蚀或露点腐蚀。它多发生在锅炉系统中温度较低的部位，如节煤器、空气预热器、烟道、集尘器等处，在硫酸厂的余热锅炉及石油化工厂的重油燃烧炉等装置中也时常发生。

露点腐蚀与燃气中的 SO_3 浓度有关，随 SO_3 浓度升高，露点升高，当金属表面温度低于露点时，就能够发生硫酸凝聚，凝聚硫酸浓度主要与燃气中的水含量和凝聚面温度有关。在露点以下，表面温度越高，凝聚硫酸浓度越高。

（2）耐硫酸露点腐蚀钢种。国内外针对硫酸露点腐蚀的特殊性已开发了一系列耐硫酸露点腐蚀钢，其中的合金元素以 Cu、Si 为主，辅以 Cr、W、Sn 等元素，这些合金元素的作用主要是在钢表面形成致密、附着性好的腐蚀产物膜层，抑制进一步的腐蚀。例如，我国的 09CuWSn 钢、09CrCuSb 钢（ND 钢）和日本的 CRIA 钢，耐硫酸露点腐蚀性能比普通碳钢高出几十倍。

（四）耐硫化氢应力腐蚀开裂低合金钢

耐硫化氢应力腐蚀破裂钢的设计特点是：严格控制有害元素 P、S 的含量，控制 Ni 含量，淬火后进行高温回火以消除马氏体组织，加入 Mo、Ti、Nb、V、Al、B、稀土等元素促进细小均匀的球形碳化物形成，以弥散强化来补充高温回火损失的强度并提高抗裂性能。此外还设法改进冶炼工艺控制硫化物夹杂的形状、数量和分布。这类钢可以达到较高强度级别且具有良好的抗硫化氢应力腐蚀破裂性能，广泛应用于石油、石油化工等领域。我国的典型耐 H_2S 钢有 12MoAlV、10MoVNbTi、15Al3MoWTi、12CrMoV、07Cr2AlMo 等。

（五）抗氢、氮、氨作用低合金钢

（1）氢、氮、氨与钢的作用。氢或氢与其他气体的混合物，不论是常压的或高压的，也不论是常温的或高温的，都能对金属造成一定形式的破坏。氢致破坏是金属由于气体作用而造成破坏的最重要的形式之一，如氢脆、碳钢脱碳等。

在合成氨气氛中（温度在520℃以下，一般为480~520℃，压力一般为32MPa），同时存在着氢、氮、氨。N_2和NH_3分子在400~600℃温度下，在铁的催化下会离解生成活性氮原子，氮原子渗入钢材，这就在钢铁表面一定深度范围内生成一层氮化层。氮化层硬而脆，使钢的塑性和强度降低，在应力集中处易产生裂纹，这就是所谓"氮化脆化"。

（2）抗氢、抗氮低合金钢。操作温度低于220℃的处理高压氢的设备不产生氢侵蚀，普通碳钢便可胜任。在常温下，碳钢的氢腐蚀临界压力高达89.8MPa。但在中温（约600℃）下处理高压氢的设备，选材必须考虑氢侵蚀问题。微碳纯铁具有良好的抗中温高压氢侵蚀性能，它的缺点是强度低。

普遍应用的中温抗氢钢以Cr、Mo为主加元素。钢中Cr含量提高，碳化物稳定性也提高，钢的抗氢腐蚀临界温度也随之提高。Mo比Cr具有更好的抗氢性能。Mo在晶界偏析降低了晶界能而使裂纹不易产生。

近年来研究了一些不含Cr的抗氢钢，这些钢以Mo、V、Nb、Ti等为合金元素，也具有良好的抗氢性能。

在合成氨设备中，除了要求材料具有良好的抗氢性能外，还要求具有良好的抗氮化性能。微碳纯铁不渗氮，可作为氨合成塔内件使用。在Cr-Mo钢中，只有含Cr量较高的Cr5Mo和Cr9Mo钢抗氮化脆化性能较好。

近年来发展的以Nb、V、Ti、Mo等为合金元素的抗氢、氮低合金钢种，不仅其抗氢侵蚀性能良好，而且还具有良好的抗氮化脆化性能。

五、不锈钢

不锈钢是指铁基合金中铬含量（质量分数）大于等于13%的一类钢的总称。在大气及较弱腐蚀性介质中耐蚀的钢称为不锈钢，而把耐强腐蚀性酸类的钢称为耐酸钢。通常，把不锈钢和耐酸钢统称为不锈耐酸钢，简称为不锈钢。所以，习惯上所称的"不锈钢"常包括耐酸钢在内。

不锈钢除了广泛用作耐蚀材料外，同时是一类重要的耐热材料，因为其具备较好的耐热性，包括抗氧化性及高温强度；奥氏体不锈钢在液态气体的低温下仍有很高的冲击韧性，因而又是很好的低温结构材料；因不具铁磁性，也是无磁材料；高碳的马氏体不锈钢还具有很好的耐磨性，因而又是一类耐磨材料。由此可见，不锈钢具有广泛而优越的性能。

但是必须指出，不锈钢的耐蚀性是相对的，在某些介质条件下，某些钢是耐蚀的，而在另一些介质中则可能要腐蚀，因此没有绝对耐蚀的不锈钢。

不锈钢按其化学成分可分为铬不锈钢及铬镍不锈钢两大类。铬不锈钢的基本类型是Cr13型和Cr17型钢；铬镍不锈钢的基本类型是18-8型和17-12型钢（前边的数字为含铬质量分数，后边数字为含镍质量分数）。在这两大基本类型的基础上发展了许多耐蚀、耐热以及力学性能和加工性能提高的等各具特点的钢种。

不锈钢按其金相组织分类有马氏体型、铁素体型、、奥氏体型、奥氏体-铁素体型及沉淀硬化型五类。不锈钢的品种繁多，随着近代科学技术的发展，新的腐蚀环境不断出现，为了适应新的环境，发展了超低碳不锈钢和超纯不锈钢，还发展了许多具有特定用途的专用钢。因而不锈钢是一类用途十分广泛，对国民经济和科学技术的发展都十分重要的工程材料。

（一）铬不锈钢

铬不锈钢包括 Cr13 型及 Cr17 型两大基本类型。

（1）Cr13 型不锈钢。这类钢一般包括 0Cr13、1Cr13、2Cr13、3Cr13、4Cr13 等钢号，含铬量 12%~14%。

除 0Cr13 外，其余的钢种在加热时有铁素体-奥氏体转变，淬火时可得到部分马氏体组织，因而习惯上称为马氏体不锈钢。实际上 0Cr13 是铁素体钢，1Cr13 为马氏体-铁素体钢，2Cr13、3Cr13 为马氏体钢；4Cr13 为马氏体-碳化物钢。大多数情况下 Cr13 型不锈钢都经淬火、回火以后使用。

0Cr13 含碳量低，耐蚀性比其他 Cr13 好，在正确热处理条件下有良好的塑性与韧性。它在热的含硫石油产品中具有高的耐蚀性能，可耐含硫石油及硫化氢、尿素生产中高温氨水、尿素母液等介质的腐蚀。因此它可用于石油工业，还可用于化工生产中防止产品污染而压力又不高的设备。

1Cr13、2Cr13 在冷的硝酸、蒸汽、潮湿大气和水中有足够的耐蚀性；在淬火、回火后可用于耐蚀性要求不高的设备零件，如尿素生产中与尿素液接触的泵件、阀件等，并可制作汽轮机的叶片。

3Cr13、4Cr13 含碳量较高，主要用于制造弹簧、阀门、阀座等零部件。

Cr13 型马氏体钢在一些介质（如含卤素离子溶液）中有点蚀和应力腐蚀破裂的敏感性。

（2）Cr17 型不锈钢。这类钢的主要钢号有 1Cr17、0Cr17Ti、1Cr17Ti、1Cr17Mo2Ti 等。这类钢含碳量较低而含铬量较高，均属铁素体钢，铁素体钢加热时不发生相变，因而不可能通过热处理来显著改善钢的强度。

由于含铬量较高，因此对氧化性酸类（如一定温度及浓度的硝酸）的耐蚀性良好，可用于制造硝酸、维尼纶和尿素生产中一定腐蚀条件下的设备，还可制造其他化工过程中腐蚀性不强的、防止产品污染的设备。又如 1Cr17Mo2Ti，由于含钼，提高了耐蚀性，能耐有机酸（如醋酸）的腐蚀，但其韧性及焊接性能与 1Cr17Ti 相同。Cr17 型不锈钢较普遍地存在高温脆性等问题。

铬不锈钢与铬镍不锈钢相比较，价格较低，但由于其脆性、焊接工艺等问题，化工过程中应用不是很多，多用于腐蚀性不强或无压力要求的场合。

（二）铬镍奥氏体不锈钢

铬镍奥氏体不锈钢是目前使用最广泛的一类不锈钢，其中最常见的就是 18-8 型不锈钢，其又包括加钛或铌的稳定型钢种，加钼的钢种（常称为 18-12-Mo 型不锈钢）及其他铬镍奥氏体不锈钢。在这类钢中，镍、锰、氮、碳等是扩大奥氏体相区的合金元素。含铬 17%~19% 的钢中加入 7%~9% 的镍，加热到 1000~1100℃ 时，就能使钢由铁素体转变为均一的奥氏体组织。由于铬是扩大铁素体相区元素，当钢中含铬量增加时，为了获得奥氏体组织，就必须相应增加镍含量。碳虽然是扩大奥氏体相区的元素，但当含碳量增加时将影响钢的耐蚀性，并影响冷加工性能。所以国际上普遍发展含碳量低的超低碳不锈钢，甚至超超低碳不锈钢，即使一般的 18-8 钢含碳量也多控制在 0.08% 以下。

18-8 型不锈钢具有良好的耐蚀性能及冷加工性能，因而获得了广泛的应用，几乎所有化工过程的生产中都采用这一类钢种。

（1）普通 18-8 型不锈钢。耐硝酸、冷磷酸及其他一些无机酸、许多种盐类及碱溶液、水和蒸汽、石油产品等化学介质的腐蚀，但是对硫酸、盐酸、氢氟酸、卤素、草酸、沸腾的浓苛性碱及熔融碱等的化学稳定性则差。18-8 型不锈钢在化学工业中主要用途之一是用以处理硝酸，它的腐蚀速率随硝酸浓度和温度的变化而变化。例如 18Cr-8Ni 不锈钢耐稀硝酸腐蚀性能很好，但当硝酸浓度增高时，只有在很低温度下才耐蚀。

（2）含钛的 18-8 型不锈钢（0Cr18Ni9Ti、1Cr18Ni9Ti）。这是用途广泛的一类耐酸耐热钢。由于钢中的钛促使碳化物的稳定，因而有较高的抗晶间腐蚀性能，经 1050~1100℃在水中或空气中淬火后呈单相奥氏体组织。在许多氧化性介质中有优良的耐蚀性，在空气中的热稳定性也很好，可达 850℃。

（3）含钼的 18-8 型不锈钢。这是在 18Cr-8Ni 型钢中增加铬和镍的含量并加入 2%~3% 的钼，形成了含钼的 18-12 型的奥氏体不锈钢。这类钢提高了钢的抗还原性酸的能力，在许多无机酸、有机酸、碱及盐类中具有耐蚀性能，从而提高了在某些条件下耐硫酸和热的有机酸性能，能耐 50%以下的硝酸、碱溶液等介质的腐蚀，特别是在合成尿素、维尼纶及磷酸、磷铵的生产中，对熔融尿素、醋酸和热磷酸等强腐蚀性介质有较高的耐蚀性。

（4）节镍型铬镍奥氏体不锈钢（如 1Cr18Mn8Ni5N）。是添加锰、氮以节镍而获得的奥氏体组织不锈钢，在一定条件下部分代替 18-8 型不锈钢，它可耐稀硝酸和硝铵腐蚀；可用于硝酸、化肥的生产设备和零部件。

（5）含钼、铜的高铬高镍奥氏体不锈钢。这类钢有高的铬、镍含量并加钼与铜，提高了耐还原性酸的性能，常用作条件苛刻的耐磷酸、硫酸腐蚀的设备。

总之，18-8 型不锈钢如 0Cr18Ni9、0Cr18Ni9Ti、1Cr18Ni9Ti 等已大量用于合成氨生产中抗高温高压氢、氮气腐蚀的装置（合成塔内件）；用于脱碳系统腐蚀严重的部位；尿素生产中常压下与尿素混合液接触的设备；苛性碱生产中浓度小于 45%，温度低于 120℃的装置；合成纤维工业中防止污染的装置；也常用作高压蒸汽、超临界蒸汽的设备和零部件；此外还广泛用于制药、食品、轻工业及其他许多工业部门。同时，由于它们在高温时具有高的抗氧化能力及高温强度，因而又常用作一定温度下的耐热部件。它们还有很高的抗低温冲击韧性，常用作空分、深冷净化等深冷设备的材料。近来，随着工业的发展，在一些环境苛刻的部位多采用超低碳的 00Cr18Ni10 钢。

铬镍奥氏体不锈钢是应用最广泛的不锈钢，这类钢品种多、规格全，不但具有优良的耐蚀性，还具有优异的加工性能、力学性能及焊接性能。这类钢根据合金量、材料截面形状及尺寸的变化价格相差很大。

（三）奥氏体-铁素体型双相不锈钢

奥氏体-铁素体型双相不锈钢指的是钢的组织中既有奥氏体又有铁素体，因而性能兼有两者的特征。由于奥氏体的存在，降低了高铬铁素体钢的脆性，改善了晶体长大倾向，提高了钢的韧性和可焊性；而铁素体的存在，显著改善了钢的抗应力腐蚀破裂性能和耐晶间腐蚀性能，并提高了铬镍奥氏体的强度。

奥氏体-铁素体型双相不锈钢又分为以奥氏体为基的 Cr-Mn-N 系和以铁素体为基的 Cr-Ni 系双相不锈钢。其中，Cr-Mn-N 系包括 0Cr17Mn13Mo2N 及 1Cr18Mn10Ni5Mo3N，Cr-Ni 系包括 00Cr18Ni5Si2、00Cr25Ni7Mo2、00Cr22Ni5Mo2 等。该类钢兼有奥氏体和铁素体不锈钢的特点，与铁素体相比，塑性、韧性更高，无室温脆性，耐晶间腐蚀性能和焊接性能均显著提高；与奥氏体不锈钢相比，强度高且耐晶间腐蚀和耐氯化物应力腐蚀有明显提高。双相不锈钢有优良的耐孔蚀性能，也是一种节镍不锈钢。

（四）沉淀硬化型不锈钢

为了既能保持奥氏体不锈钢的优良焊接性能，又具有马氏体不锈钢的高强度，发展了沉淀硬化（PH）型不锈钢。它是在最终形成马氏体后，经过时效处理析出碳化物和金属间化合物产生沉淀硬化。如0Cr17Ni4Cu4Nb（17-4PH）、0Cr17Ni7Al（17-7PH）等。这类钢具有很高的强度，如17-4PH，其屈服强度可达1290MPa。耐蚀性和一般不锈钢相似。

六、有色金属及其合金

为了满足各种复杂的工艺条件，除了大量使用铁碳合金以外，在生产过程中还应用一部分有色金属及其合金。有色金属和黑色金属相比，常具有许多优良的特殊性能，例如，许多有色金属有良好的导电性、导热性，优良的耐蚀性，良好的耐高温性，突出的可塑性、可焊性、可铸造及切削加工性能等。

（一）铝及铝合金

铝及铝合金在工业上广泛应用。铝是轻金属，密度为 $2.7g/cm^3$，约为铁的1/3，铝的熔点较低（657℃），有良好的导热性与导电性，塑性高，但强度低；铝的冷韧性好，可承受各种压力加工，铝的焊接性与铸造性差，这是由于它易氧化成高熔点的 Al_2O_3。铝的电极电位很低（$E_{Al^{3+}/Al}^e = -1.66V$），是常用金属材料中最低的一种。由于铝在空气及含氧的介质中能自钝化，在表面生成一层很致密又很牢固的氧化膜，同时破裂时，能自行修复。因此，铝在许多介质中都很稳定，一般说来，铝越纯越耐蚀。

1. 铝的耐蚀性能

铝在大气及中性溶液中，是很耐蚀的，这是由于在pH＝4~11的介质中，铝表面的钝化膜具有保护作用，即使在含有 SO_2 及 CO_2 的大气中，铝的腐蚀速率也不大。铝在pH>11时出现碱性侵蚀，铝在pH<4的淡水中出现酸性侵蚀，活性离子如 Cl^- 的存在将使局部腐蚀加剧；水中如含有 Cu^{2+} 会在铝上沉积出来，使铝产生点蚀。

在非氧化性酸中铝不耐蚀，如盐酸、氢氟酸等，对室温下的醋酸有耐蚀性，但在甲酸、草酸等有机酸中不耐蚀。但浓硝酸对铝实际上不起作用，因此，可用铝制槽车运浓硝酸。铝的膜层在苛性碱中无保护作用，因此在很稀的NaOH或KOH溶液中就可溶解，但能耐氨水的腐蚀。

在一些特定的条件下，铝能发生晶间腐蚀与点蚀等局部腐蚀，如铝在海水中通常会由于沉积物等原因形成氧浓差电池而引起缝隙腐蚀。不论在海水还是淡水中，铝都不能与正电性强的金属（如铜等）直接接触，以防止产生电偶腐蚀。

在化学工业中常采用高纯铝制造储槽、槽车、阀门、泵及漂白塔；可用工业纯铝制造操作温度低于150℃的浓硝酸、醋酸、碳铵生产中的塔器、冷却水箱、热交换器、储存设备等。

由于铝离子无毒、无色，因而常应用于食品工业及医药工业；铝的热导率是碳钢的3倍，导热性好，特别适于制造换热设备；铝的低温冲击韧性好，适于制造深冷装置。

2. 铝合金的耐蚀性能

铝合金的力学性能较铝好，但耐蚀性则不如纯铝，因此化工中用得不很普遍。一般多利用它强度高、质量轻的特点而应用于航空等工业部门。在化工中用得较多的是铝硅合金（含硅11%~13%），它在氧化性介质中表面生成氧化膜，而且其铸造性较好，常用于化工设备的零部件（铸件）。

硬铝（杜拉铝）是铝-镁-硅合金系列，力学性能好，但耐蚀性差，在化工生产中常把它与纯铝热压成双金属板，作为既有一定强度又耐腐蚀的结构材料。

（二）铜及铜合金

铜的密度为 $8.93g/cm^3$，熔点为 1283℃，铜的强度较高，塑性、导电性、导热性很好。在低温下，铜的塑性和抗冲击韧性良好，因此铜可以制造深冷设备。铜的电极电位较高（$E^e_{Cu^{2+}/Cu} = +0.34V$），化学稳定性较好。

1. 铜的耐蚀性能

铜在大气中是稳定的，这是腐蚀产物形成了保护层的缘故。潮湿的含 SO_2 等腐蚀性气体的大气会加速铜的腐蚀。纯铜在含有 CO_2 的湿空气中，表面将产生碱性碳酸盐的绿色薄膜，又称铜绿。

铜在停滞的海水中是很耐蚀的，但如果海水的流速增大，保护层较难形成，铜的腐蚀加剧。铜在淡水中也很耐蚀，但如果水中溶解了 CO_2 及 O_2，这种具有氧化能力并有微酸性的介质可以阻止保护层的形成，因而将加速铜的腐蚀。由于铜是正电性金属，因此铜在酸性水溶液中遭受腐蚀时，不会发生析氢反应。

在氧化性介质中铜的耐蚀性较差，如铜在硝酸、浓硫酸中迅速溶解。铜在很稀的盐酸中，没有氧或氧化剂时尚耐蚀，随着温度和浓度的增高，腐蚀加剧；如果有氧或氧化剂存在则腐蚀更为剧烈。

在碱溶液中铜耐蚀，在苛性碱溶液中也稳定，氨对铜的腐蚀剧烈，因为转入溶液的铜离子会形成铜氨配位离子。

在 SO_2、H_2S 等气体中，特别在潮湿条件下铜遭受腐蚀。

由于铜的强度较低，铸造性能也较差，因而常添加一些合金元素来改善这些性能。不少铜合金的耐蚀性也比纯铜好。总之，铜是耐蚀性很好的金属材料之一。

2. 铜合金的耐蚀性能

（1）黄铜。黄铜是一系列的铜锌合金。黄铜的力学性能和压力加工性能较好。一般情况下耐蚀性与铜接近，但在大气中耐蚀性比铜好。

为了改善黄铜的性能，有些黄铜除锌以外还加入锡、铝、镍、锰等合金元素成为特种黄铜。例如含锡的黄铜，加入锡的主要作用是为了降低黄铜脱锌的倾向及提高在海水中的耐蚀性，同时还加入少量的锑、砷或磷可进一步改进合金的抗脱锌性能；这种黄铜广泛用于海洋大气及海水中作结构材料，因而又称为海军黄铜。

（2）青铜。青铜是铜与锡、铝、硅、锰及其他元素所形成的一系列合金，用得最广泛的是锡青铜，通常所说的青铜就是指的锡青铜。锡青铜的力学性能、耐磨性、铸造性及耐蚀性良好，是中国历史上最早使用的金属材料之一。锡青铜在稀的非氧化性酸以及盐类溶液中有良好的耐蚀性，在大气及海水中很稳定，但在硝酸、氧化剂及氨溶液中则不耐蚀。锡青铜有良好的耐冲刷腐蚀性能，因而主要用于制造耐磨、耐冲刷腐蚀的泵壳、轴套、阀门、轴承、旋塞等。

铝青铜的强度高，耐磨性好，耐蚀性和抗高温氧化性良好，它在海水中耐空泡腐蚀及腐蚀疲劳性能比黄铜优越，应力腐蚀破裂的敏感性也较黄铜小。

（三）镍及镍合金

镍的密度为 $8.907g/cm^3$，熔点为 1450℃，镍的强度高，塑性、延展性好，可锻性强，易于加工，镍及其合金具有非常好的耐蚀性。由于镍基合金还具有非常好的高温性能，所以发展了许多镍基高温合金以适应现代科学技术发展的需要。镍的电极电位 $E^e_{Ni^{2+}/Ni} = -1.25V$。

1. 镍的耐蚀性能

概括起来，镍的耐蚀性在还原性介质中较好，在氧化性介质中较差。

镍有较好的抗高温氧化性能。镍的突出的耐蚀性是耐碱，它在各种浓度和各种温度的苛性碱溶液或熔融碱中都很耐蚀，是耐热浓碱和熔融碱腐蚀的最好材料。因此，烧碱工业中常用纯镍制作碱的蒸馏、储藏和精制设备，以及熔融碱的容器。

镍在大气、淡水和海水中都很耐蚀。镍在许多有机酸中也很稳定，同时镍离子无毒，可用于制药和食品工业。

2. 镍合金的耐蚀性能

镍合金包括许多种耐蚀、耐热或既耐蚀又耐热的合金，它们具有非常广泛的用途，在许多重要的技术领域中获得了应用。常用的有以下几种。

（1）镍铜合金。镍和铜可以形成任何比例的镍铜合金固溶体。铜的加入使镍的强度增加，硬度提高，塑性稍有降低，导热率增加。镍铜合金包括一系列的含镍70%左右、含铜30%左右的合金，即蒙乃尔（Monel）合金。我国常用的有 Ni68Cu28Fe 和 Ni68Cu28Al，其中 Ni68Cu28Fe 是用量最大、用途最广、综合性能最佳的镍铜合金，相当于国外牌号 Mone1400，具有典型的单相奥氏体组织。这类合金是耐氢氟酸腐蚀的重要材料之一。在任何浓度的氢氟酸中，只要不含氧及氧化剂，耐蚀性非常好。

在化学和石油工业、制盐工业和海洋开发工程中，Ni68Cu28Fe 合金较多用于制造各种换热设备、锅炉给水加热器、石油化工用管道、容器塔、槽、反应釜弹性部件以及制造输送浓碱液的泵、阀等。该合金力学性能、加工性能良好，但价格较高。

（2）镍钼铁合金和镍铬钼铁合金。这两个系列的镍合金，称为哈氏合金（Hastelloy 合金）。哈氏合金包括一系列的镍、钼、铁及镍、钼、铬、铁合金，如以镍、钼、铁为主的哈氏合金 A 及哈氏合金 B 为例，在非氧化性的无机酸和有机酸中有高的耐蚀性；以镍钼铬铁（还含钨）为主的哈氏合金 C，就是一种既能耐强氧化性介质腐蚀又耐还原性介质腐蚀的优良合金。哈氏合金在苛性碱和碱性溶液中都是稳定的。同时，这类合金的力学性能、加工性能、耐高温性能良好，可以铸造、焊接和切削，因此在许多重要的技术领域中获得了应用。

由于镍合金价格昂贵，镍又是重要的战略资源，应用时要考虑经济承受能力和必要性。

（四）铅与铅合金

铅是重金属，密度为 $11.34g/cm^3$，熔点低（327.4℃），热导率小；硬度低，强度小，不耐磨；容易加工，便于焊接，但铸造性差。

铅的耐蚀性与腐蚀产物的溶解度有关，如腐蚀产物硫酸铅、磷酸铅、碳酸铅和氧化铅（中性溶液中的腐蚀产物）的溶解度很低，所以铅对稀硫酸、磷酸、碳酸及中性溶液、水、土壤等的耐蚀性就高。相反，硝酸铅、醋酸铅、甲酸铅等溶解度大，所以铅就不耐硝酸、醋酸和其他一些有机酸。在碱中的产物铅酸钠、铅酸钾的溶解度也很大，所以铅也不耐碱。

由于铅很软，一般不能单独用作结构，大部分情况下，使用铅作为设备的衬里。在化工生产中广泛应用，常用于碳钢设备以衬铅、搪铅作为防腐层。铅的毒性较大，目前工业生产中正在逐渐用其他材料取代铅的应用。

常用铅合金为硬铅，即铅锑合金，硬度和强度比铅高；铅中加入锑可以提高对硫酸的耐蚀性，但若锑含量过高，反而使铅变脆，因此用于化工设备和管道的铅合金以含锑6%为宜。硬铅的用途较广，可制造加热管、加料管及泵的外壳等。用于硫酸和含硫酸盐的介质中，弥补了铅耐磨性差的缺陷。

七、非金属材料的耐蚀性能及选用

非金属材料包括有机非金属材料和无机非金属材料两大类。有机非金属材料包括塑料、橡胶、涂料、木材等；无机非金属材料包括玻璃、石墨、陶瓷、水泥等。非金属材料具有金属材料所不及的一些优异性能，如塑料的质轻、绝缘、耐磨、隔热、美观、耐腐蚀、易成型；橡胶的高弹性、吸震、耐磨、绝缘等；陶瓷的高硬度、耐高温、抗腐蚀等。大多数非金属材料有着良好的耐蚀性能和某些特殊性能，并且原料来源丰富，价格比较低廉，成型工艺简便，故在生产中的应用得到了迅速发展。

非金属材料与金属材料相比较，具有以下特点：

（1）密度小，机械强度低。绝大多数非金属材料的密度都很小，即使是密度相对较大的无机非金属材料（如辉绿岩铸石等）也远小于钢铁。非金属材料的机械强度较低，刚性小，在长时间的载荷作用下，容易产生变形或破坏。

（2）导热性差（石墨除外）。导热、耐热性能差，热稳定性不够，致使非金属材料一般不能用作热交换设备（石墨除外），但可用作保温、绝缘材料。同时非金属设备也不能用于温度过高、温度变化较大的环境中。

（3）原料来源丰富，价格低廉。天然石材、石灰石等直接取自于自然，以石油、煤、天然气、石油裂解气等为原料制成的有机合成材料种类繁多，产量巨大，为社会提供了大量质优价廉的防腐材料。

（4）优越的耐蚀性能。非金属材料一般具有优越的耐蚀性能，其耐蚀性能主要取决于材料的化学组成、结构、孔隙率、环境的变化对材料性能的影响等。

有时非金属材料的破坏不一定是它的耐蚀性不好，而是由于它的物理、力学性能不好引起的，如温度的骤变、材料的各组成部分线膨胀系数的不同、材料的易渗透性或其他方面的原因，都有可能引起材料的破坏。

绝大多数非金属材料是非电导体，即使是少数导电的非金属材料（如石墨），在溶液中也不会离子化，所以非金属材料的腐蚀一般不是电化学腐蚀，而是纯粹的化学或物理作用，这是与金属腐蚀的主要区别。金属的物理腐蚀只在极少数环境中发生，而对于非金属则是常见的现象。

当非金属材料表面和介质接触后，介质会逐渐扩散到材料内部。表面和内部都可能产生一系列变化，如聚合物分子起了变化，可引起物理机械性能的变化，即强度降低、软化或硬化等；橡胶和塑料受溶剂作用可能全部或部分溶解或溶胀；溶液侵入材料内部后，可引起溶胀或增重；表面可能起泡、变粗糙、变色或失去透明；高分子有机物受化学介质作用可能分解，受热也可能分解；在日光照射下逐渐变质老化等。而这些在金属材料中是少见的。

总之，非金属材料腐蚀破坏的主要特征是物理机械性能的变化或外形的破坏，不一定是失重，往往还会增重。对金属而言，因腐蚀是金属逐渐溶解（或成膜）的过程，所以失重是主要的。对非金属，一般不测失重，而以一定时间内强度的变化或变形程度来衡量破坏程度。

（一）高分子材料

由分子量很大（一般在 1000 以上）的有机化合物为主要组分组成的材料称为高分子材料。高分子材料有塑料、橡胶、纤维、涂料、胶黏剂等。

1. 塑料

塑料是以有机合成树脂为主要原料，再加入各种助剂和填料组成的一种可塑制成型的材料。它通常可在加热、加压条件下塑制成型。

塑料有许多优点，如密度小、有优异的电绝缘性能、耐腐蚀性能优良、有良好的成型加工性能等。但也有不耐高温、强度低、易变形、热膨胀系数大、导热性能差、易自然老化的缺点。

（1）聚氯乙烯塑料（PVC）。聚氯乙烯塑料是以聚氯乙烯树脂为主要原料，加入填料、稳定剂、增塑剂等辅助材料，经捏合、混炼及加工成型等过程而制得的。

根据增塑剂的加入量不同，聚氯乙烯塑料可分为两类，一般在 100 份（质量比）聚氯乙烯树脂中加入 30~70 份增塑剂的称为软聚氯乙烯塑料，不加或只加 5 份以下增塑剂的称为硬聚氯乙烯塑料。

硬聚氯乙烯塑料密度小，仅为普通碳钢的 1/5，其热导率是普通碳钢的 1/500~1/400，不适合做传热设备，但可做保温材料使用。

硬聚氯乙烯塑料与聚丙烯、聚乙烯等工程材料相比，具有良好的力学性能，但其强度与温度之间的关系非常密切，一般情况下只有在 60℃ 以下方能保持适当的强度；在 60~90℃ 时强度显著降低；当温度高于 90℃ 时，硬聚氯乙烯塑料不宜用作独立的结构材料。当温度低于常温时，硬聚氯乙烯塑料的冲击韧性随温度降低而显著降低，因此当采用它制作承受冲击载荷的设备、管道时，必须充分注意这一特点。

硬聚氯乙烯塑料具有优越的耐腐蚀性能，总的说来，除了强氧化剂（如浓度大于 50% 的硝酸、发烟硫酸等外），硬聚氯乙烯塑料能耐大部分的酸、碱、盐类，在碱性介质中更为稳定。在有机介质中，除芳香族碳氢化合物、氯代碳氢化合物和酮类介质、醚类介质外，硬聚氯乙烯塑料不溶于许多有机溶剂。

硬聚氯乙烯塑料的耐蚀性能与许多因素有关。温度越高，介质向硬聚氯乙烯内部扩散的速率就越快，腐蚀就越厉害；作用于硬聚氯乙烯的应力越大，腐蚀速率也越快。

硬聚氯乙烯塑料具有良好的切削加工性能和热成型加工性能。硬聚氯乙烯塑料在烘箱中加热至 135℃ 软化，可在圆柱形木模上成型；硬聚氯乙烯塑料也可以焊接。它的焊接不同于金属的焊接，它不用加热到流动状态，也不形成熔池，而只是把塑料表面加热到黏稠状态，在一定压力的作用下黏合在一起。目前用得最普遍的仍为电热空气加热手工焊。这种方法焊接的焊缝一般强度较低也不够安全，因此往往采用组合焊缝或外部加强。

由于硬聚氯乙烯塑料具有一定的机械强度、良好的成型加工及焊接性能，且具有优越的耐蚀性能，因此被广泛用作生产设备、管道的结构材料，是中国发展最快、应用最广的一种热塑性塑料。

软聚氯乙烯因其增塑剂的加入量较多，所以其物理、力学性能及耐蚀性能均比硬聚氯乙烯要差。软聚氯乙烯质地柔软，可制成薄膜、软管、板材以及许多日用品；可用作电线电缆的保护套管、衬垫材料，还可用作设备衬里或复合衬里的中间防渗层等。

（2）聚乙烯塑料（PE）。聚乙烯由乙烯单体聚合而成。根据合成方法不同，可分为高压、中压和低压三种。高压聚乙烯相对分子质量、结晶度和密度较低（0.910~0.925g/cm³），质地柔软，常用来制作塑料薄膜、软管和塑料瓶等。低压聚乙烯（0.94~0.95g/cm³）质地刚硬，耐磨性、耐蚀性及电绝缘性较好，常用来制造塑料管、板材、绳索以及承载不高的零件，如齿轮、轴承等。

聚乙烯塑料的强度、刚度均远低于硬聚氯乙烯塑料，即使是强度较高的高密度聚乙烯，其拉伸强度也只是硬聚氯乙烯的 2/3，因此不适宜作单独的结构材料，只能用作衬里和涂层。

聚乙烯塑料的机加工性能近似于硬聚氯乙烯，可以用钻、车、切、刨等方法加工。薄板可以剪切。

聚乙烯塑料热成型温度为105~120℃，可以用木制模具或金属模具热压成型。其使用温度与硬聚氯乙烯塑料差不多，但聚乙烯塑料的耐寒性很好。

聚乙烯焊接机理同聚氯乙烯，只是焊接时不能用压缩空气作载热介质，以避免聚乙烯塑料的氧化，而要用氮气或其他非氧化性气体。

聚乙烯有优越的耐腐蚀性能和耐溶剂性能，对非氧化性酸(盐酸、稀硫酸、氢氟酸等)、稀硝酸、碱和盐类均有良好的耐蚀性。在室温下，几乎不被任何有机溶剂溶解，但脂肪烃、芳烃、卤代烃等能使它溶胀；而溶剂去除后，它又恢复原来的性质。聚乙烯塑料的主要缺点是较易氧化。

聚乙烯塑料广泛用作农用薄膜、电器绝缘材料、电缆保护材料、包装材料等。聚乙烯塑料可制成管道、管件及机械设备的零部件；其薄板也可用作金属设备的防腐衬里。聚乙烯塑料还可用作设备的防腐涂层。这种涂层就是把聚乙烯加热到熔融状态使其附着在金属表面，形成防腐保护层。聚乙烯涂层可以采用热喷涂的方法制作，也可采用热浸涂方法制作。

（3）聚丙烯塑料（PP）。聚丙烯是丙烯的聚合物，通常为半透明无色固体，无臭无毒。聚丙烯是目前商品塑料中密度最小的一种，其密度只有0.9~0.91g/cm³；虽然聚丙烯塑料的强度及刚度均小于硬聚氯乙烯塑料，但高于聚乙烯塑料，且其比强度大，故可作为独立的结构材料。

聚丙烯塑料的工业产品以等规物为主要成分，由于结构规整而高度结晶化，故熔点高达170℃，耐热性较好，连续使用温度可达110~120℃，但聚丙烯塑料的耐寒性较差，低温下变脆(脆氏温度为-35℃)，抗冲击强度明显降低。

聚丙烯塑料耐候性差，易老化，静电性高；线膨胀系数大，为金属的5~10倍，比硬聚氯乙烯约大1倍。因此当钢质设备衬聚丙烯时，处理不好易发生脱层现象；在管道安装时，应考虑设置热补偿器。

聚丙烯的热成型与硬聚氯乙烯相仿，也可焊接但不易控制。

聚丙烯塑料有优良的耐腐蚀性能和耐溶剂性能。除氧化性介质外，聚丙烯塑料能耐几乎所有的无机介质，甚至到100℃都非常稳定。在室温下，聚丙烯塑料除在氯代烃、芳烃等有机介质中产生溶胀外，几乎不溶解于所有的有机溶剂。

聚丙烯塑料可用作化工管道、储槽、衬里等，还可用作汽车零件、医疗器械、电器绝缘材料、食品和药品的包装材料等。若用各种无机填料增强，可提高其机械强度及抗蠕变性能，用于制造化工设备。若用石墨改性，可制成聚丙烯热交换器。

（4）氟塑料。含有氟原子的塑料总称为氟塑料。随着非金属材料的发展，这类塑料的品种不断增加，目前主要的品种有聚四氟乙烯(简称F-4)、聚三氟氯乙烯(简称F-3)和聚全氟乙丙烯(简称F-46)。

① 聚四氟乙烯塑料（PTFE）。常温下聚四氟乙烯塑料的力学性能与其他塑料相比无突出之处，它的强度、刚性等均不如硬聚氯乙烯。但在高温或低温下，聚四氟乙烯的力学性能比一般塑料好得多。聚四氟乙烯的耐高温、低温性能优于其他塑料，其使用温度范围为-200~250℃。

聚四氟乙烯具有极高的化学稳定性，完全不与"王水"、氢氟酸、浓盐酸、硝酸、发烟硫酸、沸腾的氢氧化钠溶液、氯气、过氧化氢等作用。除某些卤化胺或芳香烃使聚四氟乙烯塑料有轻微溶胀现象外，酮、醛、醇类等有机溶剂对它均不起作用。对聚四氟乙烯有破坏作用的只有熔融态的碱金属(锂、钾、钠等)、三氟化氯、三氟化氧及元素氟等，但也只有在高温和一定压力下才有明显作用。另外，聚四氟乙烯不受氧或紫外线的作用，耐候性极好，如 0.1mm 厚的聚四氟乙烯薄膜，经室外暴露 6 年，其外观和力学性能均无明显变化。

聚四氟乙烯表面光滑，摩擦系数是所有塑料中最小的(只有 0.04)，可用作轴承、活塞环等摩擦部件。聚四氟乙烯与其他材料的附着性很差，几乎所有固体材料都不能附着在它的表面，这就给其他材料与聚四氟乙烯黏结带来困难。

聚四氟乙烯的高温流动性较差，因此难以用一般热塑性塑料的成型加工方法进行加工，只能将聚四氟乙烯树脂预压成型，再烧结制成制品。

聚四氟乙烯塑料除常用作填料、垫圈、密封圈以及阀门、泵、管子等各种零部件外，还可用作设备衬里和涂层。由于聚四氟乙烯的施工性能不良，使它的应用受到了一定的限制。

目前，聚四氟乙烯应用的主要问题是成型加工工艺复杂，黏结和焊接性能不好；作为衬里材料时，表面必须经特殊活化处理；涂层多孔，作为防腐涂层不太理想，且价格昂贵。

② 改性氟塑料。聚三氟氯乙烯(PCTFE)的强度、刚性均高于聚四氟乙烯，但耐热性不如聚四氟乙烯。

聚三氟氯乙烯的耐蚀性能优良，仅次于聚四氟乙烯；吸水率极低、耐候性也非常优良。高温时(210℃以上)有一定的流动性，其加工性能比聚四氟乙烯要好，可采用注塑、挤压等方法进行加工，也可与有机溶剂配成悬浮液，用作设备的耐腐蚀涂层。在防腐蚀中主要用作耐蚀涂层和设备衬里，还可制作泵、阀、管件和密封材料。

聚全氟乙丙烯(FEP)是一种改性的聚四氟乙烯，耐热性稍次于聚四氟乙烯，而优于聚三氟氯乙烯，可在 200℃ 的高温下长期使用。聚全氟乙丙烯的抗冲击性、抗蠕变性均较好。

聚全氟乙丙烯的化学稳定性极好，除使用温度稍低于聚四氟乙烯外，在各种化学介质中的耐蚀性能与聚四氟乙烯相仿。聚全氟乙丙烯的高温流动性比聚三氟氯乙烯好，易于加工成型，可用模压、挤压和注射等成型方法制造各种零件，也可制成防腐涂层。

氟塑料在高温时会分解出剧毒产物，所以在施工时应采取有效的通风方法，操作人员应戴防护面具及采用其他保护措施。

(5) 聚苯乙烯(PS)。聚苯乙烯由苯乙烯单体聚合而成。聚苯乙烯刚度大、耐蚀性好、电绝缘性好，缺点是抗冲击性差，易脆裂、耐热性不高。可用以制造纺织工业中的纱管、纱锭、线轴；电子工业中的仪表零件、设备外壳；化工中的储槽、管道、弯头；车辆上的灯罩、透明窗；电工绝缘材料等。

(6) 氯化聚醚(CPE)。氯化聚醚又称聚氯醚，具有良好的力学性能和突出的耐磨性能。吸水率低，体积稳定性好。氯化聚醚在温度骤变及潮湿情况下，也能保持良好的力学性能，它的耐热性较好，可在 -30~120℃ 的温度下长期使用。氯化聚醚的耐蚀性能优越，仅次于氟塑料，除强氧化剂(如浓硫酸、浓硝酸等)外，能耐各类酸、碱、盐及大多数有机溶剂，但不耐液氯、氟、溴的腐蚀。

氯化聚醚的成型加工性能很好，可用模压、挤压、注射及喷涂等加工成型。成型件可进行车、铣、钻等机械加工。

氯化聚醚可用于制泵、阀、管道、齿轮等设备零件；也可用于防腐涂层，还可作为设备衬里。它的热导率比其他热塑性塑料低得多，是良好的隔热材料。例如，以它作衬里的设备，外部一般不需要额外的隔热层。

2. 橡胶

通常把具有橡胶弹性的有机高分子材料称作橡胶。橡胶在较宽的温度范围内具有高弹性，在较小的应力作用下就能产生较大的弹性变形，其弹性变形量可达 100%~1000%，而且回弹性好，回弹速度快。橡胶的用途很广，主要用来制作各种橡胶制品。橡胶具有良好的物理力学性能和良好的耐腐蚀及防渗性能，而且具备一些特有的加工性质，如优良的可塑性、可粘接性、可配合性和硫化成型等特性，同时，橡胶还有一定的耐磨性，具有较好的抗撕裂、耐疲劳性，在使用中经多次的弯曲、拉伸、剪切、压缩均不受损伤；有很好的绝缘性和不透气、不透水性。所以被广泛用于金属设备的防腐衬里或复合衬里中的防渗层，也是常用的弹性材料、密封材料、减震防震材料和传动材料。

（1）天然橡胶。天然橡胶是用从胶园收集的橡胶树的胶乳或自然凝固的杂胶，经加工凝固、洗涤、压片、压炼、造粒和干燥，制备成的各种片状或颗粒状的固体制品，它是不饱和异戊二烯的高分子聚合物，这是一种线型聚合物，只有经过交联反应使之成为网状大分子结构才具有良好的物理、力学性能及耐蚀性能。天然橡胶的交联剂多用硫黄，其交联过程称为硫化。硫化的结果使橡胶在弹性、强度、耐溶剂性及耐氧化性能方面得到改善，并能增加天然橡胶的品种。

根据硫化程度的高低，即含硫量的多少可分为软橡胶(含硫量 2%~4%)、半硬橡胶(含硫量 12%~20%)和硬橡胶(含硫量 20%~30%)。软橡胶的弹性较好，耐磨、耐冲击振动，适用于温度变化大和有冲击振动的场合。但软橡胶的耐腐蚀性能及抗渗性则比硬橡胶差些。硬橡胶由于交联度大，故耐腐蚀性能、耐热性和机械强度均较好，但耐冲击性能则较软橡胶差些。

天然橡胶的化学稳定性能较好，可耐一般非氧化性酸、有机酸、碱溶液和盐溶液腐蚀，但在氧化性酸和芳香族化合物中不稳定。如对 50% 以下的硫酸(硬橡胶可达 60% 以下)、盐酸(软橡胶在 65℃ 的 30% 盐酸中有较大的体积膨胀)、碱类、中性盐类溶液、氨水等都耐蚀。使用温度一般不超过 65℃，如长期超过这一温度范围，使用寿命将显著降低。

（2）合成橡胶。合成橡胶中有少数品种的性能与天然橡胶相似，大多数与天然橡胶不同，但两者都是高弹性的高分子材料，一般均需经过硫化和加工之后，才具有实用性和使用价值。合成橡胶一般在性能上不如天然橡胶全面，但它具有高弹性、绝缘性、气密性、耐油、耐高温或低温等性能，因而广泛应用于工农业、国防、交通及日常生活中。

① 丁苯橡胶。丁苯橡胶是最早工业化的合成橡胶，简称 SBR，是以丁二烯和苯乙烯为单体共聚而成。是产量最大的通用合成橡胶，具有较好的耐磨性、耐热性、耐老化性，价格便宜。主要用于制造轮胎、胶带、胶管及生活用品。

② 顺丁橡胶。是由丁二烯聚合而成。顺丁橡胶的弹性、耐磨性、耐热性、耐寒性均优于天然橡胶，是制造轮胎的优良材料。缺点是强度较低、加工性能差。主要用于制造轮胎、胶带、弹簧、减震器、耐热胶管、电绝缘制品等。

③ 氯丁橡胶。是由氯丁二烯聚合而成。氯丁橡胶的力学性能和天然橡胶相似，但耐油性、耐磨性、耐热性、耐燃烧性、耐溶剂性、耐老化性能均优于天然橡胶，所以称为"万能橡胶"。它既可作为通用橡胶，又可作为特种橡胶。其耐燃性是通用橡胶中最好的，但氯丁橡胶耐寒性较差(-35℃)、密度较大(为 1.23g/cm³)，生胶稳定性差，成本较高；电绝缘性稍差。它主要用于制造低压电线、电缆的外皮及胶管、输送带等。

④ 丁腈橡胶。丁腈橡胶是丁二烯和丙烯腈两种单体的共聚物。主要优点是耐油、耐有

机溶剂;丁腈橡胶的耐热、耐老化、耐腐蚀性也比天然橡胶和通用橡胶好,还具有较好的抗水性。耐寒性低,脆化温度为$-10 \sim -20℃$;耐酸性差,对硝酸、浓硫酸、次氯酸和氢氟酸的抗蚀能力特别差;电绝缘性能很差;耐臭氧性差;弹性稍低。强度很低,只有$3 \sim 4MPa$。加入补强剂以后,可提高到$25 \sim 30MPa$。丁腈橡胶以优异的耐油性著称,在现有橡胶中,其耐油性仅次于聚硫橡胶、聚丙烯酸酯橡胶和氟橡胶,广泛应用于各种耐油制品。如输油胶管、各种油封制品和储油容器衬里及隔膜等,耐油胶管、印刷胶辊和耐油手套等。

⑤ 硅橡胶。硅橡胶是由各种硅氧烷缩聚而成。所用的硅氧烷单体的组成不同,可得到不同品种的硅橡胶,其中以二甲基硅橡胶应用最广,它是由二甲基硅氧烷缩聚而成。硅橡胶的柔顺性较好;既耐高温又耐严寒,橡胶中它的工作温度范围最广($-100 \sim 30℃$),具有十分优异的耐臭氧老化性能、耐光老化性能和耐候老化性能;良好的电绝缘性能。缺点是常温下其硫化胶的拉伸强度、撕裂强度和耐磨性能比天然橡胶及其他合成橡胶低,其价格也比较贵,限制了其应用。用于军事及航空航天工业的密封减震、电绝缘材料和涂料,以及医疗卫生制品。

⑥ 氟橡胶。以碳原子为主链、含有氟原子的高聚物。很高的化学稳定性,在酸、碱、强氧化剂中的耐蚀能力居各类橡胶之首,耐热性很好;缺点是价格昂贵、耐寒性差、加工性能不好。主要用于高级密封件、高真空密封件及化工设备中的衬里、火箭、导弹的密封垫圈。

(二)无机非金属材料

1. 陶瓷材料

传统意义上的陶瓷主要指陶器和瓷器,也包括玻璃、搪瓷、耐火材料、砖瓦等。这些材料都是用黏土、石灰石、长石、石英等天然硅酸盐类矿物制成的。由于传统陶瓷材料的主要原料是硅酸盐产物,所以传统陶瓷又叫硅酸盐材料。

硅酸盐材料是工程中常用的一类耐蚀材料,包括化工陶瓷、玻璃、搪瓷等。这类材料一般均具有极好的耐蚀性、耐热性、耐磨性、电绝缘性和耐溶剂性,但这类材料大多性脆、不耐冲击、热稳定性差,其主要成分为SiO_2。

(1)化工陶瓷。化工陶瓷按组成及烧成温度的不同,可分为耐酸陶瓷、耐酸耐温陶瓷和工业瓷三种。耐酸耐温陶瓷的气孔率、吸水率都较大,故耐温度急变性较好,容许使用温度也较高,而其他两类的耐温度急变性和容许使用温度均较低。

化工陶瓷的耐腐蚀性能很好,除氢氟酸和含氟的其他介质以及热浓磷酸和碱液外,能耐几乎其他所有的化学介质,如热浓硝酸、硫酸,甚至"王水"。

化工陶瓷是一种应用非常广泛的耐蚀材料,常用作耐酸衬里和耐酸地坪;陶瓷塔器、容器和管道常用于生产和储存、输送腐蚀性介质;陶瓷泵、阀等都是很好的耐蚀设备。但是,由于化工陶瓷是一种典型的脆性材料,其拉伸强度小、冲击韧性差、热稳定性低,所以在安装、维修、使用中都必须特别注意。应该防止撞击、振动、应力集中、骤冷骤热等,还应避免大的温差范围。

(2)玻璃。玻璃光滑,对流体的阻力小,适宜作为输送腐蚀性介质的管道和耐蚀设备,又由于玻璃是透明的,能直接观察反应情况且易清洗,因而玻璃可用来制作实验仪器。

玻璃的耐蚀性能与化工陶瓷相似,除氢氟酸、热浓磷酸和浓碱以外,几乎能耐一切无机酸、有机酸和有机溶剂的腐蚀。其耐蚀性能随其组分的不同有较大差异,一般说来玻璃中SiO_2含量越高,其耐蚀性越好。但玻璃也是脆性材料,具有和陶瓷一样的缺点。

普通玻璃中除了 SiO_2 外，还含有较多量的碱金属氧化物（K_2O、Na_2O），因此化学稳定性和热稳定性都较差。工程中使用的是石英玻璃、高硅氧玻璃和硼硅酸盐玻璃。

石英玻璃不仅耐蚀性好（含 SiO_2 达 99%），线膨胀系数极小，有优异的耐热性和热稳定性。加热至 700~900℃，迅速投入水中也不开裂，长期使用温度高达 1100~1200℃。但由于熔制困难，成本高，目前主要用于制作实验仪器和有特殊要求的设备。

高硅氧玻璃含有 95%SiO_2，具有石英玻璃的许多特性，线膨胀系数小，耐热性高，通常使用温度达 800℃，具有与石英玻璃相似的良好耐蚀性。制作工艺和成本高于普通玻璃，但低于石英玻璃，是石英玻璃优良的替代品。

硼硅酸盐玻璃通常又称为硬质玻璃，含有 79%SiO_2，加入 12%~14%B_2O_3，只含有少量的 Al_2O_3 和 Na_2O。B_2O_3 提高了玻璃的制作工艺性和使用中的化学稳定性。这类玻璃耐热性差，使用温度为 160℃，具有与石英玻璃相似的良好耐蚀性。

目前，用于制造玻璃管道的主要有低碱无硼玻璃和硼硅酸盐玻璃，用于制造设备的为硼硅酸盐玻璃。这类玻璃由于价格低廉，故应用较广，也是制造实验室仪器的主要材料。

（3）搪瓷。搪瓷釉是一种化学组分复杂的碱硼-硅酸盐玻璃，它是将石英砂、长石等天然岩石加上助溶剂（如纯碱、硼砂、氟化物等）以及少量能使瓷釉起牢固密实作用的物质，粉碎后在 1130~1150℃ 的高温下熔融而成玻璃态物质。然后将上述熔融物加水、黏土、石英、乳浊剂等在研磨机内充分细磨，即成瓷釉浆。

搪瓷是将含硅量高的耐酸瓷釉浆均匀地涂覆在钢（铸铁）制设备表面上，经 900℃ 左右的高温灼烧使瓷釉紧密附着在金属表面而制成的。

搪瓷设备兼有金属设备的力学性能和瓷釉的耐腐蚀性能的双重优点。除氢氟酸和含氟离子的介质、高温磷酸、强碱外，能耐各种浓度的无机酸、有机酸、盐类、有机溶剂和弱碱的腐蚀。此外，搪瓷设备还具有耐磨、表面光滑、不挂料、防止金属离子干扰化学反应污染产品等优点，能经受较高的压力和温度。

搪瓷设备有储罐、反应釜、塔器、热交换器和管道、管件、阀门、泵等，大量用于精细化工过程设备。

搪瓷设备虽然是钢制壳体，但搪瓷釉层本身仍属脆性材料，使用不当容易损坏，因此运输、安装、使用都必须特别注意。

（4）铸石。铸石是以天然岩石或某些工业废渣为主要原料，并添加角闪石、白云石、石灰石、萤石等为辅助材料，以及铬铁矿、钛铁矿等结晶剂，经配料、熔化、浇注成型、结晶、退火等工艺过程制得的一种基本是单一矿相的工业材料。其品种主要有辉绿岩铸石和玄武岩铸石，其中以辉绿岩铸石使用最多。

辉绿岩铸石是将天然辉绿岩熔融后，再铸成一定形状的制品（包括板、管及其他制品）。它具有高度的化学稳定性和非常好的抗渗透性。

辉绿岩铸石的耐蚀性能极好，除氢氟酸和熔融碱外，对一切浓度的碱及大多数的酸都耐蚀，它对磷酸、醋酸及多种有机酸也耐蚀。

辉绿岩板常用作设备的衬里。辉绿岩铸石的硬度很大，耐磨强度极高，故也是常用的耐磨材料（如球磨机的磨球等），还可用作耐磨衬里或耐蚀耐磨的地坪。

铸石为脆性材料，受冲击载荷的能力很差，抗压强度较高，热稳定性差，不耐温度的急剧变化。

（5）天然耐酸材料。天然耐酸材料中常用作结构材料的为各种岩石。在岩石中用得较为普遍的则为花岗石。各种岩石的耐酸性决定于其中二氧化硅的含量、材料的密度以及其他组分的耐蚀性和材料的强度等。

花岗石是一种良好的耐酸材料。其耐酸度很高，可达 97%~98%，高的可达 99%。花岗石的密度很大，孔隙率很小。但是由于密度大，所以热稳定性低，一般不宜用于超过 200~250℃的设备，在长期受强酸侵蚀的情况下，使用温度范围应更低，一般以不超过 50℃为宜。花岗石的开采、加工都比较困难，且结构笨重。

花岗石可用来制造常压法生产的硝酸吸收塔、盐酸吸收塔等设备，较为普遍的为花岗石砌筑的耐酸储槽、耐酸地坪和酸性下水道等。

石棉又称"石绵"，指具有高抗张强度、高挠性、耐化学和热侵蚀、电绝缘和具有可纺性的硅酸盐类矿物产品。它是天然纤维状的硅酸盐类矿物质的总称。石棉由纤维束组成，而纤维束又由很长很细的能相互分离的纤维组成。石棉具有高度耐火性、电绝缘性和绝热性，是重要的防火、绝缘和保温材料。石棉也属于天然耐酸材料，长期以来是工业上的一项重要的辅助材料，有石棉板、石棉绳等，也常用作填料、垫片。

（6）水玻璃耐酸胶凝材料。包括水玻璃耐酸胶泥、砂浆和混凝土。

水玻璃耐酸胶泥是以水玻璃为胶合剂，氟硅酸钠为硬化剂，加入定量的填料调制而成的。水玻璃(又称泡花碱，即 $Na_2SiO_3 \cdot nH_2O$ 或 $K_2SiO_3 \cdot nH_2O$)是硅酸钠或硅酸钾的水溶液，常用的是硅酸钠溶液。填料为辉绿岩粉、石英粉等。按一定的比例调配，随配随用；在空气中凝结硬化成石状材料。这种材料的机械强度高、耐热性能好、化学稳定性也很好，具有一般硅酸盐材料的耐蚀性，耐强氧化性酸的腐蚀，但不耐氢氟酸、高温磷酸及碱的腐蚀，对水及稀酸也不太耐蚀，且抗渗性差。

关于水玻璃耐酸胶泥的配方，由于影响其性能的因素很多，故推荐的配比也不尽相同，所以最好是根据具体的材料和施工条件参照有关规程和其他文献资料进行一定的试验而后确定。

水玻璃胶泥常用作耐酸砖板衬里的黏结剂。水玻璃混凝土、砂浆主要用作耐酸地坪、酸洗槽、储槽、地沟及设备基础等。

2. 碳–石墨材料

碳有三种同素异形体：无定形碳、石墨和金刚石。各种煤炭不具有晶体结构，为无定形碳；而石墨、金刚石是结晶形碳，具有晶体特征且在一定的温度、压力下，无定形碳可转化为结晶形碳。在煤炭与天然石墨的化学组成中，除含有碳元素外，还有大量的矿物杂质。

由于碳–石墨制品具有一系列优良的物理、化学性能，而被广泛应用于冶金、机电、化工、原子能和航空等部门。随着原料和制造工艺的不同，可以获得各种不同性能的碳素制品，其密度、气孔率均有很大差异。碳素制品在制造过程中，有机物的分解，使其形成气孔，气孔的多少和特征对其微观结构、机械强度、热性能、渗透性和化学性能都有极大的影响。

在防腐中应用的主要是人造石墨。人造石墨是由无烟煤、焦炭与沥青混捏压制成型，于电炉中焙烧，在 1400℃左右所得到的制品叫炭精制品，再于 2400~2800℃高温下石墨化所得到的制品叫石墨制品。

石墨具有优异的导电、导热性能，线膨胀系数很小，能耐温度骤变。但其机械强度较低，性脆，孔隙率大。

石墨的耐蚀性能很好，除强氧化性酸(如硝酸、铬酸、发烟硫酸等)外，在所有的化学介质中都很稳定。

虽然石墨有优良的耐蚀、导电、导热性能，但由于其孔隙率比较高，这不仅影响到它的机械强度和加工性能，而且气体和液体对它有很强的渗透性，因此不宜制造化工设备。为了弥补石墨的这一缺陷，可采用适当的方法来填充孔隙，使之具有"不透性"。这种经过填充孔隙处理的石墨即为不透性石墨。

常用的不透性石墨主要有浸渍石墨、压型石墨和浇注石墨三种。

(1) 浸渍石墨。浸渍石墨是人造石墨用树脂进行浸渍固化处理所得到的具有"不透性"的石墨材料。用于浸渍的树脂称浸渍剂。在浸渍石墨中，固化了的树脂填充了石墨中的孔隙，而石墨本身的结构没有变化。

浸渍剂的性质直接影响到成品的耐蚀性、热稳定性、机械强度等指标。目前用得最多的浸渍剂是酚醛树脂，其次是呋喃树脂、水玻璃以及其他一些有机物和无机物。

浸渍石墨具有导热性好、孔隙率小、不透性好、耐温度骤变性能好等特点。

(2) 压型石墨。压型石墨是将树脂和人造石墨粉按一定配比混合后经挤压和压制而成。它既可以看作是石墨制品，又可看作是塑料制品，其耐蚀性能主要取决于树脂的耐蚀性，常用的树脂为酚醛树脂、呋喃树脂等。

与浸渍石墨相比，压型石墨具有制造方便、成本低、机械强度较高、孔隙率小、导热性差等特点。

(3) 浇注石墨。浇注石墨是将树脂和人造石墨粉按一定比例混合后，浇注成型制得的。为了具有良好的流动性，树脂含量一般在50%以上。浇注石墨制造方法简单，可制造形状比较复杂的制品，如管件、泵壳、零部件等，但由于其力学性能差，所以目前应用不多。

石墨经浸渍、压型、浇注后，性质将引起变化，这时其表现出来的是石墨和树脂的综合性能。

① 机械强度。石墨板在未经"不透性"处理前，结构比较疏松、机械强度较低，而经过处理后，由于树脂的固结作用，强度较未处理前要高。

② 导热(电)性。石墨本身的导热(电)性能很好，树脂较差。在浸渍石墨中，石墨原有的结构没有破坏，故导热(电)性与浸渍前变化不大，但在压型石墨和浇注石墨中，石墨颗粒被热导率很小的树脂所包围，相互之间不能紧密接触，所以导热(电)性比石墨本身要低，而浇注石墨性能更差。

③ 热稳定性。石墨本身的线膨胀系数很小，所以热稳定性很好，而一般树脂的热稳定性都较差。在浸渍石墨中，由于树脂被约束在空隙里，不能自由膨胀，故浸渍石墨的热稳定性只是略有下降。但压型石墨和浇注石墨的热稳定性与石墨相比要差得多。不过不透性石墨的热稳定性比许多物质要好，在允许使用温度范围内，不透性石墨均可经受任何温度骤变而破裂和改变其物理、力学性能。不透性石墨的这一特点为热交换器的广泛使用和结构设计提供了良好的条件，也是目前许多非金属材料所不及的。

④ 耐热性。石墨本身的耐热性很好，树脂的耐热性一般不如石墨，所以不透性石墨的耐热性取决于树脂。

总的说来，石墨在加入树脂后，提高了机械强度和抗渗性，但导热性、热稳定性、耐热性均有不同程度的降低，并且与制取不透性石墨的方法有关。

⑤ 耐蚀性能。石墨本身在400℃以下的耐蚀性能很好，而一般树脂的耐蚀性能比石墨要

差一些，所以，不透性石墨的耐蚀性有所降低。不透性石墨的耐蚀性取决于树脂的耐蚀性。在具体选用不透性石墨设备时，应根据不同的腐蚀介质和不同的生产条件，选用不同的不透性石墨。

不透性石墨的主要用途是在盐酸工业中制造各类热交换器，也可制成反应设备、吸收设备、泵类和输送管道等。还可以用作设备的衬里材料。

石墨制换热器目前用得比较广泛，价格与不锈钢相当或略低，但它可以用在不锈钢无法应用的场合（如含 Cl⁻ 的介质）。石墨作为内衬材料，价格比耐酸瓷板略贵。但在有传热、导静电及抗氟化物的工况下只能使用石墨作为衬里材料。

石墨材料在化工机器上用得最多的是密封环和滑动轴承，这主要是利用了石墨具有的自润滑减磨特性。石墨化程度高的制品，质软、强度低，一般适用于轻载条件。对于重载的摩擦副，如机械密封环，通常都使用石墨化程度低的制品，此时主要以其高的硬度和强度显示石墨耐磨的特性。

（三）复合材料——玻璃钢

玻璃钢即玻璃纤维增强塑料，它是以合成树脂为黏结剂，玻璃纤维及其制品（如玻璃布、玻璃带、玻璃毡等）为增强材料，按一定的成型方法制成。由于它的比强度超过一般钢材，因此称为玻璃钢。

玻璃钢的质量轻、强度高，其电性能、热性能、耐腐蚀性能及施工工艺性能都很好。因此在许多工业部门都获得了广泛的应用。

1. 玻璃钢的种类

玻璃钢的种类很多，有热固性玻璃钢和热塑性玻璃钢两种。通常可按所用合成树脂的种类来分类。即由环氧树脂与玻璃纤维及其制品制成的玻璃钢称为环氧玻璃钢；由酚醛树脂与玻璃纤维及其制品制成的玻璃钢称为酚醛玻璃钢等。目前，在防腐中常用的有环氧、酚醛、呋喃、聚酯四类玻璃钢。为了改性，也可采用添加第二种树脂的办法，制成改性的玻璃钢。这种玻璃钢一般兼有两种树脂玻璃钢的性能。常用的有环氧-酚醛玻璃钢、环氧-呋喃玻璃钢等。

热固性玻璃钢以热固性树脂为粘接剂的玻璃纤维增强材料，如酚醛树脂玻璃钢、环氧树脂玻璃钢、聚酯树脂玻璃钢和有机硅树脂玻璃钢等。热固性玻璃钢成形工艺简单、质量轻、比强度高、耐蚀性能好；缺点是：弹性模量低（1/10～1/5 结构钢）、耐热度低（≤250℃）、易老化。可以通过树脂改性改善性能，酚醛树脂和环氧树脂混溶的玻璃钢既有良好粘接性，又降低了脆性，还保持了耐热性，也具有较高的强度。热固性玻璃钢主要用于机器护罩、车辆车身、绝缘抗磁仪表、耐蚀耐压容器和管道及各种形状复杂的机器构件和车辆配件。

热塑性玻璃钢以热塑性树脂为粘接剂的玻璃纤维增强材料，如尼龙 66 玻璃钢、ABS 玻璃钢、聚苯乙烯玻璃钢等。热塑性玻璃钢强度不如热固性玻璃钢，但成形性好、生产率高，且比强度不低。

2. 玻璃钢的主要组成

玻璃钢由合成树脂、玻璃纤维及其制品以及固化剂、填料、增塑剂、稀释剂等添加剂组成。其中合成树脂和玻璃纤维及其制品对玻璃钢的性能起决定性作用。

（1）合成树脂：

① 环氧树脂。环氧树脂是指含有两个或两个以上的环氧基团的一类有机高分子聚合物。环氧树脂的种类很多，以二酚基丙烷（简称双酚 A）与环氧氯丙烷缩聚而成的双酚 A 环氧树

脂应用最广。常用的环氧树脂型号为 6101（E-44）、634（E-42），均属此类。其性能特点如下：

力学性能高。环氧树脂具有很强的内聚力，分子结构致密，所以它的力学性能高于酚醛树脂和不饱和聚酯树脂等通用型热固性树脂。

附着力强。环氧树脂除了对聚烯烃等非极性塑料黏结性不好之外，对于各种金属材料如铝、钢、铁、铜；非金属材料如陶瓷、玻璃、木材、混凝土等；以及热固性塑料如酚醛、氨基、不饱和聚酯等都有优良的黏结性能，因此有万能胶之称。环氧胶黏剂是结构胶黏剂的重要品种。

固化收缩率小。一般为 1%~2%，是热固性树脂中固化收缩率最小的品种之一（酚醛树脂为 8%~10%；不饱和聚酯树脂为 4%~6%；有机硅树脂为 4%~8%）。线胀系数也很小，一般为 $6×10^{-5}/℃$，所以固化后体积变化不大。

工艺性好。环氧树脂固化时基本上不产生低分子挥发物，所以可低压成型或接触压成型。能与各种固化剂配合制造无溶剂、高固体、粉末涂料及水性涂料等环保型涂料。

优良的电绝缘性。环氧树脂是热固性树脂中介电性能最好的品种之一。

稳定性好，抗化学药品性优良。不含碱、盐等杂质的环氧树脂不易变质。只要储存得当（密封、不受潮、不遇高温），其储存期为 1 年。超期后若检验合格仍可使用。环氧固化物具有优良的化学稳定性。其耐碱、酸、盐等多种介质腐蚀的性能优于不饱和聚酯树脂、酚醛树脂等热固性树脂。因此环氧树脂大量用作防腐蚀底漆，又因环氧树脂固化物呈三维网状结构，又能耐油类等的浸渍，大量应用于油槽、油轮、飞机的整体油箱内壁衬里等。

环氧树脂可以热固化，也可以冷固化。工程上多用冷固化方法固化。环氧树脂的冷固化是在环氧树脂中加入固化剂后成为不熔的固化物，只有固化后的树脂才具有一定的强度和优良的耐腐蚀性能。

环氧树脂的固化剂种类很多，有胺类固化剂、酸酐类固化剂、合成树脂类固化剂等。在玻璃钢衬里工程中，基于配制工艺及固化条件的限制，常选用胺类固化剂，如脂肪胺中的乙二胺和芳香胺中的间苯二胺。这些固化剂配制方便，能室温下固化，但都有毒性，使用时应加强防护措施。许多固化剂虽可在室温下使树脂固化，然而一般情况下，加热固化所得制品的性能比室温固化要好，且可缩短工期。所以，在可能条件下，以采用加热固化为宜。

固化后的环氧树脂具有良好的耐腐蚀性能，能耐稀酸、碱以及多种盐类和有机溶剂，但不耐氧化性酸（如浓硫酸、硝酸等）。

固化后的环氧树脂具有良好的物理、力学性能，许多主要指标比酚醛、呋喃等优越。强度高，尺寸稳定，施工工艺性能良好，但其使用温度较低，一般在 80℃ 以下使用，价格稍高。

②酚醛树脂。酚醛树脂以酚类和醛类化合物为原料，在催化剂作用下缩合制成的。根据原料的比例和催化剂的不同可得到热塑性和热固性两类。在化工中用的玻璃钢一般都采用热固性酚醛树脂。热固性酚醛树脂在防腐蚀领域中常用的几种形式：酚醛树脂涂料；酚醛树脂玻璃钢、酚醛-环氧树脂复合玻璃钢；酚醛树脂胶泥、砂浆；酚醛树脂浸渍、压型石墨制品。热固性酚醛树脂的固化形式分为常温固化和热固化两种。

用于酚醛树脂的固化剂一般为酸性物质，因此施工时应注意不宜将加有酸性固化剂的酚醛树脂直接涂覆在金属或混凝土表面上，中间应加隔离层。常用的固化剂有苯磺酰氯、对甲苯磺酰氯、硫酸乙酯等，这些固化剂有的有毒，挥发出来的气体刺激性大，施工时应加强防护措施。就其性能而言，它们各有特点。为了取得较佳效果也常用复合固化剂，如对甲苯磺酰氯与硫酸乙酯等。用桐油钙松香改性可以改善树脂固化后的脆性。

热固性酚醛树脂在常温下很难达到完全固化，所以必须采用加热固化。加入固化剂能使它缩短固化时间，并能在常温下固化。

酚醛树脂在非氧化性酸(如盐酸、稀硫酸等)及大部分有机酸、酸性盐中很稳定，但不耐碱和强氧化性酸(如硝酸、浓硫酸等)的腐蚀。对大多数有机溶剂有较强的抗溶解能力。

酚醛树脂的耐热性比环氧树脂好，可达到120~150℃，价格低，绝缘性好，但酚醛树脂的脆性大，附着力差，抗渗性不好，尺寸稳定性差。

③ 呋喃树脂。呋喃树脂是指分子结构中含有呋喃环的树脂。常见的种类有糠醇树脂、糠醛–丙酮树脂、糠醛–丙酮–甲醛树脂等。

呋喃树脂的固化可用热固化，也可采用冷固化。工程上常用冷固化。

呋喃树脂固化时所用的固化剂与酚醛树脂一样，如苯磺酰氯、硫酸乙酯等。不同的只是呋喃树脂对固化剂的酸度要求更高，所以在施工时同样应注意不能和金属或混凝土表面直接接触，中间应加隔离层，也应加强劳动保护。

呋喃树脂在非氧化性酸(如盐酸、稀硫酸等)、碱、较大多数有机溶剂中都很稳定，可用于酸、碱交替的介质中，其耐碱性尤为突出，耐溶剂性能较好。呋喃树脂不耐强氧化性酸的腐蚀。

呋喃树脂的耐热性很好，可在160℃的条件下应用。但呋喃树脂固化时反应剧烈、容易起泡，且固化后性脆、易裂。可加环氧树脂进行改性。

④ 聚酯树脂。聚酯树脂是多元酸和多元醇的缩聚产物，用于玻璃钢的聚酯树脂是由不饱和二元酸(或酸酐)和二元醇缩聚而成的线型不饱和聚酯树脂。

不饱和聚酯树脂的固化是在引发剂存在下与交联剂反应，交联固化成体型结构。可与不饱和聚酯树脂发生交联反应的交联剂为含双键的不饱和化合物，如苯乙烯等。用作引发剂的通常是有机过氧化物，如过氧化苯甲酰、过氧化环己酮等。由于它们都是过氧化物，具有爆炸性，为安全起见，一般都掺入一定量的增塑剂(如邻苯二甲酸二丁酯等)配成糊状物使用。

不饱和聚酯树脂可在室温下固化，且具有固化时间短、固化后产物的结构较紧密等特点，因此不饱和聚酯树脂与其他热固性树脂相比具有最佳的室温接触成型的工艺性能。

不饱和聚酯树脂在稀的非氧化性无机酸和有机酸、盐溶液、油类等介质中的稳定性较好，但不耐氧化性酸、多种有机溶剂、碱溶液的腐蚀。

不饱和聚酯树脂主要用作玻璃钢。聚酯玻璃钢加工成型容易，可常温固化，综合性能好，价格低，是玻璃钢中用得最多的品种。但它的耐蚀性不够好，耐热性和强度都较差，所以在化工中应用不多。

(2) 玻璃纤维及其制品　其是玻璃钢的重要成分之一，在玻璃钢中起骨架作用，对玻璃钢的性能及成型工艺有显著的影响。

玻璃纤维是以玻璃为原料，在熔融状态下拉丝而成的。玻璃纤维质地柔软，可制成玻璃布或玻璃带等织物。

玻璃纤维的抗拉强度高，耐热性好，可用到400℃以上；耐腐蚀性好，除氢氟酸、热浓磷酸和浓碱外能耐绝大多数介质；弹性模量较高。但玻璃纤维的伸长率较低，脆性较大。

玻璃纤维其主要成分为二氧化硅、氧化铝、氧化钙、氧化硼、氧化镁、氧化钠等，根据玻璃中碱含量的多少，可分为无碱玻璃纤维(氧化钠0~2%，属铝硼硅酸盐玻璃)、中碱玻璃纤维(氧化钠 8%~12%，属含硼或不含硼的钠钙硅酸盐玻璃)和高碱玻璃纤维(氧化钠13%以上，属钠钙硅酸盐玻璃)。在化工防腐中无碱和低碱的玻璃纤维用得较多。

玻璃纤维还可根据其直径或特性分为粗纤维(其单丝直径一般为 30μm)、中级纤维(单丝直径 10~20μm)、高级纤维(其单丝直径 3~10μm)、超级纤维(单丝直径小于 4μm)、长纤维、短纤维、有捻纤维、无捻纤维等。

3. 耐蚀性能

一般说来，玻璃钢中的玻璃纤维及其制品的耐蚀性能很好，耐热性能也远好于合成树脂。因此，玻璃钢的耐蚀性能和耐热性能主要取决于合成树脂的种类。当然，加入的辅助组分(如固化剂、填料等)也有一定的影响。

合成树脂的耐蚀性能随品种的不同而不同。概括起来，环氧、酚醛、呋喃、聚酯树脂的共性是不耐强氧化性酸类，如硝酸、浓硫酸、铬酸等；既耐酸又耐碱的有环氧和呋喃树脂，呋喃耐酸耐碱能力较环氧好。酚醛和聚酯树脂只耐酸不耐碱，酚醛的耐酸性比聚酯好，与呋喃相当。以玻璃纤维为增强材料制得的玻璃钢由于玻璃纤维不耐氢氟酸的腐蚀，所以它的制品也不耐氢氟酸，抗氢氟酸必须选用涤纶等增强材料。

在实际选用玻璃钢时，除应考虑其耐蚀性外，还要考虑玻璃钢的其他性能，如力学性能、耐热性能等。

4. 玻璃钢的成型方法及应用

玻璃钢的施工方法有很多，常用的有手糊法、模压法和缠绕法三种。

(1) 手糊成型法。手糊成型是以不饱和聚酯树脂、环氧树脂等室温固化的热固性树脂为黏结剂，将玻璃纤维及其织物等增强材料粘接在一起的一种无压或低压成型的方法。它的优点操作方便、设备简单，不受产品尺寸和形状的限制，可根据产品设计要求铺设不同厚度的的增强材料；缺点是生产效率低，劳动强度大，产品质量欠稳定。由于其优点突出，因此在与与其他成型方法竞争中仍未被淘汰，目前在我国耐腐蚀玻璃钢的制造中占有主要地位。

(2) 模压成型法。模压成型是将一定质量的模压材料放在金属制的模具中，在一定的温度和压力下制成的玻璃钢制品的一种方法。它的优点是生产率高，制品尺寸精确，表面光滑，价格低廉，多数结构复杂的制品可以一次成型，不用二次加工；缺点是压模设计与制造复杂，初期投资高，易受设备限制，一般只用于设备中、小型玻璃钢制品，如阀门、管件等。

(3) 缠绕成型法。缠绕成型是连续地将玻璃纤维浸胶后，用手工或机械法按一定顺序绕到芯模上，然后在加热或常温下固化，制成一定形状的制品。用这种方法制得的玻璃钢产品质量好且稳定；生产率高，便于大批生产；比强度高，甚至超过钛合金。但其强度方向比较明显，层间剪切强度低，设备要求高。通常适用于制造圆柱体、球体等产品，在防腐方面主要用来制造玻璃钢管道、容器、储槽，可用于油田、炼油厂和化工厂，以部分代替不锈钢使用，具有防腐、轻便、持久和维修方便等特点。

玻璃钢的应用主要在一下几个方面。

① 设备衬里。玻璃钢用作设备衬里既可单独作为设备表面的防腐蚀覆盖层，又可作为砖、板衬里的中间防渗层。这是玻璃钢在防腐中应用最广泛的一种形式。

② 整体结构。玻璃钢可用来制作大型设备、管道等。目前较多用于制管道。随着大型化学工业的发展，大型玻璃钢化工设备的应用范围越来越广。

③ 外部增强。玻璃钢用于塑料、玻璃等制得的设备和管道的外部增强，以提高强度和

保证安全。如用玻璃钢增强的硬聚氯乙烯制得的铁路槽车效果很好。用得较为普遍的是玻璃钢增强的各种类型的非金属管道。

用玻璃钢制成的设备与不锈钢相比来讲，价格要便宜得多，运输、安装费用也要少得多，是应用很广泛的工程材料。

八、正确选用材料和加工工艺

耐蚀材料的选择应该说是一个合理选材的问题，而合理选材是关系到防腐设计成功与否非常关键的一环。所谓合理选材，指的是要综合考虑设备中各种材料的协调一致性，要把功能与耐蚀性一起加以考虑，既要考虑设备功能对材料的要求，也要考虑设备服役介质对材料的作用；既要考虑设备在实用方面的功能，也要考虑它的可靠性和使用寿命。选材之前，必须做到：

1. 充分了解腐蚀环境

腐蚀环境包括：介质的相态；溶液、气体、蒸汽等介质的成分、浓度和性质（如氧化性、还原性等）；空气混入程度，有无其他氧化剂；混酸、混液和杂质的含量，特别不能忽视 Cl^- 等微量杂质；液体的静止及流动状态；混入液体中的固体物所引起的磨损和侵蚀情况；局部的条件变化（如温度差、浓度差）及不同材料的接触状态；设备的操作温度以及温度的变化范围，有无急冷、急热引起的热冲击和应力变化等；有无化学反应，以及反应生成物的情况；高温、低温、高压、真空、冲击载荷、交变应力等需要特别注意的环境条件。

2. 了解工艺条件对材料的限制

在医药、食品以及石油化工三大合成材料生产的某些过程中，对产品纯度有严格的要求，因此选材时必须注意防止某些金属离子对产品的污染；有时材料的腐蚀产物或被磨蚀下来的微粒，会引起化工过程不允许的副反应或造成某些催化反应的触媒中毒，那么这种材料就不能选用。

3. 了解设备的功能与结构

各种机器设备具有不同的功能与结构，对材料的要求也必然不同。例如，换热器除要求材料具有良好的耐蚀性外，还应有良好的导热性能；输送腐蚀液的泵要求材料具有良好的耐磨蚀性能和铸造性能，而泵轴既要耐磨蚀，又要有较高的疲劳极限等。

4. 了解运转及开停车的条件

操作条件、开停车速度、频率及安全措施等对设备材料也有要求，如开、停车频繁，升降温波动大的设备，对材料还要求有良好的抗热冲击性能等。

在明确设备所处工作条件对材料的主要要求后，合理选材应主要从材料的力学性能、耐蚀性能、加工性能和经济性四个方面进行考虑，选材时应遵循以下原则：

（1）选材需要考虑经济上的合理性，在保证其他性能和设计使用期的前提下，尽量选用价格便宜的材料。

（2）综合考虑整个设备的材料，根据整个设备的设计寿命和各部件的工作环境选择不同的材料。易腐蚀部分应选择耐蚀性强的材料。

（3）选择材料要查明其对哪些腐蚀具有敏感性，选用部位所承受的应力、所处环境的介质条件以及可能发生的腐蚀类型，与其他接触的材料是否相容，是否会发生接触腐蚀。选材时，既要考虑其耐全面腐蚀的性能，又要考虑其耐局部腐蚀的性能，尤其对局部腐蚀敏感的一些材料（如不锈钢、铝合金等）在某些环境中，后者往往成为评定是否耐蚀的主要依据。

（4）结构材料的选材不可单纯追求强度指标，应考虑在具体腐蚀环境条件下的性能。例如，在腐蚀介质中，只考虑材料的断裂韧性是不够的，应当考虑应力腐蚀强度因子和应力腐蚀断裂临界应力值。

（5）选择杂质含量低的材料可以提高耐蚀性。高强度钢、铝合金、镁合金等强度高的材料，杂质的存在会直接影响其抗均匀腐蚀和应力腐蚀的能力。

（6）尽可能选择腐蚀倾向性小的热处理状态。例如，30CrMnSiA 钢拉伸强度在 1176MPa 以下时，对应力腐蚀和氢脆的敏感性高；但经热处理使其拉伸强度达到 1373MPa 以上时材料才对应力腐蚀和氢脆的敏感性明显降低。

（7）采用特殊的焊接工艺防止焊缝腐蚀，采用喷丸处理改变表面应力状态防止应力腐蚀。

（8）基体材料施加涂层可以作为复合材料来考虑。选择耐蚀性差的材料施加涂层，还是选择高耐蚀材料，需综合考虑设备的设计寿命和经济成本。

九、防腐蚀结构设计

设备的腐蚀在很多情况下都与其结构有关。不良的结构常常会引起应力集中、局部过热、液体流动停滞、固体颗粒的沉积和积聚、电偶电流形成等，这些都会引起或加速腐蚀过程。因此，在设计中应充分注重设备的结构设计。

防腐蚀结构设计，就是在保证满足设备的功能和工艺要求的条件下，适当地改变设备及部件的形状、布局，调整其相对位置或空间位置，达到控制腐蚀的目的。在防腐蚀结构设计中，一般应遵循以下原则：

（1）对于发生均匀腐蚀的构件可以根据腐蚀速率和设备的寿命计算构件的尺寸，以及决定是否需要采取保护措施；对于发生局部腐蚀的构件的设计必须慎重，需要考虑更多的因素。

（2）设计的构件应尽可能避免有利于形成腐蚀环境的结构。例如，应避免形成使液体积留的结构，在能积水的地方设置排水孔；采用密闭的结构防止雨水、海水、雾气等的侵入；布置合适的通风孔，防止湿气的汇集和结露；尽量少用多孔吸水性强的材料，不可避免时采用密封措施；尽量避免缝隙结构，如采用焊接代替螺栓连接来防止产生缝隙腐蚀。

（3）尽可能避免不同金属的直接接触产生电偶腐蚀，特别是要避免小阳极、大阴极的电偶腐蚀。当不可避免时，接触面要进行适当地防护处理。如采用缓蚀剂密封膏、绝缘材料将两种金属隔开，或采用适当地涂层。

（4）构件在设计中要防止局部应力集中，并控制材料的最大允许使用应力；零件在制造中应注意晶粒取向，尽量避免在短横向上受拉应力；应避免使用应力、装配应力和残余应力在同一个方向上叠加，以减轻或防止应力腐蚀断裂。

（5）设计的结构应有利于制造和维护。通过维修可以使设备的抗蚀寿命得到提高。

十、防腐蚀强度设计

为了使设备在预期的寿命期间内有足够的强度来保证其能够可靠运行，必须在按一般的安全系数与许用应力进行材料强度设计的基础上，加大材料的尺寸，这一加大的尺寸就称为腐蚀裕量。

（一）均匀腐蚀情况下腐蚀裕量的确定

如果材料在介质中只产生均匀腐蚀，那么常用的处理方法是设计时把腐蚀与强度的问题分开处理。首先根据强度选取构件的尺寸和厚度，然后再根据材料在介质中的平均腐蚀速率确定一个附加厚度（腐蚀速率乘以预期工作时间，即腐蚀裕量），两者相加即为实际确定的构件厚度。一般来说，材料得出腐蚀性越差，估算的腐蚀裕量就越大。但也不能过分地加大腐蚀裕量，否则将造成材料的浪费，并增加加工和施工的难度。

（二）局部腐蚀情况下的强度设计

局部腐蚀类型多种多样，而且会因材料、环境介质、条件的不同而不同。目前，还无法根据局部腐蚀的强度降低，采用强度公式计算腐蚀裕量。对于晶间腐蚀、点蚀、缝隙腐蚀等只有采取正确选材、注意结构设计或控制环境介质等措施来防止。而对于应力腐蚀和腐蚀疲劳，如果材料的数据资料齐全，就有可能做出合适可靠地设计。例如，如果能确定材料在实际环境介质中应力腐蚀的临界应力，设计构件的承载应力（包括内应力）低于该值时便不会导致应力腐蚀断裂。对于疲劳腐蚀，可以根据腐蚀疲劳寿命曲线 $\sigma-N$（应力−循环次数）中的表现疲劳极限，是设计的设备在使用期限内安全运行。

十一、建设施工中的防腐原则

（一）建设施工中的防腐通则

（1）能热加工时不用冷加工。冷加工易造成残余应力而加速腐蚀，例如，热弯曲管比冷弯曲管要好，试验测出，低碳钢管冷弯曲成 U 字形时，其局部拉伸残余应力可达 100MPa 以上。

（2）加工中应避免或消除残余应力。例如，钢制圆筒，冷弯、焊接成形后，通过打、压、拉消除残余应力，或通过时效、热处理消除应力等。

（3）加工表面光滑，避免疤痕、凸凹缺陷。因为这些缺陷都是腐蚀源。

（4）避免温差悬殊的加工，因为过热会引起材料"过烧"，温差大也会产生工艺不均匀的残余应力。

（5）加工环境应干燥、通风、清洁。

（6）有腐蚀性介质的工序应设在流程的首或尾，这样有利于隔离操作或减少影响上下工序。

（7）工序间间隔周期长时，应做工序间防腐处理。

（二）焊接工艺中引起的应力腐蚀与防止

焊接是设备设施建造的主要工艺手段。由于焊接工艺的不正确，会造成构件受力不均匀、焊缝区织构疏松、晶粒粗大、脱碳等，工艺粗糙引起的焊疤、焊瘤、漏焊等以及接线的不正确产生杂散电流等，这些都会引起构件的局部腐蚀：应力腐蚀、晶间腐蚀、缝隙腐蚀、选择性腐蚀和杂散电流腐蚀等。因此必须对焊接工艺中所引起的腐蚀问题给予充分注意，防止方法一般有如下几种：

（1）焊后热处理。例如，淬火、退火等。

（2）松弛处理。例如，变形法或锤击法。

（3）改进工艺。例如，用电子束焊、保护气体焊、冷焊等。

（4）采用耐蚀焊条。例如，用超低碳焊条、含铌焊条、双相焊条等。

（5）表面强化处理，例如喷丸等。

（6）氢脆敏感材料的特殊处理。例如，钛材、马氏体高强钢、低合金钢等，除了用惰性气体保护焊以外，还应采用低氢焊条，并保持表面及环境干燥。

（7）焊件同体接线，避免漏电和产生杂散电流。例如，水中船体焊接时，地线必须连接在船体上，以避免产生杂散电流腐蚀。

（三）铸造工艺对腐蚀的影响与防止

普通铸铁（钢）件的铸造缺陷（如缩孔、气孔、砂眼、夹渣等）是引起腐蚀的主要因素；而不锈钢铸件，除了普通铸造缺陷以外，还易产生成分偏析、表面渗碳等缺陷而引起腐蚀。因此在铸造工艺中，应注意以下几点：

（1）改进铸造方法。压铸比模铸好，模铸比砂铸好，压铸是避免一般铸造缺陷的最好方法。

（2）精细铸造工艺。尽量减少缩孔、气孔、砂眼、夹渣等缺陷。

（3）改进造型和模具设计。尽量减少铸件内应力和缩孔。

（4）进行热处理。消除成分偏析和残余应力。

（5）表面处理。例如，表面喷丸、钝化等改进表面状态。

（6）改进材料成分。例如，添加稀土元素，改进铸造性能。

（7）改进模具材料。例如，不锈钢铸件不能用有机材料模，而用陶模最好。

（四）工艺流程中的防腐蚀原则

从防腐蚀角度考虑工艺流程安排可以杜绝腐蚀源。工艺流程设计可分为设备运行流程设计和生产工艺流程设计两种，二者的防腐蚀原则分别叙述如下。

1. 设备运行流程设计防腐蚀原则

① 工艺运行路线有利于温度、流速、受力等均匀；

② 接触腐蚀介质或易于产生腐蚀的部位应与主体分开，或单件独立、易于拆卸、清洗、检修和更换；

③ 气、液体进出畅通，腐蚀产物或污秽能顺利排除。

2. 生产工艺流程设计防腐蚀原则

① 有腐蚀性介质的工序应安排在首工序或尾工序执行，或工序隔离，以减少对其他工序的污染；

② 尽量采用常温常压生产工艺，避免高温高压工艺；

③ 生产环境应干燥、清洁、通风、无污染，以减少工序间腐蚀。

第二节　覆盖层保护

用耐蚀性能良好的金属或非金属材料覆盖在耐蚀性能较差的材料表面，将基体材料与腐蚀介质隔离开，以达到控制腐蚀的目的，这种保护方法称为覆盖层保护，此覆盖层则称为表面覆盖层。另外，表面覆盖层还有一定的装饰性和功能性，如钢材表面涂覆有机涂层以隔断空气，既防蚀，又美观。至于保温涂层、耐高温涂层，由于其特殊的功能更有广泛的用途。

在金属表面使用覆盖层保护是防止金属腐蚀最普遍而且最重要的方法。它不仅能提高基底金属的耐蚀性能，而且能节约大量的贵重金属和合金。

保护性覆盖层的基本要求包括：

（1）结构致密，完整无孔，不透过介质。

（2）与基体金属有良好的结合力，不易脱落。

（3）具有较高的硬度和耐磨性。

（4）在整个被保护表面上均匀分布。

在工业上，应用最普遍的表面覆盖层主要有金属覆盖层和非金属覆盖层两大类，此外还有用化学或电化学方法形成的化学转化膜覆盖层以及暂时性覆盖层等。覆盖层保护机理来自以下三种作用之一：

1. 阻隔作用

覆盖层都有一定致密性，能有效阻隔水、氧气等腐蚀成分渗入并和底层金属发生腐蚀反应。根据这个思路，可以有意识强化覆盖层的这种功能。例如，在普通涂料里加入玻璃鳞片得到的鳞片涂料，用完整金属箔或尼龙箔制作的薄膜胶黏带、用黄夹克塑料板制作的三层PE复合防护层等。

2. 阴极保护作用

某些覆盖层含有活性金属成分。如金属表面锌涂（镀）层，一旦涂层有空隙，侵入水、气后形成的电偶腐蚀，锌为阳极，加速腐蚀，保护作为阴极的铁板。只要锌层没有消耗完，这种保护作用就一直存在。除上述锌基覆盖层，还有锌箔胶黏带和锌粉涂料。高锌粉含量的涂料常称为富锌涂料，也是一种"重防腐蚀涂料"。金属铝也用作此类用途，如钢表面喷铝覆盖层，能有效抵抗海洋大气的腐蚀。

3. 钝化、缓释作用

许多传统防锈涂料的底漆填料往往具有缓释或钝化作用。如红丹防锈漆添加了作为填料的红丹（Pb_3O_4），它可看作铅酸盐，是一种良好的钝化剂，涂漆后是钢材表面保持钝态，不受腐蚀。类似填料还有铬酸锌、磷酸盐等。水泥作为一种无机涂层同样具有这种作用，它使其内部钢筋处于钝态而不受腐蚀。

阻隔作用是覆盖层的最基本功能，其余两种功能并非对每种覆盖层都存在。但有些覆盖层确实具有多种保护功能。如美国国家标准局进行的土壤腐蚀试验中发现：$0.95kg/m^2$的镀锌钢板在腐蚀性极强的渣土中头两年内锌镀层就已经完全破坏，但它的保护作用仍延续多年，其后期保护作用可能来自锌和钢在热浸镀过程形成的合金层。所以，锌镀层至少同时具备阻隔功能和阴极保护功能，以及还不能十分确定的某些钝化或缓释功能。

一、表面处理技术

不论采用金属还是非金属覆盖层，也不论被保护的表面是金属还是非金属，在施工前均应进行表面处理，以保证覆盖层与基底金属的良好附着和黏结力。

（一）钢铁表面处理对基底层的要求

钢铁工件在加工、运输、存放等过程中，表面往往带有氧化皮、铁锈、焊渣、尘土、油污等。要使覆盖层能牢固地附着在工件的表面上，在施工前就必须对工件表面进行清理，否则，不仅影响覆盖层与基体金属的结合力和耐蚀性，而且还会使基体金属继续腐蚀，使覆盖层剥落。

钢铁表面处理主要是采用机械或化学、电化学方法清理金属表面的氧化皮、锈蚀、油污、废漆、灰尘等，主要有以下要求：

（1）钢结构表面应平整，施工前应把焊渣、毛刺等清除掉，焊缝应平齐，不应有焊瘤、熔渣和缝隙，如有，应用手提式电动砂轮或扁铲修平。

（2）金属基体本身不允许有针孔、砂眼、裂纹等。

（3）金属表面应清洁，如果表面存在锈蚀、氧化物或被油、水、灰尘等污染，则会显著影响到覆盖层与金属表面的附着力。

（4）金属表面应具有一定的粗糙度，适当提高表面粗糙度，可以增加表面与涂层（或胶黏剂）的接触面积，有利于提高黏结强度，但过大的粗糙度，在较深的凹缝处往往残留空气，反而使黏结强度降低。

（二）钢铁表面处理工艺

钢铁表面的处理主要有手工、机械和化学除锈三类方法。

1. 手工除锈

用铁砂纸、刮刀、铲刀及钢丝刷等工具进行除锈。该方法劳动强度大，劳动条件差，除锈不完全，但因操作简便，仍在采用。只适用于较小的表面或其他清理方法无法清理的表面。

2. 机械除锈

这是一种利用机械动力以冲击和摩擦作用进行除锈的方法。常用的方法有利用风动刷、除锈枪、电动刷及电砂轮等机械打磨，或利用压缩空气喷砂以及高压水流除锈等。其中以喷砂法的质量好，效率高，已被广泛采用。喷砂法是在喷砂罐中通入 $0.5 \sim 0.6MPa$ 的压缩空气，将带棱角的、质地坚硬的石英砂、金刚砂或河砂经喷嘴高速喷射到钢铁表面，依靠砂粒棱角的冲击或摩擦，将金属表面的铁锈、氧化皮及其他污垢清除掉，使表面获得一定的清洁度和不同的粗糙度。

与其他工艺相比较，手工打磨可以打出毛面但效率太低，化学清理则表面过于光滑，不利于提高结合力，喷砂处理是最彻底、最通用、最迅速、效率最高的清理方法。

3. 化学除锈和除油

（1）化学除锈。这是利用酸溶液和铁的氧化物发生化学反应，将其表面锈层溶解和剥离掉的一种除锈防腐，又称为酸洗除锈。这种方法对小型件和形状复杂工件除锈效率高。例如，钢窗除锈、汽车外壳除锈、碳钢换热器防腐前除锈等，普遍采用酸洗的方法。但酸洗对钢铁有微量腐蚀损失，因此常在酸中加入一定比例的缓蚀剂。化学除锈常用的酸洗液为硫酸、磷酸、硝酸、盐酸等。

（2）化学除油。金属表面的油污，会影响到表面覆盖层与基底金属的结合力，因此，不论是金属还是非金属的覆盖层，施工前均要除油。尤其是电镀，微量的油污都会严重影响到镀层的质量。对于酸洗除锈的工件，如有油污，酸洗前也应除油。

化学除油方法有多种，最简单的是用有机溶剂清洗，常用的溶剂有汽油、煤油、酒精、四氯化碳、三氯乙烯等。清理时可将工件浸在溶剂中，或用干净的棉纱（布）浸透溶剂后擦洗。由于溶剂多数对人体有害，所以应注意安全。

除用溶剂清洗外，还可用碱液清洗，即利用油脂在碱性介质下发生皂化或乳化作用来除油。一般用氢氧化钠及其他化学药剂配成溶液，在加热条件下进行除油处理。

4. 火焰除锈

利用钢铁和氧化皮的热膨胀系数不同，用炔-氧焰加热钢铁表面而使氧化皮脱落，此时铁受热脱水，锈层也便破裂松散而脱落。此法主要用于厚型钢结构及铸件等，而不能用于薄钢材及小铸件，否则工件受热变形影响质量。

5. 钢铁表面的化学转化

金属经表面清理后，采用化学处理方法，使金属表面生成一层薄的保护膜，使之在一段时间内不发生二次生锈，同时使金属基体有良好的附着力，此过程称为表面化学转化。具体方法有氧化（即"发蓝"）、钝化和磷化。

（三）钢铁表面处理质量要求及标准

钢铁表面处理质量对提高覆盖层质量、保证覆盖层与基底金属的良好附着和黏结力有重要影响。所以各国都制定了钢铁表面处理质量标准。表面处理标准 HG/T 20679—2014《化工设备、管道外防腐设计规范》，于 2014 年 11 月实行。

设备、管道和钢结构表面处理等级以表示除锈方法的字母"Sa"、"St"、"F1"或"Pi"，表示。

1. 喷射或抛射除锈(Sa级)有四个质量等级

(1) Sa1级：设备、管道和钢结构表面应无可见的油脂和污垢，氧化皮、铁锈和涂料涂层等附着物已基本清除，其残留物应是牢固附着的。

(2) Sa2级：设备、管道和钢结构表面应无可见的油脂和污垢，氧化皮、铁锈和涂料涂层等附着物已基本清除，其残留物应是均匀分布的牢固附着的，其总面积不得超过总除锈面积的1/3。

(3) Sa2.5级：设备、管道和钢结构表面应无可见的油脂、污垢、氧化皮、铁锈和涂料涂层等附着物，任何残留的痕迹仅是点状或条纹状的轻微色斑。

(4) Sa3级：设备、管道和钢结构表面应无可见的油脂、污垢、氧化皮、铁锈和涂料涂层等附着物，该表面应显示均匀的金属色泽。

2. 手工和动力工具除锈(St级)有两个质量等级

(1) St2级：设备、管道和钢结构表面应无可见的油脂和污垢，并且没有附着不牢的氧化皮、铁锈和涂料涂层等附着物。

(2) St3级：设备、管道和钢结构表面应无可见的油脂和污垢，并且没有附着不牢的氧化皮、铁锈和涂料涂层等附着物。除锈应比St2更彻底，底材的显露部分的表面应具有金属光泽。

3. 火焰除锈(F1级)

设备、管道和钢结构表面应无氧化皮、铁锈和涂料涂层等附着物，任何残留的痕迹应仅为表面变色(不同颜色的暗影)。

4. 化学除锈(Pi级)

设备、管道和钢结构表面应无可见的油脂和污垢，酸洗未尽的氧化皮、铁锈和涂料涂层的个别残留点允许用手工或机械方法除去，但最终表面应显露金属原貌，无再镀锈蚀。

设备、管道和钢结构外防腐表面处理等级标准及其应用见表5-1。

表5-1 设备、管道和钢结构外防腐表面处理等级标准及其应用

表面质量等级	标准	处理方法	防腐衬里或涂层类别
1级 Sa3	彻底除净金属表面的油脂、氧化皮、锈蚀产物等杂质，用压缩空气吹净粉尘；表面无任何可见残留物，呈现均匀的金属本色，并有一定的粗糙度	喷砂法	金属喷镀、衬橡胶；化工设备内壁防腐蚀涂层
2级 Sa2.5	完全除去金属表面中的油脂、氧化皮、锈蚀产物等一切杂质，用压缩空气吹净粉尘。残存的锈斑、氧化皮等引起轻微变色的面积在任何100mm×100mm的面积上不得超过5%	喷砂法 机械处理法 St3级，化学处理法 Pi级	衬玻璃钢衬砖板搪铅、大气防腐涂料；设备内壁防腐涂料
3级 Sa2	完全除去表面上的油脂、疏松氧化皮、浮锈等杂质，用压缩空气吹净粉尘，紧附的氧化皮、点蚀锈坑或旧漆等斑点状残留物的面积在任何100mm×100mm的面积上不大于1/3	喷砂法 人工方法 St3级，机械方法 St3	硅质胶泥衬砖板；油基漆、沥青漆环氧沥青漆
4级 Sa1	除去金属表面上的油脂、铁锈、氧化皮等杂质，允许有紧附的氧化皮锈蚀产物或旧漆膜存在	人工处理 St2、St3级	衬铅；衬软聚氯乙烯板

（四）非金属材料表面处理

1. 混凝土结构表面处理

混凝土和水泥砂浆的表面作防腐覆盖层以前需要进行处理。要求表面平整，没有裂纹、毛刺等缺陷，油污、灰尘及其他污物都要清理干净。

新的水泥表面防腐施工前要烘干脱水，一般要求水分不大于6%。如果是旧的水泥表面，则要把损坏的部分和腐蚀产物都清理干净；基层表面如有凹凸不平或局部蜂窝麻面，可用1：2水泥砂浆修补平整，完全硬化干燥后再进行防腐层施工；在施工前要用钢丝刷刷基层表面，使表面粗糙平整，并除去浮灰尘土，以增加防腐层与基层的黏结力；基层上若有油污，应用丙酮、酒精等揩擦干净。

2. 木材表面处理

在石油化工防腐中对木结构的表面处理要求不是很高的，不必像涂饰木器家具那样精细，但也必须进行适当的表面处理。在涂装前必须先将木材晾干或低温（7~80℃）烘干，使其水分含量在7%~12%，否则会因水分的蒸发而使涂膜起泡，甚至剥落。木材要求刨光，清理尘垢（注意不能用水洗），然后再填腻子、砂纸打磨、涂漆。

二、金属覆盖层

用耐蚀性较好的一种（或多种）金属或合金把耐蚀性较差的金属表面完全覆盖起来以防止腐蚀的方法，称为金属覆盖层保护。这种通过一定的工艺方法牢固地附着在基体金属上，而形成几十微米乃至几个毫米以上的功能覆盖层称为金属覆盖层。

（一）分类及选用原则

根据金属覆盖层在介质中的电化学行为，可将其分为阳极（性）覆盖层和阴极（性）覆盖层。

（1）阳极覆盖层。这种覆盖层在介质中的电极电位比基体金属的电极电位更负。其优点是，即使覆盖层的完整性被破坏，也可作为牺牲阳极继续保护基体金属免遭腐蚀。阳极覆盖层的保护性能主要取决于覆盖层的厚度，覆盖层越厚，其保护效果越好。例如，在碳钢表面覆盖锌、镉、铝等金属基为此类。阳极覆盖层常用于保护大气、淡水、海水中工作的金属设备。

（2）阴极覆盖层。这种覆盖层在介质中的电极电位比基体金属的电极电位更正。只有当它足够完整时，即没有孔或裂痕时，才能可靠地保护基体金属，否则覆盖层将会与基体金属在介质中构成腐蚀电池，加速基体金属的腐蚀。阴极覆盖层的保护性能取决于覆盖层的厚度与孔隙率，覆盖层越厚，孔隙率越低，其保护性能越好。一般情况下，碳钢表面覆盖镍、铜、铅、锡等都属于此类。

阳极性覆盖层在一定的条件下会转变为阴极性覆盖层。例如，当溶液的温度升高到某一临界值，锌镀层和铝镀层将由阳极性镀层转变为阴极性镀层。这种转变是由于金属镀层表面形成了化合物薄膜，使镀层的电位升高的缘故。

选用金属覆盖层作为基体金属的腐蚀控制与防护措施时，既要根据基体金属的种类和性质、产品的使用环境和条件来确定金属覆盖层的材料类型，也要根据基体的表面状态、制件的结构形式、基体与覆盖层的相容性等因素来考虑选择适当的金属覆盖层技术，这两者都是非常重要的工作。选择时应遵循金属覆盖层具有良好的耐蚀和防护性能，满足运行条件和环境介质的要求。且金属覆盖层与基体材料之间要具有良好的结合力，不起皱、不掉皮、不崩落、不鼓泡，金属覆盖层与基体金属的性质、性能的适应性要好。要在物理性能、化学性

154

能、表面热处理状态等方面有良好的匹配性和适应性，覆盖层及其制备工艺不会降低集体金属的力学性能。此外还应考虑工艺技术的可行性和经济上的合理性。

（二）常用金属覆盖层工艺方法及应用

常用工艺方法见表5-2。

表 5-2　金属覆盖层常用工艺方法

工艺方法名称	主要特点	适用范围	设计注意事项
热喷涂	金属熔化后高速喷涂到基体表面形成机械结合覆盖层，工艺灵活，各种材料金属均可喷涂，覆盖层粗糙多孔，厚度可达5mm以上	用于大面积钢件防腐蚀和尺寸修复等，有色黑色金属、有机与无机、从属陶瓷等均可喷涂，可用于各行业中	细管内腔或长深孔不能喷涂，覆盖层应封闭或熔融后使用
电镀（电沉积）和电刷镀	电解质溶液中通直流电在阴极表面形成电结晶覆盖层，大部分在水溶液中常温处理，工艺简单，覆盖层均匀光滑，有孔隙，厚度可控，一般在十几微米到几十微米	多用于大数量中小零件或精密螺纹件的装饰防腐蚀、耐磨等	深、盲孔或易存积液件及焊接组合件不能电镀，对于高强应力钢件要注意氢脆问题
化学镀	在溶质中通过离子置换或自催化反应使金属离子还原沉积到基体表面形成覆盖层，多在水溶液中常温或低温处理，工艺简单，覆盖层厚度一般为<25μm	适合大小各种复杂零件防腐蚀装饰层或作金属与有机件的预镀底层	主要厚度受到限制，镀种少，目前主要有铜和镍及其合金等可用
热浸镀	零件浸入熔融的覆盖金属中形成扩散连接的黏结层，故覆盖层结合力好、生产效率高，但不均匀	适合低熔点金属及合金覆盖层（锌、铝、铅、锡及其合金）对各种复杂零件防腐蚀用，尺寸大小受镀槽限制	基体需耐覆盖层金属熔点以上50℃，并对基体有热处理影响，不能存有液孔
熔结与堆焊	通过喷涂熔融或电焊、真空熔覆的方法获取熔融致密的扩散结合层，一般作厚层毛坯件，需磨削精加工	主要用于修复或特种防腐蚀	基体要耐热，注意热变形
热结与复合	通过轧、拔、压、热黏、爆炸等方法把覆盖层金属复合在基体金属表面，可得到其他方法达不到的覆盖层厚度和薄层	主要用于管、板、棒等半成品件材，常见包覆材料有铜、铝、铅、银、镍、锡、铂、钯、钛、不锈钢等	注意加工面的覆盖层修复
热扩散（热浸）	在热活化金属氛围中基体金属表面形成相互扩散的合金相覆盖层，结合牢而致密，性脆，工艺繁杂，效率低	适合精密螺纹件的特种防护，零件尺寸受工艺设施限制	基体要耐热，注意热变形和热处理影响

1. 电镀

将要电镀的工件作为阴极浸于含有镀层金属离子的盐溶液中，利用直流电作用从电解质中析出金属，并在工件表面沉积，从而获得金属覆盖层的方法称为电镀(或电沉积)。

用电镀方法得到的镀层多数是纯金属，如 Au、Pt、Ag、Cu、Sn、Pb、Co、Ni、Cd、Cr、Zn 等，但也可得到合金的镀层，如黄铜、锡青铜等。

电镀时将待镀工件(如碳钢)作为阴极与直流电源的负极相连，将镀层金属(如铜)作为阳极与直流电源的正极相连。电镀槽中加入含有镀层金属离子的盐溶液(如硫酸铜溶液)及必要的添加剂。当接通电源时，阳极发生氧化反应，镀层金属溶解(如 $Cu \longrightarrow Cu^{2+} + 2e$)；阴极发生还原反应，溶液中的金属离子析出(如 $Cu^{2+} + 2e \longrightarrow Cu$)，使工件获得镀层。如果阳极是不溶性的，则需间歇地向电镀液中添加适量的盐，以维持电镀液的浓度。电镀层的厚度可由工艺参数和时间来控制。电镀层的性能除了受阴极电流密度、电解液的种类、浓度、温度等条件影响之外，还和被镀工件的材料及表面状态有关。

用电镀法覆盖金属有一系列优点，如可在较大范围内控制镀层厚度，镀层金属消耗较少；无需加热或温度不高；镀层与工件表面结合牢固；镀层厚度较均匀；镀层外表美观等。

2. 化学镀

利用置换反应或氧化还原反应，使金属盐溶液中的金属离子析出并在工件表面沉积，从而获得金属覆盖层的方法称为化学镀。与电镀相比，化学镀覆金属层工艺有许多优点：不需要外加电源；不受工件形状的影响，可在各种几何形态工件表面上获得均匀的镀层；所需设备及操作均比较简单；镀层厚度均匀，致密性良好，针孔少以及耐蚀性优良等。其缺点是：溶液稳定性较差，维护与调整比较麻烦；一般情况下镀层较薄（可采用循环镀的方法获得较厚的镀层）。

化学镀也和电镀一样，镀层的性能受镀液的浓度、温度、浸渍时间及被镀工件的表面状态等条件影响，而且对以上指标的控制要求更严。

在防腐中用得较多的是化学镀镍，即将工件放在含镍盐、次磷酸钠（NaH_2PO_2）及其他添加剂的弱酸性溶液中，利用次磷酸钠将 Ni^{2+} 还原为镍，从而在工件表面获得镀镍层。化学镀镍的工件，常用作抗碱性溶液的腐蚀。此外化学镀可用来制造磁盘、太空装置上的电缆接头、人体用医学移植器等。

3. 喷镀

利用不同的热源，将欲涂覆的涂层材料熔化，并用压缩空气或惰性气体使之雾化成细微液滴或高温颗粒，高速喷射到经过预处理的工件表面形成涂层的技术，称为热喷涂（或喷镀）。由此形成的几十微米到几毫米厚的附着层统称为热喷涂覆盖层。

热喷涂的工艺和设备都比较简单，能喷镀多种金属和合金。该法主要用于防止大型固定设备的腐蚀，也可用来修复表面磨损的零件。

因热喷涂金属覆盖层是金属微粒相互重叠成多层的覆盖层，因此这种覆盖层是多孔的，耐蚀性能较差，若是阴极性覆盖层，则必须做封闭孔隙处理。此外，覆盖层仅仅依靠金属微粒楔入构件表面的微孔或凹坑而结合，与底层金属结合不牢。故对于操作温度波动较大或外部需要加热的设备，不宜采用热喷涂防腐。

喷涂根据热源大致可分为气喷涂、电喷涂和等离子喷涂三种。工业上用这种方法来喷涂 Al、Zn、Sn、Pb、不锈钢等，其中以喷 Al 用得较广，主要用于对高温二氧化硫、三氧化硫的防腐。

4. 渗镀

渗镀是利用热处理的方法将合金元素的原子扩散入金属表面，以改变其表面的化学成分，使表面合金化，以改变钢表面硬度或耐热、耐蚀性能，故渗镀又称为热扩散金属覆盖层（或表面合金化）。

例如，在防腐中应用较普遍的是渗铝，方法之一是在钢件表面喷铝后，再按一定的操作工艺在高温下热处理，使铝向钢表层内扩散，形成渗铝层。

此外还有渗铬、渗硅等，对于防止钢件的高温气体腐蚀有较好效果。

影响热扩散金属覆盖层的主要因素是：热扩散温度、热扩散时间、扩散元素与基体组成、扩散工艺方法等。

5. 热浸镀

热浸镀(热镀)金属覆盖层是将工件浸放在比自身熔点更低的熔融的镀层金属(如锡、铝、铅、锌等)中，或以一定的速度通过熔融金属槽，从而工件表面获得金属覆盖层的方法。

这种方法工艺较简单，故工业上应用很普遍，例如，钢管、薄钢板、铁丝的镀锌以及薄钢板的镀锡等。热镀只适用于镀锌、镀锡或间接镀铅等低熔点金属。

热镀锌的钢铁制品可以防止大气、自来水及河水的腐蚀，而镀锡的钢铁制品主要用于食品工业中，因为锡对大部分的有机酸和有机化合物具有良好的耐蚀性，而且无毒。但用这种方法不易得到均匀的镀层。

影响热浸金属覆盖层的主要因素是：热浸温度、浸镀时间、从镀槽中提出的速度、基体金属表面成分组成、结构和应力状态、浸镀金属液成分组成等。

6. 机械镀

机械镀是把冲击料(如玻璃球)、表面处理剂、镀覆促进剂、金属粉和零件一起放入镀覆用的滚筒中，通过滚筒滚动时产生的动能，把金属粉冷压到零件表面上形成镀层。若用一种金属粉，得到单一镀层；若用合金粉末，可得到合金镀层；若同时加入两种金属粉末，可得到混合镀层；若先加入一种金属粉，镀覆一定时间后，再加另一种金属粉，可得到多层镀层。表面处理剂和镀覆促进剂可使零件表面保持无氧化物的清洁状态，并控制镀覆速度。

机械镀的优点是厚度均匀、无氢脆、室温操作、耗能少、成本低等。适于机械镀的金属有 Zn、Cd、Sn、Al、Cu 等软金属。适于机械镀的零件有螺钉、螺母、垫片、铁钉、铁链、簧片等。机械镀特别适于对氢脆敏感的高强钢和弹簧。

7. 金属衬里

金属衬里就是把耐蚀金属衬在基底金属(一般为普通碳钢)上，如衬铅、钛、铝、不锈钢等。

生产中除采用单一金属制的设备外，为了防止设备腐蚀、节省贵重金属材料以及满足某些由单一金属难以满足的技术要求，还可采用在碳钢和低合金钢上衬不锈钢、钛、镍、蒙乃尔合金等以及使用复合金属板来制造容器、塔器、储槽等设备。

获得这种金属衬里的方法有很多，如塞焊法、条焊法、熔透法、爆炸法等。还有一种方法叫双金属，即利用热轧法将耐蚀金属覆盖在底层金属上制成的复合材料。如在碳钢板上压上一层不锈钢板或薄镍板，或将纯铝压在铝合金上，这样就可以使价廉的或具有优良力学性能的底层金属与具有优良耐蚀性能的表层金属很好地结合起来。这类材料一般都为定型产品。

三、非金属覆盖层

非金属覆盖层技术是将非金属涂料涂覆于材料表面形成具有一定功能并牢固附着的连续薄膜，以保护和装饰基体材料的方法。涂料在材料表面涂覆成膜的施工就称为涂装。非金属覆盖层一般可分为有机非金属覆盖层、无机非金属覆盖层和无机化学转化膜三类。

(一)有机非金属覆盖层

凡是由有机高分子化合物为主体组成的覆盖层称为有机覆盖层。根据目前使用的有机覆盖层材料和工艺方法，可将有机覆盖层进行归纳分类，见表5-3。

表 5-3　有机覆盖层的分类

种　　类	分　　类	主要工艺方法
涂料覆盖层	油脂类（油基涂料覆盖层）	刷涂、浸涂、喷涂、电泳涂等
	树脂类（树脂涂料覆盖层）	
	橡胶类（橡胶涂料覆盖层）	
塑料覆盖层	乙烯塑料类	粉末喷涂、衬贴、挤衬、包覆、填抹等
	氟塑料类	
	醚酯塑料类	
	纤维素塑料类	
橡胶覆盖层	天然橡胶	衬贴、挤衬、包覆等
	合成橡胶	

1. 涂料覆盖层

涂料是目前防腐中应用最广的非金属材料品种之一。用涂料保护设备、管线是应用很广的一类防护措施。

由于过去涂料主要是以植物油或采集漆树上的漆液为原料经加工制成的，因而称为油漆。我国自古就有用生漆保护埋在土壤中棺木的方法。随着石油化工和有机合成工业的发展，为涂料工业提供了新的原料来源，如合成树脂、橡胶等。这样，油漆的名字就不够确切了，所以比较恰当地应称为涂料。不过习惯上涂料也常称为油漆。

（1）涂层系统。以防腐蚀为主要功能的涂料称为防腐蚀涂料，它们在许多场合往往有几道涂层，以组成一个涂层系统发挥功效，包括底漆、中间层和面漆。

① 底漆。底漆是用来防止已清理的金属表面产生锈蚀，并用它增强漆膜与金属表面的附着力。它是整个涂层系统中极重要的基础，具有以下特点：

a. 对底材（如钢、铝等金属表面）有良好的附着力，其基料往往含有羟基、羧基等极性基团。

b. 因为金属腐蚀时在阴极呈碱性，所以底漆的基料宜具耐碱性，例如，氯化橡胶、环氧树脂等。

c. 底漆的基料具有屏蔽性，阻挡水、氧、离子的透过。

d. 底漆中应含有较多的颜料、填料，其作用是：使漆膜表面粗糙，增加与中间层或面漆的层间结合；使底漆的收缩率降低，因为底漆在干燥成膜过程中，溶剂挥发及树脂的交联固化，均产生体积收缩而降低附着力，加入颜料后可使漆膜收缩率变小，保持底漆的附着力；颜料颗粒有屏蔽性，能减少水、氧、离子的透过。

e. 某些底漆中含有缓蚀颜料。

f. 一般底漆的漆膜不厚，太厚会引起收缩应力，影响附着力。

g. 底漆应黏度较低，对物面有良好的润湿性，且其溶剂挥发慢，可充分对焊缝、锈痕等部位深入渗透。

② 中间层。中间层的主要作用如下：

a. 与底漆及面漆附着良好。漆膜之间的附着力并非主要是靠极性基团之间的吸引力，而是靠中间层所含的溶剂将底漆溶胀，使两层界面的高分子链紧密缠结。

b. 在重防腐涂料系统中，中间层的作用之一是通过加入各种颜料，能较多地增加涂层的厚度以提高整个涂层的屏蔽性能。在整个涂层系统中，往往底漆不宜太厚，面漆有时也不宜太厚，因此中间层涂料可制成厚膜涂料。

③ 面漆。面漆的主要作用如下：

a. 面漆为直接与腐蚀介质接触的涂层。因此，面漆的性能直接关系到涂层的耐蚀性能。

b. 防止日光紫外线对涂层的破坏。如面漆中含有的铝粉、云母氧化铁等阻隔日光的颜料，能延长涂层寿命。

c. 作为标志（如化工厂中不同管道颜色）、装饰等。

d. 某些耐化学品涂料（如过氯乙烯漆），往往最后一道面漆是不含颜料的清漆，以获得致密的屏蔽膜。

（2）防腐涂层的性能要求及选择要点。防腐涂层应具备的条件和一般涂层有很多相同之处，但由于防腐涂层往往在较苛刻的条件下使用，因此在选择时，还要考虑下列因素：

① 对腐蚀介质的良好稳定性。漆膜对腐蚀介质必须是稳定的，不被介质分解破坏，不被介质溶解或溶胀，也不与介质发生有害的反应。选择防腐涂料时一定要查看涂料的耐蚀性能，此外还应注意使用温度范围。

② 良好的抗渗性能。为了保证涂层有良好的抗渗性，防腐涂料必须选用透气性小的成膜物质和屏蔽性大的填料；应用多层涂装，而且涂层要求达到一定的厚度。

③ 涂层具有良好的机械强度。涂层的强度尤其是附着力一定要强，单一涂料达不到要求时，可用其他附着力好的涂料作底漆。

④ 被保护的基体材料与涂层的适应性。如钢铁与混凝土表面直接涂刷酸性固化剂的涂料时，钢铁、混凝土就会遭受固化剂的腐蚀。在这种情况下，应涂一层相适应的底层。又如有些底漆适用于钢铁，有些底漆适用于有色金属，使用时必须注意它们的适用范围等。

⑤ 施工条件的可能性。有些涂料需要一定的施工条件，如热固化环氧树脂涂料就必须加热固化，如条件不具备，就要采取措施或改用其他品种。

⑥ 底漆与面漆必须配套使用方能起到应有的效果，否则会损害涂层的保护性能或造成很多的涂层质量事故，以及涂料及稀释剂的损失报废。具体的配套要求可查阅有关规程或文献。

⑦ 经济上的合理性。防腐涂料使用面积大、用量多，而且需要定期修补和更新，除特殊情况之外，应选用成本低、原料来源广的品种，主要还是考虑被保护设备的价值、对生产的影响、涂层使用期限、表面处理和施工费用等。

总之，选择涂料应遵循高效、高质、低耗、节约，减少环境污染及改善劳动条件等原则。

（3）常用的防腐蚀涂料。涂料的种类很多，作为防腐蚀的涂料也有多种，下面是一些常用的防腐涂料。

① 红丹漆。红丹漆是以红丹为主要颜料的防锈底漆，对钢铁有很强防锈能力，常作为设备的底漆，但不宜作为面漆，因它质重易沉淀和老化，产生脱落现象。红丹的化学组成是 Pb_3O_4，可写成 $2PbO \cdot PbO_2$。

红丹与亚麻油配制成防锈底漆已有100多年历史，功效良好。在预处理除锈不充分（残留些铁锈）的钢表面上是最好的底漆。

红丹漆一般涂刷2~4道，要求漆膜光滑、明亮，无刷痕、流痕等现象。红丹漆中红丹粉的含量越高越好，若没有时，也可用红土粉（即铁丹或氧化铁）代替。红丹漆不能用于铝金属，因为红丹和铝能起化学反应，不仅不能使铝防锈，反而会促使铝的腐蚀。

② 银粉漆。银粉漆常用于地面设备和管道的面漆，同红丹漆配套使用，有时也用于空气干燥的地下设备和管道，它具有良好的金属光泽和防锈性能，能反射阳光的辐射热，也有利于采光。银粉漆是由高纯铝碾磨而成的铝粉、清漆和松香水按一定质量比调和而成。银粉漆一般随用随调，否则储存过久，可能会失去金属光泽。银粉漆一般涂刷 2~4 道。

③ 环氧树脂涂料。环氧树脂涂料是以环氧树脂溶于有机溶剂中，并加入填料和适当的助剂配制而成的。使用时再加入一定量的固化剂。

环氧树脂涂料具有良好的力学性能和耐蚀性能，特别是耐碱性极好，耐磨性也较好，与金属及多种非金属的附着力很好，但不耐强氧化性介质。环氧树脂涂料按成膜要求不同可分为冷固型和热固型两种，一般热固型环氧涂料耐蚀性要比冷固型环氧涂料好。

环氧树脂涂料易老化，漆膜经日光紫外线照射后易降解，所以环氧涂料不耐户外日晒，漆膜易失去光泽，然后粉化，不宜用作面漆。

④ 沥青漆。沥青漆又叫"水罗松"，是用天然沥青或人造沥青溶于有机溶剂中配制而成的胶体溶液（很多牌号的沥青漆加入了干性油和其他材料）。沥青漆的耐蚀性很好，牌号也很多，一般说来能耐酸、稀碱液、多种盐类，但不耐强氧化剂和有机溶剂，且漆膜对阳光稳定性差。沥青漆常用于潮湿环境下的设备、管道外部，防止工业大气、水及土壤的腐蚀，而一般涂料在这种条件下很容易鼓泡脱落。沥青漆的漆膜易风化破裂，反辐射热性能差，故不宜用作地面设备的涂料。含铝粉的沥青漆可提高耐候性，但在某些环境中的耐蚀性将有所降低。用石油沥青加入汽油以及桐油、亚麻仁油和定量的催干剂调制成的沥青漆，用于半水煤气柜内壁的防腐层（以红丹为底）效果很好。

⑤ 过氯乙烯漆。过氯乙烯漆是以过氯乙烯树脂溶于有机溶剂中配制而成的。它具有良好的耐大气、海水、稀硫酸、盐酸、稀碱液等许多介质的腐蚀，但不耐许多有机溶剂，不耐磨、易老化，且与金属表面附着力差。过氯乙烯漆分磁漆、清漆、底漆，应配套使用，涂覆时应按底漆—磁漆—清漆的顺序进行。为改进漆膜性能，在底漆与磁漆及磁漆与清漆之间可采用过渡层，即底漆与磁漆或磁漆与清漆按一定的比例配成的涂料。

过氯乙烯漆以喷涂为宜，也可采用涂刷。涂层的层数视腐蚀环境而定，一般以 6~10 层为宜。

⑥ 氯化橡胶漆。氯化橡胶漆是氯化橡胶与干性油、有机溶剂等配制而成的。可耐无机酸（包括稀硝酸）、碱、盐类溶液，氯、氯化氢、二氧化硫等多种气体的腐蚀。其漆膜坚硬且富有弹性，对金属的附着力好。

氯化橡胶漆具有以下优点：光泽度较高；初干较迅速；起始硬度高；耐酸性较好；价格较低。其缺点为：柔韧性较低；耐热性较差；耐紫外线性能较差，易变色及失光；含有一定的 CCl_4。

⑦ 生漆。生漆又称国漆、大漆，是采割漆树而得，在我国应用历史悠久。其耐蚀性能优越，能耐任何浓度的盐酸、稀硫酸、稀硝酸、磷酸等。在常温下能抵抗溶剂的侵蚀，耐磨性和抗水性都比较好，但不耐强氧化剂和碱的作用。生漆的耐热性也很好。

在生漆中加入填料可提高其机械强度，但也提高了黏度，给施工带来了困难，需加入稀释剂（如汽油）进行稀释。

生漆在化肥、纯碱系统中应用较多，但由于生漆毒性较大，使其应用受到了一定的限制。生漆施工必须加强劳动保护措施。此外，生漆干燥速度慢，是其缺点。

为减轻生漆的毒性及改善其某些性能，可通过与其他树脂混合进行改性，如与环氧树脂混合反应成为环氧类防腐漆；与乙烯类树脂混合反应生成漆酚乙烯类防腐漆等。

生漆经脱水缩聚用有机溶剂稀释后制成的漆酚树脂漆，既保持了生漆良好的耐蚀性能等优点，又减轻了毒性大的缺点。在化肥、氯碱等生产中曾广泛用作防腐涂层。它不耐阳光紫外线照射。这种涂料使用时必须配套，底漆、面漆、腻子均需要漆酚树脂配制。虽然毒性比生漆小得多，但施工中仍应加强劳动保护措施。

（4）重防腐涂料。满足严重苛刻的腐蚀环境，同时又能保证长期防护，重防腐涂料就是针对上述条件研制开发出的新涂料。重防腐涂料在化工大气和海洋环境里，一般可使用 10 年或 15 年以上，在酸、碱、盐等溶剂介质里并在一定温度的腐蚀条件下一般能使用 5 年以上。

① 富锌涂料。富锌涂料是一种含有大量活性填料锌粉的涂料。这种涂料一方面由于锌的电位较负，可起到牺牲阳极的阴极保护作用；另一方面在大气腐蚀下，锌粉的腐蚀产物比较稳定且可起到封闭、堵塞漆膜孔隙的作用，所以能得到较好的保护效果。以锌粉和水玻璃制而成的无机富锌涂料就是其中的一种，它的耐水、耐油、耐溶剂、耐大气性能都很好。富锌涂料用作底层涂料，结合力较差，所以这种涂料对金属表面清理要求较高。为延长其使用寿命，可采用环氧、环氧酚醛等涂料作面漆，效果良好，无机富锌涂料的耐热性也较好。

② 厚浆型耐蚀涂料。该涂料是以云母氧化铁为颜料配制的涂料，一道涂膜厚度可达 $30 \sim 50 \mu m$，涂料固体含量高、涂膜孔隙率低，刷 4 道以上总膜厚可达 $150 \sim 250 \mu m$，可用于相对苛刻的气相、液相介质。成膜物质通常选用环氧树脂、氯化橡胶、聚氨酯-丙烯酸树脂等。在工业上主要用于储罐内壁、桥梁、海洋设施等混凝土及钢结构表面。

③ 玻璃鳞片涂料。玻璃鳞片涂料是以耐蚀树脂为基础加 20% ～ 40% 的玻璃鳞片为填料涂料，其耐蚀性能主要取决于所选用的树脂，此树脂有三大类：双酚 A 型环氧树脂；聚酯树脂；乙烯基酯树脂。这些树脂以无溶剂形态使用，因此一次涂刷可得较厚涂层（$150 \sim 300 \mu m$），层间附着力好。

由于涂层破坏主要是因介质的渗透造成的，而由于大量鳞片状玻璃片在厚涂料中和基体表面以平行的方向重叠，从而延长了腐蚀介质的渗透路径，提高了涂层的机械强度、表面硬度和耐磨性；同时也减少了涂层与金属之间热膨胀系数的差值，可阻止因温度急变而引起的龟裂和剥落。

2. 橡胶覆盖层

橡胶材料在防腐技术中除可以溶剂化和胶乳化制成涂料覆盖层外，还可通过其他工艺方法做成其他形式的橡胶覆盖层，例如，衬里覆盖层、热喷涂层等。因为橡胶具有较好的耐酸、耐碱和防渗功能，被广泛用于过程装备中金属设备的衬里或作为其他衬里层的防渗层。

橡胶衬里技术已有百余年的历史，在防腐领域是一项重要的防护技术。目前用于衬里的橡胶中，天然橡胶约占 1/3，由于合成橡胶的发展，近年来采用合成橡胶板作设备衬里层，用量也越来越多。

生橡胶的品种很多（包括天然橡胶和合成橡胶），但因其强度和使用性能较差，为完善衬胶层性能，改善工艺性能和降低成本，一般要在生橡胶中添加各种配合剂，如硫化剂、硫化促进剂、硫化活化剂、补强剂、填充剂、防焦剂、防老剂、增塑剂等，然后按所需性能选取最佳配方，进行胶料加工，压制出衬里橡胶板以供衬里使用。生橡胶必须通过硫化交联才能得到有使用价值的硫化橡胶。橡胶衬里设备比不锈钢要便宜，与衬耐酸瓷板相当。

（1）橡胶衬里的材料

① 衬里橡胶种类及其特性。橡胶分天然胶和合成胶两大类。目前用于衬里的仍多系天然胶。衬里施工用的橡胶板，是由橡胶、硫黄和其他配合剂混合而成的生橡胶板。橡胶衬里就是把这种生橡胶板按一定的工艺要求衬贴在设备表面后，再经硫化而制成的保护层。

按含硫量的不同，天然橡胶板又分为硬橡胶板、半硬橡胶板和软橡胶板三类。含硫量40%以上的为硬橡胶，而含硫量3%~4%的为软橡胶，含硫量介于两者之间在20%~30%的为半硬橡胶，这三类橡胶板都发展了一系列的牌号。

合成橡胶也可以与天然橡胶混炼，如丁苯橡胶与天然橡胶混炼，但耐蚀性和物理机械性能与天然橡胶没有明显区别，用于衬里时的操作过程也完全相同。按含硫量的不同也可制成硬橡胶板、软橡胶板和半硬橡胶板。

合成橡胶如氯丁橡胶、丁苯橡胶、丁腈橡胶、丁基橡胶、聚异丁烯（衬里时用胶水粘贴，不需硫化）、氯磺化聚乙烯等均可制成橡胶板。

② 配合剂。生胶片是在原料橡胶中加入各种配合剂炼制而成的，添加配合剂是为了改善橡胶的力学性能和化学稳定性。生胶料的配合剂种类很多，作用也比较复杂，根据其作用可分为硫化剂、硫化促进剂、流化活性剂、补强剂、填充剂、防老剂、防焦剂、增塑剂、着色剂等。

硫化剂也叫交联剂，它使生橡胶由线型长链分子结构转变为大分子网状结构，即把生橡胶转化为熟橡胶，也称为硫化橡胶。熟橡胶较之生橡胶物理力学性能和耐蚀性都有一定的提高。其他配合剂也各有其不同作用，以满足对橡胶的使用性能要求。

③ 胶浆。胶浆是由胶料和溶解剂以一定的比例配制而成。胶料要求无油、无杂质，并与选用的橡胶板配套使用。胶浆配制时，先将胶料剪成小块，放入盛放已配好溶剂的胶浆桶内，立即采用机械或人工搅拌，直至胶料全部溶解，再将胶浆桶密封起来，待48h后才能贴衬使用。

常用溶剂120#溶剂汽油和三氯乙烯等有机溶剂。三氯乙烯使用时毒性较大，应采取通风、防毒等措施。

（2）橡胶衬里的选用要点

① 软橡胶、硬橡胶、半硬橡胶的若干性能比较。软橡胶板弹性好，能适应较大的温度变化和一定的冲击振动，但软橡胶的耐蚀性和抗渗性比硬橡胶差，与金属的黏结强度不如硬橡胶，单独使用软橡胶板衬里的不多。

硬橡胶的耐蚀性、耐热性、抗老化和抗气体渗透性均较好，能适应较强的腐蚀介质和较高的温度，硬橡胶板的弹性较小，当温度剧变和受冲击时有发生龟裂的可能。硬橡胶板与金属的黏结强度高，可单独使用，也常用作软橡胶衬里的底层。

半硬橡胶板的耐蚀性与硬橡胶板差不多，耐寒性超过硬橡胶板，能承受冲击，与金属的黏结强度良好。一般在温度变化不剧烈和无严重磨损的场合采用半硬橡胶板。

② 衬里结构。橡胶衬里除了不太固定的设备衬单层硬橡胶外，一般都采用衬两层橡胶板。在有磨损和温度变化时可用硬橡胶板作底层，软橡胶板作面层。在腐蚀严重同时又有磨损的情况下，可用两层半硬橡胶板。但用于气体介质或腐蚀、磨损都不严重的液体介质的管道，也可只衬一层橡胶板。用作复合衬里的防渗层时，可衬1~2层硬或半硬橡胶板，或者衬一层硬或半硬橡胶板作面层的结构。如果环境特别苛刻，两层橡胶板难以适应时，也可考虑衬三层，其结构可按具体条件选用。敞口硫化的大型设备，用热水或盐类溶液加热，一般

衬一层软橡胶板或一硬一软的三层衬里结构。以上所指的橡胶板的厚度，一般均为 2～3mm，如果采用 1.5mm 厚的橡胶板，考虑到衬里层太薄时，可适当增加层数，但一般不超过 3 层。

（3）衬里施工

① 施工程序。表面清理→胶浆配制→涂底浆→涂胶浆→铺衬橡胶板→赶气压实→检查（修补）→铺衬第二层橡胶板→检查（修补）→硫化处理→硬度检查→成品。

衬胶设备的表面要求平整、无明显凸凹处，无尖角、砂眼、缝隙等缺陷，转折处的圆角半径应不小于 5mm，表面清理也较严，铁锈、油污等必须清理干净。

设备表面清理后涂上 2～3 层生胶浆，把生橡胶片裁成所需的形状，在其与金属粘接的一面也涂上两层生胶浆，待胶浆干燥后，把生橡胶片小心地贴在金属表面上，用 70～80℃ 的烙铁把胶片压平，赶走空气，使金属与橡胶紧密结合，胶片之间采用搭接缝，宽度约为 25～30mm，也可用生胶浆粘接，并用烙铁来压平（此法即热烙冷贴法）。此外还有冷滚冷贴法、热贴法。经检查合格后进行硫化。

② 硫化。硫化就是把衬贴好橡胶板的设备用蒸汽加热，使橡胶与硫化剂（硫黄）发生反应而固化的过程。硫化后使橡胶从可塑态变成固定不可塑状态，经硫化处理的衬胶层具有良好的物理机械性能和稳定性。

硫化一般在硫化罐中进行，即将衬贴好橡胶板的工件放入硫化罐中，向罐内通蒸汽加热进行硫化。实际操作中一般根据橡胶板的品种，控制蒸汽压力和硫化时间来完成硫化过程。

3. 塑料覆盖层

目前，获取塑料覆盖层的方法除了厚板衬贴和热焊以外，还有以粉末热喷涂、流化床热浸涂、静电喷涂和内衬热轧等工艺方法做成塑料覆盖层的工艺。

塑料涂层是把有关树脂、助剂、填料等制成粉末后，附着在物体表面固化成层的。塑料涂层有如下优点：①无有机溶剂的弊端（污染、易造成火灾等）；②成膜可薄可厚（30～500μm 以上）；③可自动化施工；④形成覆盖层致密、耐久，防腐蚀性能优越。其缺点是：①工艺复杂，需要加温塑化、淬火等；②工装成本高，工件大小受限制；③不易更换品种。

如空气喷涂法，即把相关塑料粉末通过特制喷枪喷到被预热的零部件上，塑料粉末受热初步塑化后，进一步在烘烤炉中加热到全塑化后，再迅速冷却固化成层。

除了将塑料粉末喷涂在金属表面，经加热固化形成塑料涂层（喷塑法）外，也可用层压法将塑料薄膜直接黏结在金属表面形成塑料覆盖层。有机涂层金属板是近年来发展最快的，不仅能提高耐蚀性，而且可制成各种颜色、各种花纹的板材（彩色涂层钢板），用途很广。常用的塑料薄膜有：丙烯酸树脂薄膜、聚氯乙烯薄膜、聚乙烯薄膜等。

（二）无机非金属覆盖层

凡是以非金属元素氧化物或金属与非金属元素生成的氧化物为主体构成的覆盖层称为无机非金属覆盖层。由于其耐热、耐蚀和高绝缘等特点，近几年来得到广泛发展和应用。

无机非金属覆盖层的主要组成是无机氧化物（如硅酸盐、磷酸盐等），经过胶合或高温熔融烧结而成。大多数无机非金属覆盖层的性能特点如下：脆性大，冲击韧性差；导热性差，导电性差而绝缘性好；热胀系数小，耐热震性差；耐高温，抗高温氧化性好；耐蚀性好，尤其是耐电化学腐蚀；在自然条件下使用寿命很长。

1. 搪瓷涂层

搪瓷又称珐琅，是类似玻璃的物质。搪瓷涂层是将 K、Na、Ca、Al 等金属的硅酸盐，加入硼砂等熔剂，喷涂在金属表面上烧结而成。为了提高搪瓷的耐蚀性，可将其中的 SiO_2

成分适当增加(如大于60%),这样的搪瓷耐蚀性特别好,故称为耐酸搪瓷。耐酸搪瓷常用作各种化工容器衬里。它能抗高温高压下有机酸和无机酸(氢氟酸除外)的侵蚀。由于搪瓷涂层没有微孔和裂缝,所以能将钢材基体与介质完全隔开,起到防护作用。

2. 硅酸盐水泥涂层

将硅酸盐水泥浆料涂覆在大型钢管内壁,固化后形成涂层。由于它价格低廉,使用方便,且膨胀系数与钢接近,不易因温度变化而开裂,因此广泛用于水和土壤中的钢管及铸铁管线,防腐效果良好。硅酸盐水泥涂层厚度约为 0.5~2.5mm,使用寿命可达 60 年。硅酸盐水泥涂层带碱性,因此易受酸性气体机酸溶液的侵蚀,另一缺点是不耐机械冲击及热冲击。

3. 陶瓷涂层

陶瓷涂层在许多环境中具有优异的耐蚀、耐磨性能。采用热喷涂技术可以获得各种陶瓷涂层。涂层主要是氧化铝、氧化锆等耐高温氧化物,厚度为 0.3~0.5mm,工作温度可达 1000℃以上。陶瓷涂层具有耐高温、抗氧化、耐腐蚀、耐磨、耐气体冲蚀,以及良好的耐热震性和绝热、绝缘性能。主要用于喷气发动机、燃气涡轮机等高温环境。近年来采用湿化学法获得陶瓷涂层的技术获得迅速的发展,其典型是溶胶-凝胶法。在金属表面涂覆氧化物的凝胶,可以在几百度的温度下烧结成陶瓷薄膜和不同薄膜的微叠层,具有广泛的用途。

4. 砖板衬里

砖板衬里指的是用耐蚀砖板材料衬于钢铁或混凝设备内部,将腐蚀介质与被保护表面隔离开的方法。这是一种防腐性能好、工程造价高的防腐蚀技术。

砖板衬里材料以无机材料为主,常用材料包括耐酸瓷板、耐酸砖、化工陶瓷、辉绿岩板、天然石材、人造铸石、玻璃、不透性石墨板等。

所有硅酸盐耐酸材料的耐酸性能都很好,耐酸砖、板和辉绿岩板等对于硝酸、硫酸、盐酸等都可采用。然而,耐碱性则辉绿岩板要好得多,它除熔融碱外对一般碱性介质都耐腐蚀。所以,在碱性的或酸、碱交替的环境中,以采用辉绿岩板衬里为宜。但是辉绿板的热稳定性又不及耐酸瓷板,在要求有一定的热稳定性和耐蚀性的条件下,则选择耐酸瓷板为宜,而耐酸瓷板中又以耐酸耐温瓷板的热稳定性最好。当需要耐含氟的介质(如含氟磷酸等)或需要一定的传热能力的衬里层时,则要选用不透性石墨衬里。

总之,材料的选择不仅要考虑耐蚀性,还要考虑其他性能指标。除了耐酸度以外,最重要的指标为吸水率和热稳定性,要进行综合性的全面考虑后确定,并在施工前必须严格检查。

常用的胶合剂有水玻璃耐酸胶泥(一般也简称耐酸胶泥、硅质胶泥)、树脂胶泥和沥青胶泥等,其中用得最广的是水玻璃耐酸胶泥。

砖板材料衬里层的损坏,多出现在接缝处,原因很多,很重要的一条就是接缝太多。只要很少的接缝不密实,腐蚀介质就会渗进去腐蚀设备的壳体。同时,砖板材料本身以及固化后的胶合剂都是脆性材料,比较容易开裂。所以,用砖板材料衬里的主要生产设备应该有防渗层,防渗层除了在衬里层渗漏时保护壳体外,还可在器壁与砖板材料衬里层之间起到一定的热变形补偿作用,这种有防渗层的砖板材料衬里层称为复合衬里。防渗层现在已多采用衬玻璃钢、衬橡胶、衬软聚氯乙烯等,特别是玻璃钢现已广泛用作复合衬里的防渗层。

砖板材料衬里除了腐蚀性不强的介质或干燥的气体或不太重要的设备外,很少采用单层衬里,至少两层。两层的灰缝要互相错缝,以减少介质通过灰缝渗透的可能性。衬里设备的管接头结构特别重要,这些部位最易渗漏,必须采取防渗措施。衬里施工及后处理:

（1）施工工序。基底处理→衬隔离层→衬第一层砖板→衬第二层砖板→养护。

（2）基底处理。一般采用喷射除锈，除锈后要求基底表面无锈、无油污及其他杂质，并应干燥。

（3）衬隔离层。基底处理合格后，干燥条件下要在24h内涂刷底胶，潮湿条件下要在8h内涂刷底胶，隔离层的铺衬和相应底胶的涂刷应符合对应的(玻璃钢、橡胶衬里)技术操作规程。

（4）砖板衬里方法。砖板衬里施工方法有挤缝法、勾缝法、预应力法。挤缝法在耐蚀砖板胶泥砌筑中被广泛使用；勾缝法仅适用于砌筑最面层，且要求勾缝胶泥防腐级别要大于砌筑胶泥；预应力法可提高衬里层的耐蚀性，常用膨胀胶泥、加温固化等方法来实现。

（5）养生。砖板衬里施工完毕后，要进行规定方法的自然固化或加热固化处理，固化养生后即可投入使用。须经加热固化处理的砖板衬里设备，加热时，衬里表面受热应均匀，严防局部过热，严禁骤然升降温度。

（6）砖板衬里缺陷修复。砖板衬里施工过程中，可能会出现一些缺陷，应该在固化或热处理前进行修补，这时胶泥处于初凝状态(衬砌8h后左右)，强度低，采取措施比较方便。

（7）其他。衬里设备不能经受冲撞和振动，也不能局部受力，衬里以后不能再行施焊，否则会损坏衬里层，安装和使用时都必须十分小心。这些问题不仅对砖板材料衬里的设备必须注意，对于其他具有非金属覆盖层的设备如衬玻璃钢、衬塑料、衬搪瓷设备等也都是必须注意的问题。

（三）无机化学转化膜

化学转化膜是金属表层原子与介质中的阴离子反应，在金属表面生成附着性好、耐蚀性优良的薄膜。用于防蚀的化学转化膜主要有以下几种：

（1）铬酸盐转化膜。铬酸盐钝化处理常用于锌、镉、铝、镁、锡、黄铜的表面处理。将金属或镀层置于含铬酸、铬酸盐或重铬酸盐及添加剂的水溶液中处理，在金属表面形成由三价铬和六价铬的化合物组成的铬酸盐钝化膜，厚度一般为0.01~0.15mm。随厚度不同，膜的颜色可以从无色透明转变为金黄色、绿色、褐色甚至黑色。在铬酸盐钝化膜中，不溶性的三价铬化合物构成了膜的骨架，六价铬化合物则分布在膜的内部，起填充作用。当膜受到轻度损伤时，六价铬会从膜中溶入凝结水中，使露出的金属表面钝化，起到修补钝化膜的作用。铬酸盐处理大量用于镀锌钢材、铝合金及镁合金的涂装前处理。由于六价铬对人体有害，钝化处理后的废水一定要经过严格处理才能排放。从环保的角度出发，目前正在进行代替铬酸盐处理的研究。但所研究的膜层质量和成膜速率还赶不上铬酸盐钝化膜。

（2）磷化膜。磷化膜又称为磷酸盐膜，是将金属置于含磷酸和可溶性磷酸盐溶液中，通过化学反应在金属表面上生成不溶的、附着性良好的保护膜，该工艺称为磷化或磷酸盐处理。磷化液有磷酸锌、磷酸铁、磷酸锰、磷酸钙、磷酸钠及磷酸铵等。磷化工艺可分为高温（80℃以上）、中温（50~70℃）和常温（15~45℃）三种情况。施工方法有浸渍、喷淋或浸喷组合。磷化膜的厚度一船在1~15μm，实际使用中厚度多采用单位面积膜层质量表示。磷化膜多孔，耐蚀性较差，磷化后必须用重铬酸钾钝化或浸油封闭处理。

磷化在钢铁件上使用最多，由于漆膜在磷化膜上有很好的附着力，因此磷化膜常用于钢铁零件涂漆的底层。此外，磷化膜还用于冷加工润滑、减摩及绝缘等方面。磷化膜也在镁及其他有色金属表面使用，镁合金在磷化后涂漆可以大大提高其耐蚀性。

（3）钢铁的化学氧化膜。钢铁的化学氧化是采用化学方法，在钢铁制品表面上生成一层保护性氧化膜，表面呈蓝黑色或深黑色，故又称为发蓝或发黑。其方法有碱性发蓝和酸性发蓝。碱性发蓝用得较多，方法是将钢铁制品浸入到含氧化剂（$NaNO_2$或$NaNO_3$）的氢氧化钠溶液中，在约140℃下进行处理，得到$0.6\sim0.8\mu m$厚的氧化膜。由于膜层薄，故对零件尺寸和精度无明显影响。

钢铁的化学氧化膜的耐蚀性较差，需要浸肥皂液、浸油或浸重铬酸钾溶液处理后，才有较好的耐蚀性和较好的润滑性。

钢铁的氧化处理广泛用于机械零件、电子设备、精密光学仪器、弹簧和兵器的防护与装饰。由于碱性发蓝在高温下进行，操作条件差，因此，近年来低温氧化工艺开发受到重视。

（4）阳极氧化。阳极氧化是将零件作为阳极放入特定的电解质溶液中，使表面形成具有保护性氧化膜的表面处理方法。它通常用于有色金属，除常见的铝合金阳极氧化外，镁合金、钛合金也常常采用此种方法进行表面防护和装饰。

铝在空气中自然氧化的膜厚为$3\sim5nm$，有一定的保护作用，但不能完全满足使用要求。铝及铝合金在硫酸、铬酸、草酸或混合酸中阳极氧化处理后，可得到几十至几百微米厚的多孔化膜，经在沸水或重铬酸钾等介质中封闭处理，膜层具有很好的耐蚀性、耐磨性和绝缘性，和基体结合得非常牢固。在未封闭前，还可利用氧化膜多孔的特点，给阳极氧化膜染上各种颜色作表面装饰用。采用特殊的工艺，还能使铝及铝合金表面生成一层具有瓷质感的氧化膜，有很好的防护及装饰效果。铝的阳极氧化技术在航空航天、汽车制造、民用工业上都得到了广泛的应用、镁及镁合金在自然条件下形成的氧化膜远不如铝合金的自然氧化膜的保护性好，但可以通过阳极氧化形成耐蚀性较好的氧化膜。镁合金阳极氧化可以在酸性和碱性介质中进行，氧化条件不同，氧化膜可以呈不同的结构和颜色。随着镁合金在汽车、通信、计算机和声像领域的应用，镁合金阳极氧化技术得到了较快发展。阳极氧化也是提高钛合金耐磨和抗蚀性能的一种方法，在航空航天领域有较广泛的应用。

第三节　电化学保护

电化学保护方法，就是根据电化学原理，在金属设备或设施上施加一定保护电流或保护电位，从而防止或减轻金属腐蚀的一种防腐技术。按照电位改变的方向不同，电化学保护技术分为阴极保护技术和阳极保护技术两种。将金属电位向正值移动到致钝电位以上使金属钝化的技术称为阳极保护。这种方法特别适合强腐蚀环境的金属防腐，我国硫酸工业中已有应用。阴极保护是将金属电位向负值移动到其腐蚀电池的阳极平衡电位以下，此技术目前成为埋地金属构件的标准做法。近年来，阴极保护在石油地面储罐、海洋金属构件，甚至在钢筋混凝土桥梁等领域的应用也日益增多。

一、阴极保护

一般根据阴极电流的来源方式不同，阴极保护技术可分为牺牲阳极阴极保护和外加电流阴极保护。牺牲阳极阴极保护就是将被保护的金属连接一种比其电位更负的活泼金属或合金，依靠活泼金属或合金的优先溶解（即牺牲）所释放出的阴极电流使被保护的金属腐蚀速率减小的方法。外加电流阴极保护则是将被保护的金属与外加直流电源的负极相连，由外部的直流电源提供阴极保护电流，使金属电位变负，从而使被保护的金属腐蚀速率减小的方法。表5-4是牺牲阳极保护和外加电流阴极保护的比较。

表 5-4　牺牲阳极保护和外加电流阴极保护的比较

牺牲阳极保护	外加电流阴极保护
不需外加直流电源	需要外加直流电源
驱动电压低，保护电流小且不可调节	驱动电压高，保护电流达且灵活调节
阴极消耗大，需定期更换	阴极消耗小，寿命长
与外界无相互干扰	易与外界相互干扰
系统可靠	在恶劣环境中系统易受损
管理简单	管理维修复杂
施工技术简单	安装施工复杂

（一）阴极保护的原理

阴极保护原理可用图5-1所示的极化图加以说明。以外加电流阴极保护为例，暂不考虑腐蚀电池的回路电阻，则在未通电流保护以前，腐蚀原电池的的自然腐蚀电位为 E_C，相应的最大腐蚀电流为 I_C。通上外加电流后，由电解质流入阴极的电流量增加，由于阴极的进一步极化，其电位将降低。如流入阴极电流为 I_D，则其电位降至 E_D，此时由原来的阳极流出的腐蚀电流将由 I_C 降至 I'。I_D 与 I' 的差值就是由辅助阳极流出的外加电流量。为了使金属构筑物得到完全的保护，即没有腐蚀电流从其上流出，就需进一步将阴极极化到使总电位降至阳极的初始电位 $E_{e,A}$，此时外加的保护电流为 I_P。从图上可以看出，要达到完全的保护，外加的保护电流要比原来的腐蚀电流大得多。

显然，腐蚀电池的控制因素决定了保护电流 I_P 与最大腐蚀电流 I_C 的差值。受阴极极化控制时，两者的差值要比受阳极极化时小得多。因此，采用阴极保护的经济效果较好。

（二）阴极保护的基本参数

（1）最小保护电位。如图5-1所示，阴极保护时，使金属构件达到完全保护（或腐蚀过程停止）时的电位值等于腐蚀微电池阳极的平衡电位 $E_{e,A}$。常用这个参数来判断阴极保护是否充分。但实际应用时，未必一定要达到完全保护状态，一般容许在保护后有一定的腐蚀，即要注意保护电位不可太负，否则可能产生"过保护"，即达到析氢电位而析氢，引起金属的氢脆。

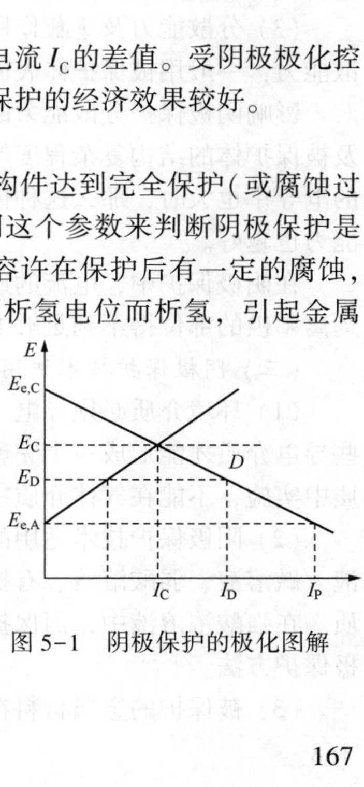

表5-5列出了几种金属在海水和土壤中进行阴极保护时采用的保护电位值。对于未知最小保护电位的腐蚀体系中的金属，在采用阴极保护时，其保护电位可以采用比其自然腐蚀电位负一定值的方法确定。例如，钢铁在含氧条件下电位负移 $200 \sim 300 \mathrm{mV}$；钢铁在不含氧及有硫酸盐还原菌条件下电位负移 $400 \mathrm{mV}$；铅电位负移 $100 \sim 250 \mathrm{mV}$；铝在海水或土壤中电位负移 $100 \sim 200 \mathrm{mV}$；铜电位负移 $100 \sim 200 \mathrm{mV}$。

图 5-1　阴极保护的极化图解

表 5-5　一些金属的保护电位　　　　　　　　　　　　　　　　V

金属与合金		参比电极			
		铜/硫酸铜	银/氯化银/海水	银/氯化银/饱和氯化钾	锌/洁净海水
铁与钢	a. 含氧环境	−0.85	−0.85	−0.75	+0.25
	b. 缺氧环境	−0.95	−0.90	−0.85	+0.15
铅		−0.60	−0.55	−0.50	+0.50
铜基合金		−0.50~−0.65	−0.45~−0.60	−0.40~−0.55	−0.60~+0.45
铝	a. 正的极限值	−0.95	−0.90	−0.85	+0.15
	b. 负的极限值	−1.20	−1.15	−1.10	−0.10

注：1. 全部电位值均以 0.05V 为单位进行舍入，对于以海水为电解液的电极，只有当海水洁净、未稀释、充气时数据才有效。

2. 铝的保护电位可供参考。阴极保护电位不能太负，否则遭受腐蚀。保护管线时，可将铝/电解质的电位比其自然电位负 0.15V。

（2）最小保护电流密度。对金属构筑物施行阴极保护时，为达到规定保护电位所需施加的阴极极化电流称为保护电流。相对金属构筑物总表面积的单位面积上保护电流量称为保护电流密度。为达到最小保护电位所需施加的阴极极化电流密度称为最小保护电流密度。它和最小保护电位相对应，要使金属达到最小保护电位所需的保护电流密度不能小于此值。最小保护电流密度是阴极保护系统设计的重要依据之一。

最小保护电流密度的大小主要与被保护体金属的种类及状态（有无覆盖层及其类型、质量）、腐蚀介质及其条件（组成、浓度、pH 值、温度、通气情况）等因素有关。这些影响因素可能会使最小保护电流密度由每平方米几毫安变化到几百个毫安。特别是在石油、化工生产中，介质的温度和流动状态很复杂，在对设备进行阴极保护时，最小保护电流密度的确定必须要考虑温度、流速及搅拌的影响。

（3）分散能力及遮蔽作用。电化学保护中，电流在被保护体表面均匀分布的能力称为分散能力，一般用被保护体表面电位分布的均匀性来反映。

影响阴极保护分散能力的因素很多，诸如金属材料自身的阴极极化性能，介质的导电率及被保护体的结构复杂程度等。如果被保护体金属材料在介质中的阴极极化率大，而且介质的电导率也大时，那么这种体系的分散能力强。显而易见，被保护体的结构越简单，其分散能力也越好。

在阴极保护中，电流的遮蔽作用十分强烈，在靠近阳极的部位，优先得到保护电流，而远离阳极的部位得不到足够的保护电流，当被保护体的结构越复杂，这种遮蔽作用越明显。

（三）阴极保护技术适用条件

（1）环境介质必须导电。环境介质是构成阴极保护系统的一部分，保护电流必须通过这些导电介质才能形成一个完整的电回路。因此，阴极保护可在土壤、海水、酸碱盐溶液等介质中实施，不能在气体介质中实施。气液界面、干湿交替部位的保护效果不好。

（2）阴极保护技术适用的介质腐蚀性不应太强，常见的有土壤、海水、淡水、中性盐溶液、碱溶液、弱酸溶液、有机酸等腐蚀性较弱的电解质溶液，应用最广泛的是土壤和海水介质。在强酸浓溶液中，因保护电流消耗太大（最小保护电流密度太大），一般也不宜使用阴极保护方法。

（3）被保护的金属材料在所处介质中应易于发生阴极极化，即：通以较小的阴极电流就可以使其电位较大地负移，否则采用阴极保护时消耗的电流大。常用的金属材料(如碳钢、铸铁、铅、铜及其合金等)都可采用阴极保护。

（4）具有钝化膜且钝化膜能显著影响腐蚀速率的金属设备不易采用阴极保护，否则，阴极极化会造成钝化膜破坏，使金属的腐蚀速率增加。

（5）被保护金属结构的几何形状不能过于复杂，否则保护电流分布不均，容易出现某些部位保护不足，而某些部位过保护的现象。

（6）对于具有氢脆敏感性的金属材料，不易采用阴极保护，因为在保护过程中的析氢反应可能造成氢脆问题。

（7）应将保护系统和周围介质绝缘，包括绝缘涂层或法兰，以避免保护电流无谓流失。

（四）阴极保护系统

1. 外加电流阴极保护系统

外加电流阴极保护系统主要由被保护金属结构物(阴极)、辅助阳极、参比电极和直流电源及其附件(测试桩、阳极屏、电缆、绝缘装置等)组成。

（1）辅助阳极。辅助阳极与外加直流电源的正极相连接，其作用是使外加电流从阳极经介质流到被保护结构的表面上，再通过与被保护体连接的电缆回到直流电源的负极，构成电的回路，实现阴极保护。

对外加电流阴极保护系统的辅助阳极有以下基本要求：

① 具有良好的导电性能；

② 阴极极化率小，能通过较大的电流量；

③ 化学稳定性好，耐腐蚀，消耗率低，自溶解量少，寿命长；

④ 具有一定的机械强度，耐磨损、耐冲击和震动，可靠性高；

⑤ 加工性能好，易于制成各种形状；

⑥ 材料来源广泛易得，价格低廉。

辅助阳极材料品种很多，按其溶解性分为：

① 可溶性阳极，主要有钢铁和铝，其主导地位的阳极反应是金属的活性溶解 $M \longrightarrow M^{n+}+ne$；

② 微溶性阳极，如铅银合金、硅铸铁、石墨、磁性氧化铁等，其主要特性是阳极溶解速度慢、消耗率低、寿命长；

③ 不溶性阳极，如铂、镀铂钛、镀铂钽、铂合金等，这类阳极工作时本身几乎不溶解。此外，还有最近开发研制的导电性聚合物柔性阳极，尚未分类。

表 5-6 列出了常用辅助阳极材料的性能，供参考。

表 5-6　外加电流阴极保护用辅助阳极性能

阳极材料	工作电流密度/(A/m²)	消耗率/[kg/(A·a)]	适用介质
钢铁	0.1~0.9	6.8~9.1	水，土壤，化工介质
铸铁	0.1~0.9	0.9~9.1	水，土壤，化工介质
铝	0.1~10	<3.6	海水，化工介质
石墨(浸渍)	1~32(10~40)	<0.9(0.1~0.5)	水，土壤，化工介质
13%Si 铸铁	1~11	<0.5	水，土壤，化工介质
Fe-14.5%Si-4.5%Cr	10~40	0.2~0.5	水，土壤，化工介质

阳极材料	工作电流密度/(A/m²)	消耗率/[kg/(A·a)]	适用介质
Fe_3O_4	$10\sim100$	<0.1	水，土壤，化工介质
Pb-6%Sb-1%Ag	$160\sim220$	$0.05\sim0.1$	海水，化工介质
Pb-Ag(1%~2%)	$32\sim65$	轻微	海水，化工介质
镀铂钛	$110\sim1100(500\sim1000)$	极微(6×10^{-8})	海水，化工介质
镀钌钛	>1100	极微	海水，化工介质
铂	$550\sim3250(1000\sim5000)$	极微(6×10^{-5})	水，化工介质

注：括号内数据为海水中使用的典型数值。

（2）参比电极。电化学保护系统中，参比电极用来测量被保护体的电位，并将其控制在给定的保护电位范围之内。

对参比电极的基本要求是：

① 电位稳定，即当介质的浓度、温度等条件变化时，其电极电位应基本保持稳定；

② 不易极化，重现性好；

③ 具有一定的机械强度，适应使用环境；

④ 制作容易，安装和维护方便，并且使用寿命长。

阴极保护常用的参比电极的性能及适用范围列于表 5-7 中。

表 5-7　阴极保护用参比电极的电位及适用介质

电极名称	构成	电位(SHE，25℃)/V	温度系数	适用介质
甘汞电极	$Hg/Hg_2Cl_2/KCl(0.1mol/L)$	$+0.334$	-0.7×10^{-4}	化工介质
	$Hg/Hg_2Cl_2/KCl(0.1mol/L)$	$+0.280$	-2.4×10^{-4}	化工介质
	$Hg/Hg_2Cl_2/KCl(饱和)$	$+0.242$	-7.4×10^{-4}	化工介质、水、土壤
	$Hg/Hg_2Cl_2/海水$	$+0.296$	—	海水
氯化银电极	$Ag/AgCl/KCl(0.1mol/L)$	$+0.288$	-6.5×10^{-4}	化工介质
	$Ag/AgCl/KCl(饱和)$	$+0.196$	—	土壤、水、化工介质
	$Ag/AgCl/海水$	$+0.250$	—	海水
氯化汞电极	$Hg/Hg^{2+}/NaOH(0.1mol/L)$	$+0.17$	—	稀碱溶液
	$Hg/Hg^{2+}/NaOH(35\%)$	$+0.05$	—	浓碱溶液
硫酸铜电极	$Cu/CuSO_4(饱和)$	$+0.315$	-0.94×10^{-4}	土壤、水、化工介质
锌电极	Zn/盐水	-0.79(用 Hg 活化)	—	海水，盐水
		-0.77 ± 0.01	—	
	Zn/土壤	-0.80 ± 0.1	—	土壤

（3）直流电源。在外加电流阴极保护系统中，需用有一个稳定的直流电源，能保证稳定持久的供电。

对直流电源的基本要求是：

① 能长时间稳定、可靠地工作；

② 保证有足够大的输出电流，并可在较大范围内调节；

③ 有足够的输出电压，以克服系统中的电阻；

④ 安装容易、操作简便，无需经常检修。

可用来作直流电源的装置类型很多，主要有：整流器、恒电位仪、恒电流仪、磁饱和稳压器、大容量蓄电池组以及直流发电设备，如热电发生器（TEG）、密封循环蒸汽发电机（CCVT）、风力发电机和太阳能电池方阵。其中以整流器和恒电位仪应用最为广泛。太阳能电池方阵是一种新型的直流电源，在近几年得到了开发应用。风力发电机是随机性较强的电源，需要增加调频、稳压等系统，不过在有条件地区使用是十分经济的。

（4）附属装置。在外加电流阴极保护系统中也是不可少的。

① 阳极屏蔽层。外加电流阴极保护系统工作时，某些体系或被保护体面积较大的时候，辅助阳极可能需要以较高的电流密度运行，结果在阳极周围被保护体表面的电位变得很负，以致析出氢气，并使附近的涂层损坏，降低了保护效果。特别是在分散能力不好的情况下，为了使电流能够分布到离阳极较远的部位，往往需要在阳极周围一定面积范围内设置或涂覆屏蔽层，称为阳极屏蔽层。

目前使用的阳极屏蔽材料有如下三类：

a. 涂层。环氧沥青和聚酰胺系涂料、氯丁橡胶和玻璃钢涂料等。使用时可将涂料直接涂在被保护结构的表面上。

b. 薄板。常用聚氯乙烯、聚乙烯等薄板。使用时用螺钉将薄板固定在被保护结构上，用密封胶将安装孔密封。

c. 覆盖绝缘层的金属板。先在金属薄板上涂覆绝缘涂层，固化后再将板焊接在被保护结构上。

阳极屏蔽层的形状一般取决于阳极的形状。阳极屏的尺寸与阳极最大电流量及所用涂料种类有关，通常以确保阳极屏蔽层边缘被保护结构的电位不超过析氢电位为原则。

② 电缆。外加电流阴极保护系统中，被保护体、辅助阳极、参比电极与直流电源是通过电缆相互连接的。采用的电缆有输电电缆和电位信号电缆。

输电电缆可采用铜芯或铝芯电缆，为了减小线路上的压降，大多采用铜芯电缆。根据现场实际情况，电缆可采用架空或者埋地敷设方式，与其相应。要求电缆应具有耐化工大气的性能或具有防水、防海水渗透及耐其他介质腐蚀的性能，并且具有一定的强度。

③ 测试桩。主要用于阴极保护参数的检测，是管道维护管理中必不可少的装置，按测试功能沿线布设。测试桩可用于管道电位、电流、绝缘性的测试，也可用于覆盖层检漏及交直流干扰的测试。

2. 牺牲阳极阴极保护系统

牺牲阳极阴极保护系统仅需简单地把被保护体（阴极）和比它更活泼的金属（牺牲阳极）进行电气连接，主要由被保护金属结构物（阴极）、牺牲阳极、参比电极及测试桩、电缆等组成。

此系统中最重要的元件是牺牲阳极材料，它决定了对被保护金属实施阴极保护的驱动电压、阳极的发生电流量，从而决定了被保护金属的阴极保护电位和阴极保护有效程度。

作为阴极保护用的牺牲阳极材料（金属或合金）需满足以下要求。

① 在电解质中要有足够负的稳定电位（应比被保护体表面上最活泼的微阳极的电位 E_a 还要负），才能保证优先溶解。但也不宜过负，否则阴极上会析氢并导致氢脆。

② 工作中阳极极化性能小，且使用过程中电位稳定，输出电流稳定。牺牲阳极在工作中，驱动电压是逐渐减小的，阳极极化性小，才能使驱动电压减小趋势降低，而有利于保护电流的输出。

③ 具有较大的理论电容量和较高的电流效率。牺牲阳极的理论电容量是根据库仑定律计算的。单位质量的金属阳极产生的电量愈多，就愈经济。

④ 牺牲阳极在工作时呈均匀的活化溶解，表面上不沉积难溶的腐蚀产物，使阳极能够长期持续稳定地工作。

⑤ 材料来源广泛，容易加工制作且价格低廉。

适用于上述要求的牺牲阳极材料主要有镁及其合金、锌及其合金、铝合金。镁合金阳极适用于地下及淡水中的输油、输气、供排水管线等阴极保护防腐；铝合金阳极适用于海水介质中的船舶、机械设备、储罐内壁、海底管道、码头钢桩等设施的阴极保护；锌合金牺牲阳极主要用于淡海水介质中的船舶、海洋工程、海港设施以及低电阻率土壤中的管道等金属设施的阴极保护。

有些时候锰合金、钢铁也可作为牺牲阳极材料，如铁可作铜的牺牲阳极，碳钢可保护海水中不锈钢和铜镍合金免遭缝隙腐蚀。

阴极保护主要用在水和土壤中的金属结构上，除可以用来防止电化学均匀腐蚀外，对孔蚀、应力腐蚀、缝隙腐蚀及晶间腐蚀等局部腐蚀也有很好的防护作用。

二、阳极保护

（一）阳极保护的原理和特点

1. 原理

利用可钝化体系的金属阳极钝化性能，向金属通以足够大的阳极电流，使其表面形成具有很高耐蚀性的钝化膜，并用一定的电流维持钝化，利用生成的钝化膜来防止金属的腐蚀。如图 5-2 所示。

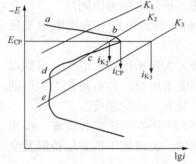

图 5-2　阳极保护原理示意图

若某种活性-钝性金属在一定介质中（如第二种情况，金属可能处于活化态 b 点，也可能处于钝化态 d 点），此时可利用外部直流电源提供阳极电流，当达到临界电流密度 i_{CP} 时（对应的电位是临界电位 E_{CP}），金属发生从活化状态到钝化状态的转变，随后当电位继续升高时金属进入钝化状态，并用一定的电流维持钝化，金属的溶解速度会降至很低的值，并且在一定电位范围内基本保持这样一个溶解速度很低的值，此时对应的电流密度为维钝电流密度 i_p。这种钝化叫做阳极钝化或电化学钝化。

2. 特点

根据阳极电流的来源方式不同，阳极保护技术可以分为原电池法和外电源法两种。原电池法由于输出电流较小，局限性大，工业应用很少。

外电源法阳极保护是利用外部直流电源，将正极与被保护的金属构件连接，负极与辅助阴极相连，依靠外部的直流电源提供所需的阳极电流使金属构件发生阳极极化，使其建立并维持稳定的钝态，从而使金属构件得到保护。

外电源法所需用的直流电源设备，诸如整流器、恒电位仪等性能稳定、安全可靠，容量规格很多，可满足大多数体系的需要，故使用最为广泛。

（二）阳极保护的基本参数

阳极保护的关键是使被保护金属建立和维持钝态。最主要的保护参数如下。

1. 临界电流密度(或致钝电流密度)i_{CP}

临界电流密度 i_{CP} 是指在外加电流阳极极化曲线上与活化-钝化转变的"鼻尖子"所对应的电流密度，也是金属在给定环境条件下发生钝化的所需最小电流密度。临界电流密度越小越好。

① 临界电流密度小的体系，金属较易钝化，临界电流密度大的体系，则致钝困难。

② 临界电流密度越小，表示使金属钝化所需的电量就越小，可选用小容量的电源设备。

③ 临界电流密度越小，表示金属在建立钝化过程中的阳极溶解(电解腐蚀)就越小。

影响临界电流密度的因素除金属材料和介质条件(成分、浓度、温度、pH 值等)外，还与钝化时间有关。一般，如果使介质温度降低可使 i_{CP} 减小，如果在介质中添加适当的氧化剂也可使 i_{CP} 减小。

在应用阳极保护时，应当合理选择临界电流密度 i_{CP}，既要考虑减少电流设备的容量，又要考虑在建立钝化时不使金属受到太大的电解腐蚀。

2. 维钝电流密度 i_P

其是使金属在给定环境条件下维持钝态所需的电流密度。维钝电流密度越小越好。

① 维钝电流密度的大小，反映出阳极保护正常操作时耗用电流的大小。i_P 小的体系，电能消耗小，电源容量可减小。

② i_P 也代表处于阳极保护下的金属腐蚀电流密度，直接反映出保护的效果。i_P 小的体系，钝化后腐蚀速率小，保护效果好。

影响维钝电流密度的因素除金属材料和介质条件(成分、浓度、温度、pH 值等)外，也决定于维钝时间。在维钝过程中，维钝电流密度随着时间的延长而逐渐减小，最后趋于稳定。有的体系稳定很快，有的体系要经过较长的时间才能稳定。

3. 稳定钝化区的电位范围

这个参数是指钝化过渡区与过钝化区之间的电位范围，直接表示阳极保护电位的控制指标。它的范围宽度可以表示出维持钝化的难易程度，并可体现阳极保护的安全性和可靠性。超出此范围，被保护的金属都将快速溶解。

稳定钝化区电位范围的宽窄是电源控制装置选择的重要依据。阳极保护时希望稳定钝化区的电位范围越宽越好。

① 稳定钝化区电位范围越宽，表示能允许电位在较大的数值范围内波动，而不致发生进入活化区或过钝化区的危险，保护的可靠性就越高。

② 稳定钝化区电位范围越宽，表示对电位控制装置的控制精度要求、对参比电极的稳定性要求，以及对介质工艺条件稳定性要求都可以放宽，而且保护体系对形状复杂的设备的适应能力可以得到加强，故这种体系最适宜采用阳极保护技术。

对于稳定钝化区电位宽的体系，有的情况下可以不必进行恒电位控制，只需采用普通的蓄电池或整流器直流电源，就可获得良好的保护效果。

通常为了便于控制电位，稳定钝化区电位范围宽度的要求为不小于 50mV。这个要求不仅考虑到对电源电位控制精度的要求，而且考虑到了参比电极的选择难度。

影响稳定钝化区电位范围的主要因素是金属材料和介质条件。

4. 分散能力

阳极保护中分散能力是指阳极电流均匀分布到设备各个部位的能力，可以采用设备表面各部位电位的均匀性来表示。分散能力的好坏关系到保护系统中所需辅助阴极的结构、数量、布置等问题，是辅助阴极设计的重要参数。如果阴极布置不当，将会造成被保护体局部不能钝化，而产生严重的电解腐蚀，而无法实现阳极保护的目的。

影响分散能力的因素十分复杂。对于大多数体系来讲，若被保护体结构简单，表面平坦，电流屏蔽作用小；阳极（金属）的极化率大或表面电阻高（如钝化后或有涂层），分散能力就好；腐蚀介质电导率高，分散能力相应较强；介质温度的影响则较为复杂，当温度升高时，溶液的电导率增加应当有利于分散能力的改善，但升温还会使大多数体系的 i_{CP} 和 i_p 增大，综合作用的结果却使分散能力下降；对流动介质，当流速低时，顺着液流方向有利于分散能力的改善，但若流速较大或有搅拌，则常使 i_{CP} 和 i_p 增大。从而不利于分散能力的提高。

一般来讲，阳极保护时的分散能力比阴极保护时的要好，这是因为：阳极保护大多用于导电良好的强电解质溶液中，溶液的电导率高；还因为阳极保护时的 i_p 常常比阴极保护时保护电流密度小；且阳极保护时金属表面形成的钝化膜使表面的阻抗大为增强。

在实际应用中，对于阳极保护而言，分散能力的好坏更为重要。这是因为对于给定的阴极保护体系，有阴极电流就有保护，只是保护度大小问题；而对于给定的体系阳极保护时，如果电流分散能力不好，如前所述，被保护体有些部位得不到足够的阳极电流，不仅不能完全钝化，甚至还可能发生电解腐蚀。因此，分散能力在阳极保护技术应用中是一个十分重要的参数。

阳极保护时，体系的分散能力致钝阶段要比维钝阶段差许多，故在设计辅助阴极时只需考虑能够使整个设备建立钝化即可，只要能建立钝化，其分散能力就可满足维钝时的需要。

（三）阳极保护技术的适用条件

阳极保护不仅可以防止均匀腐蚀，而且还可以防止孔蚀、晶间腐蚀、应力腐蚀破裂及选择性腐蚀等局部腐蚀，是一种经济有效的腐蚀控制措施，可使金属材料的腐蚀率降低 $1\sim3$ 个数量级，但它在应用上有一定的局限性。

① 阳极保护仅适用于活性-钝性金属。在某种电介质溶液中，通过一定阳极电流能够引起钝化的金属，原则上都可以采用阳极保护技术来防止腐蚀。例如，石油化工和冶炼生产设备中的碳钢、不锈钢、钛等材料在液体肥料、硫酸、磷酸、铬酸、有机酸及碱液等介质中可以应用阳极保护技术。对不能钝化的金属如果增高电位，反而会使腐蚀显著加速。

② 阳极保护不适用于气相保护，只能保护液相中的金属设备，而且要求介质必须与被保护的构件连续接触，液面尽量稳定；介质中卤素离子（特别是 Cl）含量必须很小，若超过一定的限量时，则不能采用；导电性差的介质难以达到保护目的；在引起溶液电解或副反应激烈的介质中也不宜采用。

③有些体系，虽然能够钝化，但维钝电流太大，或虽然维钝电流不大，但钝化电位范围太窄，以致失去实用价值。因此要求 i_{CP} 和 i_p 这两个参数要小，钝化区电位范围不能过窄。

（四）阳极保护系统

外电源法阳极保护系统由被保护体（阳极）、辅助电极（阴极）、参比电极、直流电源及连接电缆、电线（输电电缆、信号导线）共五部分组成。

1. 辅助阴极

辅助阴极连接在直流电源的负极，其作用是与电源、被保护设备（阳极）、设备内的电解液一起构成一个完整的电回路。这样电流就可以在回路中流通，达到被保护的设备的金属表面上，实现阳极保护。

174

阳极保护所用的辅助阴极材料有很多种，辅助阴极材料或者应具有良好的电化学稳定性，或者易于阴极极化，能够获得阴极保护而使耐蚀性得到提高(表5-8)。

表5-8　现场常用的阴极材料

介质	辅助阴极
浓硫酸、发烟硫酸	铂，包铂黄铜，金，钽，硅铸铁，哈氏合金B、C，铬镍不锈钢，铬镍钼不锈钢，K合金
稀硫酸	银，铝青铜，铜，铅，石墨，高硅铸铁，钛镀铂
碱	碳钢，镍，铬镍不锈钢
氨及氮肥溶液	碳钢，铝，铬镍钢，高铬钢，铬镍不锈钢，哈氏合金C
盐溶液	碳钢，铝，铬镍不锈钢，哈氏合金

阴极结构的设计及安装，要使阴极具有足够的强度和刚度，与阳极保持一定距离并尽量分布均匀，从设备引出时要有优良的绝缘与密封性能。

2. 参比电极

阳极保护的控制与保护效果的判定主要根据被保护设备的电位值，而电位值的测量就是通过参比电极获取的。在阳极保护系统中，目前使用的参比电极主要是金属/难溶盐电极、金属/氧化物电极和金属电极等，见表5-9。对阳极保护系统中参比电极的要求是：

① 牢固可靠；

② 在腐蚀性介质中不易溶解；

③ 其电位能保持稳定。

表5-9　阳极保护系统中所用的参比电极

电极	适用环境	电极	适用环境
甘汞电极	各种浓度的硫酸，纸浆蒸煮釜	Pt(铂)电极	硫酸
Ag/AgCl	新鲜硫酸或废硫酸，尿素硝酸铵，磺化车间	Bi(铋)电极	氨溶液
Hg/HgSO$_4$	硫酸，羟胺硫酸盐	316L不锈钢电极	氮肥溶液
Pt/PtO	硫酸	Ni电极	氮肥溶液，镀镍溶液
Au/AuO	酒精溶液	Si电极	氮肥溶液
Mo/MoO$_4$	纸浆蒸煮釜，绿液或黑液	Pb电极	碳化塔

3. 直流电源

在阳极保护中，电源的作用是为设备提供阳极保护电流，用于致钝和维钝。原则上，只要容量足够，任何形式的直流电源均可选用，但实际上采用较多的是可调式的整流器或恒电位仪。一般情况下，直流电源要求输出电压为6~8V，输出电流为50~3000A。大容量者输出电压可增至12V。

4. 连接电缆、电线

连接电缆从直流电源的正、负极分别接至阳极和阴极，并安设开关，分别称作阳极电缆和阴极电缆。

设计阴、阳极电缆时，需考虑致钝时的载流量、电缆压降和现场环境的腐蚀等因素。

阳极保护是一门较新的防腐蚀技术。我国阳极保护技术的研究始于1961年，在阳极保护技术的应用研究方面取得了不少进展。20世纪60年代，对碳酸氢铵生产系统中的碳化塔设备进行了阳极保护技术的研究与工业应用，达到了世界先进水平。随后，研究成功300℃高温碳钢制三氧化硫发生器的恒电位法阳极保护技术和循环极化法阳极保护技术。1984年，我国自行研制的阳极保护管壳式不锈钢浓硫酸冷却器在现场中间实验成功，1987 年投入市场。

近年来，我国自行研制成功硫酸铝蒸发器钛制加热排管阳极保护技术，不仅使均匀腐蚀速率大为降低，而且完全控制了氢脆的发生，并提高了传热效率。

第四节　缓蚀剂保护

从防腐蚀机理上看，防腐方法之一就是对环境(或腐蚀)介质进行处理。介质处理主要是通过减少或除去其中的有害成分，降低介质对金属的腐蚀作用，或加入缓蚀剂抑制金属的腐蚀。

一、缓蚀剂的定义及技术特点

1. 缓蚀剂的定义

以适当的浓度和形式存在于环境(介质)中，可以防止或减缓金属材料腐蚀的化学物质或复合物质称为缓蚀剂或腐蚀抑制剂。这种保护金属的方法通称为缓蚀剂保护。但要注意，那些仅能阻止金属的质量损失，而不能保证金属原有物理机械性能的物质是不能称为缓蚀剂的。例如，吡啶在用量极其微小时都可降低碳钢在硫酸中的溶解速度，但它们却促进钢的氢脆，降低钢的强度；硫脲也明显降低钢和铁在硫酸、盐酸和硝酸中的溶解速度，同样也促进钢的氢脆，因此不属于钢在这些介质中的缓蚀剂。

缓蚀剂的用量较少，一般为百万分之几到千分之几，个别情况下用量可达 1%~2%。

缓蚀剂主要用于那些腐蚀程度属中等或较轻系统的长期保护(如用于水溶液、大气及酸性气体系统)，以及对某些强腐蚀介质的短期保护(如化学清洗介质)，而对某些特定的强腐蚀介质环境可能要通过选材和缓蚀剂相互配合，才能保证生产设备的长期安全运行。

缓蚀剂保护作为一种防腐蚀技术，近年来发展迅速，被保护金属由单一的钢铁扩大到有色金属及其合金，应用范围由当初的钢铁酸洗扩大到石油的开采、储运、炼制；化工装置、化学清洗、工业循环冷却水、城市用水、锅炉给水处理以及防锈油、切削液、防冻液、防锈包装、防锈涂料等。

2. 缓蚀剂保护的技术特点

由于缓蚀剂是直接投加到腐蚀系统中去的，因此采用缓蚀剂保护防止腐蚀和其他防腐蚀手段相比，有如下明显优点：

① 设备简单、使用方便。

② 投资少、见效快。可基本不增加设备投资、不改变腐蚀环境，就可获得良好的防腐蚀效果。

③ 保护效果高和能保护整个系统设备。缓蚀剂的效果不受被保护设备形状的影响。

④ 对于腐蚀环境的改变，可以通过相应改变缓蚀剂的种类或浓度来保证防腐蚀效果。

采用缓蚀剂后由于对金属的缓蚀效果突出，常常可使用廉价的金属材料来代替价格昂贵的耐蚀金属材料，如石油炼制过程中存在着 $HCl-H_2S-CO_2-H_2O$ 系统的腐蚀，若采用高效缓蚀剂，整个炼制系统设备就可用碳钢制造，而使用寿命同样可以足够长。

但是，缓蚀剂的应用也有一定的局限性：

① 缓蚀剂的应用条件具有高度的选择性和针对性，如对某种介质和金属具有较好效果的缓释剂，对另一种介质或金属就不一定有效，甚至有害。有时同一介质但操作条件(如温

176

度、浓度、流速等)改变时，所使用的缓蚀剂也可能完全改变。为了正确选用适用于特定系统的缓蚀剂，应按实际使用条件进行必要的缓蚀剂评价试验。

② 缓蚀剂会随腐蚀介质流失，也会被从系统中取出的物质带走，因此，从保持缓蚀剂的有效使用时间和降低其用量考虑，一般只能用于封闭体系或循环和半循环系统。高效缓蚀剂在使用剂量很低(一般指百万分之几到百万分之十几)时，可用于一次性直流、开放系统。

③ 对于不允许污染的产品及生产介质的场合不宜采用。选用缓蚀剂时要注意它们对环境的污染，尤其应注意它们对工艺过程的影响(如是否会影响催化剂的活性)和对产品质量(如颜色、纯度和某些特定质量指标)的影响。

④ 缓蚀剂一般不适用于高温环境，大多在150℃以下使用。

缓蚀剂保护技术由于具有良好的防腐蚀效果和突出的经济效益，已成为防腐蚀技术中应用最为广泛的技术之一。尤其在石油产品的生产加工、化学清洗、大气环境、工业循环水及某些石油化工生产过程中，缓蚀剂已成为最主要的防腐蚀手段。但是缓蚀剂技术同其他防腐蚀技术一样，也只能在适应其技术特点的范围内才能发挥其功效。因此，充分了解缓蚀剂技术的特点，对合理有效地发挥缓蚀剂作用是至关重要的。

二、缓蚀剂的分类

缓蚀剂种类繁多，有各种分类方法。为了使用和研究方便，通常有以下几种分类方法。

(1) 按缓蚀剂对电化学过程所产生的主要影响(抑制作用)分为阳极型、阴极型、混合型三类。

阳极型缓蚀剂的作用主要是减缓阳极反应，增加阳极极化，使腐蚀电位正移，常见的阳极控制形式为促进钝化，所以这类缓蚀剂多为无机强氧化剂，如铬酸盐、亚硝酸盐、钼酸盐、钨酸盐、钒酸盐、硼酸盐等。

阴极型缓蚀剂主要是减缓阴极反应，增加阴极极化，使腐蚀电位负移。锌、锰和钙的盐类如 $ZnSO_4$、$MnSO_4$、$Ca(HCO_3)_2$ 以及 Na_2SO_3、$SbCl_3$ 等，都属于阴极型缓蚀剂。

混合型缓蚀剂则既能增加阳极极化，又能增加阴极极化。例如，含氮、含硫及既含氮又含硫的有机化合物等均属这一类。

(2) 按缓蚀剂的化学组成不同分为无机缓蚀剂和有机缓蚀剂两大类。

这种分法在研究缓蚀剂作用机理和区分缓蚀物质品种时有优点，因为无机物和有机物的缓蚀作用机理明显不同。

无机类缓蚀剂：硝酸盐、亚硝酸盐、铬酸盐、重铬酸盐、磷酸盐、多磷酸盐、硅酸盐、三氧化二砷、钼酸盐、亚硫酸钠、碘化物、三氧化锡、碱性化合物等。

有机类缓蚀剂：醛类、胺类、亚胺类、腈类、联氨、炔醇类、杂环化合物、咪唑啉类、有机硫化物、有机磷化物等。

(3) 按使用的介质特点分为酸性溶液、碱性溶液、中性水溶液、非水溶液缓蚀剂等。

(4) 按用途不同分为酸洗缓蚀剂，油气井压裂缓蚀剂，石油、化工工艺缓蚀剂，蒸汽发生系统缓蚀剂，材料储存过程用缓蚀剂等。

(5) 按缓蚀剂膜的种类，可分为氧化型膜缓蚀剂、吸附膜型缓蚀剂、沉淀膜型缓蚀剂和反应转化膜型缓蚀剂。

三、缓蚀剂的作用机理

由于缓蚀剂种类繁多，被缓释的金属及其所在介质的性质各不相同，目前大致有以下几种理论：电化学理论、吸附理论、成膜理论、协同效应等。这些理论相互间均有内在的联系。

1. 电化学理论

从电化学的观点出发，腐蚀反应是由阳极反应和阴极反应共同组成的，缓蚀剂之所以能减轻腐蚀就是在某种程度上抑制了阳极反应或阴极反应的结果。如图5-3所示。

未加缓蚀剂时，阳极和阴极的极化曲线相交于S_0点，腐蚀电流为I_0，加入缓蚀剂后，阴阳极曲线相交于S点，腐蚀电流为I_1，I_1比I_0小得多，可见缓蚀剂的加入可明显减缓腐蚀。

（1）阳极型缓蚀剂。这类缓蚀剂能增加阳极极化，使腐蚀电位正移［图5-3(a)］。氧化性缓蚀剂主要是促使金属钝化，它们适用于可钝化的金属，如中性介质中的铬酸盐、亚硝酸盐等。一些非氧化性的缓蚀剂，如苯甲酸盐、正磷酸盐、硅酸盐、碳酸盐等在中性介质中，只有在溶液中有溶解氧的情况下，才能起到阳极抑制剂的作用。

阳极型缓蚀剂浓度足够时，缓蚀效率很高，当浓度不足时，金属表面会产生坑坑洼洼的痕迹，并且有时也会导致腐蚀率的增大，故这类缓蚀剂亦被称作"危险缓蚀剂"。

（2）阴极型缓蚀剂。这类缓蚀剂能增加阴极极化，使腐蚀电位负移［图5-3(b)］。常见的阴极控制形式为使阴极过程变慢，或使阴极面积减小，从而降低腐蚀速率，它的添加量不够，不会加速腐蚀而较为安全。

$ZnSO_4$、$MnSO_4$、$Ca(HCO_3)_2$等，能与阴极反应产物OH^-作用生成难溶性的化合物，它们沉积在阴极表面上，使阴极面积减小而抑制腐蚀。

砷盐、锑盐和铋盐一类的缓蚀剂，在酸性溶液中，由于其阳离子在阴极上被还原成As或Bi，强烈地增大了氢去极化过程的过电压，从而抑制了金属的腐蚀。

在以吸氧腐蚀为主的场合，如果加入亚硫酸钠（Na_2SO_3）能起到减少阴极去极剂（氧）的作用，所以Na_2SO_3也属于阴极型缓蚀剂，常用于锅炉给水的脱氧处理。

（3）混合型缓蚀剂。这类缓蚀剂既能增加阳极极化，又能增加阴极极化。此时虽然腐蚀电位变化不大（可能正移，也可能负移），但腐蚀电流却可减少很多［图5-3(c)］。例如，含氮、含硫及既含氮又含硫的有机化合物等均属这一类，其缓蚀机理可用吸附理论解释。

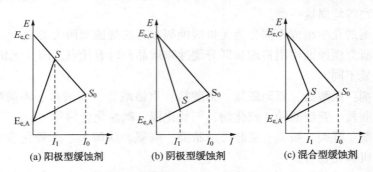

图5-3　缓蚀剂抑制电极过程的三种类型

2. 吸附理论

吸附理论认为，缓蚀剂之所以能保护金属是因为这些物质在金属表面生成了连续的起隔离作用的吸附层。多数有机缓蚀剂是按吸附机理起缓蚀作用的，其分子结构被认为是由两部分组成的，一部分是容易被金属表面吸附的极性基（亲水基），另一部分是非极性基（疏水的或亲油的），当缓蚀剂加入腐蚀介质中时，通过缓蚀剂分子中极性基团的物理吸附或化学吸附作用，使缓蚀剂吸附在金属表面，这样就改变了金属表面的电荷状态和界面性质，使金属的能量状态处于稳定化，从而增大了腐蚀反应的活化能，使腐蚀速率减慢。另一方面非极性基团能在金属表面做定向排列，形成了一层疏水性的保护膜，阻碍着与腐蚀反应有关的电荷或物质的移动，结果就使得腐蚀介质被缓蚀剂分子排斥开来，使介质和金属表面隔开，因而也使腐蚀速率减小。

3. 成膜理论

成膜理论认为，缓蚀剂之所以有效地保护金属，是因为在金属表面上生成了一层难溶的膜层，这层产物可由缓蚀剂与金属作用形成，有的可由金属、缓蚀剂与腐蚀产物相互作用形成。缓蚀剂膜可分为下面三种类型：

(1) 氧化性膜。这种膜是缓蚀剂直接或间接地氧化被保护的金属，在其表面形成金属氧化膜而抑制金属腐蚀。氧化性膜一般比较致密而牢固，与金属的结合力强，对于金属的溶解形成很好的扩散阻挡层，防腐蚀效果好。

(2) 沉淀性膜。这种膜是由于缓蚀剂与腐蚀环境中共存的其他离子作用后形成难溶于水或不溶于水的盐类，在金属表面析出或沉淀。这种膜比氧化膜厚，附着力也较差，只要介质中存在缓蚀剂组分和相应的共沉淀离子，沉淀膜的厚度就会不断增加且多孔，与金属的结合力较差，缓蚀效果较差，有引起结垢的危险，所以通常和消垢剂联合使用。

(3) 吸附性膜。这种膜是由于缓蚀剂在金属表面生成了连续的起隔离作用的吸附膜层。特点是与不洁净的金属表面吸附不好，在酸性介质中效果较好。

4. 协同效应

工业上实际使用的缓蚀剂通常是由两种或多种缓蚀物质复合组成的，具有协同作用。目前缓蚀剂发展方向之一是采用复合缓蚀剂，两种或更多种缓蚀剂共同加入腐蚀介质中，以利用它们各自的优势，减少它们各自的局限性。通常是阳极和阴极缓蚀剂结合使用，许多含有两种阴极抑制剂的混合配方能增加阴极的极化作用，并有效控制腐蚀。在少数情况下，两种阳极缓蚀剂联合能获得非常好的钝化作用。使用复合缓蚀剂的缓蚀率比各单一组分叠加还要大很多，这种现象称之为协同效应。产生协同效应的机理随体系而异，目前尚未被人们完全认识清楚。

四、缓蚀剂的选择

工业缓蚀剂在保证所要求的缓蚀率的前提下，通常首先选择易得、无毒、价廉的化学物质作缓蚀剂。

缓蚀剂的选择应符合下列条件：

(1) 抑制金属腐蚀的缓蚀能力强或缓蚀效果好。在腐蚀介质加入缓蚀剂后，不仅金属材料的平均腐蚀速率值$[g/(m^2 \cdot h)]$要低，而且金属不发生局部腐蚀、晶间腐蚀、选择性腐蚀等。

(2) 使用剂量低，即缓蚀剂使用量要少。

(3) 腐蚀介质工艺条件的适当波动(介质浓度、温度、压力、流速、缓蚀剂添加量)时，缓蚀效果不应有明显降低。

(4) 缓蚀剂的化学稳定性要强。缓蚀剂与溶脱下来的腐蚀产物共存时不发生沉淀、分解等反应，不明显影响缓蚀效果。当时间适当延长时，缓蚀剂的各种性能不应出现明显的变化，更不能丧失缓蚀能力。

（5）溶解性要好。缓蚀剂的水或油溶性要好，不仅使用方便、操作简单，而且也不会影响金属表面的钝化处理。

（6）缓蚀剂的毒性要小。选用缓蚀剂时要注意它们对环境的污染和对微生物的毒害作用，尽可能采用无毒级缓蚀剂。这不仅有利于使用者的健康和安全，也有利于减少废液处理的难度和保护环境。

（7）缓蚀剂的原料来源要广泛，价格力求低廉。

五、缓蚀率及影响因素

1. 缓蚀率

缓蚀剂的选择可以查相关手册，或者根据具体使用缓蚀剂的腐蚀环境，来进行条件模拟试验。

缓蚀剂的缓蚀效果是用金属试片在有、无缓蚀剂的介质中的腐蚀速率按下式来计算缓蚀率（η）：

$$\eta = (V_{无} - V_{有}) / V_{无} \times 100\%$$

式中　　η——缓蚀（效）率；

　　　$V_{有}$——加入缓蚀剂时试片的腐蚀速率；

　　　$V_{无}$——不加缓蚀剂时试片的腐蚀速率。

根据上式可以评价不同缓蚀剂的相对优劣。适用于某一特定要求的缓蚀剂要根据具体指标来选定。如一般化学清洗要求缓蚀剂能使腐蚀速率降至 10mm/a 以下（特定场合要求降至 1~2mm/a），循环冷却水缓蚀剂要使腐蚀速率降至 0.1~0.15mm/a。另外，还要求缓蚀剂不产生局部腐蚀。

对缓蚀效率较高的缓蚀剂还要对其他性能进行测定。缓蚀剂性能的主要评价项目应该包括：缓蚀效率与缓蚀剂添加量的关系和缓蚀剂的后效性能等。此外，对使用效果有一定影响的其他性能，例如，溶解性能、密度、发泡性、表面活性、毒性以及其他处理剂的协调性等，也应有一定的评定和了解。

2. 影响因素

影响缓蚀剂缓蚀效果（或缓蚀率）的因素主要有以下几种：

（1）缓蚀剂的浓度。大多数情况下，当缓蚀剂的浓度不太高、且温度一定时，缓蚀率随缓蚀剂浓度的增加而增加。实际上几乎很多有机及无机缓蚀剂，在酸性及浓度不高的中性介质中，都属于这种情况。

应当注意的是，对大部分氧化型缓蚀剂，当用量不足时会加速金属腐蚀，因此对于这类缓蚀剂，添加量要足够，否则是危险的。

（2）环境温度。一般来说，在温度较低时，缓蚀效果较好，当温度升高时，缓蚀率便显著下降。这是由于温度升高时，缓蚀剂的吸附作用明显降低，因而使金属腐蚀加速。大多数有机及无机缓蚀剂都属于这一情况。

（3）介质流速。在大多数情况下，介质流速增加，缓蚀率会降低，有时甚至会加速腐蚀。但当缓蚀剂在介质中不能均匀分布而影响保护效果时，增加介质流速则有利于缓蚀剂均匀地分布到金属表面，从而使缓蚀效率提高。

六、缓蚀剂的应用原则

缓蚀剂主要应用于那些腐蚀程度中等或较轻的系统，以及对某些强腐蚀介质的短期保护（化学清洗）。应用缓蚀剂时应注意以下原则：

1. 选择性

缓蚀剂的应用条件具有高的选择性，应针对不同的介质条件（如温度、浓度、流速等）和工艺、产品质量要求选择适当的缓蚀剂。既要达到缓释的要求，又要不影响工业过程（如影响催化剂的活性）和产品质量（如染色、纯度等）。

2. 环境保护

选择缓蚀剂必须注意对环境的污染和对生物的毒害作用，应选择无毒的化学物质作缓蚀剂。

3. 经济性

通过选择价格低廉的缓蚀剂，采用循环溶液体系，缓蚀剂与其他保护技术联合使用等方法，降低防腐成本。

第六章 油气管道的腐蚀与防护

油气管道是油气储运系统的重要组成部分，腐蚀问题是影响油气管道使用寿命和可靠性的最重要的因素。输送油气的管道大多需要穿越不同类型的土壤、河流、湖泊。由于土壤的多相性，冬季、夏季的冻结、融化、地下水位的变化，植物根茎对涂层的穿透及微生物、杂散电流等复杂的埋地条件，给管道造成复杂的腐蚀环境。而输送的介质也或多或少含有硫化氢、二氧化碳、有机硫化物、盐、地层水、矿物质及氧等腐蚀性介质，因而管道内壁和外壁都可能遭到腐蚀。一旦管道腐蚀穿孔，即造成油气漏失，运输中断，污染环境，甚至引起火灾。根据调查统计，我国东部几个油田各类管道每年腐蚀穿孔达 20000 次，每年更换管道数量 400km。

第一节 油气管道的腐蚀控制

一、油气管道腐蚀控制的基本方法

应根据油气管道腐蚀机理不同，所处的环境条件不同，采用相应的腐蚀控制方法。概括起来有以下几个方面：

（1）选用该管道在具体运行条件下的适用钢材和焊接工艺；

（2）选用管道防腐层及阴极保护的外防护措施；

（3）控制灌输流体的成分，如净化处理除去水及酸性组分；

（4）使用缓蚀剂控制内腐蚀；

（5）选用内防腐涂层；

（6）建立腐蚀监控和管理系统。

有效的腐蚀控制必须成为油气管道设计、建设、运行管理和维护的安全系统工程的组成部分。要求在各个环节中必须严格执行有关的规范、标准。

二、油气管道外防腐的方法

油气管道外防腐一般采用防腐绝缘层(一次保护)与电化学保护(二次保护)两种方法并用的措施。实践表明，防腐绝缘层与电化学保护相结合是埋地油气管道经济而可靠的防腐体系，在实际应用中取得了较好的效果。

（一）防腐绝缘层

防腐绝缘层一般是电绝缘材料，通常它在金属表面形成一层连续的膜而起到保护作用。其作用是将金属与周围的电解质溶液隔离(防止电解质溶液与金属接触)，使两者之间增加一个很高的电阻，从而阻止电化学反应的发生。实际上，不管质量如何，所有防腐绝缘层都存在漏点(缺陷)，是在涂覆、运输和安装预制管线过程中形成的。管道服役过程中防腐绝缘层的老化、土壤的应力、管线在地下的移动也会造成防腐绝缘层缺陷。管道服役过程中防腐绝缘层的老化还会导致其从金属表面剥离，导致金属暴露于地下环境。即使管道表面绝大多数可以得到保护，由于缺陷或剥离处有较高的腐蚀速率，也会导致管线泄漏和破裂。因此，防腐绝缘层很少单独用于埋地管线，一般与阴极保护系统联合保护，其功能是减少金属管道裸露的面积，从而减少阴极保护所需要的电流。常用表面防腐材料及涂层主要有石油沥青、煤焦油瓷漆、聚乙烯胶带、聚乙烯塑料、粉末环氧树脂、硬质聚氨酯泡沫塑料等，还有近年来发展的双层及多层复合 PE 结构，如三层复合 PE 结构。

（二）电化学保护

电化学保护包括阴极保护和排流保护。

1. 阴极保护

管道的阴极保护就是利用外加的牺牲阳极或外加电流，消除管道在土壤中腐蚀原电池的阳极区，使管道成为其中的阴极区，从而受到保护。阴极保护分为牺牲阳极法与外加电流法两种。

（1）牺牲阳极法。在待保护的金属管道上连接一电位更负的金属或合金，形成一个新的腐蚀原电池。接上的金属或合金成为牺牲阳极，整个管道成为阴极受到保护。

（2）外加电流法。将被保护的管道与直流电源的负极相连，把辅助阳极与电源的正极连接，使管道成为阳极。

2. 排流保护

杂散电流也可能引起管道的电解腐蚀，而且腐蚀强度和范围很大。但是，利用杂散电流也可以对管道实施阴极保护，即排流保护。通常的排流保护有以下三种类型：

（1）直流排流保护。当杂散电流干扰电位的极性稳定不变时，可以将被保护管道和干扰源直接用电缆连接，管道接干扰源的负极，在排除了杂散电流的同时，管道得到了保护。这种方法简单易行，但是如果选择不当，会造成引流，加大杂散电流腐蚀。

（2）极性排流保护。当杂散电流干扰电位的极性正负交变时，可以通过串入二极管把杂散电流排回干扰源。由于二级管具有单向导通功能，只允许杂散电流正向流出，保留了负向电流用作阴极保护。

（3）强制排流。上述两种方法中，只有在排流时才能对管道施加保护，而在不排流时，管道就处于自然腐蚀状态。因而又出现了第三种排流方法——强制排流，就是在没有杂散电流时通过电源、整流器供给管道保护电流；当有杂散电流时，利用排流进行保护。通常为了确保防腐效果，在有排流保护是也最好留有少量保护电流流出。

三、油气管道的内腐蚀防护

由于某些天然气中含有 H_2S、CO_2、水蒸气或游离水，还存在铁锈、沙土等杂质，可能造成管内壁腐蚀。可采取选用耐腐蚀材料、净化处理管输介质、加入缓蚀剂和选用内防腐涂层的措施。要根据管道具体条件采用合适的方法。

四、加强油气管道的腐蚀监控和管理

近年来，为了改进管道腐蚀控制，除了防腐技术、设备不断改进以外，腐蚀损伤检测、计算机用于腐蚀监控的技术在迅速发展。表现为用智能内检测器在线检测管道腐蚀损伤程度及微小裂纹，其测试分辨率、精度及定位准确度不断提高；应用计算机进行腐蚀监控，如在线监测、数据处理、腐蚀预测以及风险评价等。国外开发的腐蚀控制管理系统软件，将在线腐蚀检测的数据与智能专家系统相结合，可以进行腐蚀速率、趋势预测，用以指导生产运行。

加强和完善腐蚀控制的管理体制，使管道防腐管理工作科学化和规范化，是搞好管道腐蚀控制的重要内容。

第二节　油气长输管道的腐蚀与防护

一、管道外防腐层保护

(一) 管道外防腐层的作用原理

随着管道建设规模的扩大，对管道外防腐层有机涂料的需求量不断增大。埋地钢制管道外防腐层涂料的原料供应、生产、工厂预制、现场涂覆、维修已形成规模，与之相适应的设备配套、原料、配方、施工工艺研发日趋成熟。因此，探讨外防腐层防腐蚀的作用原理，对于长输管道外防腐层有机涂层的研发、生产、选用、施工、维修具有实际指导意义。

金属表面覆盖层能起到装饰、耐磨损及防腐蚀等作用。对于埋地管道来说，防腐蚀是主要目的。覆盖层使腐蚀电池的回路电阻增大，或保持金属表面钝化的状态，或使金属与外部介质隔离出来，从而减缓金属的腐蚀速率。

覆盖层防腐蚀要求是：覆盖层完整无针孔，与金属牢固结合使基体金属不与介质接触，能抵抗加热、冷却或受力状态(如冲击、弯曲、土壤应力等)变化的影响。有的覆盖层具有导电作用。如镀锌钢管的镀锌层是含有电位较负的金属锌镀层，当它与被保护金属形成短路的原电池后，金属镀层成为阳极，起到阴极保护的作用。

管道外部覆盖层，亦称防腐绝缘层(简称防腐层)。将防腐层材料均匀致密地涂敷在经除锈的管道外表面上，使其与腐蚀介质隔离，达到管道外防腐的目的。

对管道防腐层的基本要求是：与金属有良好的黏结性；电绝缘性能良好；防水及化学稳定性好；有足够的机械强度和韧性；耐热和抗低温脆性；耐阴极剥离性能好；抗微生物腐蚀；破损后易修复，价廉且易于施工。

1. 有机覆盖层与阴极保护的关系

有机覆盖层的防腐蚀作用是基于电化学腐蚀原理，将腐蚀电池的阴极与阳极隔离，阻止腐蚀电流的流动，将钢铁与电解质隔离，阻止离子移动，以防止铁的溶解。当覆盖层处于好的状态时，阴极保护不起作用，保护电流很小，这时可暂时关闭阴极保护系统；当覆盖层发生损坏出现露铁时，阴极保护提供保护电流，抑制露铁的腐蚀；但当覆盖层严重失效(例如阴极剥离、阴极屏蔽)时，通常阴极保护系统很难起到保护管道的作用，因此覆盖层的保护作用是主要的。

有机覆盖层除了其固有的缺陷外，还有施工造成的针孔、气泡以及使用过程中的损伤和老化，这些缺陷影响覆盖层的隔离、绝缘、附着作用。一旦覆盖层发生损伤，损伤处裸露钢铁为阳极，覆盖层处为阴极，形成所谓的小阳极大阴极，加速了裸露钢铁部位的腐蚀。阴极保护的作用是给被保护钢铁结构施加负电位使其成为阴极，钢铁的阴极保护电位相对饱和，硫酸铜电极为-0.85V左右，最大保护电位值通过有机覆盖层的抗阴极剥离能力确定。如果单独使用阴极保护，则耗电量大。

有机覆盖层和阴极保护联合保护，以有机覆盖层为主、以阴极保护为辅，是埋地钢质管道、金属构件防腐蚀的成熟经验，国内外已经将其标准化。完整而优良的有机覆盖层是管道阴极保护的前提，它可以降低阴极保护的电流密度，缩短阴极极化的时间，改善电流分布，扩大保护范围。当完整的覆盖层受到损伤且损伤点较少时，阴极保护能够发挥作用当损伤点超过一定数量时，需要的保护电流增大，阴极保护失去作用。当覆盖层变得千疮百孔，整体绝缘失效时，阴极保护会起反作用，例如，阴极剥离、阴极保护屏蔽。

对于埋地钢质管道，采用以有机覆盖层为主、阴极保护为辅的联合保护，控制了腐蚀电池的发生，突破了覆盖层防腐蚀的局限性，覆盖层的绝缘性保证了阴极保护电流密度的均匀性，大大延长了覆盖层的使用寿命，提高了防腐蚀效果。

2. 提高覆盖层防腐蚀效果的途径

（1）厚膜化。增加覆盖层厚度可以消除针孔缺陷，提高防腐蚀效果。Fich 定律表明，液体介质渗透到覆盖层与金属界面的时间与覆盖层厚度成正比：

$$T = \frac{L^2}{6D} \tag{6-1}$$

式中　T——液体介质渗透到覆盖层与金属界面的时间，s；

　　　L——覆盖层厚度，m；

　　　D——液体在覆盖层内的扩散系数。

覆盖层的防腐蚀能力与厚度有关，例如，当烧结环氧粉末覆盖层厚度小于 152μm 时，每 12m 覆盖层的露点大于 40 个。当覆盖层的厚度大于 254μm 时，可以防止露点的形成。

（2）高性能耐蚀合成树脂。高性能耐蚀合成树脂是提高防腐蚀能力的关键。例如，有机覆盖层的玻璃化转变温度越高，防腐性能越好，若高于环境温度，则覆盖层仍保持玻璃态而不膨胀，不移动，固守于原位，湿态附着力好。

（3）金属表面处理。钢铁表面严格处理是提高附着力的必要条件，一般要求钢铁表面清理水平达到近白级、无污染，才能保证覆盖层保护的长期有效性。

（4）确保施工质量。正确施工是提高覆盖层质量的重要环节。例如，成膜固化温度不能低于规定的温度，一般推荐在夏、秋季施工。

在埋地钢质管道以有机覆盖层为主、阴极保护为辅的联合保护中，应正确选择覆盖层，不降低覆盖层的质量要求。

（二）管道常用外防腐涂层

长输埋地油气管道采用防腐绝缘层和电化学保护联合的方式进行保护，其防腐涂层一般具有良好的绝缘性、抗渗透性、抗冲击性等，阻止周围环境中的水分和氧进入，达到防止腐蚀的目的。长输油气管道分为线路和站场两部分，线路管道防腐层一般采用性能优异、工厂预制的防腐涂层，例如，三层聚乙烯防腐层、烧结环氧防腐层等；站场管道的管径大小不一、弯头众多，其防腐层无法全部在工厂预制，一般选择易于现场施工的防腐涂层，例如，无溶剂液态环氧防腐层、冷缠胶带防腐层等。管道补口防腐处理一般采用现场施工方式，补口防腐一般选择与主管道防腐层相似或性能相近且易于现场施工的材料，例如，辐射交联聚乙烯热收缩带、无溶剂液态环氧等。

1. 沥青类

沥青是防腐层的原料，分为石油沥青、天然沥青和煤焦油沥青。我国沥青防腐层以石油沥青用量最多。

石油沥青防腐层主要应用在管道上，其结构为石油沥青+玻璃丝布，分为普通级（"三油三布"）加强级（"四油四布"）和特加强级（"五油五布"），在沥青层中增加玻璃丝布有利于增强防腐层的力学性能。一般来说，对于地下水位低、地表植被较差的沙质土壤地段，较适合采用石油沥青防腐层。对一般构件可以用浸涂、浇涂和沫涂的方法施工。

我国从 20 世纪 50 年代起，开始使用石油沥青对管道进行防腐，20 世纪 80 年代中期以前建设的管道工程几乎无一例外地采用了加强级石油沥青防腐层。石油沥青吸水率高，不宜在高水位或沼泽地带使用。施工中现场的环境温度、熬制沥青的温度和涂覆时间间隔等因素控制不好，都会影响质量。此外，因土壤应力的影响，管道防腐层表面会出现深浅不一的凹坑。因新型管道防腐材料的出现及环境保护要求，20世纪90年代起管道防腐已很少使用石油沥青防腐层。

煤焦油磁漆是由高温煤焦油分馏得到的重质馏分和煤沥青，添加煤粉和填料，经加热熬制所得的制品。该材料具有以下基本特点：①吸水率低，抗水渗透；②优良的化学惰性，耐溶剂和石油产品侵蚀；③用它生产的煤焦油磁漆电绝缘性能好。煤焦油磁漆主要的缺点是低温发脆，热稳定性能差。

由于煤焦油磁漆具有优良的防腐性能，又比较经济实用，特别是适用于穿越沙漠、盐沼地等特殊环境，20世纪90年代初期和中期，我国曾大量使用煤焦油磁漆作为埋地管道防腐涂层，例如，塔中－轮南的原油管道和天然气管道、轮南－库尔勒输油管道复线和天然气管道、靖边－西安天然气管道等。

但是煤焦油磁漆防腐层对温度比较敏感，施工熬制和浇涂的过程中容易逸出有害物质，对环境和人体健康有影响。所以，它的应用受到了一定局限性，20世纪90年代后期，由于环境保护因素，国内已经很少使用。

由于近年来新型、性能优异的防腐层出现以及环境保护要求逐渐严格，新建管道已基本上不再采用沥青类防腐层。

2. 聚烯烃类（三层PE、三层PP、聚乙烯胶带、聚丙烯胶带）

聚烯烃防腐层所用材料主要是聚乙烯（PE）塑料和聚丙烯（PP）塑料，塑料中可以加入增塑剂、抗老化剂、抗氧化剂、光稳定剂等助剂及适量填料。聚乙烯和聚丙烯均为结晶态的热塑性塑料，是一种非极性大分子，因此其机械强度较高。聚丙烯防腐层发展比聚乙烯防腐层发展晚，管道防腐上聚乙烯防腐层用量较聚丙烯防腐层大。

（1）复合结构聚烯烃防腐层。聚乙烯是乙烯的高分子聚合物，根据聚合工艺条件的不同，聚乙烯可分为高压聚乙烯、中压聚乙烯和低压聚乙烯三类产品。国内外有关聚乙烯的标准规范对其使用温度均限制在70℃以内。复合结构聚乙烯防腐层的发展经历了二层结构和三层结构两个阶段。

二层结构聚乙烯防腐层是基于隔离的机理发展起来的，底层为胶黏剂，一般为沥青丁基橡胶或乙烯共聚物，面层为聚乙烯挤出包覆或缠绕层。挤出聚乙烯绝缘电阻高，能抗杂散电流干扰，突出的优点是力学性能好，能承受长距离运输、敷设过程以及岩石区堆放时的物理损伤，耐冲击性强。但由于二层结构聚乙烯防腐层与管体的黏结性能稍差，随着管道运行条件的不断变化，逐渐暴露出易损坏、易剥离、屏蔽阴极保护电流等缺陷。国内在油田小管径管网工程中采用过二层结构聚乙烯防腐层，在长输大管径油气管道中很少采用该类防腐层。

三层结构聚乙烯防腐层底层为烧结环氧粉末（FBE），中间层为胶黏剂，面层为挤出聚乙烯。20世纪80年代，由欧洲率先研制和推出的三层PE复合结构发展了FBE和PE的优点，使防腐层的性能更加完善。环氧粉末在三层结构中的主要作用是形成连续的涂膜，与钢管表面直接黏结，具有很好的耐化学腐蚀和抗阴极剥离性。环氧粉末不仅与基层金属有极优异的黏结性能，还可以与中间层有极强的黏结力。中间层黏结剂是通过线型聚烯烃接枝形成了部分极性基团，这些极性基团与环氧粉末的环氧基团反应形成化学键，使中间层和底层形成良好的黏结。面层聚烯烃是非极性物质，黏结剂中的非极性基团与面层聚烯烃由于是同一类材料，根据黏结理论中的相似相溶的原理，在一定温度下达到充分熔融后，它们之间融为一体，产生了极强的黏结力。高密度聚烯烃树脂具有极强的力学性能和优异的耐蚀性能，所以在最外层起机械保护作用以及隔水阻氧，防止各种介质的腐蚀作用。

对于复杂地域、多石区及苛刻的环境，选用三层结构聚乙烯具有重要意义。这种防腐层虽然一次投资较高，但其绝缘电阻值极高，管道的阴极保护电流密度只有 $3\sim5\mu A/m^2$，一座阴极保护站可保护上百千米的管道，可大幅度降低安装和维修费用。因此，从防腐蚀工程总体来说可能是经济的。

由于底层 FBE 提供了涂层系统对管道基体的良好黏结，而聚乙烯则有着优良的绝缘性能和抗机械损伤性能，使得三层结构聚乙烯成为世界上公认的先进涂层，很快得到广泛应用。我国自 20 世纪 90 年代中期开始应用以来，已有上万千米管道采用了三层 PE 防腐涂层，例如，陕京输气管道、西气东输管道等，如今已成为新建大型管道工程防腐涂层的首选，近年来新建长输管道几乎无一例外地选用了三层结构聚乙烯防腐层。

（2）三层聚丙烯防腐层。聚丙烯是丙烯的高分子聚合物，根据—CH_3在主链平面排列的不同，分为等规、间规和无规聚合物。在没有外力作用下，聚丙烯甚至在 $150\sim160℃$ 还能保持形状不变，推荐的聚丙烯最高使用温度为 $110\sim120℃$。聚丙烯不仅具有优异的物理机械性能，而且具有优良的耐蚀性能，无机物除氧化性介质外，对聚丙烯都没有破坏作用。室温下，所有的有机溶剂都不能溶解聚丙烯。

三层聚丙烯防腐层借鉴了三层聚乙烯做法，选择聚丙烯材料作为外防腐层。三层聚丙烯防腐层较三层聚乙烯防腐层有以下优点：耐高温性能好、耐腐蚀性能好、不易发生环境应力开裂。但作为管道防腐层的缺点是低温易脆，因此，聚丙烯防腐层不适用于严寒地区，这也限制了聚丙烯防腐层的应用。我国输油气管道工程中没有大规模采用三层聚丙烯防腐层的实例，仅在克拉 2 管道工程中有过应用实例。

（3）冷缠胶黏带类聚烯烃防腐层。冷缠胶黏带类聚烯烃防腐层主要有聚乙烯冷缠胶带和聚丙烯冷缠胶带两种。

聚乙烯胶带是将聚乙烯塑料以薄片状挤出，并涂覆一层黏结剂（通常为丁基橡胶黏胶）制成。聚乙烯胶黏带防腐体系是由一道底漆、一层内防腐带、一层外保护带构成。具有极好的耐水性及抗氧化性能，吸湿率低；绝缘性好，抗阴极剥离，耐冲击，耐温范围广，在 $-30\sim80℃$ 温度范围内使用性能稳定。聚乙烯胶带一般使用机械工具在现场自然温度下缠绕到管道上形成防腐层。

聚烯烃胶带防腐层在国内主要应用于管道防腐层的修复，例如，东北热油管道防腐层修复采用了聚乙烯冷缠胶带，常温输气管道防腐层修复采用了聚丙烯冷缠胶带。新建管道工程线路防腐很少采用胶带类防腐层，仅在站场防腐层现场施工时，采用这类防腐层作为外护带。

3. 环氧类（烧结环氧粉末、液态环氧）

环氧树脂中具有醚基（—O—）、羟基（—OH—）和较为活泼的环氧基。醚基和羟基是高极性基团，会与相邻的基材表面产生吸力；环氧基能与多种固体物质的表面，特别是金属表面的游离键起化学反应，形成化学键，因而环氧树脂的黏结性特别强。环氧基官能团一般不会起化学反应，通常要借助于固化剂参与的固化反应将树脂中的环氧基打开，使环氧树脂的分子结构间接或直接地连接起来，交联成体型结构，所以，固化剂也称为交联剂。固化后的环氧树脂由于含有稳定的苯环和醚键，分子结构紧密、化学稳定性好，表现出优异的耐蚀性能。虽然环氧树脂中含有亲水的羧基，但它与聚酯、酚醛树脂中的羧基不同，只要配方得当，通过交联结构的隔离作用，能获得良好的耐水性。

烧结环氧粉末(Fusion Bonded Epoxy, FBE)是一种热固性材料，由环氧树脂和各种助剂制成，它通过加热熔化、胶化、固化、附着在金属基材的表面。它形成的表面涂层具有黏结力强、硬度高、表面光滑、不易腐蚀和磨损，其使用温度可达-60~100℃，适用于温差较大的地段，特别是耐土壤应力和抗阴极剥离性能最好等优点。在一些环境气候和施工条件恶劣的地区，如沙漠、海洋、潮湿地带选用 FBE 防腐层有其明显的优势。但它也存在一些自身的缺点，如防水性较差，不耐尖锐硬物的冲击碰撞；施工运输过程中，很难保证涂层不被破坏；现场修补困难，且涂覆工艺严格。

自 20 世纪 60 年代初问世以来，单层烧结环氧粉末防腐层发展很快，在国外管道上以北美地区应用最为广泛，曾连续多年占各类防腐层用量的第一位。目前国内仅有少量管道单独采用环氧粉末，主要用作复合涂层的底层。

液体环氧涂料分为溶剂型和无溶剂型两种，主要区别在于无溶剂环氧涂料在涂料制造及施工应用过程中不需要采用挥发性有机溶剂作为分散介质。无溶剂环氧涂料是采用低黏度环氧树脂、颜填料、助剂等经高速分散和研磨而制成漆料，以低黏度改性胺作为固化剂而组成的双组分反应固化型防腐涂料。与溶剂型环氧涂料相比，突出优点在于能够减少有机溶剂挥发对空气的污染。另外，无溶剂环氧涂料挥发少，在密闭系统中施工时可以大大减少通风量；反应固化过程中收缩率极低，具有一次性成膜较厚、边缘覆盖性好、内应力较小、不易产生裂纹等特点。

油气管道上使用的无溶剂环氧防腐层分为普通级和加强级，其中普通级干膜厚度不小于400μm，加强级不小于550μm。无溶剂液体环氧涂料既可以在工厂预制防腐层，也可以在野外施工，施工方法一般采用喷涂、刷涂、滚涂和刮涂。国内在东北管网防腐层大修部分管段就采用了无溶剂液体环氧涂料。

4. 新型多功能防腐、防水材料

通过筛选，选用了一种新型多功能防腐、防水材料(简称 TO-树脂)。应用在钢质地下管道外壁防腐，该材料施工方便、性能优越、质量可靠，其物理力学性能及防腐、防水、耐老化等各项化学性能用于该条件下是可以满足要求的。

TO-树脂作为地下管道外防腐材料性能优越，是由它本身的分子结构决定的。因为该防腐材料是在黏合剂的基础上，从化学分子结构的设计起，先合成带活性官能团的液体聚合物，再加入带反应基团橡胶和复合型固化剂及各种功能活性添加剂，令其在金属表面进行化学反应，常温固化成网状结构高分子材料。在其网格中既有树脂链段，又有橡胶链段，最终固化成的膜界于树脂、橡胶材料之间，因此其综合性能优异，它既是涂料，又是黏合剂和绝缘材料，这是我国所有防腐材料都不具备的。

虽然采用 TO-树脂防腐(特加强型)比沥青防腐费用提高了 77%，但是按照沥青防腐层的使用寿命为 8 年，TO-树脂防腐使用 30 年(科研部门提供的数据)计，采用 TO-树脂可以提高使用寿命 2~3 倍，节约了防腐费用，效益是可观的。更重要的意义在于采用该材料防腐(在有效期内)，可以延长管道的使用寿命，可以避免因管线腐蚀造成水泄漏，影响生产。

通过几年的使用，证明该材料有以下特点。

(1)附着力强，与金属粘接强度可达 18MPa 以上，这是其他管道防腐材料达不到的。

(2)韧性和抗冲击性强，涂层反复弯曲，不脱层、无裂纹。

(3)施工工艺简便、涂层常温固化，不受场地环境的限制，既可机械化生产，又可现场施工。金属基面除锈要求不高，达到 St2 级即可。对补口、损伤部位施工，比其他材料简便，而且质量容易保证。只在要补口、损伤部位涂上涂料包上玻璃布，即可形成牢固的整体。

（4）根据有关资料记载，埋地管线可以使用 30 年以上。常年暴露在日光下可达 10 年。使用温度从−60～150℃可长期使用。以上几点是沥青、环氧煤沥青、聚乙烯涂层所不具备的。

（5）耐介质性好。在海水、汽油、原油、饱和氢氧化钙水溶液、一般的 20%酸中，浸泡 1 年没有变化。所以说该材料用在一般土壤上作为埋地钢质管道外防腐是较好的涂料。

5. 覆盖层的涂装技术

（1）常用涂装方法简介。涂料的施工方法很多，每种方法都有其特点和一定的适用范围，正确选用合适的涂装方法对保证防腐层质量是非常重要的。涂装方法有手工刷涂、机械喷涂、淋涂和滚涂等。机械喷涂是金属管道和储罐施工中常用的方法，可分为空气喷涂、高压无空气喷涂、静电喷涂和粉末喷涂等。现将常用的几种涂装方法的原理、特点和适用范围列于表 6-1。

表 6-1　常用涂装方法

涂装方法	基本原理	主要特点	适用范围	工具与设备
刷涂	用不同规格的刷子蘸涂料，按一定的手法回刷漆	省料，工具简单，操作方便，不受地点环境的限制，适应性强。但费工时，效率低，劳动强度大，外观欠佳	用于储罐等容器内壁的涂装，对快干挥发性的涂料（如硝基漆、过氯乙烯、热塑性丙烯酸等）不易采用	毛刷可分为扁形、圆形和歪脖形三种。规格为宽 12mm、25mm、38mm、50mm、60mm、75mm、100mm 和 4～8 管排笔、8～20 管排笔等。漆刷使用后的保管：短时间中断施工应将涂料从刷子中挤出来，按颜色不同分开放；较长时间不用的刷子应用溶剂洗净后保管
淋涂	以压力或重力喷嘴，将涂料形成细小液滴淋到构建上覆盖于金属表面。常分为帘幕淋涂或喷射淋涂两种	省料，工效高，可实现自动流水作业，劳动强度低	用于管道预制厂的防腐管线作业线上，也可用于结构复杂的异形物的施工	将待淋物（管子）置于传动带上，涂料通过装有喷嘴的装置经过滤流出清洁的涂料幕帘，淋于一定速度移动的管子上，以薄膜形式覆盖，剩余的涂料可回收
滚涂	分手工滚涂和机械滚涂两种。用羊毛或其他多孔性吸附材料制成的滚筒，蘸上涂料进行手工或机械滚涂	在高固体分、高黏度下施工，从而一次即可获得较厚的涂膜，在施工时只需要加入高法沸点的溶剂	适用于大面积，如墙壁、船舶等的涂装。机械滚涂用于桶壁、塑料薄膜及防腐管作业线上	主要设备是滚筒、传动带等，注意控制涂料的黏度和滚动的速度
空气喷涂	利用压缩空气在喷嘴产生负压，将涂料带出，并分散为雾状，均匀涂敷于金属表面	施工方便，效率高，涂料损耗大，污染严重，要多次喷涂	为广泛使用的方法	空气压缩机、油水分离器、空气调节器、除尘设备、喷厨、喷枪及排风设备等。压力控制在 0.3～0.5MPa，喷距 25cm

涂装方法	基本原理	主要特点	适用范围	工具与设备
高压无空气喷涂	利用压缩空气驱动的高压泵使涂料增加到 10 ~ 15MPa，然后通过一特殊喷嘴喷出。当高压液体涂料离开喷嘴，达大气时立即膨胀，均匀地喷涂在工件表面上	喷涂涂料固体分高，效率高，污染少，涂层质量好	适用大面积喷涂，如油罐的涂装	高压泵、蓄压器、调压阀、过滤器、高压软管、喷枪等
静电喷涂	使用高频高压、静电产生器产生直流高压电源，两级分别为喷枪头和地(待涂工件)联接，形成一高压电场，使喷枪喷出的涂料进一步雾化并带电，通过静电引力作用将涂料沉积在带电荷的工件(如管子)上	雾化好，涂料利用率可达 80% ~ 90%，涂膜质量好，环境污染少，可实现连续化生产	各种合成树脂漆都可用	静电喷射器及辅助设备
粉末喷涂	粉末静电喷涂是工件(如管子)接地，喷枪带负高压电，载荷的粉末粒子在静电场的作用下飞向接地的待涂工件上，使粉末受热熔融，达到涂装的目的	膜厚均匀，喷涂过程中剩余的粉末可回收，涂料利用率达 85% 以上，无溶剂污染。其不足是能耗和设备投资较大	适用装饰性、防腐性和绝缘性要求高的涂装	高压静电发生器、供粉桶、喷嘴枪、空压机及传动、回收、固化和加热设备等

（2）管道外防腐层施工方法简介。就涂装技术而言，管道外防腐层的施工大体上分为 4 种：①热浇涂同时缠绕内外缠带，主要用于沥青类防腐层；②静电或粉末喷涂，主要用于熔结环氧粉末和熔结聚乙烯粉末防腐层；③纵向挤出或侧向挤出缠绕法，主要用于易成膜的聚烯类防腐层；④冷缠，主要用于聚烯烃胶黏带或改性石油沥青缠带。以上的涂敷技术均具备成熟的施工工艺和方法。目前，长距离埋地管道防腐层的施工都向工厂预制化发展，这样可以建立起先进的、完全自动控制的、在线自动检测的连续性作业线。不同类型的防腐层，其钢管表面处理、预热、管子传递、管端敷带、冷却、厚度监测、针孔检漏及管端保护等工序都是相同的。不同的是各类防腐层的涂敷工艺不同，而涂敷工艺主要取决于所选涂料的特征。这种防腐层的作业线通常就设在钢管厂附近，或在长输管道沿线选择合适位置。

二、管道内防腐技术

（一）常规防腐体系

为了有效地防止管道的内腐蚀，国外普遍采用防腐蚀的内涂层，涂层技术对油气井的生产影响相对较小，成本低、使用方便，因此在防腐蚀过程中应用也很广泛。在管道容器的内壁采用树脂、塑料等涂层衬里保护，已成为防止腐蚀的常用方法。该种方法用无机和有机胶体混合物溶液，通过涂覆或其他方法覆盖在金属表面，经过固化在金属表面形成一层薄膜，使物体免受外界环境的腐蚀。

管道防腐层选择应考虑以下几个重要因素：

（1）合理的设计。包括根据环境选择适合的防腐层，进行合理的结构设计等。

（2）较好的表面处理。依据防腐层品种进行相应的表面处理，特别是修复防腐层应强调有良好的表面处理。

（3）足够的防腐层厚度，无防腐层缺陷。

（4）对防腐层局限性的认识。由于没有一种防腐层能适应任何环境，因此在应用中对防腐层的优点和缺点要有足够的认识，才能避免造成防腐层的过早失效。

环氧防腐体系涂层是我国现有在耐油、耐水、耐污水方面经常采用的常规防腐体系。在这些系统中，如果条件相对不苛刻可以使用几年。但是经过几年的使用涂层结构发生变化，出现抗渗性下降，涂层开裂、鼓泡、粉化等现象。例如，在石油化工的储油罐、水罐、污水罐、循环水塔钢结构的使用上就证明了这一点。在这些系统中采用环氧防腐体系使用寿命在5~8年，常规的涂料成分决定了这一点。因为常规体系涂料中很大部分填料是无机物质，如钛白粉、氧化铁、锌粉等，这些物质在涂层中一是起到增加涂层厚度的作用（填充物）；二是增加涂层的抗渗性及耐蚀性，但是长久使用还是有一定的问题；三是面漆涂层中这些填料加进后在形成的防腐涂层中只是靠分子键物理地结合在一起，防腐的抗渗性随时间的延长下降较快；四是加进去的填料一般为 $30 \sim 50 \mu m$ 粒径或片状，这就构成了涂料表面层的相对不平整性，表面比较粗糙，在流动的液体中增加了液体的阻力，使输送管道的能耗增加。随着时间的延长涂层的抗冲击性下降，导致涂层破坏。

（二）高性能体系

钛纳米聚合物涂料体系经独特工艺制取的纳米钛粉，能大大提高普通涂料的耐磨、耐腐蚀等性能。

20 世纪 90 年代初采用了环氧液体涂料内挤涂工艺及环氧粉末涂装作业线。此外，对腐蚀严重的旧管道进行返修，采用涂覆固化法、塑料管穿插法、软管翻转法、预成形二次固化法等工艺技术，使管道恢复正常使用，具有较好的经济效益。

（三）常用管道内防腐涂层材料

钢管的内防腐层（亦称涂层）材料品种繁多，类似产品的质量差别也较大，用户在选用时往往根据实验室的各种校验参数对比和现场挂片性能对比来确定。对油、气管道内涂层的防护性能指标，国内外目前尚没有统一的标准，用户根据需要向涂敷制造商提出要求。在实验室常规检验指标认可后，对涂层产品的验收可以采取如下三项指标：①外观，采用内窥镜或闭路电视，没有流淌、皱纹、橘皮、起泡、鱼眼等缺陷；②厚度，采用磁性测厚仪，一般不少于 $250 \mu m$，从湿态防腐蚀考虑，防腐层的厚度应不小于 $400 \mu m$；③涂层漏点检测，采用电火花击穿检测或电阻检测。

常用涂料大多采用环氧型、环氧酚醛型、聚氨酯和漆酚型等主要基料。底漆涂料一般多掺加铁红类、铬黄类等具有钝化性能的填料，中间层、面层涂料多掺加鳞片或玻璃微珠，以其提高抗渗透能力等。根据不同用途选择相适应的填料及助剂来改善涂层的性能。上述所提到的都属于防腐涂层配方设计和涂层结构设计范围的基础工作，详细内容请参考有关专著论述。对于输水管道，普遍使用水泥砂浆衬里和聚烯烃膜衬里。

近 10 年来发展较快的熔结环氧粉末涂层，性能优越，简化了成膜工艺，较明显地体现了经济、效果、生态、能源四大发展原则。

（四）管道内防腐层涂装工艺技术

涂装工艺技术的设计或选用，对降低涂层成本，确保涂层质量有着重要作用。而不同的涂层材料、涂层材料结构的设计，就需采用相适应的工艺技术。涂装工艺技术通常可分为五种类型。

1. 溶剂型旋喷式涂敷工艺

该工艺适用于单根管材的工厂专用生产线上集中涂敷。所用涂料为溶剂型涂料，分底漆和面漆配套使用。一般是 1 道底漆和 2~3 道面漆。也有固体含量较高的又有良好触变性的涂料可采用一底一面结构。值得指出，涂装前的表面处理质量，直接影响涂层的界面附着力。

（1）工艺流程：表面处理→涂敷→固化→质检→堆放。

（2）表面处理中以喷砂技术为最佳。一般要求达到的标准：表面清洁度为 SIS Sa2.5 级，粗糙度为 40~60μm。也可采用化学处理，但应选择与涂料底漆相匹配的磷化液，并在涂敷前经表面处理后钢管的表面应充分干燥，这样才能保证涂层的质量。通过经济分析表明，涂层的造价中，表面处理约占 45% 的费用，又是确保涂层质量的基础因素，所以表面处理工序在设计时要给予充分的重视。

（3）喷涂工序大多采用旋喷器，如电动旋喷器和气动旋喷器。旋转速度为 $(3~4)×10^4$ r/min。涂料输送采用高压无气泵，涂敷速度主要取决于泵压和泵输量的大小。涂敷遍数和每道涂层的间隔时间，取决于涂料的使用性能。

（4）涂层固化：通常树脂型涂料在每道涂料复涂时，为了有利于涂层间的界面结合力，要求涂层达到实干，或者实干后的几小时以内完成下一道涂层的涂敷。树脂基料最终应充分交联固化，交联固化的完全程度主要取决于温度和时间。如环氧-酚醛类基料，需在烘烤条件下热交联固化。常温型固化涂料为了缩短固化时间，提高涂敷工作效率和涂层的性能，也可以采用热固化方法。

2. 熔结环氧涂层涂敷工艺

我国的熔结环氧涂层的研制起始于 20 世纪 70 年代，发展于 80 年代。进入 90 年代，在扩大工程应用的同时，在涂料性能的开发，以美国 3M 公司 206N 为赶超目标，取得了可喜的进展。尤其是固化的时间降到 230~240℃/3min 以下，不仅使工艺流程幅度简化，同时使涂层充分体现了硬质、薄层、高性能三大优点，引起管道工程界的重视。

（1）涂敷工艺流程：表面干燥→喷砂（丸）→中频感应加热→静电喷粉→恒温（固化）→冷却→检验。

（2）表面处理：必须采用喷砂（丸）处理达到 SIS Sa0.5 级，粗糙度不小于 50μm。由于涂层材料的抗冲击性、附着力和弯曲性都与表面处理关系甚大，为提高内涂层的性能，往往在喷砂前采用热处理，去除锈蚀层中的结晶水和油分。为保证粗糙度，采取二道喷砂（丸）工序；甚至于喷砂（丸）处理后，还要进行化学处理，其目的都是为了提高涂层的附着力。

① 喷涂工序：采用摩擦静电喷涂技术，静电电压 $(2~3)×10^4$ V。为提高涂层的附着力，国外还注意底面复合粉涂技术的开发。

② 固化工序：随着粉末涂料固化时间的缩短，固化工序得到简化。如美国 3M 公司 206N 系列，200℃ 时的胶化时间为 22~27s，固化时间为 1~5min，可分为快、慢、标准三种型号。加热设备采用中频感应加热，不仅缩短工艺线的长度，而且提高了热能效率，防止界面氧化。

3. 薄膜衬里工艺技术

采用翻衬法聚烯烃塑料薄膜内衬技术，是近年来借鉴国外旧管道翻衬法修复工艺技术开发而成的三层结构的聚烯烃膜内衬，采用三层复合共挤成膜，膜厚为 0.2~0.5mm。所谓三层复合膜，系值主防腐层、增强层、增黏层的三层复合；与钢管间的黏合，也采用底、中、

192

面三层聚烯烃黏合胶。这是聚烯烃材料的特点，目的是为了增强附着力，发挥各自的功能。

内衬办法有两种：①牵引法，先将复合膜牵引到位，由一端充气胀开，另一端的壁、膜间抽成真空，尽量减少壁、膜间的空鼓；②翻衬法，约为 0.2MPa 的压力空气，利用压差原理翻衬在管壁上。上述这两种方法，都需要事先清管→分层涂胶→复衬→胶粘定型。一次翻衬长度达 1km。

4. 水泥砂浆内衬工艺

在给水管道上采用水泥砂浆内衬，已有半个世纪的应用历史，而且是给水管道最经济的无污染的无机涂层。它有三种施工方法：①内衬涂一次成型法；②车载抛涂法；③单根管材离心预制法。

挤涂法工艺简单，功效高，但涂衬厚度不匀。抛涂法离心甩涂压光，涂层均匀，厚度容易控制，界面附着力强，但受管径的限制，目前仅适应于 $DN400$ 以上的管径，长度不宜超过 400m。离心法属于单根集中预制，涂层结构密实、低渗透、防腐效果最佳。但衬后的内补口，目前尚没有好办法，对整体防腐质量带来不利。

水泥砂浆衬里目前已从单一材料品种发展到聚合物水泥砂浆、粉煤灰掺加料、新型外加剂的改性，对提高涂层的抗渗透能力，改善表面光滑程度，降低费用和提高防护寿命十分有利。在工艺装备上也有了较大改进。如采用分流扶正式涂抹器，使砂浆在涂抹过程中，均匀搅拌，管壁上下厚度得到较大的改善，在抛涂设备上设置了灰浆消耗监控报警装置和工业闭路摄像装置，使涂层质量得到保证。

5. 连续涂敷工艺

现场连续涂敷工艺技术，也称挤涂工艺技术，是将防腐涂料装在两组挤涂器之间，利用空气压力推进挤涂器，涂料得以涂敷管壁上。美国最长施工距离 10km，我国已达到 7.2km，其主要差距如下：

（1）钢管焊接在国外较普通采用氩弧焊打底，而在我国仍以手工焊为主，管道焊瘤、毛刺严重，影响挤涂器的寿命。

（2）国内可选用的涂料单一，基料相对分子质量低，填料品味不高，助剂效果不明显。

（3）国内尚没有建立专业化施工、科研的单位，深化力度差，专业性、责任性都不适应管内防腐层质量的提高。

（4）配套技术及检测技术还不适应，尤其是表面处理技术尚没有新的突破。

挤涂工艺流程：清管→酸洗法或在工厂分段预制，然后在现场整体挤涂→分底漆、中间漆和面漆多道挤涂→达到指干→自然固化成膜。

流程说明：

① 任何涂层都应重视表面处理。若采用工厂分段喷砂(丸)处理后，立即喷涂一层底漆，在运输和组焊时都要防止涂层表面的污染。

② 焊接热影响区的表面处理，虽有多种办法，但还达不到管材本体涂层的质量水平，是目前尚待解决的课题。

③ 现场整条管道的涂敷，采用钢丝刷清管，不能保证达到除油、除锈的目的。

④ 每道涂层施工时，由于涂料的溶剂含量高，要达到指干，必须采用强制通风。

⑤ 严格按涂料的使用要求操作。

⑥ 压缩空气中的油、水分处理干净的程度，将直接影响涂层的质量。

三、管道的电化学保护

(一) 管道阴极保护

用金属导线将管道接在直流电源的负极，将辅助阳极接到电源正极，形成阴极保护。

1. 外加电流阴极保护

是指利用外部直流电源取得阴极极化电流来防止金属遭受腐蚀的方法。此时，被保护的管道接在直流电源的负极上，而在电源的正极则接辅助阳极，此法为目前国内长输管道阴极保护的主要形式。

2. 牺牲阳极法

采用比保护管道电位更负的金属材料和被保护管道连接，以防止管道腐蚀的保护方法。与被保护管道连接的金属材料，由于它具有更负的电极电位，在输出电流的过程中，不断溶解而遭受腐蚀，故称为牺牲阳极。

用作牺牲阳极的材料大多数是镁、铝、锌及其合金，其成分配比直接影响牺牲阳极电流的输出，关系到阴极保护效果的好坏。因此严格按金属配比熔炼牺牲阳极，是保证其质量首要问题。

在实际工程中应根据工程规模大小，防腐层质量，土壤环境条件，电源的利用及经济性进行比较，择优选择。

3. 阴极保护的方法与比较

管道阴极保护方法的优缺点的比较列于表6-2。在实际工程中应根据工程规模大小，防腐层质量，土壤环境条件，电源的利用及经济性进行比较，择优选择。

表 6-2　管道阴极保护方法优缺点比较

方法	优　点	缺　点
外加电流法	(1) 单站保护范围大，因此，管道越长相对投资比例越小； (2) 驱动电位高，能够灵活控制阴极保护电流输量； (3) 不受土壤电阻率限制，在恶劣的腐蚀条件下也能使用； (4) 采用难溶性阳极材料，可作长期的阴极保护	(1) 一次性投资费用高； (2) 需要外部电源； (3) 对邻近的地下金属构筑物干扰大； (4) 维护管理较复杂
牺牲阳极法	(1) 保护电流的利用率较高，不会过保护； (2) 适用于无电源地区和小规模分散的对象； (3) 对邻近地下金属构筑物几乎无干扰，施工技术简单； (4) 安装及维修费用小； (5) 接地、防腐兼顾	(1) 驱动电位低，保护电流调节困难； (2) 使用范围受土壤电阻率的限制，对于大口径裸管或防腐层质量不良的管道，由于费用高，一般不宜采用； (3) 在杂散电流干扰强烈地区，丧失保护作用； (4) 投产调试工作较复杂

(二) 阴极保护准则

对埋地钢制管道阴极保护，美国腐蚀工程师协会(NACE)推荐的准则有较全面的规定，现列于下：

(1) 在通电情况下，测得构筑物相对饱和铜-硫酸铜参比电极间的负(阴极)电位至少为 0.85V。

(2) 通电情况下产生的最小负电位值较自然电位负偏移至少 300mV。

(3) 在中断保护电流的情况下，测得极化衰减。当中断电流瞬间，立即形成一个电位值，以此值为测定极化衰减的基准读数，测得的阴极极化电位差至少为 100mV。

（4）构筑物相对于土壤的负电位至少和原先建立的 $E-\lg I$ 曲线的塔菲尔曲线的初始电位点一样。

（5）所有电位均为从土壤电解质流向构筑物。

其中前三项在实践中常用，后两项测定比较复杂，一般很少使用。当有硫酸盐还原菌存在以及钢铁处在不通气环境中时，负电位应再增加 100mV，也就是 $-0.95V$。

在应用上列判定指标时，应注意测量误差，因地下管道阴极保护电位不是直接在管道金属和土壤介质接触界面上的某一点进行测量，而是将硫酸铜参比电极放在位于管道上方或在地面的遥远点上进行测量。管道金属和电解质溶液界面上测定的电位差，不同于管道金属与土壤间的电位差。这是由于电流流经管道，金属界面与硫酸铜参比电极之间的土壤产生附加电压降（IR 降）造成的。它会使测得的管道电位数值变得更负，即地面测量虽已达到保护电位，但管道和土壤界面上并不是每一点都达到了保护电位。这是防腐工作者在确定保护点位时应充分考虑的问题。

（三）管道阴极保护附属装置

1. 绝缘法兰

绝缘法兰是构成金属管道电绝缘的法兰接头的统称。它包括彼此对应的一对金属法兰，位于这对金属法兰间的绝缘密封零件，法兰紧固件以及紧固件与法兰电绝缘件。

安装绝缘法兰的目的是将被保护管道和非保护管道从导电性上分开。因为当保护电流流到不应受保护的管道上去以后，将增大阴极保护电源功率输出，缩短保护长度或引起干扰腐蚀。在杂散电流干扰严重的管段，绝缘法兰还被用来作为分割干扰区和非干扰区，降低杂散电流影响的一种干扰手段。同时，在某些特殊环境下（如不同材质，新旧管道连接等），绝缘法兰还是一种有效地防腐措施。

组装完毕的绝缘法兰两端应具有良好的电绝缘性，可在管道输送介质所要求的温度、压力下长期可靠地工作，并有足够的强度和密封性。绝缘法兰使用的绝缘垫片在管道输送介质中应有足够的化学稳定性，其他绝缘零件也要求在大气中不老化；同时应具有一定的机械强度，以保证这些零件在安装使用过程中不易破损，更换周期应不低于 4 年。绝缘法兰的结构应保证安装和可拆卸零件的拆卸，更换方便，材料容易获得和成本低廉。

有防爆要求的区域使用的绝缘法兰（接头）及在强电流的干扰下或雷暴区所使用的绝缘法兰，均要求采用一定的防护措施。常用的有二极管保护装置，锌（镁）接地电池等。

2. 阴极保护装置检测

测试桩：为检查测定保护管道参数而沿管道设置的永久性检测装置。它是在管道上每隔一段距离焊接测试导线并引出地面，同时置于保护钢管内。按其功能可分为电流测试桩和电位测试桩。利用测试桩可以测出被保护管道相应各点的管地电位，以及相应管段流过的平均保护电流。电位测试桩每隔 1~2km 安装一个。根据阴极保护设计的需要，安装在指定位置。

检查片：检查片是检验用薄片系统，用以定量检验阴极保护效果。检查片采用与被保护管道相同的钢材制成，埋设前需除锈、称重、编号。每两片一组，一片与被保护管道相连，另一片不与管道相连，做自然腐蚀比较片。每组中的两个检查片按 2~3km 的距离，成对埋设在管道的一侧。经过一段时间后挖掘出来称量其腐蚀失重。

经验证明，检查片的面积很小，用它模拟管道腐蚀与实际情况有很大的局限性和误差。由检查片求出的保护度偏低，只供参考。因此当确认阴极保护效果时，可不装检查片。

检查片相当于涂层漏敷点，不宜装设太多以免消耗过多的保护电流。检查片宜安装在预计保护度最低的地方，最好与测试桩安装在一起，以方便挖掘时寻找。

（四）外加电流阴极保护

1. 阴极保护站

一座阴极保护站由电源设备与站外设施两部分组成。电源设备是外加电流阴极保护站的"心脏"。它由提供保护电流的直流电源设备及其附属设施（如交、直流配电系统等）构成。站外设施包括通电点装置、阳极地床、架空阳极线杆（或埋地电缆），检测装置，均压线，绝缘法兰和其他保证管道对地绝缘的设施。站外设施是阴极保护站必不可少的组成部分，缺少其中任何一个设施都将使阴极保护站停止工作，或使管道不能达到完全的阴极保护。

直流电源：一般来说直流电源的要求是：

（1）安全可靠，长期稳定运行。

（2）电压连续可调，输出阻抗与管道-阳极地床回路相匹配，电源容量合适并有适当富裕。

（3）在环境温度变化较大时能正常工作。

（4）操作维护简单，价格合理。

可供选择的阴极保护电源形式有：市售交流电源，经整流器供出；小型引擎发电机组；（气）涡轮直流发电机组；风力直流发电机组；铅酸蓄电机池；太阳能电池；电发生器；燃料电池。

阳极地床又称阳极接地装置。阳极地床的用途是通过它把保护电流送入土壤，再经土壤流进管道，使管道表面阴极极化。阳极地床在保护管道免受土壤腐蚀的过程中，自身遭受腐蚀破坏，它代替管道承受了腐蚀。

阳极地床发生腐蚀的原因是电流在导体与电解质溶液界面间的流动，产生了电极反应。阳极发生氧化反应，阳极发生还原反应。在氧化反应中金属的化合价增大，金属解离产生腐蚀，如铁氧化生成 FeO 或 Fe_2O_3，它的化合价就从零价变为正二价或正三价。还原反应则与之相反。阴极发生腐蚀的程度与总电流量成正比，服从法拉第电解定律，也受电解质溶液的电离程度，温度等因素的影响。

对阳极地床的基本要求是：

（1）接地电阻应在经济合理的前提下，与所选用的电源设备相匹配。

（2）阳极地床应具有足够的使用年限，深埋式阴极地床的设计使用年限不宜小于 20 年。

（3）阳极地床的位置和结构应使被保护管道的电位分布均匀合理，且对邻近地下金属构筑物干扰最小。

（4）由阳极地床散流引起的对地电位梯度应不大于 5V/m，设有护栏装置时不受限制。

根据上面的基本要求，在阴极保护站站址选定的同时，应在预选址处管道一侧（或两侧）选择阴极地床的安装位置。通常需满足以下条件：

（1）地下水位较高或潮湿低洼地。

（2）土层厚，无块石，便于施工。

（3）土壤电阻率一般应在 $50\Omega \cdot m$ 以下，特殊地区也应小于 $100\Omega \cdot m$。

（4）对邻近地下金属构筑物干扰小，阳极地床与被保护管道之间不得有其他金属管道。

（5）人和牲畜不易碰到。

（6）考虑阳极地床附近地域近期发展规划及管道发展规划，避免今后搬迁。

（7）阳极地床位置与管道通电距离适当。

实际上这些要求仅是一般原则，现场情况常常是很复杂的。一个比较理想的阳极地床位置常由多个位置比较后择优确定。

常用阳极地床材料有碳素钢、石墨、高硅铸铁、磁性氧化铁等。常用阳极地床材料性能见表6-3。阳极地床的结构形式有立式、水平式、联合式及深井式等，应根据不同环境选用。

表 6-3　常用阳极地床材料性能表

性能\材料	碳素钢	石墨	高硅铸铁	磁性氧化铁
相对密度	7.8	0.45~1.68	7	5.1~5.4
20℃电阻率/$\Omega \cdot cm$	17×10^{-6}	700×10^{-6}	72×10^{-6}	3×10^{-2}
抗弯刚度/（kg/cm²）	—	80~130	14~17	与高硅铸铁相似
抗压强度/（kg/cm²）	—	140~350	70	与高硅铸铁相似
消耗率/[kg/（A·a）]	9.1~10	0.4~1.3	0.1~1	0.02~0.15
允许电流密度/（A/m²）	—	5~10	5~80	100~1000
利用率/%	50	66	50	—

2. 基本计算公式

（1）沿管道电位、电流的分布及保护长度的计算公式。在一条管道上只建有一座阴极保护站，且两端不作电气绝缘，那么保护电流沿着管道两侧自由延伸，这种保护管段叫无限长保护管段。若管道两端设置绝缘法兰，或处于两个阴极保护站之间的管道，因保护电流受到限制，就叫有限长保护管段。这两种保护方式的电位、电流分布和保护长度不一样。

a. 无限长保护管道的计算。在离汇流点 x 处取一微元段 dx，由于通入外电流以后的阴极极化作用，dx 小段处的管地点为往负的方向偏移，设其偏移值为 E，E 等于通电后的保护电位与自然电位之差。

设单位长度金属管道的电阻为 r_T，单位面积的防腐层过度电阻为 R_P，单位长度上电流从土壤流入金属管道的过度电阻为 R_T，如管道外径为 D，则 $R_T = R_P / \pi D$。

在 dx 小段上电流的增量 dI 就是在该小段上从土壤流入管道的保护电流，由于忽略土壤电压降，故

$$dI = -\frac{E}{R_T}dx \quad 即 \quad \frac{dI}{dx} = -\frac{E}{R_T} \tag{6-2}$$

负号表示电流的流动方向与 x 的增量方向相反。

当电流 I 轴向流过管道时，由于管道金属本身的电阻所产生的压降为

$$dE = -Ir_Tdx \quad 即 \quad \frac{dE}{dx} = -Ir_T \tag{6-3}$$

对以上二式求导，并取 $a = \sqrt{\dfrac{r_T}{R_T}}$，可得

$$\frac{d^2I}{dx^2} - a^2I = 0 \tag{6-4}$$

$$\frac{d^2E}{dx^2} - a^2E = 0 \tag{6-5}$$

$$I = A_1 e^{ax} + B_1 e^{-ax} \qquad (6-6)$$

$$E = A_2 e^{ax} + B_2 e^{-ax} \qquad (6-7)$$

式中，系数 A_1、A_2、B_1、B_2 可根据边界条件求出。

对于无限长保护管道，其边界条件为：汇流点处 $x=0$，$I=I_0$，$E=E_0$。I_0 为管道一侧的电流，距汇流点无限远处 $E=0$，$I=0$，$E=0$。将此边界条件代入通解式(6-6)式(6-7)中，得

$$A_1=0,\ B_1=0,\ A_2=0,\ B_2=E_0$$

故无限长保护管道的外加电流及电位的分布方程式为

$$E = E_0 e^{-ax} \qquad (6-8)$$

$$I = I_0 e^{-ax} \qquad (6-9)$$

由式(6-8)和式(6-9)可解出沿线各处电位与电流的相互关系为

$$\frac{\mathrm{d}E}{\mathrm{d}x} = -Ir_\mathrm{T} = \frac{\mathrm{d}E_0 e^{-ax}}{\mathrm{d}x} = -aE_0 e^{-ax}$$

$$I = \frac{a}{r_\mathrm{T}} E_0 e^{-ax}$$

在汇流点处，$I_0 = \dfrac{a}{r_\mathrm{T}} E_0 = \dfrac{E_0}{\sqrt{R_\mathrm{T} r_\mathrm{T}}}$ ，故汇流点一侧的电流为

$$I_0 = \frac{a}{r_\mathrm{T}} E_0 = \frac{E_0}{\sqrt{R_\mathrm{T} r_\mathrm{T}}} \qquad (6-10)$$

汇流点处的总电流就是该保护装置的输出电流，它等于管道一侧流至汇流点电流的 2 倍，即 $I=2I_0$。

式(6-8)和式(6-9)说明当全线只有一个阴极保护站时，管道沿线的电位及电流值按对数曲线规律下降。在汇流点附近的电位和电流值变化激烈，离汇流点越远变化越平缓。曲线的陡度决定于衰减因数 $a=\sqrt{\dfrac{r_\mathrm{T}}{R_\mathrm{T}}}$ 主要是防腐层过度电阻 R_T 的影响。

如前所述，由于最大保护电位是有限的，故汇流点处的电位应小于或等于最大保护电位 E_max。当沿线的管地电位降至最小保护电位 E_min 处，就是保护段的末端时，一个阴极保护站所可能保护的一侧的最长距离可由式(6-8)算出。取 $E_0=E_\mathrm{max}$，$E=E_\mathrm{min}$，$x=L_\mathrm{max}$ 代入，可得

$$E_\mathrm{min} = E_\mathrm{max} e^{-aL_\mathrm{max}}$$

$$L_\mathrm{max} = \frac{1}{a} \ln \frac{E_\mathrm{max}}{E_\mathrm{min}} \qquad (6-11)$$

由式(6-10)和式(6-11)可见，阴极保护管道所需保护电流 I_0 的大小和可以保护管道长度受防腐层过度电阻的影响很大。防腐层质量好，则电能消耗少，保护距离也长。目前按标准规范要求，在设计计算中常取防腐层的 $R_\mathrm{P}=10000\Omega \cdot \mathrm{m}^2$，对于合成树脂类防腐层均会高出此值。

计算中需要注意的是，式(6-11)中的 E_min 和 E_max 均为阴极极化值，相对自然电位的偏移值，而前面所述最大和最小保护电位相当于硫酸铜电极测得的极化电位。在大多数土壤中，用硫酸铜电极测得的钢管的自然电位约在 $-0.50 \sim -0.60\mathrm{V}$ 之间。若实测平均值为 $-0.55\mathrm{V}$，当取最大保护电位为 $-1.20\mathrm{V}$，最小保护电位为 $-0.85\mathrm{V}$ 时，其阴极极化值为

$$E_{max} = -1.20 - (-0.55) = -0.65V$$
$$E_{min} = -0.85 - (-0.55) = -0.30V$$

对于长度超出一个阴极保护站保护范围的长距离管道，常需在沿线设若干个阴极保护站，其保护段长度应按有限长保护管道计算。

b. 有限长保护管道的计算。有限长保护管道的保护段是指两个相邻的阴极保护站之间的管段，两端设有绝缘接头的管段近似以有限长保护管道考虑，其极化电位和电流的变化受两个阴极保护站的共同作用。由于两个站的相互影响，将使极化电位变化曲线抬高。因此，有限长保护管道比无限长保护管道的保护距离长。

设两个阴极保护站间距为 $2L$，在中间处 $(L=X)$ 正好处于保护所需的最小保护电位，即 $E_1 = E_{min}$。电位变化曲线在中点处发生转折。由于保护电流来自两个站，其电流流动方向相反，故在中点处电流为零，边界条件为 $X=0$，$I=I_0$，$E=E_0$；$X=0$，$I=0$，$E_1=E_{min}$，$\dfrac{dE_1}{dx}=0$。

代入通解式(6-8)和式(6-9)，可得

$$E = E_0 \frac{ch[a(l-x)]}{ch(al)} \tag{6-12}$$

$$I = I_0 \frac{sh[a(l-x)]}{sh(al)} \tag{6-13}$$

式中，$ch(m)$ 和 $sh(m)$ 分别为双曲函数的余弦和正弦。

由式(6-3)和式(6-12)得

$$I = -\frac{1}{r_T} \cdot \frac{dE}{dx} = -\frac{1}{r_T} \cdot \frac{d}{dx} \cdot E_0 \cdot \frac{ch[a(l-x)]}{ch(al)} = \frac{E_0}{\sqrt{R_T r_T}} \cdot \frac{sh[a(l-x)]}{sh(al)}$$

在汇流点处 $X=0$，$I=I_0$，代入上式得汇流一侧电流为

$$I_0 = \frac{E_0}{\sqrt{R_T r_T}} th(al) \tag{6-14}$$

由式(6-12)可求出：

$$E_{min} = \frac{E_{min}}{ch(al_{max})}$$

得有限长保护管道一侧的保护长度为

$$l_{max} = \frac{1}{a} \operatorname{arch} \frac{E_{max}}{E_{min}} = \frac{1}{a} \ln\left[\frac{E_{min}}{E_{max}} + \sqrt{\left(\frac{E_{min}}{E_{max}}\right)^2 - 1} \right]$$

考虑到双曲余弦函数 $ch(al) = \dfrac{1}{2}(e^{al}+e^{-al})$ 这项很小，可忽略，故可将上式简化为

$$L_{max} = \frac{1}{a} \ln \frac{E_{max}}{E_{min}} \tag{6-15}$$

利用上述公式进行阴极保护计算，往往计算值与实际选择的站址存在一定差异，这除了计算公式本身有误差外，还与现场情况变化有关。计算公式的推导都是认为钢管电阻和防腐层电阻是常值，即管道是连续均匀电阻的导体，防腐层电阻在整个保护长度内是均匀的，沿线土壤电阻率也是均匀的。而实际上并非如此，这就不免要产生误差。因此，地下金属管道

阴极保护站站址是根据被保护管道总长度和有关参数，计算出单站阴极保护长度，然后结合管道沿线站场(压气站、计配站、清管站等)分布情况来确定的，其基本公式列于表 6-4 中。

表 6-4 阴极保护基本计算公式

类别名称	无限长保护管道	有限长保护管道	符号意义
电位	$I=I_0$	$E=E_0\dfrac{ch[a(1-x)]}{ch(al)}$	E_{max}——保护末端最大保护电位偏移值，V； E_{min}——护末端最小保护电位偏移值，V； I——通电点处总的保护电流，A；
电流	$I=I_0e^{-ax}$	$I=I_0\dfrac{[a(1-x)]}{ch(al)}$	l_1——无限长保护管道一端的长度，m； l_2——有限长保护管道一端的长度，m；
保护长度	$l_1=\dfrac{1}{a}\ln\dfrac{E_{max}}{E_{min}}$	$l_2=\dfrac{1}{a}\ln2\dfrac{E_{max}}{E_{min}}$	∂——衰减因子，m^{-1}； ρ_t——钢管电阻率，$\Omega\cdot m$； r_1——钢管防腐层表面电阻率，$\Omega\cdot m$；
衰减因子	$a=0.032\sqrt{\dfrac{\rho_t D}{(D-T)Tr_1}}$	$a=0.032\sqrt{\dfrac{\rho_t D}{(D-T)Tr_1}}$	D——钢管外径，mm； T——钢管壁厚，mm

3. 阳极地床计算公式

阳极地床计算公式见表 6-5。

表 6-5 阳极地床计算公式

型式 类别	立式 $L\gg d$ 和 $\dfrac{4t}{L}>2$ 时	水平式 $L>2$ 和 $\dfrac{L}{2t}>2.5$ 时	混合式
无填料	$R_A=\dfrac{0.036}{L}\left(\lg\dfrac{2L}{\alpha}+\dfrac{1}{2}\lg\dfrac{4t+L}{4t-L}\right)$	$R_{A1}=\dfrac{0.036}{L}\left(\lg\dfrac{L^2}{dt}+0.301\right)$	$R_K=\dfrac{R_A R_{A1}}{n\eta\eta_2 R_{A1}+\eta_1 R_A}$
有填料	$R_A=\dfrac{\rho}{2\pi L}\left[\ln\dfrac{L}{r'}+\dfrac{1}{2}\ln\dfrac{4h+3L}{4h+L}+\dfrac{\rho'}{\rho}\ln\dfrac{2r'}{\alpha}\right]$	$R_{A1}\approx\dfrac{\rho}{2\pi L}\ln\dfrac{L^2}{dt}$	

符号意义

R_A——立式阳极地床接地电阻，Ω；

R_K——混合式阳极地床接地电阻，Ω；

R_{A1}——水平式阳极地床接地电阻，Ω；

ρ'——焦炭填料电阻率，$\Omega\cdot m$；

ρ——埋设点土壤电阻率，$\Omega\cdot m$；

t——埋深，m；

n——立式阳极根数；

η_1——立式阳极被水平阳极屏蔽系数，可取为 0.95；

η_2——立式阳极被立式阳极屏蔽系数，可取为 0.95；

η——立式阳极屏蔽系数；

L——阳极长度，m；

r'——焦炭填料半径，m；

h——阳极至地面的距离，m；

d——管状阳极直径(含焦炭填料)，m；

α——衰减因子，m^{-1}。

（五）牺牲阳极保护

1. 牺牲阳极材料性能要求

牺牲阳极保护实质上是应用了不同金属间电极电位差的工作原理。当钢铁管道与电位更负的金属连接，并且两者处于同于电解液中（如土壤）时，则电位更负的金属作为阳极在腐蚀过程中释放出电流，钢铁管道作为阴极，接受电流并阴极极化。因此牺牲阳极材料性能需要满足以下要求：

（1）阳极材料要有足够负的电位（驱动电位大），可供应充分的电子，使被保护体阴极极化。

（2）阳极极化率小，活化诱导期短，在长期放电过程中能保持表面的活性，使电位及输出电流稳定。

（3）单位质量消耗所提供的电量较多，单位面积输出的电流较大，且自腐蚀小，电流效率高。

（4）阳极溶解均匀，腐蚀产物松软易落，不附着于阳极表面，不形成高电阻硬壳。

（5）价格低廉，材料来源充足，制造工艺简单，无公害，生产、施工方便。

2. 牺牲阳极种类及规格

常用的牺牲阳极有镁及镁合金、锌及锌合金以及铝合金三大类，他们的电化学性能列于表 6-6 中。

表 6-6　牺牲阳极的电化学性能

性能		单位	Mg、Mg 合金	Zn、Zn 合金	Al、Al 合金
相对密度		1	1.74~1.84	7.14	2.83
开路电位（SCE）		V	−1.60~−1.55	−1.05	−1.08
对钢的有效电压		V	−0.75~−0.65	−0.20	−0.25
理论产生电量		A·h/g	2.21	0.82	2.87
海水中 3mA/cm²	电流效率	%	50	95	80
	实际产生电量	A·h/g	1.10	0.78	2.30
	消耗率	kg/(A·h)	8.0	11.8	3.8
土壤中 0.3mA/cm²	电流效率	%	40	65	65
	实际产生电量	A·h/g	0.88	0.53	1.86
	消耗率	kg/(A·h)	10.0	17.25	4.86

（1）镁合金牺牲阳极。镁合金是最常用的牺牲阳极材料，其特点是高的开路电位，低的电化当量和好的阳极极化特性，缺点是电流效率低且自腐蚀大。土壤中多使用梯形截面的棒状阳极或带状阳极。典型配方列于表 6-7。

表 6-7　镁合金牺牲阳极的典型配方　　　　　　　　　　　　　　%

阳极系列	化学成分							
	Al	Zn	Mn	Si	Mg	Cu	Ni	Fe
纯镁	<0.01	<0.03	<0.01	<0.01	>99.95	<0.001	<0.001	<0.002
镁锰	<0.01	—	0.5~1.3	—	余量	<0.02	<0.001	<0.03
镁铝锌锰	5.3~6.7	2.5~3.5	0.15~0.60	<0.1	余量	<0.02	<0.003	<0.005

（2）锌合金牺牲阳极。锌是阴极保护中应用最早的牺牲阳极材料。锌合金牺牲阳极在土壤中阳极性能好，电流效率高，缺点是激励电压小，适于在土壤电阻率较低的环境中使用。土壤中多使用梯形截面的棒状阳极和带状阳极。典型配方列于表6-8中。

表6-8　锌合金牺牲阳极典型配方　　　　　　　　　　　　　　　　%

阳极系列	化学成分					
	Al	Cd	Zn	Fe	Cu	Po
ASTMII	<0.005	<0.003	余量	<0.0014	—	—
Zn-Al-Cd	0.3~0.6	0.05~0.12	余量	<0.005	<0.005	<0.006
Zn-Al-Cd	0.1~0.5	0.025~0.15	余量	<0.005	<0.005	<0.006
Zn-Al	0.3~0.6	—	余量	<0.005	<0.005	<0.006

（3）铝合金牺牲阳极。铝具有足够的负电位，又有高的理论电流输出。但由于铝的自钝化性能，所以钝铝不能作为牺牲阳极材料。目前已开发的铝合金系列牺牲阳极的典型配方列于表6-9中。

表6-9　铝合金系列牺牲阳极典型配方　　　　　　　　　　　　　　%

阳极系列	化学成分					
	Zn	Hg	In	Cd	Si	Al
Al-Zn-Hg	0.45	0.045	—	—	—	余量
Al-Zn-In-Si	3.0	—	0.015	—	0.1	余量
Al-Zn-In-Cd	2.5~4.5	—	0.018~0.05	0.005~0.02	<0.13	余量
Al-Zn-In-Sn	2.2~5.2	Sn0.018~0.035	0.002~0.045	—	<0.13	余量

铝合金牺牲阳极电流效率和溶解性能随阳极成分、制造工艺的不同差异较大。在土壤中常由于胶体 $Al(OH)_3$ 的聚集而使阳极过早报废。因此，锌合金牺牲阳极在土壤中的应用还有待于探索。

（六）牺牲阳极的作用

1. 阳极种类的选择

土壤中选择何种牺牲阳极材料主要根据土壤电阻率、土壤含盐类型、被保护管道防腐层状态及经济性来确定。一般来说，高土壤电阻率选用镁阳极，低土壤电阻率选用锌阳极。而铝阳极目前还没统一认识，国外不主张用于土壤中。表6-10列出了推荐意见。

表6-10　土壤中牺牲阳极推荐使用范围

土壤电阻率/Ω·m	>100	60~100	15~60	<30 潮湿环境	<15
推荐采用的牺牲阳极	不宜采用牺牲阳极	纯镁、镁锰合金系列	镁、铝、锌锰系列阳极	锌合金牺牲阳极	锌合金牺牲阳极

2. 牺牲阳极填包料

土壤中使用牺牲阳极时，为降低阳极接地电阻，增大发生电流，并达到消耗阳极均匀的目的，必须将牺牲阳极置于特定的低电阻率的化学介质环境中，此称填包料。再填包料中，牺牲阳极处于最佳工作环境，具有最好的输出特性和高的效率，而且阳极腐蚀产物疏松，降低了对电流的限制。每种牺牲阳极都有与其性能相适应的一种或几种较好的填包料，见表6-11。

表 6-11　牺牲阳极填包料

阳极类型	填包料成分的质量分数/%						应用环境电阻率/Ω·m
	石膏粉	硫酸钠	硫酸镁	生石灰	氯化钠	膨润土	
镁阳极	50	—	—	—	—	50	≤20
	25	—	25	—	—	50	≤20
	75	5	—	—	—	20	>20
	15	15	20	—	—	50	>20
	15	—	35	—	—	50	>20
锌阳极	25	25	—	—	—	50	潮湿土壤饱水土壤
	50	5	—	—	—	45	
	75	5	—	—	—	20	
铝阳极	—	—	—	20	60	20	
	—	—	—	30	50	20	

四、杂散电流的腐蚀与防腐

杂散电流腐蚀是由非指定回路上流动的电流引起的外加电流腐蚀。通常称沿规定回路以外流动的电流为杂散电流，或称迷走电流。大地中形成杂散电流表现为直流、交流和大地中自然存在的地电流三种，形成杂散电流的有原因较多，而且各有特点。

直流杂散电流主要来自于直流电接设备、电焊机、直流输电线路等，其中以直流电气化铁路最具代表性，对埋地管道造成的影响和危害也是最大的。杂散电流引起的地电位差可达几伏至几十伏，对埋地管道具有干扰范围广、腐蚀速度大的特点，造成新建管道在半年内出现腐蚀穿孔多次也是常见的。直流杂散电流的腐蚀机理是电解作用。

交流杂散电流主要来源是交流电气化铁路、输配电线路及其系统，通过阻性、感性、容性耦合对向邻近的埋地管道或金属体质造成干扰，使管道中产生电流，电流进出管道而导致腐蚀。它对地下油气管道的干扰和防护是国内外研究的课题。

地中存在的自然地电流，除了主要由地磁场的变化感应出来以外，还有由于大气中离子的移动，产生空中至地面的空地电流，地中的物质和温度不均匀引起的电动势以及地中各种宏电池形成的电位差等。一般情况下，地磁场变化引起的地中电流很小，可以忽略。但各种宏电池形成的电位差，可达 0.2~0.4V，应考虑其引起的腐蚀。

（一）直流电力系统引起的腐蚀

电车、电气化铁路以及以接地为回路的输电系统等直流电力系统，都可能在土壤中产生杂散电流，图 6-1 为地下管道受电车供电系统杂散电流腐蚀的原理图。

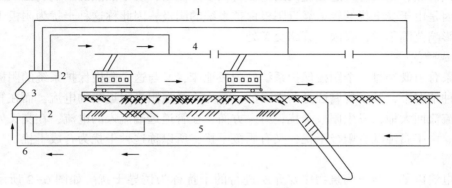

图 6-1　杂散电流腐蚀原理图
1—输出馈电线；2—汇流排；3—发动机；4—电车动力线；5—管道；6—负极母线

电流从供电所的发电机流经输出馈电线、电车、轨道，经负极母线返回发动机。电流在铁轨上流动的过程中，当流动到铁轨接头电阻大处，部分电流将由轨道对地的绝缘不良处向大地漫流，流入经过此处的管道，又从管道绝缘不良处流入大地，再返回铁轨。杂散电流的这一流动过程形成了两个由外加电位差引起的腐蚀电池使铁轨和金属管道遭受腐蚀，而且比一般的土壤自然腐蚀要强烈。

杂散电流的数值是随行驶在路上的车辆数量、车辆间相互位置、车辆运行的时间、轨道状态、土壤情况以及地下管道系统的情况而变化的。从测量管道上任意一点昼夜管地电位的变化，可以看出杂散电流的变化情况。显然一天中车辆运动最频繁的时候，电位和电流值达到峰值；当车辆减少和电机短路时，电位和电流值降低。从管道沿线电位的变化图上可以判断腐蚀电池的阳极区和阴极区以及遭受腐蚀最严重的部位。

影响管道杂散电流腐蚀的主要因素是负荷电流的大小和形态、管道对地的绝缘性和土壤电阻率的大小。负荷电流的大小由运输生产的要求决定，但电车的运行状态如电车的起步、加速、匀速、刹车及电车的移动，将对杂散电流的大小和分布有着重要的影响。提高管道防腐层的绝缘电阻，有利于减小流入管道中杂散电流的数量，从而减轻干扰影响。但要注意的是，防腐层整体的绝缘性越好，若局部地区存在明显的缺陷时，杂散电流腐蚀的局部性和集中性将显得更为突出，孔蚀速率越大。土壤电阻率不仅影响杂散电流的大小，而且也是影响干扰腐蚀范围的重要因素之一。

（二）阴极保护系统的干扰腐蚀

阴极保护系统的保护电流流入大地，使附近金属构件遭受此地电流的腐蚀，引起土壤电位的改变，产生干扰腐蚀。导致这种腐蚀的情况各不相同，可能有以下几种情况。

1. 阳极干扰

阴极保护系统中阳极地床附近的土壤中形成正电位区，电位的高低决定于地床形态、土壤电阻率一级保护系统的输出电流。若有其他金属管道通过这个区域，部分电流将流入管道，电流沿管道流动，又从金属管道的适当位置流回大地。电流从管道流入大地处为发生腐蚀的区域。由于这种情况遭受腐蚀的原因是因为受干扰的管道接近阴极保护系统的阳极地床，所以称为阳极干扰。

2. 阴极干扰

阴极保护系统中受保护的管道附近的土壤电位，较其他区域的电位低，若有其他的金属管道经过该区域，则改管道远端流入的电流将从该处流出，发生强烈的干扰腐蚀。由于遭受腐蚀的原因是由于受干扰的管道靠近阴极保护系统的阴极，因此称这种干扰为阴极干扰。阴极干扰的影响范围不大，仅限于管路交叉处。

3. 合成干扰

当一条管道既经过一个阴极保护系统的阳极地床，又与这个阴极保护系统的阴极发生交叉，在这种情况下，其干扰腐蚀是两方面的：一方面是在阳极附近或的电流，而在管道的某一部位电流流回大地，发生阳极干扰；另一方面，在管道远端流入的电流，在交叉处流出而引起腐蚀。由于腐蚀既有阳极干扰，又有阴极干扰，所以称这种干扰为合成干扰。

4. 诱导干扰

地中电流以某一金属构筑物作媒介所进行的干扰称为诱导干扰。如图6-2所示，某地下管道经过某阴极保护系统的阳极附近而又不靠近阴极（称管道1），另一条地下管道与此相反，它恰好与该阴极保护系统的阴极交叉但不经过阳极（称管道2），但是它们同时与另一条地下管道(或其他金属构筑物)交叉(称管道3)。显然，管道1遭受的干扰为阳极干扰，管道2遭受的干扰为阴极干扰，管道3是一条起诱导作用的管道，它遭受的腐蚀称为诱导干扰。这三条管道电流流出的部位发生强烈的腐蚀。

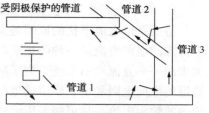

图 6-2　诱导干扰示意图
管道1—阳极干扰管道；管道2—阴极干扰管道；管道3—诱导干扰管道

5. 接头干扰

接头处由于电位不平衡而引起的腐蚀(称为接头干扰)，例如，绝缘法兰的阴极干扰既属此种腐蚀。绝缘法兰的装设也会产生潜在的不利因素，法兰两侧由于带电程度不同，一般有 0.5V 左右的电位差，是非保护管道产生干扰影响，造成加速腐蚀。这种腐蚀多发生在距绝缘法兰 5~10m 之内，所以规定在两侧 10m 之内的管道防腐覆盖层做特加强级防护。

(三) 直流杂散电流腐蚀的特点

直流杂散电流腐蚀与自然腐蚀相比，有以下特点：

(1) 腐蚀部位与外观特征不同。如钢铁在土壤中的自然腐蚀，多生成疏松的红褐色的产物 $Fe_2O_3 \cdot 3H_2O$ 和相对紧密的黑褐色的产物 $Fe_3O_4 \cdot nH_2O$，这些生成物有分层结构。除去腐蚀产物后所暴露的腐蚀坑，没有金属光泽，边缘不清楚。而典型的干扰腐蚀，腐蚀产物多呈粉末状，无分层现象，蚀坑中能见到金属光泽，边缘也较清晰。

(2) 自然腐蚀和干扰腐蚀都属于电化学腐蚀，但自然腐蚀是原电池作用结果，干扰腐蚀是电解池作用结果。因此干扰腐蚀的腐蚀量与流经的电池量和时间成正比，通过电解法则进行计算。

(3) 自然腐蚀和干扰腐蚀中的阴极反应都可能是氢离子的还原反应。但是由于干扰腐蚀中阴极区的电位很负，有可能发生析氢破坏。而一般自然腐蚀的阴极电位达不到发生析氢破坏的地电位。

(四) 直流干扰的判定指标

埋地管道是否受到干扰以管地电位的变化为判据，最明显的特征是管地电位的正、负交替。对此，各国根据本国的国情制定了自己的标准。例如，英国标准(BSI)以 +20mV 为指标，德国把标准定为 +100mV，而日本则以 +50mV 为判定指标。我国的电铁和埋地管道的数量虽然没有发达国家那么多，但存在分布集中的特点，而且已有的直流电铁和管道的绝缘水平较低，对泄漏电流量在法律上也没有限制，因此干扰和干扰腐蚀特别严重。鉴于我国的国情，目前把干扰腐蚀的判定标准分为两个台阶：一是确定干扰存在的标准，二是必须采取措施的标准。具体为：

(1) 当在管道上任意点的管地电位差较自然电位正向偏移 20mV 或管道附近土壤的电位梯度大于 0.5mV/m 时，确定有直流干扰。

(2) 当在管道上任意点的管地电位差较自然电位正向偏移 100mV 或管道附近土壤的电位梯度大于 2.5mV 时，管道应采取保护措施。

(五) 直流干扰的防护措施

对直流杂散电流干扰的防护一定要从干扰源和干扰体这两方面进行考虑：从干扰源方面来说，尽可能减小泄漏电流；从干扰体方面来看，尽可能少受影响。

1. 最大限度减少干扰源的泄漏电流

造成杂散电流干扰的原因是大地中存在来自于各种电气设备产生的泄漏电流，因此减少干扰源的泄漏电流是一种防止杂散电流干扰的积极而又重要的措施。对于地中杂散电流的一大来源——直流牵引系统，为了减小流入大地的杂散电流，尽可能高压、低电流运行，减少轨道的纵向电阻和增大轨道接地电阻等。减小阴极保护系统中的各种干扰，必须限制阴极保护站的输出电流，尽可能采用牺牲阳极法的阴极保护，通过提高管道防腐层的质量以降低保护电流。

2. 保持足够的安全距离

离干扰源越远，杂散电流就越小，因此保持与干扰源一定的安全距离是减小杂散电流腐蚀的一个措施。一般新建管道，要与电气化铁道和其他阴极保护系统中的阳极地床保持500m以上的安全距离；阴极保护管道与邻近去他金属管道、通讯电缆平行埋设间距不宜小于10m；交叉式，管道间净距不小于0.3m，与电缆的净距不小于0.5m。

3. 增加回路电阻

是干扰体尽可能少受干扰的一个措施是尽可能提高干扰体的绝缘程度。因此凡可能遭受杂散电流腐蚀的管路，其防腐层的等级应为加强级或特加强级。例如，当达不到安全距离辐射时，在小于安全距离段以及两端各延伸10m以上的管段应做特价强级防腐。

4. 排流保护

如果把在管道中流动的杂散电流直接引流回（不再经大地）电铁的回归线（铁轨等），流动的电流将成为阴极保护电流，所以不仅不会对管道产生腐蚀，而且可以起到保护作用。要做到这一点，需要将管道与电铁回归线用导线做电气上的连接，这一做法称排流法。利用排流法保护管道不遭受电蚀，称为排流保护。排流保护是直流干扰防护的不可缺少的措施。

依据排流接线回路的不同，排流法分为直接、极性、强制和接地四种排流方法，其接线示意图如图6-3所示。

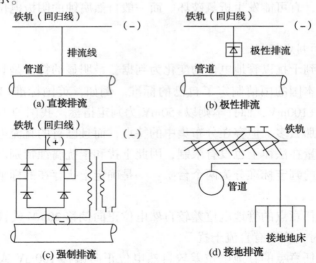

图6-3　排流保护示意图

（1）直接排流法。直流排流法是把管道与电铁变电所中的负极或回归线（铁轨），用导线直接连接起来。这种方法无需排流设备，最为简单，造价低，排流效果好。但是当管道对地电位低于铁轨对地电位时，铁轨电流将流入管道内，产生逆流。所以这种排流法只适合于铁轨对地电位永远低于管地电位、不会产生逆流的场合。

（2）极性排流法。由于符合的变动、变电所负荷分配的变化等，管地电位低于铁轨对地电位而产生逆流的现象比较普遍。为了防止逆流，使杂散电流只能有管道流入铁轨，必须在排流线中设置单向导通的二极管整流器、逆电压继电器等装置，这种装置称为排流器。具有这种防止逆流的排流法称极性排流法，这是国内外最经常使用的排流方法。

能阻止逆流的排流器应具备下列条件：在轨-管间电压在较大范围内变化时也能可靠工作；正向电阻小，反向耐压大，逆电流小；持久耐用，不易发生故障；能适应现场恶劣环境条件；维修简单、方便；能自动切断异常电流，防止对排流器和管道造成损伤。

极性排流器一般有半导体式和继电器式两种。半导体式排流器，没有机械动作部分，维修简单，逆电流小，耐久性好，造价低。但当轨-管电压（排流驱动电压）低时，排流量小，驱动电压低到一定程度时，不能动作排流。过去一般使用硒半导体，他的正向电阻小。目前大多使用硅二极管。硅二极管整流特性好，但是不耐电压冲击。

（3）强制排流法。强制排流法是在管道和铁轨的电气接线中加入直流电流，促进排流的方法，如图6-3（c）所示。这种方法可以看做以铁轨为辅助阳极的强制电流阴极保护。因为全部铁轨接地电阻很低，所以做接地阳极是非常适宜的。这种方法有可能造成是管道发生过保护、铁轨家中腐蚀的局面，同时可能对其他埋地管道或构筑物产生干扰影响，因此不能随意采用，尽量将排流量控制到最低。

由于铁轨对地电位变化大，逆流问题同样存在。因此要达到良好的排流效果，不仅要求强制排流器的输出电压要比管-轨电压高，而且输出电压能随管-轨电压的变化而变化。

强制排流法主要用在一般极性排流法不能排流的特殊形态的点蚀，如轨地电位很大，电流从铁轨附近流入管道，要从远离铁轨的管道一端流出。

（4）接地排流法。以上三种方法都是通过管道与铁轨之间进行电气连接进行排流。但在一些特殊的情况下，以下的三种情况下均不能采用。

① 需要排流处距电轨太远，若向铁轨排流，导线电阻较大，影响排流效果。

② 干扰源位于地下深层，它对其上层埋地管道的干扰，不能用其他的排流方法进行消除，因为排流线很难或无法与井下铁轨进行连接。

③ 由于直接排流、极性排流和强制排流都将电流引回电轨，这将对电轨的运行信号有一定的干扰影响，预防措施较难，另外强制排流法还会造成铁轨腐蚀，因此这些方面会给电轨运行的安全带来一定的威胁。

可见，在某些特殊的场合，不能采用直接、极性和强制排流法进行排流保护，而只能采用接地排流。接地排流有直接接地排流和间接接地排流两种方式。将极性排流中的排流器连接铁轨的一端改接到接地极上就是极性接地排流法。

接地排流法所用的接地极，可采用镁、锌和铝等牺牲阳极。为了得到较大的排流驱动电压，使用管地电位较低的场合，接电极的接地电阻越小越好，标准要求不应大于 0.5Ω。所以要求多只牺牲阳极并联埋设，埋设方法与牺牲阳极法埋设牺牲阳极的方法相同。埋设在靠路的一侧，距离管道的垂直距离 20m 左右为宜。

接地排流法实施简单灵活，且排流功率小，影响距离短，有利于排流工程中管地电位的调整。由于接地极采用的牺牲阳极，当管地电位比牺牲阳极的开路电位更负时，才能产生逆流，正常情况下可对管道提供阴极保护电流。

接地排流法的最大缺点是排流驱动电压低，导致排流效果差。同时接地体要经常检查，要及时更换。

五、长输管道的地面检测

（一）长输管道的检测特点

（1）管道检测作业距离长，位置变化大。检测一条管道往往要辗转几十公里乃至更远，位置可能从室内到室外、从厂内到厂外、从地面到高空、从地上到地下，给检测带来很大难度。

（2）管道沿线障碍物多，屏蔽多，很多地方无法接触和接近。例如，架在高空的管道、被保温材料包裹的管道、深埋于地下的管道以及穿越道路、堤坝的管道等，障碍和屏蔽使管道检测成本高甚至无法实施检测。

（3）管道及其附属设施众多，需要针对开展的检测项目种类繁多。例如，防腐保温系统检测、阴极保护系统检测、站场设施检测等，其中的每个检测项目包含了众多具体的检测技术，如电位梯度、电流梯度等。

（4）由于检测技术及其使用条件限制，即使某个明确检测项目也需要根据实际情况分段（ECDA分段），选择适合的技术实施检测。例如，在平原段防腐层破损点可采取ACVG或DCVG检测，而对于硬质路面下则选择电流梯度检测技术。

（二）检测工作思路、检测项目与常用仪器

1. 检测工作思路

长输管道检测工作的目的是发现管道缺陷，确保管道安全运行。因此，检测工作中开展的项目，取决于可能影响管道安全运行的各种问题；检测项目实际开展比例，取决于各种管道安全问题具体特点。

例如，某条管道沿线占压比较严重，可能影响管道的安全问题就是"占压物（地基沉降）对管道应力危害"和"占压物下管道腐蚀损伤情况"。根据这种情况，需要检测的内容至少应包括"管道探测测绘——确定管道占压位置"、"外防腐层检测——确认占压物下外防腐层效果"、"阴极保护效果检测——确认占压物下阴极保护率"，"占压物下超声导波检测——确认占压物下管道腐蚀损伤现状"以及"应力检测——确认占压物导致的管道应力集中情况"。

再例如，某条管道受杂散电流干扰，可能造成管道的危害就是"杂散电流腐蚀问题"。根据这种情况，需要检测的内容至少应包括"管道外防腐层检测——查找杂散电流可能的流入点"、"阴极保护系统状况——确认管道易发生腐蚀管道"、"杂散电流检测与排流——查找并制定排流方案"。

2. 检测项目与常用仪器

根据长输管道特点与管道运行中遇到的问题，依据TSG D7003—2010《压力管道定期检验规则——长输（油气管道）》要求，长输管道检测应包含以下项目：

（1）资料审查。资料审查内容包括被测管道安全管理资料（如安全制度、操作规则等）；技术档案资料（安装、改造、维修、竣工等验收资料与图册）；运行管理资料（如日常运行维护记录、隐患排查治理记录等）；管道定期检测、检验报告。通过资料审查确定被测管道主要存在的问题，并制定检测方案。

（2）管道路由探测与测绘。探明埋地管道及其附属设置的空间位置，如管道平面位置、埋深以及走向情况，为后续其他技术提供检测基础。具体包括管道特征点探测、标志桩位置检测，拐点、变深点、变坡点、阀门、分支、凝水缸及检查井、调压站、泵房等建构筑物标注。对于管道(金属)探测主要使用电磁技术,常见的仪器包括 RD-PCM、RD-4000 等。

管道探明成果通过测绘手段,采集其坐标数据,用于后续 GIS 建立或管道走向图的绘制。对于管道坐标采集常用 GPS 技术,根据现场要求不同,可选用手持 GPS(5m 精度)或差分式 GPS(厘米精度);在 GPS 信号受干扰管段,如城区、树林中,可采用全站仪测绘坐标。常用的 GPS 检测仪器有 GARMIN72 手持 GPS(5m 精度)、Q7 手持 GPS(亚米级)、V8 CORS 差分 GPS(厘米级);常用的全站仪有 GTS-330N。

(3)外防腐层防护状态检测。长输管道应按照一定周期对管道外防腐层的老化程度、破损定位与分类、破损处管体腐蚀状况实施检测。其中外防腐层老化程度常用电流梯度检测技术,常见的检测仪器有 RD-PCM 系列检测仪、C-SCAN 检测仪;管道破损点定位分类常用交、直流电位梯度检测技术,常见的检测仪器有 RD-PCM 配合"A"形架、专用 DCVG 检测仪、皮尔逊检测仪;管道破损点腐蚀活性检测使用 DCVG 检测技术,常见的检测仪器有专用 DCVG 检测仪。

(4)阴极保护有效性检测。长输管道应按照一定周期对管道的阴极保护系统(包括强制电流阴极保护系统、牺牲阳极阴极保护系统)实施常规或特殊检测,确认管道及其附属设施阴极保护效果。其中常用的检测手段为电压表加参比电极直接测量(包含 IR 降)、断电试片法(不包含 IR 降)、极化探头法(不包含 IR 降)、CIPS 密间距检测技术。常见的检测仪器有高阻抗电压表、参比电极、CIPS 检测仪。

(5)杂散电流检测。受到杂散电流干扰的长输管道,当直流干扰超过 100mV,交流干扰超过 6V 时,建议实施杂散电流检测,确认干扰源及干扰方式,并制定合理的排流方案。杂散电流检测主要包括排流预备性测试、排流工程测试、排流效果测试三部分。常用的检测仪器有 CIPS-Slogger 杂散电流数据记录仪、RD-SCM 杂散电流检测仪器。

(6)管道壁厚(缺陷)检测。对于防腐层质量较差、阴极保护率较低的,或者有腐蚀发生迹象的长输管道,易开展地面不开挖壁厚检测,确定腐蚀严重管段,制定开挖检测计划。目前可以在地面不开挖检测管道壁厚(缺陷)的技术有 TEM 瞬变电磁检测技术和磁应力检测技术。常见检测仪器为 GBH 管道腐蚀智能检测仪和 TSC-4M-16 应力集中检测仪。

(7)穿、跨越段检测。长输管道应对穿、跨越段实施重点检测,确认穿、跨越段管道或附属设施现状。常用的检测技术有超声导波检测技术和磁应力检测技术。超声导波常见仪器有 Teletest 检测仪、GUL Wavemaker G3 检测仪、MsSR3030R 磁致伸缩导波仪。

(8)无损检测。对于长输管道,如果具备条件(裸露管段),则可以根据情况选择常规无损检测技术实施测试。通常进行检测的是阀门等关键焊缝、管道穿、跨越入土前的管段以及其他可能出现问题的管段。常用的检测技术有超声探伤、射线拍照、磁粉检测。

(9)理化性能测试。对有可能发生 H_2S 腐蚀、材质劣化、材料状况不明的长输管道,或者使用年限已经超过 15 年并且进行过与腐蚀、劣化、焊接缺陷有关的维修改造的长输管道,一般应当进行管道材质检测。材质分析主要包括化学成分分析、硬度测试、力学性能测试及金相分析。

(10)直接开挖检测。依据各种检测技术检测结果,按照一定比例选择开挖检验点。开挖点应当结合资料调查中的错边、咬边严重的焊接接头、碰口与连头焊口、风险较高的管段以及使用中发生过泄漏、第三方破坏的位置选取。开挖检测多采取超声波测厚仪、防腐层厚度检测仪、腐蚀凹坑测试仪等设备直接测量。

3. 检测注意事项

长输管道缺陷检测技术大多是通过电信号、磁信号或声波信号来实现的，不同的仅是在结构、性能、功用上的差异。每种方法各有侧重，各有利弊。为克服单一检测技术的局限性，综合几种检测方法对缺陷进行检测可以弥补各项技术的不足。

例如，对于由阴极保护的管道，可先参考日常管理记录中(P/S，标准管/地电位检测技术)的测试值，然后利用 CIPS 技术测量管道的管地电位，所测得的断电电位可确定阴极保护系统效果，在判断防腐层可能有缺陷后，利用 DCVG 技术确定每一缺陷的阴极和阳极特性，最后利用 DCVG 确定缺陷中心位置，用测得的缺陷泄漏电流流经土壤造成的 IR 降确定缺陷的大小和严重性，以此作为选择修理的依据。对于未施加阴极保护的管道，可先用 PCM 测试技术确定电流信号漏失较严重的管段，然后再用 PCM 使用的 A 字架或皮尔逊检测技术精确定位防腐层破损点，确定防腐层破损大小。

（三）油气长输管道地面检测的常用技术与方法概述

油气长输管道运行过程中通常受到来自内、外两个环境的腐蚀，内腐蚀主要由输送介质、管内积液、污物以及管道内应力等联合作用形成；外腐蚀通常因防腐层破坏、失效产生。内腐蚀一般采用清管、加缓蚀剂等手段来处理，近年来随着管道业主对管道运行管理的加强以及对输送介质的严格要求，内腐蚀在很大程度上得到了控制。目前，国内外长输油气管道腐蚀控制主要发展方向是在外防腐方面，因而管道检测也重点针对因外腐蚀造成的防腐层缺陷及管道缺陷。通常情况下防腐层破损、失效处下方的管道同样受到腐蚀，管道外检测技术是在检测防腐层及阴极保护有效性的基础上，通过挖坑检测，达到检测管体腐蚀缺陷的目的，对于目前大多数不具备内检测条件的管道是十分有效的。管道内检测技术主要用于发现管道内外腐蚀、局部变形以及焊缝裂纹等缺陷，也可间接判断防腐层的完好性。

1. 油气长输管道非开挖外检测技术

埋地钢质管道的外防腐层保护一般由绝缘层和阴极保护组成的防护系统来承担。地下管道防腐层常因施工质量、老化、外力破坏等多种原因造成破损，实践证明，90%以上的腐蚀穿孔发生在防腐层破损处。因此，通过检测管道防腐层的损坏程度，可以得出管道受腐蚀的情况。基于这一原理研究出来的方法，其检测参数大多是管地电位的测量和管内电流的测量。在实现不开挖、不影响正常工作的前提下，对管道腐蚀状况进行检测的方法有管中电流法、密间隔电位检测法、瞬变电磁法等。

（1）电流梯度法(也称管中电流法、PCM 法)。管中电流检测技术是一种采用等效电流原理，分段评价防腐层绝缘电阻率的方法，其检测结果反映了防腐层的整体老化程度；当采用两种频率的电流同时检测时，还可以计算出防腐层电容率(反应管道剥离或充水程度的指标)，由于 RD-PCM 是该技术首先使用并且目前使用比例最高的，因此也称为 PCM 法。

检测时由发射机向管道发射某一频率的信号电流，电流流经管道时，在管道周围产生相应的磁场；当管道外防腐层完好时，随着管道的延伸，电流较平衡，无电流流失现象或流失较少，其在管道周围产生的磁场比较稳定；当管道外防腐层破损或老化时，在破损处就会有电流流失现象，随着管道的延伸，其在管道周围磁场的强度就会减弱。

这是目前国内外应用比较成熟的一种检测方法，可长间距快速探测整条管线的防腐层状况，也可缩短间距对破损点进行定性确认，属于非接触地面测量，受地面环境影响较小。其特点如下：

① 适合于埋地钢管防护层质量的检测、评价及破损点的定位，检测管线的走向及埋深、

搭接的定位，评价阴极保护系统的有效性，查找阴极保护系统故障点，检测精度较高。

② 操作简单，效率高，可建立数据库。

③ 数据处理软件只能分别对各个异常点分析解剖，绝缘层电阻值为某一段的平均值，当分段不合适时检测结果会受影响。

④ 受电磁干扰影响大，在干扰区检测时，检测误差较大。

⑤ 只能评价管道的外防腐层情况，对管道是否腐蚀或腐蚀程度不能准确判断。

（2）变频选频法。埋地管道防腐层质量的好坏可以通过实测绝缘电阻率值作出质量评价，变频选频法通过对管段防腐绝缘层电阻（率）的测量衡量防腐层质量状况。该方法利用交频信号传输的经典理论，确定了交频信号沿单线–大地回路传输的数学模型。经过大量数学推导，得出防腐层绝缘电阻率在交变信号沿单线–大地传输方程的传播常数的实部中，当防腐层材料、结构、管道材料、管子尺寸、土壤电阻率及介电常数等参数已知时，防腐层绝缘电阻率即可算出。变频选频法有以下优点：

① 测量方法简便、快捷，测量结果可以认为是真实值、明确、定量实现性好。

② 适用于不同管径、不同钢质、不同防腐绝缘材料、不同防腐层结构（包括石油沥青、三层 PE、环氧煤沥青、熔结环氧粉末、聚乙烯胶带、防腐保温等）的埋地管道。

③ 适用于快速整体评价管道外防腐层状况，但不能确定缺陷点的具体位置。

④ 不影响管道正常工作，但检测需要开挖暴露管道加载信号，检测效率低。

（3）直流电压梯度法（DCVG）。直流电压梯度法测试技术是目前世界上比较先进的埋地管道外防腐层缺陷检测技术。该测量技术能够检测出较小的防腐层破损点，并可精确定位，定位误差为 ±10cm，同时可以判断防腐层缺陷面积的大小以及破损点的管道是否发生腐蚀。其特点是：

① 直接利用阴保电流实施检测，无需另外加载信号，检测效率高。

② 防腐层缺陷检测精度高，可以计算腐蚀面积，可以确定管体腐蚀活性。

③ 检测受阴保电流影响，当阴保电流较小时检测灵敏度下降明显。

④ 提高阴保电流检测可以提高检测灵敏度，但是此时腐蚀活性检测结果不可信。

（4）密间隔电位检测法（CIPS）。密间隔电位检测法（CIPS）是国外评价阴极保护系统是否达到有效保护的首选标准方法之一。其原理是在外加电流阴极保护系统的管道上，通过测量管道的管地电位沿管道的变化（一般是每隔 1~5m 测量一个点）来分析判断防腐层的状况和阴极保护是否有效。通过分析管地电位沿管道的变化趋势可知管道防腐层的总体平均质量优劣状况。其特点是：

① 可以很详细地了解阴极保护电位从 CP 站出来到末端详细的连续变化情况。

② 可以确定防腐层缺陷点处保护电位是否处在有效保护电位上，判断该处管道是否发生腐蚀。

③ 检测结果曲线图能够定性分析管道防腐层存在的严重缺陷。

④ 评价阴极保护系统保护电位的方法更科学、更准确，测量结果不包含土壤 *IR* 降，更接近实际保护情况。

（5）瞬变电磁检测法（TEM）。利用瞬变电磁法检测管体的腐蚀状况，实际上所测定的是管体物性的差异。无论是电化学腐蚀、杂散电流腐蚀还是厌氧菌腐蚀，其结果都是金属量蚀失、腐蚀产物堆积，造成埋地钢质管道的导电率和导磁率下降。显然，只要检测出因腐蚀所致的这一物理性质的变异部位和变异程度，经过与已知（已发生腐蚀和未发生腐蚀）情况对比，就可以确定腐蚀地段并对腐蚀程度作出判断。其特点是：

① 是目前唯一一项可以不开挖、非接触式检测地下管道（埋深最深可以超过 3m）平均剩余壁厚数值的检测技术。

② 检测过程不受地表环境影响，但易受其他电磁干扰影响。

③ 适用于单根铺设的长输管道，当并行管道间距小于埋深之和时无法使用。

（6）磁应力检测技术（MMT）。无接触式磁力层析检测方法的原理是在允许的偏差范围内，利用地球磁场，沿着管道轴线移动磁力计设备来快速测定管道磁场异常的位置，查找防腐层破损或管道泄漏。运用无接触式设备（扫描指数不大于 0.25m 的磁力计），以连续模式进行诊断，主要用于识别金属缺陷或管道弯曲应力引起的异常。

该技术能够对目标管道进行 100% 诊断检测，据报道检测准确率能够达到 85%。此外，其具备的十大优点使其日益受到管道检测人员的重视：①不中断管道正常工作；②无需最大或最小运转压力；③无需最大或最小管内介质流速；④对管体几何没有限制，如直径、曲度等；⑤无需接触管体或改变管道状态；⑥无需清管器收、发装置；⑦无需清理管道；⑧无需对管道内表面进行处理；⑨无需特殊管道装备或特殊处理；⑩无需对管道加电。

该技术适用于：①制管缺陷、机械缺陷、焊接缺陷、局部腐蚀缺陷、局部应力变形增加区域的直接检测与评价；②可识别的不良防腐层；③局部管段地灾影响的检测与评价；④新建管道的基线检测和评估。

（7）超声导波检测法（UGV）。超声导波反射检测方法的基本原理是：沿管道环向 360°安置阵列式超声波发–收组件，激发某一频率的超声导波使其沿着管道向两端传播，导波的截止频率与管径、壁厚、材质以及管内、外介质的传播特性相关。在传播过程中，如果遇到焊缝、蚀坑或蚀孔、裂纹、变形、积垢等，超声波就会反射回来被接受并记录。通过专业软件分析，容易区分出焊缝的响应。其余有用信息可以被展开图示成可直观辨识的各种图像，以便对管体的腐蚀状况作出评估。

超声导波检测技术与传统检测方法相比具有突出的优点：一方面，由于超声导波沿传播路径衰减小，可沿管道传播几十米远的距离，且回波信号包含管道整体性信息，因此相对于超声检测漏磁检测等常规无损检测技术，导波检测技术实际上是检测了一条线；另一方面，由于超声导波在管的内外表面和中部都有质点的振动，声场遍及整个壁厚，因此整个壁厚都可以被检测到，这就意味着既可以检测管道的内部缺陷也可以检测管道的表面缺陷。

管道外检测方法多种多样，除了上述七种方法外，还有标准管/地电位检测技术、皮尔逊监测技术、电化学暂态检测技术、红外成像管线腐蚀检测技术等。为克服单一检测技术的局限性，在实际应用综合两种或几种检测方法，可以弥补各项技术的不足。新发展起来的磁应力检测技术和超声导波检测技术在实际中得到了越来越广泛的应用。

2. 管道内检测技术

管道内检测技术是将各种无损检测（NDT）设备加在清管器上，将原来用作清扫的非智能改为有信息采集、处理、存储等功能的智能型管道缺陷检测器（SMART PIG），通过清管器在管道内的运动，达到检测管道缺陷的目的。早在 1965 年美国 Tuboscope 公司就已将漏磁通（MFL）无损检测技术成功地应用于油气长输管道的内检测，紧接着其他的无损内检测技术也相继产生，并在尝试中发现其广泛的应用前景。目前国外较有名的检测公司有美国的 Tuboscope GE PII、英国的 British Gas、德国的 Pipetronix、加拿大的 Corrpro，且其产品已基本上达到了系列化和多样化。内检测器按功能可分为用于检测管道几何变形的测径仪、用于管道泄漏检测的检测仪、用于对因腐蚀产生的体积缺陷检测的漏磁通检测器、用于裂纹类平面型缺陷检测的涡流检测仪、超声波检测仪以及以弹性剪切波为基础的裂纹检测设备等。下面对应用较为广泛的几种方法进行简要介绍。

(1)测径检测技术。该技术主要用于检测管道因外力引起的几何变形，确定变形具体位置，有的采用机械装置，有的采用磁力感应原理，可检测出凹坑、椭圆度、内径的几何变化以及其他影响管道内有效内径的几何异常现象。

(2)泄漏检测技术。目前较为成熟的技术是压差法和声波辐射法。前者由一个带测压装置仪器组成，被检测的管道需要注以适当的液体，泄漏处在管道内形成最低压力区，并在此处设置泄漏检测仪器；后者以声波泄漏检测为基础，利用管道泄漏时产生的 20~40kHz 范围内的特有声音，通过带适宜频率选择的电子装置对其进行采集，通过里程轮和标记系统检测并确定泄漏处的位置。

(3)漏磁检测技术(MFL)。在所有管道内检测技术中，漏磁通检测历史最长，因其能检测出管道内、外腐蚀产生的体积型缺陷，对检测环境要求低，可兼用于输油和输气管道，可间接判断防腐层状况，其应用范围最为广泛。由于漏磁通量是一种相对的噪音信号，即使没有对数据采取任何形式的放大，异常信号在数据记录中也很明显，其应用相对较为简单。值得注意的是，使用漏磁通检测仪对管道检测时，需控制清管器的运行速度，漏磁通对其运载工具运行速度相当敏感，虽然目前使用的传感器替代传感器线圈降低了对速度的敏感性，但不能完全消除速度的影响。该技术在对管道进行检测时，要求管壁达到完全磁性饱和。因此测试精度与管壁厚度有关，厚度越大，精度越低。

六、管道防腐管理及发展

(一)管道防腐层检漏技术

1. 管道表面检测

管道防腐层检测方法可分为管道表面检测和地面检测。

管道表面检测是根据漏点或金属微粒能形成低电阻通路及防腐层中的过薄点会产生电击穿的原理发出报警来进行检测。根据使用电压不同可分为低压检漏与高压检漏两种方法。低压检漏方法使用直流电压低于 100V 的低压湿海绵检漏仪，仅适用于检测厚度在 0.025~0.5mm 防腐层的漏点，为非破坏性检验，不能检测出防腐层过薄的位置。高压检漏方法使用直流电压为 900~20000V 的电火花检漏仪，用于检测任意厚度的管道防腐层，为破坏性试验，能检测出防腐层过薄的位置。以下主要介绍常用的电火花检漏仪。

电火花检漏仪亦称为针孔检测仪，它是用来检测油气管道、电缆、金属储罐、船体等金属表面防腐涂层施工的针孔缺陷以及老化腐蚀所形成的微孔、气隙点。目前已成为石油工程建设质量检验评定的专业工具之一。

(1)原理　当电火花检漏仪的高压探头贴近管道移动时，遇到防腐层的破损处，高压将此处的气隙击穿，产生电火花，火花放电瞬间，脉冲变压器原边电流瞬间增大。此电流使报警采样线路产生一负脉冲，触发单稳延时电路，再经驱动开关使音频振荡器起振，扬声器即发出报警声响。

(2)电火花检漏的方法　检测时将高压枪的接地线接到被测管道防腐层的导电体上，打开电源开关，戴上高压手套，按住高压枪按钮，仪器显示出输出电压，调节旋钮，根据防腐层的厚度选择合适电压，也可根据各行业提供的检测标准自行选择电压，调节增益旋钮，使显示器的输出电压与测试该管道涂层厚度的电压检测标准相一致，将毛刷探极在被测管线上移动，若看到火花并有声光报警，此处即为防腐层针孔。

（3）电火花检漏仪的结构　电火花检漏仪分为四个部分：主机、电源、高压脉冲发生器和报警系统。高压枪：内装倍压整流元件，是主机和探头的连接件；探头附件：探头分为弹簧式、铜刷式和导电橡胶三种。

（4）电火花检漏仪的使用：① 电源检查。打开主机电源，液晶表头显示检漏仪内蓄电池组电压，电压指示灯点亮，液晶表头显示电压应大于 6.0V（A 型仪器）或 8.4V（B 型仪器），否则应及时充电方可使用。

② 主机充电。主机内高能蓄电池充电时，将交流 220V 电源插头插入后面板充电插座。前面板的电源开关指示灯和充电指示灯同时发光，仪器即实行快速智能充电，充足自停（充电时间为 3h 左右），充足一次可供仪器使用 8h 左右。

③ 检测时将高压枪的多芯插头插入主机高压输出插座，插接必须良好。

④ 把高压枪的接地线接到被测防护绝缘层的导电体上。

⑤ 用毛刷探头检测时，将毛刷探头螺杆旋入高压枪顶端的连接孔；用弹簧探头检漏时，将探头钩旋入高压枪顶端连接孔，连接器套在探头钩上，弹簧套在被测管道表面，且试拉一下，使弹簧能沿管道表面顺利滑动。

⑥ 根据防护层厚度选择合适的测试电压，也可根据各行业提供的检测标准自行选择检测电压。检测者打开电源开关，戴上高压手套，按住高压枪输出按钮，仪器内微电脑自动变换，电源电压指示灯熄灭，输出高压指示灯点亮，液晶表头显示转换为输出高压值，调节高压输出旋钮，使液晶显示值为所需的高压值（每次使用完毕后，输出调节旋钮应调到最小）。松开高压输出按钮，仪器处于待机状态。

⑦ 试把毛刷探头（或探头钩）靠近或碰撞被测物导电体，能看到放电火花，并有声光报警，探头离开被测物体时声光报警相应消失，说明仪器工作正常，即可开始检漏。

⑧ 检测完毕，关闭仪器电源，探头必须与高压枪的地线直接短路放电，仪器应恢复到开机前的状态。

注意事项：

① 检测过程中，检测人员应戴上绝缘手套，任何人不得接触探极和被测物体，以防触电和击伤。

② 用弹簧探极检漏时，探极不能拉伸过长，防止失去弹性。

③ 野外使用时，仪器内高能蓄电池的电压不得低于 8.0V，否则应停止使用，立即充电，不致因过放电而损坏电池。

④ 被测防护层表面应保持干燥，如表面沾有导电尘，要用清水冲净并干燥后进行检测。

2. 地面检测

地面检测是指在不挖开覆土的情况下，能够探出埋地管线的位置、走向、深度、防腐层破损点以及破损大小、防腐层的绝缘电阻的方法。以下主要介绍 FJ-10 埋地管道防腐层探测检漏仪。

埋地管道防腐层探测检漏仪是全新一代数字式、智能化、多功能的埋地管道防腐层探测检漏仪。是油田、化工、输油、输气、水电、供暖等部门保证管线安全运行，提高单位经济效益，提前发现管道腐蚀点，预防腐蚀泄漏事故的必备检测仪器。

该仪器在不挖开覆土的情况下，能够方便而准确地探出埋地管线的位置、走向、深度、防腐层破损点以及破损大小、防腐层的绝缘电阻。

214

该仪器能够实现以下功能：用于对新铺设的管道进行竣工验收；根据安全规程对管道进行定期检测，确定阴极保护效果；对主管线上的分支进行定位；对旧管道进行检测，确定管道防腐层状况；对施工区段开挖破土前进行地下管线分布检查，防止施工时破坏地下油、气、水、电等管线。

（1）检漏原理　埋于地下的防腐管道，其防腐层若有破损，当发射机向地下管道发送特定的电磁波信号时，在地下管道防腐层破损点处与大地形成回路，并向地面辐射，在破损点正上方辐射信号最强，根据这一原理通过检漏仪检测可找出管道防腐层的破损点。

（2）检漏方法　检漏方法通常采用的是"人体电容"法。它是用人体做检测仪的感应元件沿管道走向检测。两名检测员戴好金属手表，将检测线夹在表带上，两人成横向（或纵向）保持 $3\sim5m$ 的距离[两人所形成的位置与管线垂直（或平行），但必须保证一人走在管线的正上方]前进，调节灵敏度和增益大小，保持检测仪静态信号在 $0\sim50mV$ 之间。两人向前行走时，若检测到的信号和音响变化都很小，说明该管段防腐层状态良好，当检测到的信号和音响都明显增大且检测信号大于所设定漏点信号时，说明该处防腐层破损，计数器计数一次。

（二）油气管道阴极保护系统运行管理

1. 管道阴极保护技术

近年来我国的阴极保护技术发展较快，在阴极材料、保护参数的遥测遥控、保护电源方面的技术日趋完善。在保护电源方面完善地提高了恒电位仪设备，采用开关电源、信号传输接口技术、计算机技术，实现了无 *IR* 降管地电位测量技术，从而实现了自动化控制无人值守管理，提高了管理水平。

当前管道阴极保护实际运行电流参数为：对于三层 PE 防腐层采用 $1\sim8\mu A/m^2$，环氧粉末防腐层采用 $5\sim12\mu A/m^2$。实际上新建的以三层 PE 为主防腐层的输油气站间管道，实际运行输出电压和电流均小于 $10V/10A$。这种情况使得实际管道的阴极保护运行功率需求大幅度减小。

长期以来，电源因素制约着无电地区埋地管道阴极保护的发展，对于地处西部的输油、输气、输水管道就更加突出。而西部和一些管道多经过地区有着丰富的太阳能资源，那么就应充分利用这些资源。目前，太阳能光伏发电技术在我国已经成熟，阴极保护采用太阳能光伏电源系统供电，是解决无电地区金属管道阴极保护的最近方法之一。

这里主要介绍一下目前普遍采用的太阳能阴极保护供电系统，太阳能阴极保护供电系统是由太阳能电池阵列、充放电控制器、蓄电池组、恒电位仪、阴极保护体系等组成。

白天有阳光时，光电池将吸收的阳光转换成电能，给蓄电池组充电，并给恒电位仪供电。夜晚无阳光时，由蓄电池组给恒电位仪供电。恒电位仪能自动调节管线对地的电流，达到自动恒定电位的目的，可使在一定距离内管线电位达到起保护作用的电位。当金属管道的保护层完好无损即未被腐蚀时，仅从电源取很小的电流，而当管线有腐蚀发生时，为保持电位的恒定，就需要更大的功率。

控制器的主要功能是防止太阳能电池方阵对蓄电池组过充或防止蓄电池组对负载过放电，同时保证对太阳能电池阵列起到最大功率点控制的作用（图6-4）。对铅酸蓄电池来说充电到单体电池平均电压为 $2.38\sim2.42V$ 时起停止充电或涓流充电，蓄电池组放电，根据不同的放电率放电到单体电池平均电压为 $1.8\sim2.0V$ 时控制停止放电，以保护蓄电池。而太阳能光伏发电系统，必须设置控制调节转换装置，并起到如下作用：①当蓄电池组过充或过放时，可以报警或自动切断电路，保护蓄电池组；②按需要设置高精度的恒压或恒流装置；③

当蓄电池组有故障时，可以自动切换接通备用蓄电池组，以保证负载正常用电；④当负载发生短路时，可以自动断开。

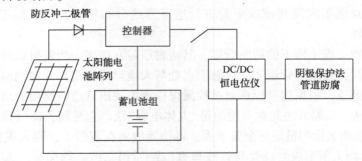

图 6-4　太阳能全数字高频开关恒电位阴极保护供电系统简图

2. 油气管道阴极保护系统运行管理

为保证油气管道的安全运行，需要对阴极保护参数进行连续监控，以全面掌握其长期运行状况并及时发现异常情况。实际情况是测控现场往往极为分散、偏僻、所处环境恶劣，而且测控现场之间以及测控现场与测控中心之间的距离也比较遥远，各个测控现场的控制又相对独立。因此，常常出现的情况是受地理条件、投资、技术等诸因素限制难于实时监控，只能采取人工巡查的方式进行管理，出现故障隐患难以及时发现。因此，建立一套远程监控的油气管道阴极保护系统是一个理想的解决方案。

第三节　海底管道的腐蚀与防护

海底管道是海上油田的重要组成部分，其大部分浸没于海泥中，而小部分浸没于海水中，遭受着海泥及海水的强烈腐蚀。鉴于对海底管道的长寿命要求，相应的对它的防蚀要求也相当高，目前，已有很多国外标准明确规定了海底管道的防蚀要求。随着我国海上石油工业的发展，我国的海底管道数量会越来越多，必须对这些管道采取高度可靠的防蚀措施以确保生产安全和避免环境污染。海底管道防蚀通常采用涂层和阴极保护联合保护的方法。

一、海底管道的腐蚀

海底管道所处的环境为海水或海底沉积物。其中海水的腐蚀特性前面已有介绍，因此，这里介绍海底沉积物对管道的腐蚀。

(一)海底沉积物的类型

海底沉积物包括海泥、海砂石和海底岩石。

(二)海底沉积物影响腐蚀的因素

海底沉积物影响腐蚀的因素包括温度、氧含量、电阻率、氧化还原电位、有机物含量、元素的含量(尤其是重金属、N 和 P)、沉积物的紧密程度(即透水性、透气性)、沉积物和海水在海床见面的干扰程度和微生物。

其中电化学腐蚀程度与温度和氧含量关系密切，而阳极系统的反应还与沉积物的成分和电阻率有关。

1. 温度因素

不同温度的海底沉积物，其腐蚀性不同，有时相差几倍。A3 钢在不同温度海底沉积物中的腐蚀速率见表 6-12。

表 6-12　A3 钢在不同温度海底沉积物中的腐蚀速率

温度/℃	地　　域	A3 钢腐蚀速率/(mm/a)
-8~9	自然温度	0.0051
5	我国北方海域	0.0038
25	我国南方海域	0.0128
50	原油和天然气海底管道/泥界面温度	0.0129

2. 氧含量

管道在海底沉积物中的腐蚀主要决定于氧气不均匀引起的宏腐蚀电池(氧浓度电池)的作用,属于养去极化腐蚀,其腐蚀速率受到氧扩散速率的控制。但在有些情况下,如氧含量很低的海泥中,其腐蚀不收氧扩散控制,是一种缺氧状态下的腐蚀过程,腐蚀速率受二价铁离子从金属表面想歪扩散的过程的控制。

(三) 海底沉积物腐蚀性的预测

对海底沉积物影响腐蚀的因素给以相应的数值(腐蚀值),数字越高,则该因素对腐蚀的影响却大。各因素腐蚀值的之和,即表示该地段腐蚀性的强弱程度,总值越大,腐蚀性越高。通过比较各地段腐蚀值大小,就可以得到个地段间腐蚀的差异。表6-13 即为各腐蚀因素的预测腐蚀值。

表 6-13　腐蚀因素预测腐蚀值

腐蚀因素			腐蚀值
沉积物	海泥		4
	海砂石		2
	海底岩石		0
有机物含量	在海泥中	高	3
		中	2
		低	0
	在海砂中	高	1
		中/低	0
水深	浅(<200ft)		2
	深(>200ft)		0
N 和 P 的含量	高含量有机物+高含量 N 和 P		2
	低含量有机物+高含量 N 和 P		1
	低含量 N 和 P		0
温度	10℃以上		2
	10℃以下		0

注：1ft = 0.3048m。

二、海底管道的涂覆层

(一) 海底管道的涂覆层

1. 设计涂覆层时应考虑的因素

设计涂覆层时,应考虑腐蚀环境(海泥区、全浸区、飞溅区及大气区)、管线的安装施工方法、水深、管线工作温度及周围温度、使用寿命、地理位置、管径大小、搬运和储存、成本费用、阴极保护设计和采用的类型等。

2. 海底管道外涂层应具备的特性

外涂层应易于施工、修复，有良好的附着力，适应于所暴露的环境，在搬运、储存和使用过程中不易损坏，具有一定的韧性，耐阴极剥离，使用过程中保持足够大的表面电阻，在工作温度下不易老化，具有一定的抗冲击能力，不易变脆，密度大于海水，耐安装应力，与配重配套性好等。

对于处于全浸区、飞溅区和大气区的管段还要根据所处环境考虑对涂覆层的特殊要求。

3. 应用与海底管覆的涂层种类

目前，用于海底管覆的涂层有煤焦油瓷漆、沥青类保护涂层、蜡类保护涂层、预膜制造的涂层(如喷塑、胶带、聚烯涂层)、有机漆涂层(如熔合环氧涂层)等。对所施加的涂层，在施工、管线安装过程中，要进行必要的现场及实验室检验，此项工作应列入涂层实施计划当中。大多数有温度操作的海底管道均采用双壁管，其涂层结构包括双壁管外管、外涂层、屏障涂层和配重层(图6-5)。

胜利油田设计院研制了单壁管管道，其涂层结构包括单壁管、外涂层、保温层、塑料夹层和配重层(图6-6)。

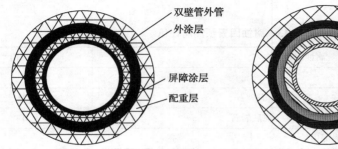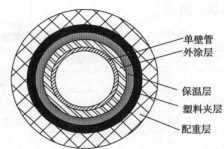

图 6-5　双壁管涂层结构　　　　　图 6-6　单壁管涂层结构

这种单壁管可节省大量的建造资金，但对其防蚀要求远远高于双壁管。首先要求外涂层在高温下具有长期稳定的性能；其次要求保温层为封闭状态(封孔态)，要做到这一点需要严格的工艺和参数；第三要求配重层具有更大的密度；第四对补口的要求更加严格。

也可采用热喷涂铝对海底管道实施保护。实验表明，$76\mu m$ 的热喷涂铝、$254\mu m$ 的封闭涂层可维持 25 年的使用寿命。这主要得益于该涂层体系具有隔离腐蚀介质和提供阴极保护电流的双重功能，该涂层体系仍需配以阴极保护作为补充防蚀措施。

(二) 阴极保护

海底管道的阴极保护可以采用牺牲阳极法，可以采用强制电流法。但从可靠性和管理方便的角度来看，以牺牲阳极法保护居多。

1. 准备工作

对于要保护的海底管道，要求其必须具有电连续性，必须用足够截面积的跨接电缆进行连接，如在绝缘接头两端的跨接和与平行管线的跨接，以便使整个被保护体成为电性连接的一体，同时也减小电干扰。这种跨接可以采用焊接，也可以采用机械连接，但要保证电性连接良好且连接部位与管道具有相同等级的腐蚀覆盖层。

海底管道一般应与平台结构进行电绝缘，以防电流旁流。另外，在靠近平台结构的管道处应适当加大阴极保护电流以防来自平台结构保护系统的干扰。在某些情况下(如海底管道

218

保护的后期)为了补充海底管道的保护不足。往往将海底管道与平台结构短接，使平台结构的部分阴极保护电流流入海底管道，起到保护作用，这样可以延长海底管道阴极保护的有效时间。

2. 阴极保护设计基础

(1) 阴极保护电位。海底管道钢的阴极保护电位见表6-14。

表6-14 阴极保护电位范围

环境	通气良好或低SRB、硫化物含量	厌氧环境或高SRB、硫化物含量
保护电位范围/V	−0.80~−1.05	−0.90~−1.05

(2) 保护电流密度。不同表面涂层的保护电流密度见表6-15。

表6-15 不同表面涂层的保护电流密度

环境	通气良好或低SRB、硫化物含量		厌氧环境或高SRB、硫化物含量	
保护电位范围/V	−0.80~−1.05		−0.90~−1.05	
涂层状况	保护电流密度/(mA/m²)			
	起始	平均	最终	
裸钢(海泥)	25	20	15	
防腐涂层+配重层(海水)	2	9	15	
防腐涂层+配重层(海泥)	1	3	5	
厚浆涂层(海水)	5	18	30	
厚浆涂层(海泥)	3	6	10	

3. 牺牲阳极保护

(1) 牺牲阳极材料及性能。牺牲阳极材料关键是要控制其杂质成分，对于海底管道的保护，应采用铝合金或锌合金牺牲阳极。常牺牲阳极材料成分可参见国标或有关单位的企标。

牺牲阳极的电化学性能依不同区域的海泥(海底沉淀物)而又较大变化，因此在混色机之前。需针对埋置管线外的海泥进行牺牲阳极的电化学性能评价。

(2) 牺牲阳极的形状。海底管道牺牲阳极基本采用两种方式。当环境温度较低时，采用镯状牺牲阳极固定于管道上；当环境温度较高时，为了避免牺牲阳极过快消耗，常采用阳极床。

(3) 牺牲阳极数量计算。牺牲阳极数量可由牺牲阳极产生的电流和管道所需总电流计算。牺牲阳极产生电流的计算可由驱动电位与接水电阻计算而得，对于镯状牺牲阳极，接水电阻可由下式计算：

$$R_{a} = \frac{0.315\rho}{\sqrt{A}} \qquad (6-16)$$

式中　A——阳极工作面积。

F.T.Su等基于腐蚀电化学理论、15%涂层破损率，计算出阴阳极最佳面积比为266：1。若采用$\phi500mm\times4mm$管线，阳极间距为78.4m。

(4) 牺牲阳极的寿命。牺牲阳极寿命计算公式为

$$L = \frac{W \cdot \mu}{E \cdot I_{m}} \qquad (6-17)$$

式中　L——阳极有效寿命；

W ——阳极净质量；

μ ——阳极利用系数，取 $0.75 \sim 0.80$；

E ——阳极消耗率；

I_m ——有效寿命期内阳极平均发生电源。

（5）牺牲阳极的安装。安装前，镯状牺牲阳极内表面应涂覆环氧类等性能较好的防蚀涂层。安装时，阳极应与管道紧密配合，不应留有空隙。阳极铁芯禁止与配置层中的加强筋结构有电性连接。阳极与管道的焊接处应具有足够的强度和良好的电性连接，并在焊接所影响的范围内涂以与管道相同级别的腐蚀涂层。

近年来，人们正在研究和发展海底管道牺牲阳极阴极保护的数值计算模拟，尤其是边界元方法，它可以将海底管道简化分割成管单元而大大减小计算量。这些方法的应用可以更准确地进行阴极保护的计算设计、电位分布和寿命预测，但仍存在问题是要获得准确的牺牲阳极的实际极化行为及其依时间的变化还相当的困难。

4. 强制电流阴极保护

海底管道在建造初期一般不推荐使用强制电流系统，但当管道有一端伸到陆上或 I 型是阳极系统寿命未满足要求且电源可方便获得时，可考虑采用强制电流阴极保护。在这种情况下，要充分考虑阳极的分布于位置，以使管道得到最均匀的电流分布。强制电流阴极保护系统包括恒电位仪、阳极床、控制用参比电极等。

恒电位仪可以是可控硅或开关电源式的，要求其耐海水环境，波纹系数不大于 10%。为方便起见，某些情况下可以采用整流器进行恒电流控制。

外加电流阳极可以采用高硅烙铁阳极、铂复合阳极、贵金属氧化物阳极等。在计算阳极寿命时，要采用其在相应介质中的消耗率。连接阳极的电缆接头要求有非常好的水密性、机械强度和耐腐蚀性。若阳极床位于岸上，应采用深井式；若位于海上，阳极床应固定于混凝土基础上或通过浮筒进行固定。阳极床应远离管道，使管道得到均匀保护电位分布。

控制用参比电极可以是多支的，以便具有较大的选择余量，其位置应靠近管道处。强制电流系统电缆应具有足够的强度、绝缘性和防水性，并进行必要的固定，以防潮汐和海浪的冲击。

第四节　城市燃气管网的腐蚀与防护

一、城市埋地燃气管道的腐蚀

城市燃气是城市能源供应的重要组成部分，是城市基础建设的主要设施之一。发展城市燃气事业是保护环境、节约能源、方便人民生活、发展和促进生产的必要保障，是实现城市现代生活的重要标志。

据 2014 年我国城市燃气供应总量统计，人工煤气总量为 $56.0 \times 10^8 \mathrm{m}^3$，天然气供气总量为 $964.4 \times 10^8 \mathrm{m}^3$，液化石油气供气总量为 $1082.7 \times 10^8 \mathrm{m}^3$，供应管道长度为 $47.5 \times 10^4 \mathrm{km}$，燃气普及率为 94.56%。

为了保障燃气供给，确保燃气管道的安全运营，城市埋地燃气管道防腐蚀工程的优劣有着举足轻重的地位，务必大力推广先进的防腐蚀技术，并加强对旧管道的修复与整治。

城市燃气管网，是输配系统的主要组成部分。而我国早期埋地燃气管道的防护手段，仅为单一的石油沥青外防腐层方法，没有专业的防腐蚀施工队伍，大部分在现场作处，受作业条件的限制，难以保障除锈和涂敷工艺的质量。

（一）城市埋地燃气管道的外腐蚀

城市埋地燃气管道除具备长输管道相同的外腐蚀类型外，由于其地下环境的复杂性，典型的腐蚀类型如下：

1. 土壤腐蚀

由于城市建设的特殊需要或反复施工、开挖，城市燃气管道埋设的土壤壤质多种多样。一根不长的管线往往需经历多种壤质的土壤环境，常见的有回填土、石灰土、泥炭土及原位的土壤黏土、砂质土等。同时，由于城市环境的地貌要求，敷设在马路两侧的管道或者处于绿地下，或者是水泥方砖或水泥路面下，环境介质有明显的差异。由于燃气管道的建设随着城市的建设分期分批进行，因此同一条管线建设时期不同，新旧管材不同或存在差异。使埋地管线上存在着形式多样的土壤腐蚀形式。

例如，敷设在马路两侧的燃气管道（大多数为高中压燃气管道），埋设在慢行道或人行道下，管子上方地貌一段为绿地，另一段为水泥方砖，显然两者的透气性差异大。又由于绿地上的草坪和花木要经常浇水，从而又促使土壤湿润和补充溶解氧，造成了氧浓差电池腐蚀的加剧。在北京长安街的府右街路口，煤气管道曾连续发生两次泄漏，就是处在类似上述土壤环境中。开挖后发现，腐蚀恰好发生在马路的水泥路面下，管道表面已经千疮百孔，有很多麻点。修补时管材难于焊接，钢管已失去了强度。

相同壤质环境下不同管材间的电偶腐蚀发生在新管与旧管的连接处、钢管与铸铁管的连接处。

燃气管道穿过不同的环境介质时，腐蚀均发生在穿越段不同介质的交界处。例如，室内引入房中，钢管从土壤中穿墙体，墙体与土壤间构成差异环境。由室外引入时也存在多个界面环境，如钢管从地下穿出是一个界面变化，从墙外穿入墙内又是第二个界面变化，从墙内穿出进入室内大气环境下又是第三个界面变化，在这些界面部位均会发生腐蚀。这些部位的腐蚀破坏后果是很严重的，煤气公司要花上千万元资金去更换这些引入口部位的钢管。

2. 微生物腐蚀（细菌腐蚀）

据有关报导，约有 50%~80% 的地下管线腐蚀都有微生物的参与。城市埋地燃气管线的特殊地段有微生物腐蚀发生。这些特殊地段存在以下条件：厌氧环境，硫酸盐的存在，黏环境有利的 pH 值和温度（如 pH 为 5~9，温度 25~30℃），有机炭的存在，黏土质胶粒的存在。

发生微生物腐蚀的显著特征是有刺鼻的硫化氢气味产生，且多产生于管道的 4~5 点、7~8 点钟面代号位置；超过 5~7 点钟面代号位置的管线最低处，腐蚀形态呈现凹形坑穴。

与腐蚀有关的微生物主要是细菌类，如硫氧化细菌、硫酸盐还原菌、铁细菌、某些霉菌等。由细菌、霉菌构成的污垢和生物黏泥下的腐蚀具备多种微生物和氧浓差电池联合腐蚀特征。

3. 杂散电流腐蚀

城市内电力设施、工业设施分布广泛，如高压输电塔、输变电设施；使用直流电的工厂，如电解、电镀、电焊等极为常见；电力电缆、电话电缆在地下星罗棋布；再加上城市的电车、地下铁道等。这些供电系统散流至地下的杂散电流均对埋设在城市的地下管网构成威胁。

城市中燃气管道的破坏，有不少呈现电蚀特征。还有管子表面大面积的腐蚀破坏现象，包括管子顶部和底部区域大范围的坑穴腐蚀，且深度较深。

（二）城市埋地燃气管道的内腐蚀

我国城市燃气中人工煤气的使用量占很大比重。对人工煤气中的杂质，例如焦油、灰尘、硫化氢、萘等含量的指标基本与国际标准相符，但从国内调查的实际运行记录表明，人工煤气杂质含量严重超标，特别是硫化氢、水分、萘和焦油、灰尘的含量大大超过标准的规定。这是由于煤气净化工艺装置水平低，而运行的成本高，技术改造的难度较大，从而造成了煤气气质的劣化。在埋地燃气管线中，尤其是出水量较大的高压煤气管线，存在着较为严重的内腐蚀现象。

二、城市埋地燃气管道的防护

（一）管道外防腐层

我国城市燃气管道所使用的外防腐层长期以来品种单一，随着防腐蚀技术的进步，各地根据本地区的防腐蚀状况开发和选用不同的防腐材料。目前在城市燃气领域使用的管道外防腐绝缘层有如下几种：

1. 石油沥青防腐层

石油沥青防腐层是城市燃气管道使用最早、最广泛的一种防腐材料。由于其来源方便、成本低廉、易于施工操作，被大多数地区的燃气部门使用。因此，石油沥青在城市燃气领域有统一的施工验收标准和规范。

由于日益高涨的环境保护意识和城市现代化建设的进展，石油沥青的使用越来越受到城市安全法规和环境保护法规的限制，例如，北京市就规定了三环路以内地区不可随意起火，因此在该区域内不再选用石油沥青防腐层。但石油沥青热缠带技术，方便了燃气管道切、接线的日常操作施工，在城市旧管道的改造和修复中将继续使用。

石油沥青防腐层的缺点是其不耐细菌腐蚀，吸水性强，易老化，在施工时要点火熬制，污染环境。在北方电阻率较高、地下水位较低的干燥土壤中，其防腐功能依然十分可靠。

2. 环氧煤沥青防腐层

城市燃气管道于 20 世纪 80 年代中期开始使用环氧煤沥青外防腐层。环氧煤沥青具有优良的耐水、耐化学介质侵蚀和抗细菌腐蚀，因此是一种比石油沥青性能优异的防腐材料。由于城市燃气管线一次施工的长度一般较短且采用冷涂施工，因此适合于城市燃气管线的建设需要。目前，环氧煤沥青在城市燃气管道中使用比较普遍。基本上沿用了石油部门的有关标准规范，且能满足城市燃气工程的要求。

3. 聚乙烯胶黏带

聚乙烯胶黏带既可在现场缠绕施工（冷缠），也可在工厂预制缠绕和在现场补口，是一种施工方便，机械性能和耐化学介质、耐水性能强的防腐蚀材料，很受施工人员的欢迎。在国外的城市燃气管道防腐施工中，也常常采用聚乙烯胶黏带。随着国内防腐胶带质量的提高，该种防腐蚀材料的应用将越来越广，而且其每平方米的造价低于石油沥青和环氧煤沥青（按施工总造价计算）。

但是，聚乙烯胶黏带的缺点是耐土壤应力性能差，且当防腐层发生剥离时易对阴极保护电流产生屏蔽作用。国内现有的聚乙烯胶黏带产品，基带的表面膜与黏合剂（通常为丁基型黏合剂）的黏结性能差，这样每一缠绕搭接处的密合作用差，易造成地下水的浸入。国外已有克服此缺陷的冷敷胶黏带产品生产。此种胶带在缠绕施工完 2 小时后，可使基带表面膜与黏合剂的黏结非常牢固，从而使缠绕后的管体成为密封的整体，使地下水不易浸入。

4. 挤压聚乙烯防腐层

挤压聚乙烯防腐层 20 世纪 80 年代中期在城市燃气管线上试用，多用在直缝管或无缝管外防腐层中，例如北京的液化气管线。该种防腐层耐化学介质性能、耐水性都很好。尤其是耐土壤应力性能较佳。施工时应注意共聚物粘结剂与管子外聚乙烯壳层间的黏结是否有效。如黏结不当则会形成两层皮，聚乙烯外保护层一旦破损，则造成地下水的浸入，发生层下的局部腐蚀现象。

5. 熔结环氧树脂（FBE）

也称为环氧粉末徐层。20 世纪 80 年代以来成为发达国家新建管线最通用的、首选的防腐层。该防腐层具有极优良的防腐性能，与钢管表面有极佳的黏结力，并且耐酸、耐水、耐细菌腐蚀，且耐土壤应力和耐阴极剥离性能也很好。我国城市燃气管线已开始使用且效果良好。

但该种防腐层很薄，通常为 $350\sim400\mu m$，不利于管子的搬运和施工，抗冲击性能和耐尖角棱石的性能较差。针对此弱点，国外又发展了复合结构的防腐层，即三层结构的复合防腐层体系，近年来已得到较快的发展，其总造价成本依所施工管线的长度而变化。由于上述防腐层均需具备较高的技术水平，因此防腐层的质量可靠。

（二）阴极保护技术的应用

1. 牺牲阳极阴极保护法

牺牲阳极阴极保护的原理如前面章节中所述。由于该方法简单易行，对邻近设施几乎不产生干扰，且牺牲阳极保护技术日臻成熟，近年来在城市燃气管线上已得到推广和应用。国内已有标准化系列化的阳极材料供应，在城市管网中常使用的有镁阳极和锌阳极。

（1）牺牲阳极阴极保护的设计原则。城市燃气管道的阴极保护设计，根据城市管网的现状和城市管理的要求，作相应的改动和调整。例如测试桩的数量、设置形式与长输管道不同。由于城市管网和地形地貌的复杂多变性，测试桩的数量设置多于长输管线；又由于受用地和城市具体安全条件的制约，测试桩设在地下，采用与阀井相同的形式。设于地表下的测试桩常因湿气和凝水的浸蚀而受到损坏，为此需将测试头密封在塑料防潮盒内，且接线端子一律选用铜制品。其他方面都遵从有关专业标准。

目前城市燃气管线采用阴极保护还只限于高、中压干线，低压和小区管网还较少使用。

（2）在高压燃气管线上阴极保护设计实例。北京市在 6.2km 高压煤气管线上进行了牺牲阳极的阴极保护设计和施工，且达到了相应的保护标准。具体设计参数如下：

管道为 $\phi600mm\times8mm$，A3 钢、总长 6.2km；

管道外防腐层：环氧煤沥青加强防腐；

钢管电阻率：$0.134\Omega\cdot mm^2/m$；

土壤电阻率：$40\Omega\cdot m$；

最小保护电流密度：$0.03mA/m^2$；

管地电位（自然电位）：$-0.55V$（CSE）。

设计方案：采用 11kg 镁阳极，阳极床间隔大部分 300m，每个阳极床设置 2 个（或 3 个）

阳极，阳极间隔 2~3m，卧式埋设。阳极距管道 1.5m，位于管道侧下方，共需阳极 38 支。

施工后测试结果：电位测量表明，通电点电位在−1.12~−1.28V(CSE)之间，阳极床中间点电位在−1.07~−1.09V(CSE)之间，全部达到防腐蚀标准。

2. 强制电流阴极保护技术的应用

由于城市地下结构物的拥挤，为防止干扰的产生，对管道的防护大多采用牺牲阳极法。目前的情况是随着城市建设的现代化，路面开挖越来越困难。施工成本越来越高，但牺牲阳极的最大缺点就是需定期更换，大约 10 年左右需将路面开挖更换新阳极，这对城市中地下燃气管道的防护十分不利。因此强制电流阴极保护技术在城市地下管网中的应用和开发具有十分重大的经济意义。其中采用深井阳极技术，将地下管网进行区域性的集中防护对于城市建设意义重大。虽然目前由于管理体制问题实行有困难，但将来城市地下结构物的防护应向这一方向努力是合理和经济的。另外，柔性阳极技术的产生和发展，为城市管线的防护开辟了新的途径。

(1) 城市地下管网的区域性防护与深井式阳极地床。所谓深井式阳极，是指把阳极埋置在距地面 15m 以下的土层中。这种深埋阳极具有对其他构筑物的阳极干扰电位小、接地电阻稳定、电流分布均匀的优点。深井式阳极地床已应用于长输管线中、站场地下管网及储罐的防护，即区域性阴极保护。正是由于城市管网地下结构物复杂拥挤的特点，因此可以将某一区域下的结构物、管网集中起来实行联合保护。这种方法避免了反复投资、反复施工和地下管网间的相互干扰，又使所有该地区的地下管网均得到保护。

俄罗斯莫斯科市对地下燃气管网进行了联合防护(早期还没有深井阳极技术)。其燃气管道在莫斯市有 6000km，其中埋地管道就有 4600km。由于埋没时间大多在 1945~1946 年间，埋地管道的防腐层老化问题十分突出，同时城市中的有轨电车和发达的地铁使局部地下管网受到严重的杂散电流干扰。20 世纪 90 年代初，莫斯科市设立了 2500 个阴极保护站和 120 个排流站，联合保护了近 3000km 的天然气管道、2000km 的自来水管道、近 1000km 的热力管道及 1500km 以上的电缆。之所以建立上千座阴极保护站，是为了减少停气和多次切、接线的作业，未加设绝缘法兰，大大减少了阴极保护施工的成本，但耗费了电能。由于莫斯科的电费十分低廉，因此他们采用了与他们国情相适应的保护方案。

(2) 柔性阳极技术的应用前景。早期施工的管线只进行了简单的防腐处理，其外防腐层的老化失效是不言而喻的。因此对已埋地旧管线的修复就显得十分必要和迫切。目前，管道的修复已发展成为管道技术的重要分支，1986 年美国管道建设总费用中有大约 64.1% 是用在老管道上。对管道的修复，可根据管道的状况、应用的场所进行内修复和外修复。对管道的外修复技术往往通过外防腐层更新后施加阴极保护来延长其寿命。而在城市管线的改造中，往往不允许地面的开挖，因此使得防腐层的修复非常困难，费用更加高昂。直接使用牺牲阳极法不经济可行，这是由于牺牲阳极所能提供的保护电流有限。采用传统的强制电流保护方法直接对老龄管线进行阴极保护设计。由于所需电流密度值较大，也使得阴极保护缺乏经济性。

外加电流保护系统中采用的柔性阳极，也称之为缆性阳极。它所使用的是一种聚合物的阳极，由具有导电性能的塑料组成，做成电缆形式。柔性阳极在距管道很远的范围内与管道平行敷设，它可以产生均匀的电场和均匀的电流分布，既保护了管道，又避免了屏蔽和干扰，对防腐层破损严重的管道，尤其是城市管线的改造和防护开辟了一条新路。

柔性阳极对旧管线尤其是劣质防腐层管道的保护比较适合，对城市管网的防护有非常大的潜在前景。国外从20世纪80年代初，成功地将柔性阳极用于劣质防腐层管道的防护，用于多条并行管线的防护和高电阻率土壤中储罐罐底的防护。

柔性聚合物阴极一般可在距离管道30～50cm范围内敷设，距离的远近视管道外防腐层的质量而定。除挖沟埋没外，该阳极还可与管道同沟敷设，周围填允炭粉。

3. 燃气管线的绝缘处理

如前所述，任何一个阴极保护系统要想取得成功的防护，必须进行正确的绝缘处理。城市燃气管网附属设施多。例如，闸井的设置多于长输管线，凝水器的设置也多于长输管线，且输气线路多支路、旁通等。另外，城市燃气管线常因城市建设的发展，或小区建设的开发，需在原燃气管道上开口接新线。因此，或者使新接的管线与旧管道同步防护，或者将新接管线与旧管线实行绝缘，否则就会造成原来旧管道阴极保护电位达不到原设计的要求。

城市燃气管道内于处于拥挤的地下环境中，常与其他市政管线发生交叉、搭接，这些部位也常常由于安全距离不够，或根本无法躲避，而使管道之间互相短路搭接，对阴极保护造成了薄弱环节或隐患。因此，对新建管线一旦实行了阴极保护，就一定要做好上述各部位的绝缘处理。对旧有的燃气管道实施阴极保护，首先要检测出管道的短路点、搭接处等，在解决了上述各点后才能进行正常的阴极保扩施工。

通常需注意下述部位的绝缘：

（1）高压管线与中压、低压管线间的绝缘，即主干线与支管线间的绝缘，中压管线与低压管线间的绝缘，使干线与小区管线分开处理，单独设立阴极保护体系。

（2）在已实施阴极保护的管线上，应注意其附属设施如闸井、凝水器与大地间的绝缘处置是否合乎标准，否则会造成保护电流的散失。

（3）绝缘接头应保证其绝缘性能。因此，最佳的方案是使用整体埋地型绝缘接头来代替绝缘法兰。这在北京煤气公司的燃气管线上已开始使用。

（4）在燃气管道与其他市政管线交叉处，如安全距离不够，则采用其他绝缘措施，如加绝缘塑料板隔离等。

（5）穿越公路、河流等处的穿越套管应与输气管道电绝缘。

（6）架空管道与管道支撑物间的绝缘。

除因阴极保护的需要而做好上述绝缘外，为防止管道的自然腐蚀，也需做好不同介质变换的界面处的绝缘。例如，引入口处的绝缘。穿墙管的绝缘，燃气管道穿过浴室等水分较多的混凝土地面下的绝缘，管道穿越污水池沟边处的绝缘等。

三、城市燃气管网的腐蚀检测

城市燃气管网的腐蚀检测意义重大，不仅为了掌握运行管网的现状，而且能及时处理和扼杀事故苗头，防止泄露的产生以及由此而引发的爆炸、中毒等恶性事故的发生。

国外的燃气公司将管网的检测经常化、专业化，并建立了专门化的腐蚀防护机构，例如，美国对地下煤气管追系统建立了腐蚀检查卡制度，并绘制了长达80年的腐蚀状况图，这些数据为管道的科学管理提供了可靠的依据。其检查卡内容见表6-16。

对燃气管网的腐蚀检测，也可参照我国石油天然气行业标准SY/T 0087.2—2012《钢质管道及储罐腐蚀评价标准 埋地钢质管道内腐蚀直接评价》。腐蚀检测的内容可参照前面章节的有关内容进行。腐蚀检测的方法目前多为现场探坑检测，与现场取样实验室检测相结合。

表 6-16　检查卡(用于观察埋地管道状况)

报告序号	日 期	铺管年代	街名,街号	征税区号
距基准点距离		城市或村庄		城镇
1 用户管尺寸	2 钢或熟软管干线尺寸	3 铸铁管干线尺寸	做此工作的理由	
金属状况(钢或熟铁) 1□完好如新 2□轻微腐蚀 3□严重腐蚀 4□深蚀坑 5□穿孔及泄漏(铸铁) 6□完好如新 7□严重生成氧化皮 8□石墨化(软金属) 9□开裂或断裂	图层 　1□裸管 　2□有机层 图层状况 　1□好 　2□损坏 　3□磨损 埋深　尺寸 冰冻尺寸　英尺	连接类型 1□导线 2□夹子链接 3□夹子链接 4□承插链接 5□承低接箍 6□焊接 7□法兰 8□螺纹 9□未露出	管子周围土壤 1□煤渣或灰 2□河滩卵石 3□细砂 4□蓝色或灰色黏土 5□红色或褐色黏土 6□页岩或岩石 7□沼泽或淤积 8□多石土壤 9□其他土壤	泄漏性质 1□管子破裂 2□管子腐蚀 3□管子接箍腐蚀 4□嵌实缝泄漏 5□套管或连管夹泄漏 6□垫片泄漏 7□阀门盘根泄漏 8□施工造成破损 9□无泄漏
		压力 1□低 2□中 3□高	签名:	
持续调查输气干管和用户管现状的数据				

北京市某高压管线埋地仅 10 年就发生了较为严重的泄漏,为弄清引起管道穿孔的原因,进行了详细的检测。该管线为 $\phi720mm×10mm$ 的螺旋焊管,外部为石油沥青加强防腐,无内防腐层,也未采取阴极保护,泄漏点位于凝水器旁 3m 左右距离,位于管道正下方,漏点周围沿径向测得壁厚为 2.1~5.2mm。据漏点的腐蚀表观初步判断为内腐蚀,因漏孔周围钢板表面光滑、无蚀孔和腐蚀产物存在。

检测分现场检测和试验室检测两部分。检测内容如下:管道不开挖的地面检漏;探坑开挖后的各项普查(包括土壤腐蚀性、管道外防腐层性能、钢管表面状况和剩余壁厚等);腐蚀样品的失效分析;管内积水样分析;钢板在管道积水水样中的腐蚀速率测定。除上述检测内容以外,还对管道运行状况和全线土壤的电阻率、管道管理中的问题进行了调查。

检测和调查结果如下:

(1)全线地面检漏发现该管线外防腐层施工质量良好,绝缘破损点较少。

(2)该管线所埋没的土壤,其电阻率值较高,属中等偏弱腐蚀强度范围,且地下水位极低,开挖 4m 深,未见地下水溢出,初步判断管道外腐蚀轻微。

(3)该管线运行状况分析发现,管道中的燃气含杂质严重超标,尤其是水和硫化氢的含量,超过国家的有关规定几十倍甚至几百倍。

(4)腐蚀样品检查,泄漏处钢板内表面严重腐蚀;化学成分分析,其钢板成分符合国家标准;金相检查和能谱分析,发现钢体中非金属夹杂物为 3 级,且绝大部分为硅酸盐,少部分硫化锰。

(5)水样分析表明,管道中积水呈弱酸性,pH 值较低,在 4 左右,且氯离子含量明显偏高,为 323mg/L,含有一定量的二价硫离子,水样中悬浮物质主要是硫化亚铁。

上述检测结果明确证实了管道的泄漏是由内腐蚀造成的。内腐蚀由较强腐蚀性的管内积水造成，腐蚀介质是溶于水的硫化氢等腐蚀性介质。腐蚀发生在管道钢表面的金属夹杂物处，且泄漏点恰好位于凝水器附近的干湿交替部位，存在较强流体的冲蚀，导致腐蚀-冲蚀的联合作用，这是由于该泄漏点所处的凝水器抽水芯堵塞，长期不坚持抽水，从而又使得内腐蚀环境加剧恶化，造成该处的大面积泄漏。

以上是城市燃气管道重点检测的实例。具体测试内容和方法还应根据检测对象、检测目的进行。目前对城市燃气管道的腐蚀检测仅限于腐蚀事故分析，正常的管网调查将逐步有计划地展开。

近年来，随着城市燃气工程的大规模建设，敷设的输气管线越来越多，且管线大多数建在人口稠密的城市中心区域。由于敷设于地下的燃气管道遭受内、外腐蚀介质的作用，从面使钢管面临管壁减薄、安全性降低的局面。受地面挖掘条件的制约，管道从外部的检测有一定的局限。为准确真实了解管道的缺陷或漏点位置，近年来国内外大力发展了内检测技术，并逐步走向规范化、法制化的轨道。采用内检测技术可以做到以下各点：

（1）为管道管理者提供管壁缺陷的准确信息，使其在达到泄漏危险之前就被找到，及时维修，避免泄漏事故或更大的损失发生。

（2）可为管道维修更换提供准确科学依据，消除管道维修的盲目性，避免报废某些还可使用的管道，变抢修为计划检修，变报废整条管线为更换、维修个别管段，充分利用管道资源。

（3）对管道的承压心中有数，恰如其分地发挥管道的最大运输功能。

（4）为管道提供长期完整的记录资料。

重视对管道腐蚀调查数据的收集、记录和归档是实现管道安全管理的必要保障。国外的输气公司均对自己管理的管道建立有完整的技术档案资料，包括各种检测记录、维修记录，并根据管道多年来积累起的各种数据，对管道进行风险评估，通过风险评估确定为减少风险而采用的改造管理措施。因此腐蚀检测和检漏调查的数据应建立数据库，完整保留。它是管道更新改造、判废的依据。

上海煤气公司多年来一直坚持积累管道的有关技术资料。包括在管道暴露时的切线、接支管、管道维修、管道交叉等重新埋没时的作业，公司均派专人检查管道破损情况，并将管道的情况记录在"管道检修卡"上，其中包括原有管道的质量记录及新管道的施工改动记录。这对管道的管理起到十分重要的作用。但国内大部分城市燃气公司仍缺乏对该项工作的重视，相信随着城市建设的发展，对管道工程风险的评估也将逐步展开，因此上述各项数据收集和积累的重要性就会被人们所认识。

第七章　金属储罐的腐蚀与防护

我国石油、石化行业拥有大量的钢质储油罐，储罐主要分布在油田、战略储备库、油气储运公司和炼化企业。无论油罐大小，其设计使用寿命一般都为 20 年。但由于其储存的油品往往含有有机酸、无机盐、硫化物及微生物等杂质，会对钢铁造成腐蚀，所以油罐往往会因此缩短使用寿命 5 年左右，有的严重者使用 1 年左右就报废了。因此，环境污染问题需特别给予重视。

这种腐蚀穿孔现象不仅使油品泄漏，造成能源浪费以及污染、火灾、爆炸等危险的发生，而且由于腐蚀会引起油品的胶质、酸碱度、盐分增加，影响油品的使用性。所以对油罐的腐蚀机理及其防护方法进行研究是很有必要的。

第一节　原油储罐的腐蚀与防护

一、概况

我国近年来已建设了很多原油储备库，其中浮顶原油罐容积为 $5 \times 10^4 \sim 20 \times 10^4 \, m^3$，以 $10 \times 10^4 \, m^3$ 居多。原油来自四面八方，国外来油成分复杂，甚至是高含硫原油。

油田原油罐大部分以拱顶罐为主，储存的介质既有原油也有污水，容积从几百到几万立方米。油田原油罐存在较多的沉积污水，沉积污水含 SO_4^{2-}、CO_3^{2-}、H_2S、CO_2 等，有较高的矿化度（西部某油田污水的矿化度为 $3144.92 \sim 18194.91 mg/L$），温度一般在 $40 \sim 70\,℃$，一些稠油罐的温度会达到 $90\,℃$。

从整个油罐来看，罐底存在水，由于在水中有害杂质的作用下，引起该部位的腐蚀较重，罐顶及油面以上的罐壁由于受到油中有害气体的侵蚀腐蚀较重。相对经常浸没在原油中的部位腐蚀不重。

二、原油储罐腐蚀典型部位及机理分析

（一）拱顶原油罐

拱顶原油罐的腐蚀包括内腐蚀和外腐蚀。内腐蚀部位可分为水相及油水界面、原油液相及罐顶部气相。内腐蚀最严重的部位是罐底板，其次是与气相接触的罐顶。外腐蚀包括罐底板外腐蚀、罐顶外腐蚀和罐壁外腐蚀。

拱顶原油罐不同部位的腐蚀有以下特征：

（1）罐底内腐蚀　包括罐底板内侧腐蚀、罐底内侧角焊缝腐蚀。罐底板内侧腐蚀以点蚀为主，大多为溃疡式的成片坑点腐蚀，容易造成穿孔。一般来说，罐底变形、凹陷处和人孔附近都是最容易出现点蚀的部位。造成腐蚀的原因使罐底沉积水和沉积物，水中的氯离子、溶解氧、硫酸盐还原菌及温度都会成为腐蚀因素。钢材组成的不均匀（焊接热影响区）也会产生腐蚀。当罐中有加热盘管时，油罐底部的盘管处于高盐分污水中，还会发生严重的结垢和垢下腐蚀。罐底和加热管有时 3~4 年就会穿孔，最大腐蚀速率可达到 2mm/a。如果储罐基础施工中土质密度未达标，罐底会因收发油负重不同而出现变形，涂层可能出现细微裂纹或局部脱落，使涂层较快失效，从而加快腐蚀速度。

（2）罐壁内腐蚀　罐壁接触油介质的部分腐蚀较轻，一般为均匀腐蚀。腐蚀严重的区域主要发生在油水界面以下和油与空气交界处以上。罐壁油水分界线以下区域是水介质，腐蚀程度略轻于罐底，油与空气交界处以上属于气相，与罐顶腐蚀程度类似。罐壁与罐底相交处（该部位指罐壁内侧与底部沉积物或水相接触的部位）是腐蚀的严重部位，也是涂层防腐的薄弱部位，一般为均匀腐蚀，角焊缝腐蚀一般表现为焊缝下边缘出现微小裂纹。主要是因为由于受力情况复杂，故罐底角焊缝处的腐蚀极易引起强度不足而失稳或焊缝的脆性开裂失效。

（3）罐顶内腐蚀　对于拱顶罐，罐顶内侧腐蚀集中在罐顶与罐壁结合部位、罐顶内侧较罐壁内侧腐蚀严重，以局部腐蚀为主，腐蚀因素主要是氧气、水蒸气、硫化氢、二氧化碳及温度变化，水蒸气易在罐顶形成水膜，水膜中含有各种腐蚀成分，同时由于油罐的呼吸作用，氧气不断地进入罐内并很容易通过凝结水液膜扩散到金属表面。罐顶内侧腐蚀与油品的类型、温度、油气空间的大小有关。如果储罐位于沿海或工业污染地区，海洋中的盐类和工业污染物也会随呼吸过程进入罐中。罐顶焊缝较多，支撑也较多，这些都给防腐蚀施工带来困难，防腐蚀质量也很难保证。

（4）拱顶罐外腐蚀　罐顶外侧腐蚀主要发生在罐顶焊缝部位。主要是由于罐顶受力变形后，表面凹凸不平，凹陷处积水发生电化学腐蚀所致。腐蚀呈连片的麻点，严重时可造成穿孔。一般情况下，焊缝处因承受拉应力，失效破坏更加明显。

原油罐若带有保温层，其外腐蚀就变得很复杂。罐顶外侧如果有保温层，由于量油管、呼吸阀、盘梯和平台的存在，保温层的防水很难达到理想状态，保温层下进水就不可避免，这是罐顶外腐蚀的主要原因。内腐蚀加上外腐蚀，罐顶减薄很快，有时还会出现施工检修人员掉进罐里的恶性事故。保温层下罐壁焊有很多支撑、龙骨，这些都会影响到罐壁防腐涂层的质量（影响到漆膜的连续性和致密性），旋梯支撑会影响外护层制作。保温层一旦进水，就会浸湿保温材料，由于水分不易挥发，罐壁将长期处于潮湿状态，再加上温度的作用就会引起较严重的腐蚀，要解决罐壁外腐蚀，首先要解决保温层的防水问题。

拱顶罐罐底板的外腐蚀与浮顶罐罐底板的外腐蚀类似。

罐底板外侧腐蚀机理为既有微电池引起的均匀腐蚀，又有宏电池（氧浓差）引起的局部腐蚀。此外，罐壁下部圈板和底板还遭受相对严重的微生物腐蚀。由于原油在开采、集输过程中难以避免地会把一些杂质带入储罐中并且沉积在罐底部，这些物质包括岩屑、铁锈、乳化重质油等，也就是平时所说的油泥。沉积的油泥中含有盐分，而罐底又往往处于无氧环境中，其温度、pH 值都十分适合硫酸盐还原菌的生长，从而引起针状或线状的细菌腐蚀。因此，储罐的内壁下部和底板是电化学和微生物共同作用引起的腐蚀，也是整个罐体腐蚀中最为严重的部位。

（二）浮顶原油罐

（1）浮顶原油罐内腐蚀　浮顶原油罐内腐蚀最严重的部位是罐底板，罐底板处于水相，其腐蚀形态为局部腐蚀，以蚀坑为主。主要原因如下：

① 原油沉积水的腐蚀。类似于拱顶原油罐罐底内腐蚀。

② 外浮顶支柱对罐底的破坏。南方某炼化公司的两座油罐清罐后都发现了罐底穿孔，而且穿孔部位都是在支柱和罐底板接触的地方。这有两方面原因，一是由于浮盘支柱紧压底板，不论是新建还是检修时，该部位都不易进行涂层防腐施工，即使涂覆也达不到质量要求；二是支柱对底板的冲击破坏，原油储罐付油时如果出现实际油位低于起伏液位的情况，

浮盘支柱就会对底板造成冲击。即使采取了涂层防腐，这个冲击也会对涂层造成破坏。目前采取的措施是在冲击部位焊加强垫板，以减小支柱对底板的冲击力。

（2）浮顶原油罐外腐蚀　浮顶原油罐外腐蚀以外边缘板和罐底板外侧最为严重。浮顶罐外边缘板的腐蚀，尤其是在南方多雨潮湿地区最突出，南方某炼化公司 $5 \times 10^4 m^3$ 原油罐的边缘板腐蚀形态为均匀减薄，腐蚀产物如千层饼状。测试结构表明，板厚腐蚀减薄达 30% 以上，腐蚀还向罐壁发展，给安全运行带来极大隐患。有资料表明，约有 25% 的油罐失效是由边缘板腐蚀造成的。罐底板外侧接触的是沥青砂，沥青砂具有良好的隔水效果，但是早几年建成的储罐几乎都没有注意到罐底外边缘板的翘起进水问题，外边缘板翘起后，边缘板与基座之间就会形成较大的缝隙，由罐壁流下来的雨水沿缝隙进入罐底板与基座之间。由于罐底板的起伏变形，在底板与基座之间形成了很多通道和空间，致使雨水能够进入到罐底板的中心部位，雨水的进入会引起氧浓差腐蚀，而且这种腐蚀很难停止，腐蚀形态呈溃疡状。过去国内对油罐罐底外边缘板防水的习惯做法是沥青灌缝或覆以沥青砂，但投入使用后检查发现成功的很少，也有的用橡胶沥青或环氧玻璃布进行防水，但前者的耐老化性能差，粘接强度不够；后者弹性差，使用后发生开裂、拉脱等现象，效果并不理想。

三、常用的防腐蚀措施

储罐常用的防腐蚀措施一是涂料防护法，二是阴极保护法。

（一）涂料防护法

涂料防腐的原理是用覆盖层将金属与介质隔开，从而对金属起到保护作用。首先，覆盖层保证没有微孔，若有的话，老化后容易出现龟裂、剥离等现象；其次，原油中沙砾的冲击，人工进罐作业都会在一定程度上对罐体覆盖层造成损伤，使裸露的金属暴露在介质中。裸露部分形成小阳极，覆盖层部分成为大阴极而产生局部腐蚀电池，则会更快地破坏漆膜。因此使用防腐涂层进行保护应符合储罐防腐蚀设计要求。

用于油罐内壁的防腐蚀涂料应有如下性能：

（1）良好的耐油性，应在 $-50 \sim +50℃$ 范围内耐原油、汽油、柴油、煤油、石脑油、渣油、污水等介质的腐蚀。

（2）耐大气和水汽腐蚀。

（3）能耐 $120 \sim 150℃$ 温度，以防用蒸汽清扫方法清罐时漆膜脱落。

（4）良好的导静电性能，因为石油产品属于非极性介质，在运输和储存过程中，由于摩擦往往会产生静电，引起着火或爆炸，为此在油罐用防腐涂料中常加入导静电填料。如石墨粉、炭黑、金属粉、有机碳纤维粉等，制成导静电防腐蚀涂料，使其电阻率在 $108\Omega \cdot m$ 以下（表面电阻率应为 $108 \sim 1011\Omega$）。

（5）良好的物理机械性能，油罐用防腐涂料应有较强的附着力，抗冲击，常温固化，不龟裂，便于施工。通常要求涂层涂刷 3~4 道，漆膜总厚度 $250 \sim 300 \mu m$。

（二）阴极保护技术

对于金属储罐来说，牺牲阳极和外加电流法两种方法依然是有效的保护方法。

1. 牺牲阳极法

牺牲阳极法安装简单，不会产生腐蚀干扰，安装后，除需定期测量电位和保护电流外不需保养，对于储罐基础施工质量有保证。周围土壤的电阻率较低时，可选用阳极保护。对于新建罐，可将阳极均匀分布在罐底，力求得到均匀分布的电流。

储罐在采用牺牲阳极法防腐蚀时，储罐与管道以及其他系统的绝缘性要好，否则储罐难以得到有效地保护。其他系统如管网、仪表连接线、混凝土钢筋以及储罐接地系统等。对这些系统进行绝缘，花费大且维护费用高。牺牲阳极的驱动电压一般低于 0.7V，限制了阴极保护系统的电流输出。一旦储罐与上述任何系统发生短路，不但使储罐保护困难，而且牺牲阳极系统会很快耗尽，缩短保护寿命。

牺牲阳极法除了防蚀功能外，还具有接地功能，故镁极或锌极都是钢制储罐的良好接地材料，工程实践中多选用锌合金。接地电阻可依据选用接地的间距和串接的支数进行计算。

2. 外加电流法

外加电流的阴极保护又称强制电流阴极保护。它是根据阴极保护的原理，用外部直流电源作阴极保护的极化电源，将电源的负极接被保护构筑物，将电源的正极接辅助阳极。在电流的作用下，是被保护构筑物对地电位向负的方向偏移，从而实现阴极保护。

（1）保护电流需要量的计算。保护电流需要量一般通过估算或现场电流需要量求得，所需电流往往随时间的延长而减小，所以需要计算最大的保护电流需要量，以满足阴极保护初期以及外界条件的恶化的需要。结合我国储罐的具体情况，推荐储罐保护电流密度为 $5 \sim 10A/m^2$，则保护电流总需要量为

$$I_总 = J_s S_总$$

式中　$I_总$——阴极保护电流的总需要量，A；

　　　J_s——阴极平均保护电流密度，mA/m^2；

　　　$S_总$——被保护的总有效面积，m^2。

（2）阳极的计算。阳极的计算主要是确定阳极的尺寸和数量。阳极尺寸的确定是先算出阳极总有效面积：

$$S_a = I_总/J_a$$

式中　$I_总$——阴极保护电流总的需要量，A；

　　　S_a——阳极总的有效面积，m^2；

　　　J_a——阳极的工作电流密度，mA/m^2。

阳极数量可以根据阳极的排流量和作用半径来确定，或由经验来确定。

对于所需阳极保护电流较大的罐底，采用强制电流法比较合适，因其电流、电压可根据需要任意调节。当罐底面积很大时，辅助阳极的布置对罐底中心部位的保护水平起一定作用，其布置的典型形式有四种，如图7-1所示。

以上几种阳极结构设置方法，其目的是尽可能改善阴极保护电流在罐底板上的均匀分布，使罐底板中心和边缘的保护电位尽可能接近。

3. 内壁阴极保护

对于金属储罐的内壁来说，在罐底板内侧及部分罐身圈板采用阴极保护在技术上是可行的。储罐内壁实施外加电流阴极保护的关键是辅助阳极的选择和分布。理论上讲，用于储罐外部阴极保护的辅助阳极材料基本上也适用于储罐内部。但由于内部不易更换和检测，所以通常内壁施加阴极保护时多选用体积小、寿命长的阳极。

对于阳极品种的选择，考虑到温度的影响，不宜选用锌阳极；考虑到安全因素，不宜选用镁阳极。一般多选用铝合金牺牲阳极。

阳极的分布取决于阳极的数量，在罐底呈放射状均匀分布。图7-2为某储罐牺牲阳极在罐底的布置示意图，共布置101块，分布在5个圆周上，由外向里各圆周上的数量依次为32块、30块、20块、13块、6块；壁板上共布置18块，如图7-3所示。

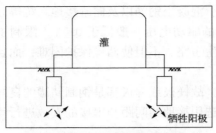

（a）在储罐四周装置水平或垂直阳极

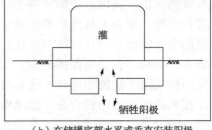

（b）在储罐底部水平或垂直安装阳极

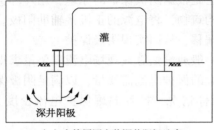

（c）在管周围安装深井阳极地床

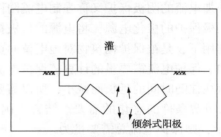

（d）国外最先进的斜插入阳极

图 7-1　不同阳极结构形式的罐底板外侧阴极保护

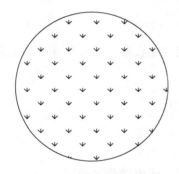

图 7-2　牺牲阳极在罐底的布置

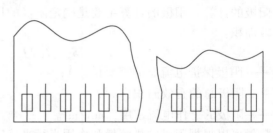

图 7-3　牺牲阳极在壁板上的布置

4. 罐底板外壁阴极保护

储罐底板坐落在沥青砂基础上，时间长了沥青砂层产生裂纹，使得地下水上升造成地板腐蚀。这种腐蚀由土壤环境和储罐运行条件所决定。对于这种情况，阴极保护是一种非常有效的方法。

对于罐底板外壁阴极保护来说，重要的参数是最小保护电流密度，它是使金属得到完全保护所需的电流密度。它的数值与金属的种类、金属的表面状态(有无保护膜等)、介质条件(温度、浓度)等有关。表 7-1 列举了一些金属在不同的介质中的最小保护电流密度值。一般当金属所在介质的腐蚀性越强、降低阴极极化的因素越大(如温度升高、压力增大)，都会使最小保护电流密度增加。

表 7-1　一些金属在不同的介质中的最小保护电流密度

金属或合金	介质条件	最小保护电流密度/（mA/m²）
钢(有较好沥青玻璃覆盖层)	土壤	1~3
钢(沥青覆盖层有破坏)	土壤	16
钢	室温，静止	50~100

大量的资料表明，对于老储罐保护电流密度为 $10mA/m^2$ 是可取的，值得注意的是外加阴极电流密度不宜过小或过大，若采用比最小保护电流密度更小的数值，起不到完全保护作用。如果过大，在一定范围内起到完全保护作用，但耗电量大而且不经济。当保护电流密度超过一定范围时，保护作用有些降低，这种现象称为"过保护"。在储罐覆盖层良好的条件下，$5mA/m^2$ 也是合适的指标。最小保护电流密度的数值是通过实验测得的。

阴极保护的效果很好，而且简单易行，由于保护对象较为特殊，除了要考虑普通金属结构进行阴极保护时的因素外，还要注意几条特殊的准则：

（1）在透气性差的黏土中，阴极保护电位应取 950mV（CES）。

（2）温度在 60℃ 以上时，阴极保护电位应为 950mV（CES）。

（3）在电阻率大于 $500\Omega \cdot m$ 的砂质环境中，阴极保护电位可取 750mV（CES）。

（4）当罐中心电位无法测试时，应在确保电流密度的前提下，对于直径大于 40m 的罐，罐周围电位应不小于 1.2V（CES）。

对罐底板外壁阴极保护的注意事项有：

（1）电持续性。储罐及相连接的管道应具备电连续性。

（2）接地极改造。改造与储罐相连接的。

（3）电绝缘。储罐与之相连接的所有管道进行电绝缘。

（4）安全条件。施工及管理测量期间应符合有关规定。

5. 罐底板外壁阴极保护参数的计算

（1）罐底板分布电位的计算　根据电化学原理，如果以圆心为 O，任一点距圆心的距离为 a，可列出。

$$\partial V = \rho \frac{\partial a}{2\pi a^2} i\pi a^2 \tag{7-1}$$

对上式进行积分得

$$V = \int_0^r \rho \frac{i}{2}\mathrm{d}a = \rho \frac{ir}{2} \tag{7-2}$$

式中　V——沿半径方向的电位降，V；

r——管底半径，m；

ρ——土壤电阻率，$\Omega \cdot m$；

i——电流密度，A/m^2。

（2）罐底板平均电流密度的计算。平均电流密度可作为罐底板保护水平的标度参考。在圆盘导体的某点（B 点）上求罐底板平均电流密度。按静电学原理，有

$$i = \frac{I}{2\pi r\sqrt{r^2 - b^2}} \tag{7-3}$$

式中　i——圆盘导体距圆心 O 点的电流密度，mA/m^2；

b——B 点距圆心的距离，m；

r——圆盘的半径，m；

I——圆盘的总电流，A；

圆盘的平均电流密度为

$$i_{cp} = \frac{I}{\pi r^2} \tag{7-4}$$

圆盘中心点的电流密度为

$$i_c = \frac{I}{2\pi r^2} \qquad (7-5)$$

比较式(7-4)和式(7-5)，可以看出圆盘中心的电流平均密度为平均电流密度的一半。不过，计算并不是绝对准确的，由于电阻率的不均匀、阳极位置的偏差，所形成的电场也不均匀，所以只能在工程实践中证实。

（3）环形接地电阻的计算。当采用带状阳极或柔性阳极，环状布设时，接地电阻可按下式计算：

$$R = \frac{\rho}{2\pi D^2}\left(\ln\frac{8D}{d} + \ln\frac{4D}{s}\right) \qquad (7-6)$$

式中　R——环状接地体对地电阻，Ω；

　　　D——环的直径，m；

　　　d——接地体直径，m；

　　　s——埋深，m。

6. 涂料+阴极保护法

储罐防腐总体上讲是拱顶罐单独使用涂层或涂层加阴极保护，浮顶罐采用涂层加阴极保护联合措施。

（1）拱顶罐　拱顶罐底板内侧、罐顶下表面及罐壁油水线以下采用防腐蚀涂料，如环氧底漆+环氧面漆，富锌底漆+环氧类或聚氨酯类面漆，涂层干膜厚度大于 250μm。罐底板有时会采用牺牲阳极，但不普通。拱顶罐带有保温层时，罐顶和罐外壁采用的是环氧防腐底漆加保温层。拱顶罐不带保温层时，一般采用耐候性较好的涂料，如富锌底漆+环氧云铁中间漆+丙烯酸聚氨酯（氯化橡胶、氟碳等）。有人在罐底上表面使用导静电涂料加牺牲阳极，结果罐底出现了快速腐蚀，只过了两年罐底就出现了穿孔，所以这样做是不合理的。

（2）浮顶罐　浮顶罐罐底板上表面采用防腐涂层加牺牲阳极保护，下表面采用无机富锌+环氧涂层，辅以深井阳极或网状阳极的阴极保护。浮顶罐船舱在焊接成型及安装后是密闭的环境，不论是预涂装还是成型后涂装，密闭环境都要经过补涂或涂覆过程，由于空间狭小，对涂料的要求更高。现在常用的涂料为无溶剂环氧涂料、水性环氧涂料只在近几年才使用，采用有机硅涂料较多，也有采用酚醛环氧涂料的。环氧改性有机硅底漆和面漆耐温性达300℃，而且耐油性优异，可用于加热盘管。

7. 其他措施

（1）尽量缩短清罐周期，即使清理油泥。不给各种微生物创造适宜的生存环境，避免造成腐蚀。进行清罐操作时，应对罐壁细致清理，避免人为对覆盖层造成伤害。

（2）确保雨水排疏设施畅通，积水不达到罐基表面。

（3）检查量油孔、呼吸阀与油罐结合部位的密封状况，如有材质失效、变形、老化或者损坏的情况，应更换密封部件。

（4）储罐若采用拱顶结构，日常操作时应当尽量避免罐位大幅度地变化，以避免呼吸量增大带入空气。

总之，目前原油储罐防腐主要采用了阴极保护与防腐涂层两种方法。但是，腐蚀与防护工作要想收到好的效果，除了着眼防腐工艺以外，还应从日常管理着手，加强现场调查和监控监测，积累数据，找出规律来指导现场防腐工作，形成一个良性的腐蚀防护管理体系。只有这样才有可能找到罐体防腐最为经济有效的方法，实现油罐长周期安全平稳运行。

研究储罐腐蚀常用挂片的方法，但挂片法只能给出平均腐蚀量，是一个相对的概念，实际对储罐起破坏作用的是局部腐蚀。近年来的腐蚀监控技术在一定范围内得到了应用，对于及时掌握腐蚀状况起到了一定的作用。

（三）高含硫原油储罐防腐蚀方案

依据《中石化公司关于加工高含硫原油储罐防腐蚀技术管理规定》要求，原油罐的罐内防腐蚀范围包括：罐内底板、管内壁（圈板的上、下部各 2m）和浮顶。具体要求如下：

（1）罐内底板采用涂层+牺牲阳极联合保护，要求涂层不导静电，涂层厚度不小于 $120\mu m$；

（2）其余部位采用抗静电涂层保护，涂层总厚度不小于 $180\mu m$。新罐建议采用金属热喷涂+抗静电涂料封闭措施。

原油罐内防腐涂料的选用要求：

（1）罐底板可选用环氧树脂类、聚氨酯类、无机硅酸锌底涂+改性环氧面涂（建议新罐采用），或其他类型的非金属涂料；

（2）内壁原则上可采用环氧抗静电涂料、环氧氯磺化聚乙烯抗静电涂料、聚氨酯抗静电涂料、漆酚改性抗静电涂料等；

（3）浮顶及罐壁上部 2m 圈板建议选用丙烯酸聚氨酯抗静电涂料面漆；

（4）封闭涂料建议采用丙烯酸聚氨酯抗静电封闭涂料；

（5）抗静电涂料建议采用添加金属粉末作为导电剂的涂料。

原油罐内防腐表面前处理方法及标准：表面清理后应进行喷砂除锈，涂料施工要求达到 GB/T 8923.1—2011《涂覆涂料前钢材表面处理　表面清洁度的目视评定　第 1 部分：未涂覆过的钢材表面的锈蚀等级和处理等级》中的 Sa2.5 级，金属热喷涂要求达到 GB/T 8923.1—2011 中的 Sa3 级。

原油罐的外防腐范围包括：罐外壁、罐外顶和罐外底。原油罐外底的防腐措施，可在以下三种方案中任选一种：

（1）环氧煤沥青防腐涂料+阴极保护；

（2）无机富锌漆+基础防渗处理；

（3）环氧煤沥青漆+基础防渗处理。

对新建的原油罐，外底建议采用：

（1）环氧煤沥青防腐涂料+阴极保护；

（2）有保温的原油罐外壁采用防锈漆底涂+保温；

（3）无保温的外壁应采用外防腐涂层，涂层厚度不小于 $80\mu m$；

（4）罐顶外壁应采用耐候性能优良的面层涂料。

原油罐外防腐涂料的选用要求：

（1）对一般大气腐蚀环境，可采用普通调和漆；

（2）对化工大气及沿海地区腐蚀严重的环境应采用漆酚树脂漆、环氧煤沥青漆、过氯乙烯涂料、氯磺化聚乙烯涂料、聚氨酯涂料、丙烯酸聚氨酯涂料或有机、无机富锌漆等，并要求有良好的底漆和面涂配套；

（3）罐顶外壁宜采用丙烯酸聚氨酯等耐候性能优良的面层涂料。

第二节　轻质油罐的腐蚀与防护

一、概况

轻质油罐主要是指储存汽油、柴油、煤油等轻质油品的储罐。这类油料储罐的典型腐蚀环境如图7-4所示。

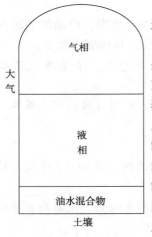

图 7-4　轻质油罐腐蚀环境

罐体外壁腐蚀类似于拱顶原油罐的腐蚀。油罐内部则容易发生几种形式的腐蚀。挥发性高的轻质油品如汽油等比挥发性低的重质油品腐蚀性强，特别是在气相部位，腐蚀更严重。由于氧在轻油中的溶解度很高，一部分溶解氧可以进入罐底水中，所以罐底仍存在轻度的电池微腐蚀和氧浓差电池腐蚀。而且这类油料储罐的具体腐蚀情况也随介质而不同。如果对其防腐不好或不防腐，经过一段时间后储罐表面出现大面积的腐蚀层或腐蚀穿孔，使储罐的使用寿命大为缩短。有的油罐使用过程中出现穿孔、开裂，给生产造成不必要的损失，同时严重影响了安全生产。由于罐体腐蚀严重，产生了大量的锈蚀产物，污染了油品。这种现象在储存轻质油品的油罐较为严重。

另外，石油产品尤其是轻质油品在其生产、储存、使用时常常发生摩擦、冲击碰撞、挤压，在油罐喷射、晃动、加注、冲洗等过程中，极易产生大量静电荷并引起静电燃爆，此类破坏是十分危险的。

二、轻质油罐腐蚀典型部位及机理分析

油罐的内腐蚀与储存介质的种类、性质、温度和油罐形式等因素有关。油罐内部存在两个腐蚀环境，一个是液相，另一个是气相。对于温度低于100℃且存在水相的油罐，液相又分为两层，除油层外在油罐底部通常有水层。

一般汽油罐腐蚀最重，煤油罐次之，柴油罐较轻。从油罐的部位来看，罐顶及油面以上气相空间部位的腐蚀最重，罐底水相部位次之，罐壁油相部位较轻。

凡油相和气相交替变化最频繁的罐壁部位，腐蚀也较重。一般顺罐壁向上腐蚀逐渐加重。

（1）罐顶及罐壁上部　这个部位不直接接触油品，属于气相腐蚀。根据大气腐蚀机理，其实质属于电化学腐蚀范畴，腐蚀是通过冷凝水膜，在有害气体如 SO_2、CO_2、H_2S 等的作用下，形成腐蚀原电池。由于水膜薄，氧容易扩散，耗氧腐蚀起主导作用。在罐壁气液结合面处的腐蚀，是氧浓差电池条件下的腐蚀，是罐壁腐蚀最严重的部位之一。自支撑固定顶在高应力区域有时存在应力腐蚀。

（2）罐壁中部　罐壁中部直接与油品接触，其腐蚀主要是油品的化学腐蚀，这个部位腐蚀程度最轻。但对于液位经常变化的油罐，气液结合面处的腐蚀比较严重。

（3）罐壁下部和罐底板上表面　这个部位是油罐内腐蚀最严重的部位，主要是电化学腐蚀。由于储存和运输过程中水分积存在罐底板上，形成矿化度较高的含油污水层，造成电化学腐蚀。通常含油污水中含有 Cl⁻ 和硫酸盐还原菌，同时溶有 SO_2、CO_2、H_2S 等有害气体，腐蚀性极强。在罐壁下部和罐底板上表面油水结合面处，存在氧浓差腐蚀。当底板上设置加热盘管时，由于温度和焊接形成的电偶因素会加剧局部腐蚀。由于罐底存在向外的坡度，因

此在罐壁和罐底结合处，腐蚀最严重，是防腐重点保护区域。罐底板上表面除了存在均匀腐蚀外，局部腐蚀(特别是点腐蚀、坑腐蚀)非常严重，是造成底板穿孔的主要原因。

（4）裸露的固定顶和罐壁　属于大气腐蚀。根据大气腐蚀机理，其实质属于电化学腐蚀范畴，腐蚀是通过冷凝水膜，在有害气体 SO_2、CO_2、H_2S 等的作用下，形成腐蚀原电池。由于水膜薄，氧容易扩散，耗氧型腐蚀起主导作用。工业大气和海洋大气条件下，腐蚀最为严重。

（5）油罐底板下表面　主要为土壤腐蚀和水腐蚀。另外，由于基础中心部位和周边的透气性存在差别，也会引起氧浓差电池，中心部位成为阳极而被腐蚀；地下的杂散电流也会加剧底板腐蚀；接地极可引起电偶腐蚀，采用锌接地极可以有效减小电偶腐蚀。

此外，在油罐内部结构不密闭处，如间断焊焊缝处，存在缝隙腐蚀。

三、常用的防腐蚀措施

（一）正确选用防腐涂料

涂层保护对于轻质油品储罐来说是最实用也是最经济的保护措施。

（1）油罐外壁防腐涂料　地面油罐和比较干燥的半地下油罐，要用红丹防锈漆作为底漆，银粉漆或调和漆作为面漆。银粉漆作为轻油罐的面漆，它具有金属光泽，除防锈外还能反射阳光起到降低蒸发损耗的作用。耐大气型氯磺化聚乙烯涂料在原油罐上应用效果也很好。

沥青船底漆主要含煤焦油沥青、氧化亚铜和氧化锌等物质。用它作为油库、地下和半地下油库的油罐外壁涂料效果较好，具有很好的防潮抗水和防毒性能。

（2）罐底外侧防腐涂料　罐底外侧常用红丹防锈漆作底漆，面漆为热涂沥青。沥青具有良好的耐水和防腐性能，材料易得，施工简便。但是先涂沥青层然后进行安装焊接，容易把焊缝附近的涂层烧掉。为了克服这一缺点，可采用环氧富锌漆作为防腐涂料。使用玻璃布加强的煤焦油沥青漆，逐步得到推广应用。

环氧富锌漆主要成分是锌粉和环氧树脂，这种涂料和银粉(实际是铝粉)涂料一样，兼有屏蔽效果和阴极保护作用。

（3）金属油罐内防腐涂料　采用防腐涂料保护油罐有着悠久的历史，涂料或衬里一直成功地用于常压储罐的内防腐。

长效防腐涂料具有优异的防腐性能，在条件苛刻的情况下，用它涂装油罐能使用 10 年以上。所以尽管使用长效防腐涂料费用较高，但总的经济效果是好的。

罐顶内部建议采用环氧系列防腐涂料，如国产 870 系列常温固化防腐涂料、环氧煤沥青防腐涂料，因为环氧类涂料附着力好、耐腐蚀和耐溶剂侵蚀。

罐壁采用的防腐涂料有环氧煤焦油、环氧树脂、呋喃树脂、富锌涂料等。鳞片衬里是用鳞片状细微玻璃片进行增强的一类长效防腐涂料。

罐底内侧采用最广泛的是煤焦油沥青漆，涂层的寿命主要取决于表面预处理的质量。为了得到良好的保护效果，罐底涂层一般是比较厚的，两层涂料之间还可以外加一层加强的玻璃布纤维布。

（4）使用导静电涂料在 20 世纪 90 年代初防腐涂料一般采用耐蚀性好的涂料防护，如环氧树脂漆或聚氨酯漆等，有效地保护了油罐，对油品的质量无影响。但是这些涂料都有高绝缘性。由于油流输送时与管道和罐壁摩擦产生静电，使罐内静电压升高，易产生静电火花而引起油罐爆炸。因此对油罐内壁防腐的涂料不仅要有良好的耐蚀性，更应具有导静电性。目前，我国使用比较多的、综合效益比较好的是环氧玻璃鳞片导静电涂料。

按照国标有关规定，油罐内表面应采用导电涂料。关于是否一定采用导静电涂料，还存在不同看法。据报道，国外从未有过关于油罐内壁涂料要求导静电的规范和法规，英国、美国和日本等国家也都不要求油罐内壁涂导静电涂料。目前，原油罐使用导静电涂料已被否定，成品油罐是否一定采用还存有争议。

（二）阴极保护的应用

阴极保护主要用于与沥青砂基础接触，受土壤腐蚀的储罐底板。其目的是补充涂层之不足，以防止涂层空白点的金属腐蚀。阴极保护是国内外公认控制腐蚀的一种经济有效的方法。不加阴极保护储罐底板一般使用7～10年就会腐蚀穿孔。采用阴极保护后，一般设计使用20～30年。

（三）热喷铝+防腐涂料

这种方法实际上就是在第一种方法实施之前，先在罐壁上用热喷涂的方法喷一层铝。在轻烃罐内壁表面原采用金属热喷涂的方法，做 $300\mu m$ 厚铝防腐层，采用 E44 环氧银粉漆作封闭层。在大气中铝是耐蚀的，甚至有 SO_2 和 CO_2 气体存在时影响也很小，但附着在铝表面的污染物可能形成氧的浓差电池而产生点蚀。这种方法有两大优点：其一是热喷铝与基体金属的结合力比有机涂料好；其二是铝对于钢质罐壁有阴极保护作用。

（四）应用缓蚀剂

添加缓蚀剂的关键在于合理地选择。在含有水和 H_2S 的轻烃液体中通常使用吸附型膜缓蚀剂。

用于成品油罐的缓蚀剂，按其在油罐中起作用的部位不同，可分为挥发性、油溶性和水溶性三种缓蚀剂。

（1）挥发性缓蚀剂　用于减缓罐顶气相空间金属的腐蚀。常用易挥发的低分子有机胺和有机亚硝酸盐，如二乙基胺、亚硝酸环己胺等。

（2）油溶性缓蚀剂　要求易溶于油且不能促进水的乳化，与油品添加剂不发生作用。油溶性缓蚀剂常用胺类和咪唑啉类化合物。

（3）水溶性缓蚀剂　用于油罐底部水垫层的防腐蚀，常用的缓蚀剂有亚硝酸盐类、聚磷酸盐类、氢氧化铵和苯甲酸胺的混合物等。亚硝酸钠和硼酸钠的混合物(亚硝酸钠∶硼酸钠为7∶3)具有杀菌和防腐的双重作用，罐底水加入2%的此种粉剂，几乎能完全控制罐底的水相腐蚀。

（五）适当增加腐蚀严重部位的钢材厚度

适当增加腐蚀严重部位如罐底和罐顶的厚度可以提高防腐能力，但不应超过钢板总厚度的20%。

（六）定期检查

做好每年至少一次的油罐外部检查，每年对油罐至少进行一次测厚检查。对腐蚀严重的储罐，如汽油、煤油等腐蚀严重的半成品罐采用一年一次开罐检查，发现问题及时修补。

（七）罐顶内部除去腐蚀性成分也是有效的内防腐措施

水和氧是引起油罐内腐蚀的主要因素。如果能除去水和氧，则大大减轻储罐内腐蚀，可以通过压力罐、惰性气体覆盖、保持浮顶罐密封等办法有效的防腐。

此外，在考虑经济性的前提下，可以考虑必要的材质升级。

四、油罐防腐施工案例

国内某炼油工程储运区共有储罐 11 台，公称容积分别为 5000m³、3000m³ 和 1000m³。根据设计图纸要求金属表面除锈等级为 Sa2.5 级；涂漆要求见表 7-2。

表 7-2

防腐部位	涂层结构	材料名称	涂刷道数	涂层厚度/μm
罐底板下表面	钢板边缘底漆	可焊性无机富锌底漆	2 道	809
	底漆	环氧煤沥青底漆	1 道	50
	面漆	环氧煤沥青面漆	2 道	200
内防腐	底漆	环氧耐油导静电底漆	1 道	50
	中间漆	环氧耐油导静电中间漆	1 道	100
	面漆	环氧耐油导静电面漆	2 道	100
外防腐	底漆	环氧富锌底漆	1 道	50
	中间漆	环氧云母氧化铁中间漆	1 道	100
	面漆	可涂覆聚氨酯弹性漆	2 道	100

注：1. 罐底边缘与罐基础连接处的防水涂料由专业防水涂料厂负责施工。

2. 根据 SSEC 要求，防腐底漆、中间漆、面漆由指定涂料生产厂方供货。

（一）防腐范围及要求

罐底板下表面要求钢板边缘 50mm 内涂装可焊性涂料，其余部位涂装环氧煤沥青底面漆。罐底板材料先按图纸排版切割下料，然后运至防腐施工场地进行 Sa2.5 级喷砂处理；表面处理合格后在防腐施工场地及时涂装防腐漆（包括钢板边缘可焊性无机富锌底漆）。

内防腐包括：罐底板上表面、罐壁内表面以及罐顶内表面。所有内防腐施工在罐体安装完毕后进行现场喷砂处理，喷砂处理合格后在现场及时涂装防腐底漆、中间漆、面漆。

（二）防腐施工及要求

防腐涂料采用高压无气喷涂方法进行涂装。防腐材料必须按照总包方指定的生产厂家选用，不得任意更改，并应在保质期内使用；对于不合格的材料应及时更换，防腐施工期间材料生产厂方应进行现场技术服务。所有焊缝在水压实验合格前不允许涂刷防腐涂料（罐底板下表面的焊缝除外）。

喷砂处理合格后，按以下程序喷涂涂料。

（1）环境控制　防腐施工环境温度宜为 4~38℃，相对湿度要求在 80% 以下，确保钢板温度高于露点 3℃。如果环境条件达不到以上要求，停止涂料施工，或采取加热升温达到要求后继续作业。

（2）涂料材料准备　使用前先记录批号、确认涂料种类；检查包装，如果包装有损坏或泄露，不要使用或请涂料生产厂家代表确认可以使用后才能使用；打开包装后要检查涂料外观，观察是否有胶化、变色等不正常现象，如有不正常，不要使用或请涂料生产厂家代表确认可以使用后才能使用。

（3）调配　按照产品说明书规定的比例或在生产厂家代表的指导下进行涂料的调配，结合现场施工经验严格控制涂料的黏度，以便于喷涂施工。必要时加入适量稀释剂或固化剂并充分搅拌。

（4）预涂　用刷涂的方式对边角等喷涂难以接近的部位进行预涂。预涂后马上进行喷涂。

（5）喷涂 选择 0.38~0.53mm 的喷嘴，泵压比为 45∶1，进气口压力为 3~4MPa/cm² （根据现场需求进行调节），调整喷涂距离、手法及喷嘴角度，确保各种涂料每道漆膜的厚度。

（6）厚度检查 目测漆膜表面是否喷涂均匀，有无漏喷、干喷等缺陷。每道涂层的漆膜检测都采用测厚仪测量，如果漆膜太厚或太薄，调整喷涂速度或稀释剂比例，直到符合设计要求的厚度。漆膜厚度高于 100μm 以上容易产生龟裂。喷涂时一定要控制厚度和涂装道数。

（7）质量控制 每道涂层施工后首先在施工现场进行自检，自检合格后报请总包方进行质量共检，共检合格后由总包方报请监理单位现场负责人员进行最后检查。每次质量检查，都采用漆膜测厚仪进行漆膜厚度控制，每道工序的施工必须在上道工序报检合格后方可进行下道工序的施工。

（8）修补 如有漏喷、干喷、龟裂等缺陷需要现场修补。视不同情况调整稀释剂比例及喷涂距离进行修补。

（三）防腐漆的检测要求

（1）底层、中间层、面层的层数和厚度，应符合设计要求；防腐涂层厚度采用测厚仪检测，干膜总厚度不得出现负偏差。

（2）底层、中间层、面层的漆膜，不得有咬底、裂纹、针孔、分层剥离、漏涂和返锈等缺陷。

（3）漆膜外观应均匀、平整、丰满和有光泽，面层颜色由用户和设计共同协商确定。

（4）防腐涂层厚度按照规范要求采用漆膜测厚仪检测，应对原材料逐张板进行检测。

第三节 石油储罐腐蚀检测

近年来，随着我国对石油的需求剧增，石油化学工业快速发展，在化工、炼油和储运等领域建设了各种规格的石油储罐，但由于储存介质的性质及使用环境或地基变形等原因，储罐的底板往往会发生严重腐蚀和泄漏，若未及时有效地检查和发现或预报，往往会导致储罐的泄漏事故，既影响生产，又造成环境污染，甚至引起更严重的事故。传统的罐底板腐蚀检测都是离线检测，需要停工置换、超声波物位计清理罐底、抽查或逐点式检查，检测方法既落后，检测费用又高，而且检测时间长，检测结果也不可靠，检修后几年内就出现泄漏的情况并不罕见。传统的储罐检验方法一般包括局部超声波测厚、表面检测（磁粉或渗透）、真空侧漏点等。尽管这些定期例行检测方法可以避免一些腐蚀引起的泄漏事故，但检测的有效性和经济性一直不理想。尤其是在罐底板的检测方面，由于检修过程复杂和过于耗时，以及传统检测技术的局限性，难以做到真正的全面检测，因此结果也不可靠，经常出现漏检的情况，刚刚开罐检验仅一两年内就出现罐底泄漏事故的现象并不罕见。

随着无损检测技术的发展，除传统的超声探伤、磁粉探伤、X 射线探伤等，更多的检测手段被应用到储罐底板的检测，如声发射（AE）、漏磁（MFL）和低频涡流检测（LFET），并且与基于风险的检验（RBI）等风险评估技术结合起来。

API 653（国内 SY/T 6620—2014《油罐检测、修理、改建及翻建》）为地上常压储罐提供了维修检验的全面技术要求，其中也针对罐底板规定了检验的周期、方法及重点区域等，该标准要求内部开罐检验时进行目视检查，采用漏磁法和超声波相结合对罐底进行全面和重点检查；对底板上的焊缝、底板与壁板焊缝采用真空箱、磁粉或液体渗透等方法进行检测。此外 API 653 纳入了基于风险的检验（RBI）方法，通过风险评估来确定开罐检验的时间周期。

一、在线检测技术

在线检测技术在一些发达国家已经成为成熟或基本成熟的检测技术，并得到了不同程度的应用，我国在这些领域的技术也日益成熟，下面以储罐底板的在线检测为例介绍两种测试技术。

（一）声发射在线检测技术

声发射（Acoustic Emission）是一种常见的物理现象，大多数材料变形和断裂时都有声发射发生。利用仪器探测、记录分析声发射信号，进而推断声发射源、对被检测对象的活性缺陷情况评价的技术称为声发射检测技术。相对于常规无损检测技术，声发射技术是一门较新的技术。声发射检测方法独有的一些优点，如动态检验、对线性缺陷较为敏感、快速、一次性整体探测、可在线检测、早期或临近破坏预报，吸引了各行各业的许多研究人员进行大量的研究和应用。目前，声发射技术作为一种较成熟的无损检测方法，在发达国家已被广泛应用于许多领域，如石油化工工业、电力工业、材料试验、航天和航空工业、金属加工、民用工程、交通运输业等。我国在声发射技术的研究和应用起步均较晚，但近年来也有了长足进展，并颁布了国家标准。

声发射是一种来自于材料内部由于突然释放应变能而形成的一种弹性应力波。诸多原因可以释放这种应变能，像材料裂纹、断裂、应力再分配、撞击及摩擦等。在腐蚀过程中由于氢脆裂纹的产生及腐蚀引起的断裂和分层也产生声发射波。不像振动波和可听音，声发射信号波形具有非常小的幅度和非常高的频率（100~2000kHz），人类的听觉器官是不会感知的，但它可被高灵敏度的声发射传感器接收到，这种声发射传感器可将这种弹性波信号转换成电信号进而由声发射系统进行数字化处理。

声发射信号不仅在它所产生的材料内部传播，也能传到材料表面并沿表面传播直至其能量完全衰减为止。所有材料，包括固体、液体及气体都能传播声发射波，但不同材料具有不同的信号衰减率。石油本身是一种很好的传导介质。由罐底腐蚀引起的声发射波信号可通过油介质传播到数十米远的地方，以致于可以被安装到罐外壁的声发射传感器接收到，这种声发射信号可由先进的声发射仪器及软件进行数字化分析。由于一个声发射源信号可被几个不同的声发射传感器接收到，因而可以根据接收时差对声发射源进行定位计算，这也是声发射技术的另一主要特征。声发射仪并不复杂，它由传感器、前置放大器、电缆线、声发射处理卡、计算机及软件等构成。所有检测过程都非常简便和方便，主要包括如下几个步骤：

（1）充油至 80% 以上液面并使储罐稳定几个小时（该过程可在夜间完成）。

（2）在罐的外壁底部安装传感器并由电缆线连到主机上（1h）。

（3）运行声发射仪测试 1h。

（4）存储数据到计算机硬盘，进行下一罐测试。

（5）在检测后进行数据处理，分析并出报告。

显然，上述过程不需要倒罐及清罐，只是在检测前需关闭阀门和泵几小时（最多24h），检测完成后罐可立即投入使用。此外，由于非常省时省力，比其他像超声、磁粉等离线检测方法更省费用。如果把倒罐、清罐、检测、重新充罐以及停产等所以因素都考虑进去，这种方法的经济高效的特点是非常显著的，是一种在线、高效、经济的检测方法。

该技术最令人满意的结果是对于声发射分类结果的 A 类罐与好罐具有 100% 的对应关系。其他声发射分类级别与实际罐情况也有相当的可靠性。该技术可使储罐拥有者避免对那些好罐强制进行没必要的开罐检查，并帮助他们对其他一些多少有些腐蚀的储罐列出维修优先级。

传统的储罐全面检验方法由于检修过程复杂和过于耗时，并有一定的局限性，难以做到真正的全面检测，因此结果也不可靠，经常出现漏检的情况。传统的方法中超声测厚只能是抽查式的单点检测，对于均匀腐蚀具有较好的代表性，而对于分散的局部麻坑腐蚀很难捕捉到，因此漏检的可能性极大；表面检测只能发现近表面的缺陷，而事实证明，许多储罐底板下表面的严重腐蚀是造成罐底板强度明显降低或导致穿孔泄漏的主要原因。

对于大型测储罐，全部检修操作过程一般都超过 30 天，甚至几个月，所以相关费用相当高。据调查，每台储罐的平均检修费为数十万元，甚至上百万元。经验表明，在例行开罐检查的储罐中，约有一半以上的罐底板是不需要立即维修的"好罐"，这就意味着在人力、物力和生产时间上造成了浪费。另一方面，某些储罐可能会由于未及时发现严重腐蚀而已导致泄漏，错过了最佳检修时机，污染了环境，甚至可能导致更严重的后果。

针对我国在大型立式储罐检测技术十分落后的实际情况，本书借鉴国际上一些已经成熟或基本成熟的先进技术，以及结合今年来我国对这些技术的某些应用情况应用情况，将对其中的几种技术做简要介绍，并提出一套符合我国国情的储罐现代综合检测与评价方法和做法，以供无损检测界同行和储罐业主们参考。这些技术主要包括储罐底板的声发射在线检测技术、底板（或顶板）的离线漏磁（或低频涡流）检测技术、罐壁腐蚀的自动（爬壁）超声波检测技术，以及一些辅助的常规方法，如真空测漏和表面检测方法等。

（二）漏磁在线检测技术

漏磁检测的技术原理为：铁磁性材料的磁导率远大于其他非铁磁性介质（如空气等）的磁导率。当用磁场作用于被测对象并采用适当的磁路将磁场集中于材料局部时，一旦材料表面存在缺陷，缺陷附近将有一部分磁场外泄出来。用传感器检测这一外泄磁场可以确定有无缺陷，进而可以评价缺陷的形状尺寸。漏磁检测与磁粉检测类似，都是建立在铁磁性材料的高磁导率特性之上，只不过用灵敏度高的磁敏元件来代替磁粉，从而使检测更加智能化，更加简便快捷，结果准确可靠。因此，漏磁检测是以自动化为目的发展起来的一种自动无损检测技术。

漏磁检测技术的检测结果具有很好的定量性、客观性和可记录性。该技术在国外已得到较广泛的应用。代表性的仪器有 Silverwing（英国）公司生产的 Floormap2000（VS）罐底板腐蚀扫描器（具有自动绘图功能）、MFL2000 罐底板腐蚀扫描器、Handscan 小型平板腐蚀扫描器等漏磁检测产品，具有对检测现场清洁度要求低、操作方便、检测速度快（30m/min）、精度较高、穿透力强等特点。漏磁检测技术的不足表现为：仪器本身较重，且只适用于铁磁性材料，现在还不能对焊缝进行有效的检测。当需要对板间的对接或搭接焊缝以及底板与筒体的大角缝检测时，还要采用表面检测技术和真空查漏技术作为补充。

国内的漏磁检测技术无论在理论研究还是在工艺应用方面都落后于欧美发达工业国家。但近年来，我国对于该技术已逐步认识并得到越来越多的关注，在理论研究和工业应用方面均取得了一定的进步，在某些领域也进行了一些实际应用，罐底板的漏磁检测国家标准也在制定中。在国内应用较成熟的是钢管漏磁检测，并颁布了国家或行业标准。清华大学、华中科技大学、天津大学等高校都研制了钢管漏磁检测仪，东北石油大学等也研制出了漏磁监测仪。

二、储罐现代综合检测与评价技术应用前景

作为一种整体的快速普查方法，声发射在线检测技术可以对储罐底板的失效进行及时发现和预报，在保证安全的情况下可以最大程度地减少开罐检查的储罐数量，从而大大降低总体的检修费用。对于需要开罐详查的储罐则可采用先进的漏磁检测技术（或低频涡流技术）对罐底板进行扫描探测，以作出全面的定量评价，为检修决策提供依据。爬壁自动超声检测技术可在线进行，实施方便，可靠性高，检测费用低。我们认为，这些新技术的有机结合将成为储罐检测今后的必然发展趋势，具有非常广阔的应用前景。

储罐的声发射在线检测技术适用于所有的金属储罐底板的检测，当储罐具有一定压力时，也可用于罐壁的检测；漏磁检测技术或低频涡流检测技术适用于储罐底板或顶板的检测，顶板的检测可在线检测；自动爬壁超声（在线）检测技术适用于所有铁磁性的金属储罐壁板和顶板的检测。声发射在线监测立式储罐的技术是制定维修计划的一个重要内容，它不能代替内部检验和维修，仅能根据声发射的活动程度更有效地列出一个检修计划。但是，声发射在线检测立式储罐的优点也是非常明显的，它可以帮助管理者确定储罐是否需要维修，确定所要维修储罐的优先权，优化维修资源，适合于风险检验计划。通过实验室模拟立式储罐底板泄漏与腐蚀，在声发射检测试验研究和现场常压立式金属储罐的在线声发射检测方面积累了试验数据，为我国大型立式金属储罐的在线声发射检测技术的推广应用提供了可靠的依据。声发射在线检测技术是直接经济效益的最主要贡献者，由于不开罐检测及长周期运行，估计可直接节省常规检验和检修综合成本的 50% ~ 80%。

第八章　油气集输系统的腐蚀与防护

油气集输系统指的是油井采出液从井口经单井管线进入计量间，经计量后进入汇管，最后进入油气集中联合处理站，处理后的原油进入原油外输管道长距离外输。根据油品性质和技术工艺要求，有些原油还要经过中转站加热、加压，再进入汇管。该系统中的油田建设设施主要包括油气集输管线、加热炉、产水管线、阀门、泵以及小型原油储罐等。其中以油气集输管线和加热炉的腐蚀对油田正常生产的影响最大。

油田集输系统的腐蚀是指原油及其采出液和伴生气在采油井、计配站、集输管线、集中处理站和回注系统的金属管线、设备、容器内产生的内腐蚀以及土壤、空气接触所造成的外腐蚀。油田生产过程中内腐蚀造成的破坏一般占主要地位。由于油田所处地理位置及生产环节的不同，其腐蚀特征和腐蚀影响因素也不同。因此，有针对性地采取防腐措施，减缓大气、土壤和油气集输介质的腐蚀是十分必要的。

第一节　腐蚀特征——油田采出液的内腐蚀

水是石油的天然伴生物。在油田开发过程中，为了保持地层压力，提高采收率，普遍采用注水开发工艺。水对金属设备和管道会产生腐蚀，尤其是含有大量杂质的油田水对金属会产生严重的腐蚀。初期采出液中含水较少，常注清水；中后期需要注入油层的水量逐年上升，导致采出液中含水量随之提高，采出液的腐蚀速率呈明显的上升趋势。严重的腐蚀问题干扰了油田的正常生产，影响着油田的发展，控制腐蚀已成为一个亟待解决的问题。

一、采出液腐蚀的影响因素及特征

（一）溶解氧

油田水中的溶解氧在浓度小于 $1mg/L$ 的情况下能引起碳钢的腐蚀。因此，SY/T 5329—2012《碎屑岩油藏注水水质指标及分析方法》中规定，油层采出水中溶解氧浓度最好小于 $0.05mg/L$，不能超过 $0.10mg/L$；清水中的溶解氧要小于 $0.05mg/L$。

在油田采出水中本来不含有氧或仅含微量的氧，但在后来的处理过程中，与空气接触而含氧。浅水中的清水也含有少量的氧。

碳钢在室温下纯水中的腐蚀速率小于 $0.04mm/a$，只有轻微的腐蚀。如果水被空气中的氧饱和后，腐蚀速率增加很快，其初始腐蚀速率可达 $0.45mm/a$。几天之后，形成的锈层起到阻碍氧扩散的作用，碳钢的腐蚀速率逐步下降，自然腐蚀速率约为 $0.1mm/a$。这类腐蚀往往是较均匀的腐蚀。

氧气在水中的溶解度是压力、温度和氯化物含量的函数。氧气在盐水中的溶解度小于在淡水中的溶解度。但是，碳钢在含盐量较高的水中出现局部腐蚀，腐蚀速率可高达 $3\sim 5mm/a$。

（二）二氧化碳和硫化氢

油田大多数采出液中含有一定的二氧化碳和硫化氢。其中，二氧化碳主要来自三方面：
（1）由地层中的有机物质生物氧化作用过程产生；

（2）为提高采收率而注入气体强化采油；

（3）采出液中 HCO_3^- 减压、升温分解。

硫化氢一方面来自于含硫油田伴生气在水中溶解，另一方面来自硫酸盐还原菌的分解。关于二氧化碳和硫化氢具体的腐蚀机理参考本书第三章。

（三）微生物

微生物腐蚀是指在微生物生命活动参与下所发生的腐蚀过程。凡是同水、土壤或湿润空气接触的金属设施，都可能遭到微生物的腐蚀。在油田生产中由于微生物的腐蚀造成油管、套管及主水管的严重堵塞和锈蚀穿孔，导致采油工作难以顺利进行。

（四）溶解盐类

油田水中含有相当数量的溶解盐，其中包 K^+、Na^+、Ca^{2+}、Mg^{2+}、Cl^-、SO_4^{2-}、CO_3^{2-}、HCO_3^-、Ba^{2+}、Sr^{2+} 等。在溶解盐类浓度非常低的情况下，不同的阴离子和阳离子对水的腐蚀程度也是不同的。氯化物、硫酸盐和重碳酸盐是油田水中常见的溶解盐类，三种盐类对钢腐蚀速率的影响如图8-1所示。图中三条曲线分别表示当蒸馏水中加入溶解的氯化物。硫酸盐和重碳酸盐时钢的腐蚀情况。在图中所指的阴离子浓度范围内，硫酸盐对水的腐蚀性比氯化物更大，而重碳酸盐显示出有一直腐蚀的倾向。显然，中碳酸盐抑制腐蚀的能力随着浓度增加而提高，但不能完全防止腐蚀。

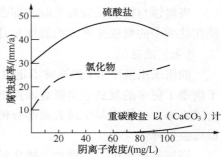

图 8-1　硫化物、氯化物和重碳酸盐
对钢铁腐蚀的影响

含有溶解盐类的水的腐蚀性随着溶解盐浓度的增大而增大，直到出现最大值后趋于减小。这是因为含盐量增加，盐水导电性增大，腐蚀性增大；但含盐量足够大时会明显引起水中氧气的溶解度降低，腐蚀性反而下降。溶解盐类也可能降低所形成的腐蚀产物的保护性能。

（五）pH 值

碳钢在含有微量盐类水中的腐蚀速率与 pH 值的关系如图8-2所示。由图可见，腐蚀速率变化规律以 pH 值等于 7 的腐蚀速率为分界线。也就是说没有保护措施的碳钢在碱性水中的均匀速率将低于酸性水，pH 值在 4~10 范围内同样存在 pH 值对腐蚀速率的影响。

这一结论仅适用于常温下碳钢的全面腐蚀，当水温较高时，如果出现沉积物又不加以控制，则将导致严重的局部腐蚀。因此，可以认为碱性体系将会降低碳钢的均匀腐蚀速率，但有可能增加局部腐蚀或结垢的危险。

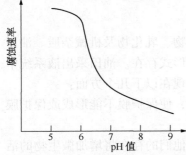

图 8-2　碳钢在含微量盐类水中的
腐蚀速率与 pH 值的关系

（六）温度

当腐蚀由氧扩散控制时，在给定氧浓度下，大约温度每升高30℃，腐蚀速率增加1倍。在允许溶解氧逸出的敞口容器内，到达80℃之前，腐蚀速率随温度升高而增加，然后逐渐降低，在沸点时，降到很低的数值。80℃以后腐蚀速率的降低和温度升高与水中氧的溶解能力显著下降有关，这种影响最终超过了由于温度升高引起的加速腐蚀作用。而在封闭的系统内，氧不能逸出，所以腐蚀速率不断随温度升高而增加，直到所有的氧都被消耗完为止。温度对含溶解氧水中铁腐蚀的影响如图 8-3 所示。

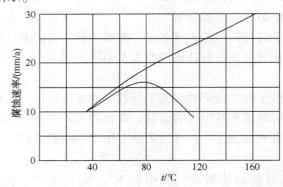

图 8-3　温度对含溶解氧水中铁腐蚀的影响

当腐蚀与析氢反应有关时,那么温度每升高 30℃,腐蚀速率的增加还不止 1 倍。例如,铁在盐酸中的腐蚀速率大约温度每升高 10℃ 就增加 1 倍。

（七）流速

油田采出液中 pH 值通常不足以低到使析氢反应起主导作用,并且水的相对运动起初由于携带了更多的氧到达金属表面而增加了腐蚀速率。在流速高到一定值后,足够的氧会到达金属表面,可能引起金属表面部分钝化,如果这种情况发生,腐蚀速率在经过起初的增加过程后会下降。

假如流速再进一步增加,钝化膜或腐蚀产物膜的机械磨损又使腐蚀速率增加。金属表面光滑度不同,水中杂质含量不同,流速对钢腐蚀速率的影响也不同。例如,在钝化之前,有一个最大腐蚀速率出现在某一流速下,这个腐蚀速率值与金属表面光滑度及水中杂质含量有关,表面越粗糙其腐蚀速率越大。在高氯离子浓度时,任何流速下都不能建立钝化状态,腐蚀速率始终随流速单调上升,并不存在某个中间速度区使腐蚀速率下降的情况。

（八）空泡磨蚀

假如流速的状况是交替地产生低压(低于大气压)和高压区域,那么气泡会在金属和液体的界面上不断产生并崩溃,这种现象称为"空泡作用"。受空泡作用的金属损伤称为空泡磨蚀或空泡损伤。

空泡磨蚀经常发生在泵的转子上和螺旋桨的推进面上。使旋转泵在最高可能的压头下工作,避免气泡生成,可降低这种损伤。此外,在金属上覆加氯丁橡胶或类似的弹性涂层也可适当地防止空泡磨蚀造成的损伤。

（九）水中悬浮物和油污

油田采出液中的悬浮物主要为腐蚀产物、泥沙、细菌代谢物、乳化物及机械杂质。油田采出液中的油类则主要以浮油、分散油、乳化油和溶解油四种形式存在。油田采出液系统中含有大量悬浮物和油污会给回注水系统带来很多危害,主要体现在以下几个方面:

（1）油膜附着于管壁上,阻碍了缓蚀剂与金属表面的接触,使保护膜不能形成或保护膜不完整而导致局部腐蚀。

（2）悬浮物和油污往往是回注水系统中微生物的营养液,他们的存在将增加微生物的活性,从而使微生物的繁殖加快。

（3）悬浮物和油污互相黏结在一起,吸附沉积在系统内壁形成的污垢,污垢堆积处的电位较低，成为阳极，无污垢后电位较高，成为阴极，从而形成垢下腐蚀。

（4）污垢会增大对杀菌剂的吸附，使杀菌效果变差，从而助长了细菌的腐蚀。

（5）金属管壁上附着了油污后，就会使原来浮在水中的微生物黏泥、游粒、悬浮物等在这一区域结合起来导致沉积物积聚，可能会导致管井和地层的堵塞。

综上所述，悬浮物和油污对油田水系统的影响作用很大。因此，回注水新标准中明确规定，悬浮物的粒径小于 $2.0\mu m$，含量小于 $1.0mg/L$，含油量不得高于 $5.0mg/L$。

二、部分油田采出液性质及分级

我国各油田所处的地理位置不同，地下采出液的水质不同。同一个油田，不同油区不同地层的水质也不同，腐蚀状况及腐蚀因素也不同，只针对不同水质采取不同防腐措施才能取得一定的效果。我国部分采出液性质见表 8-1。

表 8-1　部分油田采出液性质

油田	水型	总矿化度/（mg/L）	Cl^- 浓度/（mg/L）
大庆油田	$NaHCO_3$	6000~9000	1600~3500
胜利油田	$CaCl_2$，$NaHCO_3$	15000~20000	14000~128000
辽河油田	$NaHCO_3$	1500~6100	100~1300
中原油田	$CaCl_2$	30000~180000	13000~100000
江苏油田	$NaHCO_3$	4800~33000	1800~15000
克拉玛依油田	$NaHCO_3$，$CaCl_2$	7000~49000	200~20000
吉林油田	$NaHCO_3$	6100	23000
大港油田	$NaHCO_3$，$CaCl_2$	3500~46000	—
华北油田	$NaHCO_3$，$CaCl_2$	1300~19000	490~11000
青海油田	$CaCl_2$	1000~17000	60000~100000
玉门油田	$CaCl_2$，Na_2SO_4	9000	—
江汉油田	Na_2SO_4	31000	180000

通常油田采出液的腐蚀性是用矿化度来描述的。按造成腐蚀的程度，可以把采出液分为三个等级，即矿化度小于 12g/L 的称为轻腐蚀采出液，矿化度在 12~20g/L 之间的称为中腐蚀采出液，矿化度大于 20g/L 的称为重腐蚀采出液。

第二节　油田集输系统的腐蚀与防护

一、油田集输系统的腐蚀环境

油田集输系统的腐蚀是指原油及采出液和伴生气在采油井、计配站、集输管线、集中处理站和回注系统的金属管线、设备、容器内产生的内腐蚀以及与土壤、空气接触所造成的外腐蚀。油田生产过程中内腐蚀造成的破坏一般占主要地位。由于油田所处地理位置及生产环节不同，其腐蚀特征和腐蚀影响因素也不同。因此，有针对性地采取防腐措施，减缓大气、土壤和油气集输介质的腐蚀是十分必要的。

由大气中水、氧、酸性污染物等物质的作用而引起的腐蚀，称为大气腐蚀。钢铁在自然环境下生锈，就是一种最常见的大气腐蚀现象。通常所说的大气腐蚀，就是指金属材料在常温下潮湿空气中的腐蚀。

一般来讲，金属材料在大气条件下，遭受大气腐蚀有三种类型：

（1）干燥的大气腐蚀。此时大气中基本没有水汽，普通金属在室温下产生不可见的氧化膜，钢铁的表面将保持光泽。

（2）潮的大气腐蚀。这是指金属在肉眼看不见的薄膜层下所发生的腐蚀。此时大气中存在水汽，当水汽浓度超过临界湿度（铁的临界湿度约为65%，某些镍的腐蚀产物临界湿度约为85%，而铜的腐蚀产物临界湿度接近100%），相对湿度低于100%时，金属表面有很薄的一层水膜存在，就会发生均匀腐蚀。若大气中有酸性污染物 CO_2、H_2S、SO_2 等，腐蚀显著加快。大气条件下钢材的腐蚀实质上是水膜的电化学腐蚀。

（3）湿的大气腐蚀。这是指空气中的相对湿度为100%左右或在雨中及其他水溶液中产生的腐蚀。此时，水分在金属表面上已成液滴凝聚，存在肉眼看的见的水膜。

石油在输送中大量地应用了钢制管道，一般埋地钢制管道在土壤作用下常发生严重的腐蚀穿孔，造成油、气、水的"跑、冒、滴、漏"。不但造成经济损失，而且可能引起爆炸、着火、污染环境等。正确地评价土壤的腐蚀性，对正确选择防腐措施有十分重要的意义。

由于土壤具有多相性和不均匀性，并且具有很多微孔可以渗透水及空气，又由于土壤具有相对稳定性，因此不同土壤具有不同的腐蚀。在土壤中，氧通过土壤空隙输送，其输送速率取决于土壤的结构和湿度，不同土壤中氧的渗透率会有很大差别。在土壤中除生成与多相组织不均匀性有关的腐蚀微电池外，还会因土壤介质的宏观差别而造成宏腐蚀电池。宏腐蚀电池的种类有：

（1）长距离输油管道穿越不同土壤形成的宏腐蚀电池；

（2）管体不同材料埋在土壤中产生的宏腐蚀电池；

（3）由于管道埋深不同，上下部土壤的密实性不同导致氧浓差电池形成宏腐蚀电池。

二、油田集输系统中的腐蚀

油田集输系统中的油田建设设施主要包括油气集输管线、加热炉、伴热水或掺水管线、阀门、泵以及小型原油储罐等，其中以油气集输管线和加热炉腐蚀对油田正常生产的影响最大。

（一）集输管线的外腐蚀

集输站外埋地管线中，由于沿线土壤的腐蚀性强及管线防腐保温结构的施工质量差、老化破损等原因，常常导致集输管线的外腐蚀。集输管线外腐蚀的原因有以下几点：

1. 土壤的腐蚀性

土壤含盐、含水、孔隙度、pH值等因素引起土壤腐蚀性的不同，是造成管道外壁腐蚀的重要原因之一。一般采用土壤电阻率、土壤电流密度、土壤腐蚀速率来评价土壤腐蚀（见SY/T 0087.1—2006），也采用土壤理化性质的综合分析法进行评价。

2. 土壤的宏电池腐蚀

因土壤性质的差异（透气性、含盐量等）形成土壤宏腐蚀电池。例如，管线穿过不同性质土壤的交界处形成的宏腐蚀电池，新旧埋地管线连接处形成的宏腐蚀电池。对处于土壤湿度不同的管线，其管线的电位差可达0.3V左右，对处于土壤透气性不同的管线，也可形成较大的电位差，其宏腐蚀电池两极间的距离可达几千米。

3. 保温层破损

在管线保温层破损处，泡沫夹克层进水，水自泡沫内侧延伸一定距离。进入保温层的水很难自行排除掉。由于季节的变化和下雨等天气变化，管线经常处于半湿的状态，此时管线发生氧浓差电池腐蚀的危险增加，这种腐蚀主要发生在管道的中下部，一般为局部坑蚀，对管线的威胁较大。

4. 防腐层质量较差，阴极保护不足

当防腐层因施工质量或老化等因素出现防腐质量较差时，常常会影响到阴极保护的效果，从而使管道达不到完全保护。如果阴极保护系统不能正常运行，那么埋地管线就更不能得到有效的保护。

5. 杂散电流干扰腐蚀

由电气化铁路、两相一地输电线路、直流电焊机等引起的杂散电流干扰腐蚀对埋地管线的影响较大的。如东北抚顺地区受直流干扰的管道总长 50 余千米，占该输油公司所辖管道的 2%；20 余年中，直流干扰腐蚀穿孔数约占输油公司所辖管道腐蚀穿孔次数的 60% 以上。在该地区流进、流出管道外杂散电流高达 500A，新敷设的管道半年内就出现腐蚀穿孔的事故已发生多起。

6. 硫酸盐还原菌对腐蚀的促进作用

土壤中 SO_4^{2-} 的存在为硫酸盐还原菌的生长提供了条件。60℃ 左右的输油温度也适合硫酸盐还原菌的生存。对埋地管线现场土壤一些采样点的腐蚀产物进行分析，结果表明 FeS 含量高达 76%。

7. 温度影响

温度对腐蚀速率有很大影响，一般来讲，温度每升高 20℃，腐蚀速率加快 1 倍。从油田生产实际情况来看，埋地高温单井管线、稠油管线及伴热管线的腐蚀速率高于集油管线，而集油管线的腐蚀率高于常温输送管线。

（二）集输管线的内腐蚀

典型的集输管线内腐蚀如中原油田，1992 年单井管线穿孔 1889 次，每年每千米平均 2.4 次。其中，在集输支线中，已有 66 条穿孔，因腐蚀累计更换 9.63km，占总长的 5.7%；集输干线中，已有 45 条穿孔，因腐蚀累计更换 55.7km 占总长度的 22.2%。

集输管线的内腐蚀与原油含水率、含砂量、产出水的性质、工艺流程、流速、温度等有密切关系。存在着以下腐蚀类型：

1. 集输管线的管底部腐蚀

剖开管子后发现管子底部存在着连续或间断的深浅不一的腐蚀坑。在这些腐蚀坑上面，又得覆盖有腐蚀产物及垢，有的呈现金属基体光亮颜色，腐蚀形态为坑蚀或者沟槽状。这种腐蚀与管道内输送介质含水率有关，在含水率低于 60% 时，油与水能形成稳定的油包水型乳状液，即使伴生气中含有 CO_2，因为管线接触的是油相，腐蚀很轻微；另外，含水低时的产出液中一般不含 SRB，细菌腐蚀的可能性极小。含水率大于 60% 时，出现游离子，此时管线内液体为"油包水+游离水"或"油包水+水包油"的乳状液。当含水继续升高时，游离水的量可形成"水垫"，托起油包水乳状液。此时管线底部为水中部为油包水，上部为伴生气。管线的底部直接接触水，如果水中含有 CO_2、SRB 或 O_2，底部的腐蚀必然严重很多。吉林油田在管线不同部位挂片证实，底部腐蚀速率为中上部的 2~70 倍。

2. 输送量不够的管线腐蚀

在管线设计规格过大、输液量小、含水率高、输送距离远的情况下，管线多发生腐蚀穿孔、使用周期缩短的问题。含水率超过 70% 流速低于 0.2m/s 时腐蚀更为严重。管线内的环境适合于 SRB 生长时，SRB 可造成管线底部点蚀穿孔。某采油厂一条集输管线，其规格 $D272mm×7mm$ 螺旋焊缝钢管，日输液量约为 $350m^3$，含水 80%，因输液量少，流速只为 0.1m/s 左右，下游温度只有 38℃，正好适合于 SRB 生长。经测试，管线底部污水中 SRB 含量达到 $4.5×10^6$ 个/mL，腐蚀产物中含有大量硫化物，腐蚀一般呈蜂窝状或坑蚀。该管线使用 3 年后发生穿孔。

3. 油井出砂量大的区块的管线腐蚀

油井出砂量大的区块腐蚀非常明显，在流速低的情况下，砂在重力作用下沉积于管线底部。随着油气压力时大时小、时快时慢地脉动，采出液不停地冲刷管线的底部，形成冲刷腐蚀，从而加剧了管线的腐蚀穿孔。

4. 掺水工艺的集输管线腐蚀

集输过程中掺入清水后，由溶解氧引起的腐蚀非常严重。一般情况下，集输管线污水中不含溶解氧。在流程不密闭或管线液量不够以及油井需掺水降黏时，掺入含氧清水后，可能会使输送介质中含有溶解氧而引起腐蚀，即使含有微量氧，腐蚀也是很严重的，氧腐蚀是不均匀腐蚀。

5. 含 CO_2 采出水的腐蚀

在油田采出水中常含有 CO_2，其腐蚀严重的程度与 CO_2 分压，水中 HCO_3^- 的含量、O_2、温度等有关。CO_2 分压升高，pH 值降低，CO_2 腐蚀速率随 CO_2 分压增加而增加，随温度升高而降低。当采出水中含有 HCO_3^- 时 CO_2 的存在将影响保护性碳酸盐膜的形成，同时 O_2 的存在将加速 CO_2 腐蚀的速率，污水中 Cl^- 的存在，使得碳钢容易发生点蚀穿孔。钢材受 CO_2 腐蚀而生成的腐蚀产物都是可溶的，CO_2 腐蚀形态多呈沟槽状或台面状。

6. 管线材质的影响

管线材质对腐蚀的影响很大，螺旋焊缝钢管一般比无缝钢管腐蚀严重，其原因是有的螺旋焊缝钢管含有超标的非金属杂物，如 MnS 等。

7. 内防腐层质量的影响

内防腐层材质、质量不好或根本未进行内涂敷的管线比合理采取内防腐层的管线腐蚀要严重得多。

8. 流速的影响

腐蚀穿孔多发生在管线的中下游，这是因为中下游层流趋势更明显。流速较慢时，细菌腐蚀和结垢或沉积物下的腐蚀更加突出，加快了腐蚀速率。

（三）加热炉的腐蚀

在原油集输系统中，加热炉的腐蚀也是一个不容忽视的问题，大多数加热炉以原油作为燃料，燃烧后绝大部分燃烧物以气态形式通过烟囱排除炉外，只有少部分灰垢残留在炉内。引起加热炉腐蚀的原因有以下三方面：

（1）当原油中含有硫化物时，燃烧后会生成 SO_2 等，它们与烟气中的水蒸气作用生成酸蒸气，然后与凝结的水作用生成液态硫酸或亚硫酸。

（2）水蒸气的露点一般在 35 ~ 65℃ 之间，酸蒸气的露点比水蒸气高，通常在 100℃ 以上。加热炉的空气预热器一般为管式空气预热器，金属管壁温度对酸露点腐蚀至关重要。当金属管壁的温度低于酸露点时，在壁面上会形成较多的稀硫酸、亚硫酸盐溶液，这些溶液大量吸附烟灰并发生反应形成大量致密坚硬的积灰，加速了金属管壁的腐蚀。

（3）原油燃烧后留下的不可燃部分主要是钠、钾、钒、镁等金属的固体盐，还有碳素在燃烧不完全的情况下残留下来的微粒以及燃料油中不能蒸发汽化的部分重质烃类加热后分解留下的残炭。后者形状近似球形，直径大致为 10 ~ 200μm。这些积灰堵塞烟道，严重恶化传热性能，并加重管壁腐蚀。

三、油田集输系统腐蚀的防护措施

油田集输系统的内腐蚀控制的基本原则为：因地制宜，一般实行联合保护。所谓因地制宜,是指在调查现场管道、设施内介质腐蚀性等各方面参数的基础上,提出相应、有效、经济的保护方法。在油气田生产中,主要采用以下防护措施:

（一）根据不同介质和使用条件,选用合适的金属材料

在油田采油和集输系统中,出于经济性的考虑,在一般情况下油田通常采用普通钢,辅以其他防腐手段(如采用防腐层)。油田地面工程常用的碳钢和低合金钢如下:

（1）适用于输气管道的钢材。有 10、20、30、Q235（A3、A3R）、09MnV、16Mn、16MnSi 等。

（2）适用于原油输送管道的钢材。有 Q235、10、20、15、25、09Mn2V、16Mn、1.5MnV、09MnV 等。

（3）适用于石油储罐、容器的钢材。除适用于原油输送管道的钢材外,还有 Q235（A3R）和 16MnR。

（4）耐大气腐蚀的低合金钢。有 16MnCu、10MnSiCu 等。

（二）选用合适的非金属材料(如玻璃钢衬里及玻璃钢管线)及防腐层

耐蚀非金属材料很多,如防腐层、玻璃钢衬里、工程塑料、橡胶、水泥、石墨、陶瓷等,这些材料在油田广泛用在衬里和耐蚀部件上。除防腐层外,用量最大的是玻璃钢,如玻璃钢抽油杆、玻璃钢管等。

玻璃钢管诞生于 20 世纪 50 年代,现在其制造技术和工艺不断改善,质量和性能不断提高。玻璃钢的重量轻、比强度高、耐腐蚀、电绝缘、耐瞬时温度、传热慢、隔声、防水、易着色、能透过电磁波,是一种功能和结构性能兼优的新型材料。此外,它与金属材料相比还有以下优点:

（1）材料性能的可设计性;

（2）成型工艺的一次性;

（3）成型的方便性。

玻璃钢管由于具有耐腐蚀性强、管内壁光滑、输送能耗低等一系列优点,目前已广泛应用于腐蚀性较强的油田地面生产系统。玻璃钢管的缺点是不耐高温,最高使用温度不能超过 200℃,能燃烧、不防火。

油气集输管线、注水管线、污水处理管线和油管及套管都可使用玻璃钢管。国外陆上油田(如壳牌公司),玻璃钢管主要用作出油管线和注水管线;在海上油田,玻璃钢管主要用于各种水管,如冷水管、注水管、污水处理管等。我国也有几个油田在腐蚀较强的环境中用玻璃钢管代替钢管。如胜利油田为防止污水对管道的严重腐蚀,从 1991 年 6~9 月在新建的坝河污水站安装了直径为 80~450mm 的不同规格的玻璃钢管道 2440m,管件 178 个,安装、试压、投产一次成功,多年来运行良好。经验表明,对强腐蚀介质,宜采用玻璃钢管,尤其是在强腐蚀区的站内管道系统和施工条件复杂的站外较长管道,玻璃钢管更有优越性。

油田储油罐的罐顶、罐底,以及储水罐的内壁常用手糊法施工,一般常用 4 层玻璃布间隔涂树脂胶料,总厚度不小于 1mm。该衬里有较好的防腐性能和较好的机械强度,但其缺点是当底材表面处理不好时局部黏结力不好,可能造成鼓泡或者大片脱落,因此在很多地方还不如玻璃鳞片涂料实用。

（三）介质处理

主要是去除介质中促进腐蚀的有害成分,调节介质的 pH 值,降低介质的含水率等,以

降低介质的腐蚀性。

此外，还可在介质中添加少量阻止或减缓金属腐蚀的物质，如缓蚀剂、杀菌剂和阻垢剂等，以减少介质对金属的腐蚀。

（四）合理的防腐蚀设计及改进生产工艺流程以减轻或防止金属的腐蚀

在油田生产的设计工作中，如果忽视了从防腐蚀角度进行合理设计，常常会使金属弯曲应力集中，出现某些部位液体的停滞、局部过热、电偶电池形成等问题，这些都会引起或加速腐蚀，一般只要在设计时增加一定的腐蚀裕量即可。而对于局部腐蚀，则必须根据具体情况，在设计、加工和操作过程中采取有针对性的对策。

油田中不少腐蚀问题是与生产工艺流程分不开的，如果工艺流程和布置不合理，就很可能造成许多难以解决的腐蚀问题。因此，在考虑工艺流程的同时，必须充分考虑发生腐蚀的可能性和防护措施。油田中常用的通过改进工艺流程而防腐的措施主要有以下几种：

（1）除去介质中的水分以降低腐蚀性。常温干燥的原油、天然气对金属腐蚀很小，而带了水分时则腐蚀加重，在工艺流程中应尽量降低原油、天然气的含水量。

（2）采用密闭流程，坚持密闭隔氧技术，使水中氧的含量降低 $0.02 \sim 0.05 mg/L$，以降低油田污水的氧腐蚀。

（3）严格清污分注，减少垢的形成，避免垢下腐蚀。

（4）缩短流程，减少污水在站内停留的时间。

（5）对管线进行清洗，清除管线内的沉积物，以减少管线的腐蚀。

（五）阴极保护

在油田生产系统中，常采用阴极保护的方法来抑制油管、站内埋地管网及储罐罐底的腐蚀。阴极保护法一般有两种形式：外加电流阴极保护和牺牲阳极阴极保护。

油田区域阴极保护系统的结构形式一般有两种：

（1）以油水井套管为中心，分井定量给套管提供保护电流，各井间电位的差异用所谓阴极链（即均匀线）来平衡。这种系统比较节约电能，容易实现自动控制。缺点是投资大，易产生电位不平衡而造成干扰。

（2）把所保护区域地下的金属构筑物当一个阴极整体，整个区域是一个统一的保护系统。阴极通电点一般设在保护站就近的管道上，各类管道既是被保护对象，又起传送电流的作用，油井套管是保护系统的末端。这种保护系统的优点是避免了干扰的产生，投资少。缺点是保护电流不易分配均匀，对阳极的布置要求较严格，电能消耗较多。

在实际应用中常采用划小保护区域的方法来达到电流的平衡和良好的保护效果，例如，把联合站与油水井套管分开（绝缘法兰），作为两个单独的区域进行保护或保护一部分，将联合站的进出管线均加装绝缘法兰，原有接地改为锌接地避免电流的流失，在保护区域（联合站）内设置 $2 \sim 4$ 组高硅铸铁深井辅助阳极及浅埋阳极地床，经测试保护站内的埋地管网及储罐罐底各点电位均达到要求，取得了良好效果。

以上每一种防腐蚀措施，都有其相应的应用范围和条件，各有优缺点。需视具体保护对象，配合使用，取长补短。油田目前常用的是以上几种方法联合保护的方式。如管线内腐蚀控制，视介质腐蚀性、管线寿命、工艺参数等一般采用添加化学药剂、介质处理、选用合适的防腐层、改进生产工艺流程等联合保护。当然有的保护对象根据其特定所处环境及条件，也可以采用单一保护措施，如套管内部及油管采用添加化学药剂的保护方法。

第三节　气田集输系统的腐蚀与防护

原油、天然气从井口采出经分离、计量，集中起来输送到处理厂，含 CO_2 和 H_2S 少的天然气也有直接进入输气干线的情况。在集输过程中管线设备受到潮湿天然气的电化学腐蚀和外壁土壤腐蚀、大气腐蚀，集中最危险的是 H_2S 腐蚀，其次是 CO_2 腐蚀。

一、气田集输系统的腐蚀特征

天然气田集输系统中的设备、管线，由于所处腐蚀环境因素比较复杂，特别是大气、土壤输送介质、水的影响，其内外壁产生比较严重的腐蚀，内腐蚀造成的破坏一般占主要地位，以下详细介绍其腐蚀特征。

（一）局部坑点腐蚀

1. 氯离子影响

腐蚀点都在最低洼处，氯离子本生不参与腐蚀的阳极、阴极过程，但在腐蚀过程中起重要作用。氯离子极易穿透 $CaCO_2$、$FeCO_3$ 以及 $Fe(OH)_2$ 或 γ-$FeOOH$ 膜，使局部区域活化，氯离子浓度越大，活化能力越强。氯离子使阳极的溶解更加容易，从而以热力学方程式加速材料的腐蚀。

在疏松的硫化铁锈垢中含有 H_2S-HCl 溶液，使锈垢与腐蚀钢材之间生成一层 $FeCl_2$，由于中间介入一层 $FeCl_2$ 而破坏了致密的硫化铁保护膜，从而加速腐蚀，其作用机理如下：

$$FeO+2Cl^-+H_2O \longrightarrow FeCl_2+2OH^-$$

在金属膜遭到局部破坏的地方，成为电偶的阳极，而其余未被破坏的部分则成为阴极，于是形成了钝化-活化腐蚀电池。Cl^- 向小孔迁移，在小孔内形成金属氯化物（如 $FeCl_2$），是小孔表面继续保持活化状态，又因氯化物的水解：

$$FeCl_2+2H_2O \longrightarrow Fe(OH)_2+2H^++2Cl^-$$

$$FeCl_2+2H_2O \longrightarrow FeOH^++H^++2Cl^-$$

这样又进一步引起孔内的腐蚀加剧。

图 8-4 给出了钢管的腐蚀速率随 Cl^- 质量浓度（$10\sim5000mg/L$）的变化，可以看出腐蚀速率是随 Cl^- 质量浓度增加而增大的。

2. 硫及多硫化物的沉积

当开采高含 H_2S 气井时会发生此种腐蚀。随着气流压力和温度的降低，地层流体中的多硫化物发生分解反应，而产生的元素硫在金属上沉结，与硫化铁膜产生竞争，组织保护性硫化铁膜形成；同时，元素硫又腐蚀电池的氧化剂，因此在金属容器或管道底部形成畸形坑点腐蚀。

（二）气相腐蚀

1. 甲醇腐蚀

为抑制集气系统的水合物形成而注入甲醇。天然气沿着集气管道的流动而逐渐冷却，气流中甲醇和水汽在管道上部的金属表面冷凝形成凝聚相。由于甲醇比水挥发性高，故在凝聚相中水含量低，阻碍了管壁上形成硫化铁保护膜，因此由甲醇造成的局部坑点腐蚀，一般在管道中段。

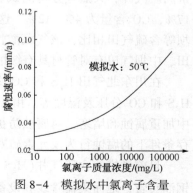

图 8-4　模拟水中氯离子含量对钢管腐蚀速率的影响

2. H_2S 和 CO_2 比值影响

由 H_2S 和 CO_2 比值影响的腐蚀使管道底部两侧的腐蚀最显著，而在管道底部管壁没有显著腐蚀。CO_2 和 H_2S 溶于凝析水中形成混合酸，H_2S 和 CO_2 的比值对腐蚀性质和生成的腐蚀产物均有影响。当 $H_2S : CO_2 = 1 : 1$ 时，生成致密的硫化铁腐蚀产物，只有当甲醇浓度很高时，才发生气相腐蚀；当 $H_2S : CO_2 \leqslant 1 : 20$ 时，主要生成疏松的碳酸铁腐蚀产物，使金属反复暴露在酸性环境中而加速腐蚀。

管道中焊缝和热影响区比邻近母体金属的阳极性更强，构成更强的阳极，因此在焊缝区附近更易腐蚀。当焊缝处于液气界面时，腐蚀情况更为严重。

3. 硫化氢及二氧化碳的腐蚀

管道中硫化氢及二氧化碳的腐蚀机理在前面章节中已有介绍。

二、气田集输系统腐蚀的防护措施

气田大多自然条件恶劣，硫化氢腐蚀、二氧化碳腐蚀、土壤腐蚀随区域变化很大，为保证气田建设工程质量和使用寿命，应吸取已开发气田的防腐蚀经验和教训，超前开展调研工作，针对具体的气田开发现场，进行必要的研究和试验，对不同气井和区域的腐蚀性做出综合评价。同时，对具体的防腐蚀方案、施工工艺以及防腐蚀工程管理制定出实施细则，建立腐蚀工程系统管理程序和归口体系，做到防腐蚀工程必须由具有一定防腐蚀施工经验的专业队伍施工，加强工程管理人员的防腐蚀专业培训工作，完善和补充防腐蚀工程的各项规章制度，协调防腐蚀科研、设计、施工三方面的工作，形成科研、设计、施工、质量监督、生产管理一体化的运行机制，将气田防腐蚀作为一个系统工程来规划和管理。

目前，防腐主要措施是采用抗蚀金属材料，表面涂层保护，加注缓蚀剂，除去水、氧和其他杂质以及通过适当的系统和设备设计尽量避免或减轻各种加速腐蚀的因素等。这些措施应该在着手开发油气田时就决定，如井下管柱及地面设备管线是否采用昂贵的抗蚀材料或进行涂层保护、井身结构及完井时是否下封隔器等。特别是海上油气田开发，如果最初决定的措施不当，补救起来就有一定困难。因此，在油气田开发方案制定时，就必须根据首先完钻的第一、第二口井的资料预测今后腐蚀性的大小，从而确定最经济的防护措施。

三、国内外气田集输系统防腐实例

（一）川东北高含硫气田集输系统防腐实例

从 1995 年以来，川东北地区先后在渡口河、罗家寨、铁山坡构造的飞仙关气藏发现一批高产气井，天然气分析测试表明，三个构造带天然气为高酸性气体，H_2S 含量为6.4%~17%，CO_2 含量为 4%~12%，这是我国从未遇到过的气田开发难题。与已开发的卧龙河、中坝等含硫气田相比，该气藏酸性气体含量高于卧龙河气田、中坝气田，而且不像卧龙河气田、中坝气田有对管材具有缓蚀作用的凝析油，其腐蚀环境更加恶劣。

在川东北气田 H_2S 和 CO_2 共存的条件下，影响腐蚀的主要因素是水中 I 含量、元素硫、H_2S 和 CO_2 分压及温度等。由于元素硫析出并可能沉淀在井筒、油管、处理设施和集气管线中加重腐蚀和堵塞，对腐蚀防护提出新的要求，需要进一步研究 H_2S、CO_2、I 和元素硫共存条件下的腐蚀行为及元素硫对缓蚀剂的影响等。

目前举措：含硫气井（H_2S 含量小于 8%）材质的选择，井下主要采用抗硫碳钢和低合金钢油套管，地面集输管线和设备主要采用 20# 碳钢等，同时加注缓蚀剂减缓电化学腐蚀；地面污水的输送管大量地应用了玻璃钢管。生产环境保持在 80~90℃。

（二）法国拉克气田集输系统防腐实例

拉克气田位于法国西南，原始层压力达 66.15MPa，井口压力 41.21MPa，井口温度 90℃。气田所产天然气为酸性气体，气体成分：CH_4 含量为 74%、H_2S 含量为 15%、CO_2 含量为 9%、汽油含量为 25g/m³ 及水含量为 10 g/m³。

1. 拉克气田集气管道系统腐蚀情况

拉克气田集气管道系统腐蚀情况表明，腐蚀发生在管道中气体流速最低的部位。流速高的部位没有发现腐蚀现象。拉克气田集气管道的腐蚀提供了一个"气体流速，相流改变与管道腐蚀相关"的实例。从理论上探讨相流改变与管道内腐蚀分布的关系，结果表明管道内连续液膜的形成对管道起保护作用。对于一定直径的管道，在一定流速下，流体形成"环状"，由此对管道起一定保护作用。这一观点得到多相流理论的支持。酸气集气系统的设计和腐蚀控制需要根据生产条件确定一种适当的流体速度，既提高生产率，又能使管道的腐蚀得到控制。为此采用 O. Baker 的研究成果，作为一双相系统计算"层流"和"环流"之间的边界条件。

2. 腐蚀监测

根据拉克气田环境、酸性气气质、集输系统及工艺特点，建立了相应的监测体系。

（1）试片质量损失检测。

（2）超声波检测，用于高于地面的管线、有效点或低点检测管壁厚度。

（3）用放射源(钴 60、铯 137)检测井口阀门，节流阀等。必要时采用伽马射线检测评价腐蚀量。应用"透度计"(penetrometer)区别各腐蚀区域的几何形状和分布。

（4）整个集输系统由设置的安全阀分为若干段，若发生事故可分段隔离。集输系统设置一百多个检测点，用伽马(γ)射线系统检测管壁厚度。

3. 拉克气田集输系统防腐蚀工艺技术

拉克气田集输系统腐蚀原因：一是 H_2S 引起的脆裂；二是集输系统中的水的存在增大了金属的总体腐蚀，包括质量损失腐蚀、坑蚀等。根据其腐蚀的特性选用抗腐蚀材料、气液分离、缓蚀剂处理相结合的防腐蚀工艺技术。

（1）采用抗硫化物应力开裂材料。集输系统相关设备采用酸性气田用低碳钢，对管道采用该材料的 B 级。金属材料抗拉应力应低于最大工作压力屈服强度的 60%。管道采用轧制、无缝、B 级型钢。管道用标准电焊，焊管在 650℃温度下退火 20min。采用射线进行检测。

（2）酸性气体经采油树和间接加热器两级降压，在最大压力为 130kgf/cm²(1kgf/cm² = 98.0665kPa)下，由分离器分离除水。气体含水量最高可达 10g/m³，分离器脱水 8 g/m³。另外 2 g/m³ 水分别以液态和气态存留天然气和汽油中，并以最大流速通过集输管线进入装置。

（3）缓蚀处理。经分离器除水后，进入集输管道前，由注入装置注入 30×10^{-6} L/m³ 有机缓蚀剂及三甘醇(根据环境进行调节)抗水合物制剂，每 1000m³ 酸性气体中加入 0.5～1L。

（4）根据不同直径的管道确定其最低流速。如管径为 101.6mm 的管线通过的最低气量为 25.5×10^4 m³/d；管径为 150mm 的管线最低气量为 53.8×10^4 m³/d。

国外高含硫气田集输系统较多采用清管工艺清除垢物，配合缓蚀剂处理工艺，达到除垢、防堵、防腐蚀的目的。加拿大 Grizzly Vallay 气田采用清管器，同时加注缓蚀剂出去垢物。Shell 公司采用清管器清管并建立计算机处理清管程序，使其达到最优化。

此外，还较多采用"低碳钢+气液分离+缓蚀剂"配套的腐蚀控制方案，必要时采用清管器配合。法国拉克气田、Shell 加拿大湿酸气集输系统、加拿大 Grizzly Vallay 酸气集输系统均采用这一方案并根据具体情况增加脱水或加热等工艺环节。

第九章　腐蚀实验和腐蚀评价

第一节　腐蚀实验的目的和分类

一、实验目的

腐蚀实验是研究各种材料、设备和构筑物腐蚀的重要手段。任何一项腐蚀研究或腐蚀控制施工，几乎都包括腐蚀实验、检测以及监控。一般来说，腐蚀实验主要有以下目的：

（1）管理生产工艺、控制产品质量的检验性实验，这些实验通常是检验材料质量的例行实验；

（2）选择适合特定腐蚀介质中使用的材料；

（3）针对制定的金属/介质体系选择合适的缓蚀剂及最佳使用量；

（4）对已确定的材料/介质体系，估计材料的使用寿命；

（5）确定由于腐蚀产品造成污染的可能性或污染程度；

（6）在事故发生时，寻找事故原因和寻找解决问题的办法；

（7）选择有效地防腐措施，并评估其效果和效益；

（8）研制和发展新型耐蚀材料；

（9）对设备进行间断或连续检测，进而控制腐蚀的发生和发展；

（10）进行腐蚀机理和规律的研究。

二、实验分类

根据实验目的和要求，通常将腐蚀实验分为三大类，即实验室实验、现场实验及实物实验。

1. 实验室实验

实验室实验是在实验室有目的地将专门制备的小型试样在人工配置的、受控制的环境介质条件下进行的腐蚀实验。

实验室实验的优点是：可以充分利用实验室检测仪器、控制设备的严格精确性及实验条件和实验时间的灵活性；可自由选择试样的大小及形状；可严格控制有关影响因素；实验周期短、实验结果重复性好等。这是腐蚀研究人员广泛应用的主要腐蚀实验方法。实验室实验一般可分为模拟实验和加速实验两类。

模拟实验是一种不加速的长期实验，在实验室的小型模拟装置中，尽可能地模拟自然界或工业生产中所遇到的介质及条件，虽然介质和环境条件的严格重现是困难的，但主要影响因素要充分考虑。这种实验周期长，费用大，但实验数据较可靠，重现性也高。

加速实验是一种强化的腐蚀实验方法。把对材料腐蚀有影响的因素（如介质浓度、化学成分、温度、流速等）加以改变，使之强化腐蚀作用，从而加速整个实验过程的进行。这种方法可以在较短的时间内确定材料发生某种腐蚀倾向，或若干材料在指定条件下的相对耐蚀顺序。在进行加速实验时应注意，只能强化一个或少数几个控制因素。除特殊的腐蚀实验外，一般不应引入实际条件下并不存在的影响因素，也不能因引入了加速因素而改变实际条件下原来的腐蚀行为特征。

2. 现场实验

现场实验是把专门制备的试样置于现场的实际环境中进行的腐蚀实验，这种实验的最大特点是环境的真实性，它的实验结果比较可靠，实验本身也比较简单，但现场实验的环境因素无法控制，结果的重复性较差，实验周期较长，且实验用的试样与实物状态之间存在较大的差异。

3. 实物实验

实物实验是指将实验材料制成实物部件、设备或小型实验性装置，在现场的实际应用下进行的腐蚀实验。这种实验不仅解决了实验室实验及现场实验中难以模拟的问题，而且包括了结构件在加工过程中受到的影响，能够较全面正确地反映材料在使用条件下的耐蚀性。但是实物实验费用较大，周期较长，且不能对几种材料同时进行对比实验。因此，实物实验应在实验室实验和现场实验的基础上进行。

以上三种实验方法、目的各不相同，各有利弊，应根据不同要求和条件加以选择。

第二节　常用的腐蚀实验

一、极化曲线的测量

（一）恒电流法测量阴极极化曲线

1. 基本原理

对于构成腐蚀体系的金属电极，在外加电流的作用下，阴极电位偏离其自然腐蚀电位向负的方向移动，这种现象称为阴极极化。电极上通过的电流密度越大，电极电位偏离的程度也越大。控制外加电流密度，使其由小到大逐渐增加，便可测得一系列对应各种电流值的电位值。从而得到阴极电位和电流密度的关系曲线，即恒电流阴极极化曲线。图 9-1 为阴极极化曲线示意图。

极化曲线 $ABCD$ 明显分为三段：

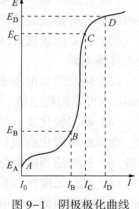

图 9-1　阴极极化曲线

AB 段：当外加阴极电流由 I_0 增加到 I_B 时，由于阴极处于极化的过渡区，电位由 E_A 缓慢地向负的方向移动到 E_B，其电位变化不大，对应曲线的 AB 段。

BC 段：当外加电流继续增加到 I_C 时，虽然电流变化不大，但电位急剧向负方向变化。此时阴极上积累了大量的电子，阴极极化加强，金属得到保护，对应曲线的 BC 段；最小保护电流在 $I_B \sim I_C$ 之间，最小保护电位在 $E_A \sim E_C$ 之间。

CD 段：当外加阴极电流继续增加，阴极电位仍然负移，但变化幅度变小，主要是因为此时阴极增加了氢去极化过程，消耗了部分电子。当电位变化到 E_D 时，氢去极化加剧，阴极上大量放氢。

2. 实验设备及装置

恒电流法测量阴极极化曲线的实验设备见表 9-1。

恒电流法测定极化曲线原理图及装置如图 9-2 所示。

表 9-1　实验设备一览表

名　称	数　目	名　称	数　目
高阻抗电压表	1 台	碳钢试件	2 个
毫安表	1 个	试件固定夹具	1 套
电阻箱和滑线电阻	各 1 个	氯化钠水溶液（或海水）	800mL
整流器、稳压器	各 1 个	电解池	1 个
饱和甘汞电极、铂电极	各 1 只	铁架、铁夹	若干
饱和氯化钾盐桥	1 个	试件表面处理用品	1 套
搅拌装置	1 套		

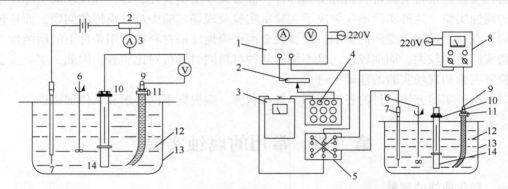

图 9-2　恒电流法测定极化曲线原理图及装置图

1—整流器；2—滑线变阻器；3—毫安表；4—变阻箱；5—换向开关；6—搅拌器；7—铂电极；
8—高阻抗电压表；9—甘汞电极；10—试件夹具；11—盐桥；12—实验介质；13—电解池；14—试件

3. 实验步骤

（1）把加工到一定粗糙度的试件用细砂纸打磨光亮，测量其尺寸，安装到夹具上，分别用丙酮和乙醇擦洗脱脂。

（2）根据图连接好线路，在电解池中注入 3% 的氯化钠水溶液，装上试件，引出导线，先不接通电源。

（3）用高阻抗电压表测定碳钢在 3% 氯化钠水溶液中的自腐蚀电位。一般在几分钟至30min 内可取得稳定值。

（4）确定极化度。极化度为单位电流下的电压变化量。极化度若过大则测定的数据间隔大，难以获得极化曲线拐点的数值，若极化度过小，则测量速度慢。因此，要根据极化曲线的特点，选取适当的极化度，在同一曲线的不同线段，也可以选取不同的极化度。

（5）进行无搅拌极化测量。调节可调电阻箱减小电阻，使极化电流达到一定值，在 2~3min 内读取相应的电位值。然后，每隔 2~3min 调节一次电流，记录该电流下相应的电位值，直到阴极电流较大，而电位变化缓慢为止，观察并记录在阴极表面上开始析出氢气泡的电位。

（6）按照步骤（3）、步骤（4）测定搅拌下的阴极极化曲线。

4. 实验结果处理

在同一张直角坐标纸上绘出搅拌和无搅拌条件下的 E-I，极化曲线。

（二）恒电位法测量阳极极化曲线

1. 基本原理

阳极电位和电流的关系曲线称为阳极极化曲线。为了判定金属在电解质溶液中采用阳极保护的可能性，确定致钝电流密度、维钝电流密度和钝化区的电位范围，需要测定阳极极化曲线。

图9-3为恒电位法测得的阳极极化曲线示意图。采用电位测量时，要维持电位恒定，测定相对应的电流值而得到阳极极化曲线。整个曲线由如下几部分组成：

ab 段：当电位从 *a* 逐渐正向移动到 *b* 点时，电流也随之增加。对应 *b* 点的电流密度称为致钝电流密度。

bc 段：当电位继续增加超过 *b* 点，增加到 *c* 点过程中，电流反而急剧减小，这是因为此时在金属表面生成高电阻耐腐蚀的钝化膜，钝化开始发生。

cd 段：*c* 点之后，电压继续升高，金属完全进入钝态，电流维持在一个基本不变的很小的值，此时的电流称为维钝电流。

2. 实验设备及装置

恒电位法测量阳极极化曲线的实验设备见表9-2，其装置如图9-4所示。

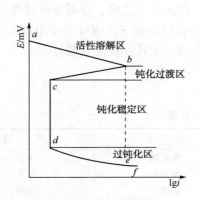

图9-3　阳极极化曲线
abcdef 线—恒电位法测定；*abef*—恒电流法测定

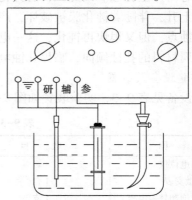

图9-4　恒电位仪测极化曲线装置示意图

表9-2　实验设备一览表

名　　称	数　　量	名　　称	数　　量
恒电位仪	1台	氨水	800mL
饱和甘汞电极、铂电极	各1只	试件固定夹具	1套
盐桥	1个	铁夹、铁架	若干
电解池	100mL	试件表面处理用品	1套
碳钢试件	2个		

3. 实验步骤

（1）把加工到一定粗糙度的试件用细砂纸打磨光亮，测量其尺寸，安装到夹具上，分别用丙酮和乙醇擦洗脱脂。

（2）按图9-4连接好测试电路，检查各接头是否正确，盐桥是否导通。

（3）测碳钢在氨水中的自腐蚀电位(相对饱和甘汞电极约-0.8V)。若电位偏正，可用很小的阴极电流活化1~2min，再测定之。

（4）调节恒电位仪进行阳极极化。每隔2~3min调节一次电位。在电流变化幅度较大的活化区和过度钝化区，每次可调节20mV左右；在电流变化较小的钝化区每次可调50~100mV。记录下对应的电位与电流值，观察其变化规律及电极表面的现象。

4. 实验结果处理

在半对数坐标纸上作恒电位法测出的 $E\text{-}\lg I$ 关系曲线,根据曲线可确定碳钢在氨水中进行阴极保护的三个基本参数。

（三）临界孔蚀电位的测定

1. 实验目的

（1）初步掌握有钝化性能金属在腐蚀体系中的临界孔蚀电位的测定方法。

（2）通过绘制具有钝化性能的金属阳极极化曲线,了解击穿电位和保护电位的意义,并定性评价金属耐孔蚀性能的原理。

2. 基本原理

不锈钢、铝等金属在某些腐蚀介质中,由于形成钝化膜而使其腐蚀速度大大降低,而变成耐腐蚀金属。但是,钝态是在一定的电化学条件下形成的,在一定的电位条件下,钝态受到破坏,容易产生孔蚀。因此,将有钝化性能的金属进行阳极极化,使之达到某一电位时,电流突然上升,伴随着钝化膜被破坏,产生腐蚀孔。在此电位之前,金属保持钝性,或者虽然产生腐蚀点,但又很快再钝化,这一电位称为临界孔蚀电位 E_b（或称击穿电压）。E_b 常用来评价金属材料的孔蚀倾向,临界孔蚀电位越正,金属的耐孔蚀性能就越好。

3. 实验设备及装置

实验设备见表9-3,实验装置如图9-5所示。

表9-3 实验设备一览表

名　　称	数　　目	名　　称	数　　目
恒电位仪	1台	电解槽	1个
微安表	1台	恒温槽	1个
参比电极(饱和甘汞电极)	1支	温度计	1只
辅助电极(如铂电极)	1支	不锈钢试件(经钝化处理)	1支
盐桥	1支	氯化钠水溶液(3%)	若干

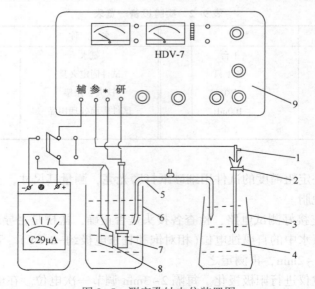

图9-5　测定孔蚀电位装置图

1—饱和甘汞电极；2—盐桥；3—三角烧瓶；4—3%氯化钠溶液；

5—液桥；6—电解槽；7—研究电极；8—铂电极；9—恒电位仪

4. 实验步骤

(1) 试件准备：将不锈钢试件放入 60℃，30% 的硝酸水溶液中钝化 1h，取出冲洗、干燥。对欲暴露的面积用砂纸打磨光亮，测量尺寸。分别用丙酮和无水乙醇擦洗干净。

(2) 按图 9-5 连接好线路，测定自腐蚀电位 E_c；

(3) 调节恒电位仪的给定电位，使之等于自腐蚀电位，由 E_c 开始，由小到大逐渐增加电位值。注意：起初每次增加的电位幅度要小些(如 10~30mV)，并密切注意电流表的指示值，在电位调节好后 1~2min 读取电流值。在孔蚀电位以前，电流值增加很少，一旦到达孔蚀电位 E_b，电流值便迅速增加，此时要注意保证电流表在合适的量程上。如果外接微安表已经满量程，切换到只用恒电位仪的电流表显示电流。当电位接近 E_b 时，要仔细调节以测准孔蚀电位。过孔蚀电位后，电位调节幅度可以适当加大(如每次调 50~60mV)，当电流密度增加到 500μA/cm² 左右时，即可进行反方向极化，回扫速度可由每分钟 30mV 减小到 10mV 左右，直到回扫的电流密度。

5. 实验结果处理(表 9-4)

表 9-4 实验数据处理表

试件材质＿＿＿＿＿＿＿＿＿＿   试件暴露面积＿＿＿＿＿＿＿＿＿＿

介质成分＿＿＿＿＿＿＿＿＿＿   介质温度＿＿＿＿＿＿＿＿＿＿

参比电极＿＿＿＿＿＿＿＿＿＿   参比电极电位＿＿＿＿＿＿＿＿＿＿

辅助电极＿＿＿＿＿＿＿＿＿＿   试件自腐蚀电位＿＿＿＿＿＿＿＿＿＿

时　　间	电极电位	电流强度	现　　象

(四) 极化曲线法评选缓蚀剂

1. 实验目的

为了充分发挥缓蚀剂的功效，使用部门在现场应用之前有必要对商品缓蚀剂先进行实验室的评价和筛选，以确定采用的品种、用量和使用条件，并在使用过程中对缓蚀效果进行现场的检测和监控。缓蚀剂的研制单位也有必要根据现场金属腐蚀的具体情况及发展趋势，对缓蚀剂进行不断地改进和开发。缓蚀剂的测试方法实际上就是金属腐蚀速率的测量方法，即在不同条件下，在腐蚀介质中使用缓蚀剂后测量金属的腐蚀速率，并与空白实验(不加缓蚀剂，其他条件相同)的结果进行对比，从而确定缓蚀效率和最佳使用条件。实验室中评价缓蚀剂的方法主要有重量法、电化学法等，下面主要介绍通过极化曲线的测量对缓蚀剂进行定性评定。

本实验目的如下：

(1) 掌握极化曲线塔费尔区外推法测定金属腐蚀速度的方法，以及评选缓蚀剂的原理和方法。

(2) 评定乌洛托品在盐酸水溶液中对碳钢的腐蚀效率。

2. 基本原理

利用近代的电化学测试技术，已经可以测得以自腐蚀电位为起点的完整的极化曲线，如图9-6所示。极化曲线可分为三个区：(1)线性区——AB 段；(2)弱极化区——BC 段；

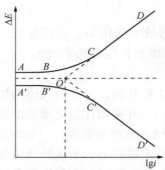

图 9-6 外加电流活化极化曲线

（3）塔费尔区——直线 CD 段。在 E–$\lg I$ 图上把塔费尔区的 CD 段外推到与自腐蚀电位 E_c 的水平线相交于 O 点，此点所对应的电流密度即为金属的自腐蚀电流密度 I_c。根据法拉第定律，即可把 I_c 换算成腐蚀的质量指标或深度指标。

对于阳极极化不易测准的体系，常常只有阴极极化曲线的塔费尔直线外推与 E_c 的水平线相交以求取 I_c。

这种利用极化曲线的塔费尔直线外推以求得腐蚀速度的方法称为极化曲线法或塔费尔直线外推法。用极化曲线法评选缓蚀剂是基于缓蚀剂会阻滞腐蚀电池的电极过程，降低腐蚀速度，从而改变受阻滞电极的极化曲线的方向，如图 9-7 所示。由图中可知，未加缓蚀剂时，阴阳极理想极化曲线相交于 S_0，腐蚀电流为 I_0。加入缓蚀剂后，阴阳极理想极化曲线相交于 S 点，此时腐蚀电流为 I，比 I_0 要小得多，可见缓蚀剂明显减轻腐蚀。根据缓蚀剂对电极过程阻滞的机理不同，可把缓蚀剂分为阳极型、阴极型和混合型。

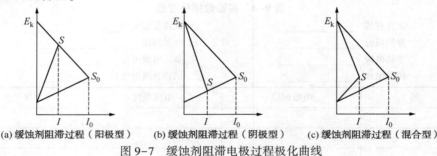

(a) 缓蚀剂阻滞过程（阳极型）　(b) 缓蚀剂阻滞过程（阴极型）　(c) 缓蚀剂阻滞过程（混合型）

图 9-7　缓蚀剂阻滞电极过程极化曲线

缓蚀剂的缓蚀效率（或简称缓蚀率）η 可用式（9-1）表示。

$$\eta = \frac{v_0 - v}{v_0} \times 100\% = \frac{I_{\text{corr}}^0 - I_{\text{corr}}}{I_{\text{corr}}} \times 100\% \tag{9-1}$$

式中　v_0、v——未添加缓蚀剂和添加缓蚀剂的金属腐蚀速率；

I_{corr}^0、I_{corr}——未添加缓蚀剂和添加缓蚀剂相应的腐蚀电流值。

腐蚀速率可用任何通用单位表示，如 1m^2 金属表面积每小时的腐蚀质量（$\text{g}/\text{m}^2 \cdot \text{h}$）；1 年内金属表面的腐蚀深度（$\text{m/a}$）等，但 v_0 和 v 的单位必须相同。

3. 实验设备装置

实验设备见表 9-5。实验装置与恒电位仪测量极化曲线相同，此处不再重复。

表 9-5　实验设备和材料一览表

序　号	名　　称	数　量	序　号	名　　称	数　量
1	恒电位仪	1 台	5	电解池、三角烧瓶	各 1 个
2	饱和甘汞电极和盐桥	各 1 支	6	盐酸水溶液	1000mL
3	铂电极	1 支	7	乌洛托品、试件夹具、试件预处理用品	若干
4	碳钢试件	2 个			

4. 实验步骤

（1）准备好待测试件、打磨、测量尺寸，安装到带聚四氟乙烯垫片的夹具上，脱脂、冲洗并安装于电解池中。

262

（2）按图9-5连接好线路，装好仪器。按恒电位仪操作规程进行操作，恒电位仪上的电流测量置于最大量程，预热、调零。测定待测电极的自腐蚀电位，调节给定电位等于自腐蚀电位，再把"电流测量"置于适当的量程，进行极化测量，即从自腐蚀电位开始，由小到大增加极化电位。电位调节幅度可由10mV、20mV、30mV逐渐增加到80mV左右。每调节一个电位值1~2min后读取对应的电流值。

（3）按步骤（1）、步骤（2）作如下测量：测定碳钢在1000mL盐酸水溶液中的阴极极化曲线，然后，测量其自然腐蚀电位；在测定其阳极极化曲线时更换或重新处理试件，在上述介质中加入0.5%的乌托品，并测定此体系中的自然腐蚀电位及阴、阳极极化曲线。

5. 实验结果处理（表9-6）

表9-6　实验结果处理表

试件材质＿＿＿＿＿＿＿　　　　　　　　试件暴露面积＿＿＿＿＿＿＿

介质成分＿＿＿＿＿＿＿　　　　　　　　介质温度＿＿＿＿＿＿＿

参比电极＿＿＿＿＿＿＿　　　　　　　　参比电极电位＿＿＿＿＿＿＿

辅助电极＿＿＿＿＿＿＿　　　　　　　　试件自腐蚀电位＿＿＿＿＿＿＿

极化电位/mV		电流强度/mA	备　注
E	$E-E_0$	I	

（五）阳极接地电阻和土壤电阻率的测定

1. 阳极接地电阻测定

仪器：ZC-8 接地电阻仪

原理：ZC-8 接地电阻仪，C_1、C_2 为供电极，电流为，I_1，P_1、P_2 间电阻 r_x（即为阳极接地电阻）上造成的电位差为 $I_1 r_x$，该仪器按电位计原理设计，内部测量回路的电流为 I_2，在可变电阻 R_{ab} 上造成电位差，当 ob 间的电位差 $I_2 R_{ob}=I_1 r_x$ 时，则检流计不偏转，故得

$$r_x = \frac{I_2}{I_1} R_{ob} \qquad\qquad (9-2)$$

该仪器制造时，已固定 $\frac{I_2}{I_1}$ 之值，分别为10、1、0.1（即"倍率标度"有3个倍数，亦称为三档），R_{ob} 可由仪表测量标度盘上读出，故测量之接地电阻 r_x 值即为测定时采用的倍率标度的倍数乘以测量标度盘上的读数。

操作步骤：

（1）被测接地阳极（C_2、P_2）与电极 P_1、C_1 要依次按直线排列，彼此相距 20m 以上（图9-8和图9-9），注意电极顺序不能颠倒。

（2）用导线将阳极（C_2、P_2）与电极 P_1、C_1 联于仪表的相应端钮。

（3）将仪器放置水平，检查检流计指针是否指于中心线上，否则可用机械零位调整器调整。

（4）将"倍率标率"置于最大倍数，慢慢转动发电机摇把，同时转动"测量标度盘"，使检流计指针指于中心线。

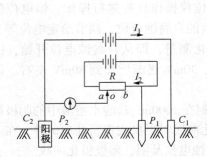

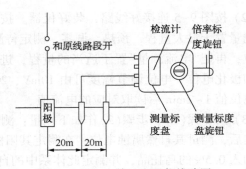

图 9-8　ZC-8 接地电阻仪原理图　　　　图 9-9　ZC-8 接地电阻仪线路图

（5）当指针接近中心线时，加快发电机摇把转速，使其达到 120r/min 以上，同时调整"测量标度盘"，使指针指于中心线。

（6）如"测量标度盘"的读数小于 1 时，应将倍率标度置于较小的倍数，再重新调整"测量标度盘"以得到准确的读数。

（7）"测量标度盘"的读数乘以倍率标度的倍数即为所测的阳极接地电阻值。

注意事项：

（1）测量阳极接地电阻时，应将原阴极保护电路与阳极断开。

（2）当检流计灵敏度过高时，可将测量电极 P_1 在土壤中插得浅一些；如果灵敏度不足时，可将测量电极周围注水润湿。

（3）当被测阳极接地电阻小于 1Ω 时，应将 C_2、P_2 间的联接片打开，分别用导线联于阳极上，以减小导线电阻引起的误差。

使用 ZC-8 接地电阻仪时，其接线图如图 9-9 所示。

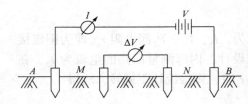

图 9-10　"四极法"测土壤电阻率原理图

2."四极法"测土壤电阻率

测量原理如图 9-10 所示。

四个电极 A、M、N、B 在地上沿直线安装。供电极 A、B 与电源 V 和电流表 I 相联，构成回路，通电后，在测量极 M、N 上形成电位差，可由电位差计测得为 ΔV，该电位差值与经 AB 二极上流过土壤的电流 I 和 MN 二极间的土壤电阻成正比。所以当电极距离已知时，可求得土壤电阻率 $\rho(\Omega \cdot m)$；

$$\rho = K\Delta V_{MN}/I \tag{9-3}$$

式中

$$K = \frac{2\pi}{\dfrac{1}{\overline{AM}} - \dfrac{1}{\overline{BM}} - \dfrac{1}{\overline{AN}} + \dfrac{1}{\overline{BN}}} \tag{9-4}$$

当 $\overline{AM} = \overline{BM}$，$\overline{AN} = \overline{BN}$时，

$$K = \pi \frac{\overline{AM} \cdot \overline{AN}}{\overline{MN}} \tag{9-5}$$

当 $\overline{AM} = \overline{NM} = \overline{BN} = a$ 时，

$$K = 2\pi a \tag{9-6}$$

四极法测量土壤电阻率常用的仪器有 UJ-4 电位差计或 ZC-8 接地电阻仪。

四个电极布置时，a 一般等于需要测定土层的深度，电极插入土中深度不大于 $a/20$。

使用 ZC-8 接地电阻仪测土壤电阻率时，

$$K = 2\pi a \qquad (9-7)$$
$$\Delta V_{MN} = I_2 R_{ob} \qquad (9-8)$$
$$I = I_1 \qquad (9-9)$$

土壤电阻率
$$P = K \cdot \frac{\Delta V_{MN}}{I} = 2\pi a \frac{I_2}{I_1} R_{ob} = 2\pi a R \qquad (9-10)$$

式中　a——电极间距；

　　　R——ZC-8 接地电阻仪测得的电阻值。

上述方法测得的土壤电阻率为该地区土壤电阻率的平均值，又称为土壤视电阻率。

用 ZC-8 接地电阻仪测量土壤电阻率的操作步骤与测量阳极接地电阻相同。

（六）"极化曲线法"测定土壤腐蚀性

1. 实验目的

（1）对比分析金属在电解质溶液和土壤中的腐蚀现象。

（2）了解金属受土壤腐蚀时极化与去极化作用的发生与发展过程。

（3）学会用"极化曲线法"判断土壤腐蚀性。

2. 实验装置与原理

如图 9-11 所示，在玻璃缸中放有含盐、含水量为某一百分比的均匀土壤，其上插入两根同样材料、形状及大小的金属电极 A 和 K，插入深度相同。金属电极 K 上焊有绝缘导线，通过单点开关 M，毫安表 mA 及可变电阻 R 与电源的负端相连，金属电极 A 上也焊有绝缘导线，直接与电源正端相连，两个电极间并有电压表 V。实验所用电极是用镀锌电工螺栓（M16）改制而成，外径 $D = 16mm$，电极插入深度 $h(cm)$，实验时自行调整。

本实验采用恒电流的方法测量极化曲线（两极电位差 ΔV 与电流密度 i 的关系），以电流为自变量，通过调节电路中的电阻 R 使某一恒定电流通过电极，当电表上指示的电位差及电流值达到稳定以后读数，为了使电池系统获得稳定极化电流，应采用高压，高阻实验装置。如图 9-12 所示，B 为极化电源。通常可取数十伏或数百伏的直流电源。R_c 为电池系统等效电阻，R 为可变电阻，根据欧姆定律，回路中的电流 I 是由 B、R、R_c、电源内阻 R_i 以及包括导线电阻，电压表内阻在内的电阻 R_x 来决定的。它们之间是关系为

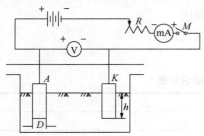
图 9-11　实验装置图

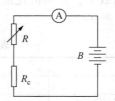
图 9-12　恒电流法测极化曲线示意图

$$I = \frac{B}{R - R_c + R_i + R_x} \qquad (9-11)$$

$R \geqslant R_c + R_i + R_x$ 时，则 $I = B/R$，这样由于电解池电阻或线路中接触点电阻变化引起的电流变化可减少到很小的程度，极化电流 I 值基本稳定，达到了控制极化电流的目的。为了能获得较大的电流值，可采用较高电压的电源；若希望电流的可调范围更宽一些，也可采用分压-恒流混合线路。

3. 实验步骤

（1）熟悉实验装置，看清各种仪表量程及直流表的接线方向。

（2）用砂纸擦净金属电极，使之发出金属光泽。

（3）金属电极应安装在玻璃缸中央，并用手按紧金属电极周围的土壤，使之与金属接触良好，记下电极的埋深 h。

（4）检查联接线路是否正确，电压表是否在零点。

（5）根据给出的可变电阻范围，选好拟调节的电阻值（一种土样至少选 4 个测点，通常由大电阻开始测定），合上单点开关 M，接通电路，迅速观察电压表及电流表指示值的变化情况，待读数稳定后，记录下稳定的电流和电压值，以及稳定所需时间，打开单点开关，断开电路，并记录电压表回零时间。

（6）调整电阻值，待电压表指针回零以后，重复上述步骤进行第二次测定，两次测定的时间间隔不少于 5min，实验时注意每次测定中电流、电压达到稳定时的时间变化。

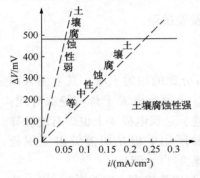

图 9-13　腐蚀等级区域图

（7）数据经检查无误后，拔出金属电极，观察电极表面现象，并记录在实验报告中。

（8）擦净电极，将实验装置恢复原状。

（9）将实测记录汇总于表 9-7，作出 ΔV-i 曲线（极化曲线），可用以表明土壤的腐蚀性。

一般认为，土壤含水量为 20%，电位差为 500mV 时，电流密度大于 0.3mA/cm^2 时，腐蚀性严重；同样条件下，电流密度小于 0.05mA/cm^2，腐蚀性较弱，如图 9-13 所示，虚线将土壤分成三个不同腐蚀等级的区域，这种方法适用于实验室或现场的测试。

4. 讨论

（1）在测定过程中土壤不严实或金属电极松动对测量结果会有什么影响？

（2）断开电路后电压表指针为什么是缓慢地回到零点（有时还回不到零点）？

（3）影响测量准确性的因素有哪些，欲使实验装置能满足调节电流范围宽一些，如何改进现有的装置线路？

（4）记录实验中遇到的反常现象，并分析其原因。

（5）根据实测数据，作出极化曲线，判断土壤腐蚀性。

5. 记录表格（表 9-7）

表 9-7　实验数据记录表

配　方	原　土		
滑线电阻/Ω			
极化稳定时两极电位差 ΔV/mV			
极化稳定时电流 I/mA			
极化稳定时电流密度 i/（mA/cm^2）			
极化稳定所需时间			

（七）管地电位差的测量

1. 实验仪器

常用仪表有高内阻的晶体管伏特计或万用表（2000Ω/V），量程范围 0~2.0V。本次实验采用 MF-10 万用表。

2. 测量方法

测量土壤介质一般用饱和硫酸铜电极做参比电极，这种电极材料稳定、易得，一般情况下不极化。如图9-14所示，测量管地电位时，饱和硫酸铜电极放在与金属管道垂直的地面上，以减少因土壤压降而引起的误差。测量时应首先将土壤润湿之后再安放电极，以免接触不良。要及时更换饱和硫酸铜溶液，以免影响测量准确度。

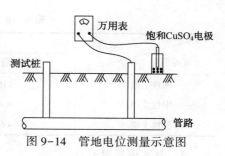

图9-14 管地电位测量示意图

第三节 腐蚀管道适用性评价

管道在运行过程中不可避免地会发生防腐层的破损及管体腐蚀。为做到对泄漏事故的早期发现及防止渗漏的扩散，对管道防腐层和管体损伤的检查、评估、和修补，是腐蚀与防护管理中的主要工作内容。

一、腐蚀管道的定性评价

为科学、准确地掌握和评价钢质管道及储罐腐蚀与防护动态及效果，为管道的腐蚀控制提供依据，我国在2012年颁布了 SY/T 0087.2—2012《钢质管道及储罐腐蚀评价标准 埋地钢质管道内腐蚀直接评价》，该标准对腐蚀管道所处环境的腐蚀性、防腐层保护状况及钢管腐蚀程度进行定性评价和分类。

（一）环境腐蚀性评价

1. 土壤腐蚀性评价

土壤腐蚀性评价一般推荐采用原位极化法及试片失重法测定土壤腐蚀性，并按表9-8进行评价；也可采用行业级以上标准所规定的其他土壤腐蚀性测试方法及相应的评价指标，不推荐采用土壤电阻率评价土壤的腐蚀性。

表9-8 土壤腐蚀性指标

等 级	极 轻	较 轻	轻	中	强
电流密度/（$\mu A/cm^2$）（原位极化法）	<0.1	0.1~3	3~6	6~9	>9
平均腐蚀速度/[g/（$dm^2 \cdot a$）]（试片失重法）	<1	1~3	3~5	5~7	>7

2. 杂散电流腐蚀评价

杂散电流腐蚀评价包括直流干扰腐蚀评价和交流干扰腐蚀评价两部分。直流干扰程度判断是根据测量土壤电位梯度的大小，对照表9-9判断直流杂散电流干扰影响严重程度。

表9-9 直流杂散电流干扰程度指标

杂散电流程度	小	中	大
地电位梯度/（mV/m）	<0.5	0.5~5	>5

对于交流干扰，测量交流干扰电位，按表9-10中的指标进行埋地管道交流干扰程度的严重性评价。

表 9-10　埋地钢质管道交流干扰判断指标

级别 土壤类别	严重程度		
	弱	中	强
碱性土壤/V	<10	10~20	>20
中性土壤/V	<8	8~15	>15
酸性土壤/V	<6	6~10	>10

3. 土壤细菌腐蚀评价

通过测量氧化还原电位，按照 9-11 可对土壤细菌腐蚀进行评价。

表 9-11　土壤细菌腐蚀评价指标

腐蚀级别	强	较强	中	小
氧化还原电位/mV	<100	100~200	200~400	>400

4. 管内介质腐蚀性评价

管内介质腐蚀性评价指标见表 9-12。

表 9-12　管道及储罐内介质及环境腐蚀性评价指标

介质腐蚀性	低	中	高	严重
平均腐蚀速度/(mm/a)	<0.025	0.025~0.125	0.126~0.254	>0.254
点腐蚀速度/(mm/a)	<0.305	0.305~0.610	0.611~2.438	>2.438

注：以两项指标中最严重的结果为准。

5. 大气腐蚀性评价

根据第一年的腐蚀速率，大气腐蚀分为 4 类，见表 9-13。

表 9-13　大气腐蚀性评价

等　级	弱	中	较强	强
第一年的腐蚀速率/(μm/a)	1.28~25	25~51	51~83	>83

（二）防腐层腐蚀效果评价

防腐层保护效果可根据表 9-14 中的相关指标进行评价。

表 9-14　防腐层状况评价指标

防腐层状况	优	中	差
外　观	颜色、光泽无变化	颜色、光泽有变化	出现麻点、泡、裂纹
厚　度	无变化	稍有变化	严重改变
黏结力	无变化	减小	剥落
针孔/(个/m²)	无针孔	≤n	—

注：1. 对介质，$n=2$；对土壤、水介质，$n=1$。

　　2. 评价时，宜主要考虑黏结力、针孔的严重程度进行评价。

根据变频-选频法测试埋地管道石油沥青外防腐层绝缘电阻，可对防腐层保护效果进行评价，评价指标见表 9-15。此外，还可根据防腐层破损程度对管线进行评价，见表 9-16。

表 9-15 防腐层绝缘电的评价指标

等　级	优	良	可	差	劣
绝缘电阻/Ω·m²	>10000	5000~10000	3000~5000	1000~3000	<1000

表 9-16　埋地管道防腐层地面检漏评价指标

等　级	优	良	可
破损缺陷（处/10km）	<2	<4	<8

（三）金属腐蚀性评

1. 管道缺陷类型

管道缺陷的分类方法有很多，按照腐蚀的特征可分为体积型缺陷和面积型缺陷，其中腐蚀体积缺陷包括管壁的均匀腐蚀、局部减薄腐蚀、沟槽状缺陷等。腐蚀面积型缺陷包括焊接裂纹、未熔合、应力腐蚀裂纹等；按照腐蚀缺陷的位置可分为穿透缺陷和表面缺陷（内表面缺陷和外表面缺陷）和埋藏缺陷，按照缺陷方位可分为轴向缺陷和环向缺陷。

2. 管道损伤的等级

管道损伤的等级评价是根据管道腐蚀缺陷对管道运行安全的影响程度大小给出的定量评价方法。SY/T 0087.2—2012 根据腐蚀的最大坑深将腐蚀程度分为轻、中、重、严重、穿孔5 种，见表 9-17。根据最大点蚀速度和穿孔年限可将金属的腐蚀性分为 4 类见表 9-18。

表 9-17　钢壁或储罐腐蚀程度评价

级　限	轻	中	重	严重	穿孔
最大蚀深	<1%	1%~2%	2%~50%	>50%	80%穿孔

表 9-18　金属腐蚀性评价指标

级　限	轻	中	重	严　重
最大点蚀速度/(mm/a)	<0.305	0.305~0.611	0.611~2.438	>2.438
穿孔年限/a	>10	5~10	3~5	1~3

注：以上两项指标中评价以最严重结果为准。

二、管道腐蚀状况的定量评价

定性评价是根据管道腐蚀缺陷对管道运行安全影响程度的大小给出的评价方法，操作比较方面，但从管道运行安全角度上看，此法不能满足管道安全评估的要求，这种建立在几何参数上的分级评价结果不能准确反应管道的承压能力。而管道的剩余强度和剩余寿命评价能根据在役管线的现有腐蚀程度对其最大承压和使用寿命进行预测，可以避免腐蚀所导致的爆裂等恶性事故的发生，同时还可避免管道过早更换所花费的巨额费用。

（一）腐蚀管道的剩余强度评价

腐蚀管道剩余强度评价的目的在于研究含缺陷管道是否能在某一操作压力下正常运营，以及在某一缺陷下允许存在最大的工作压力，从而科学指导管道维修计划和安全生产管理。

目前，关于剩余强度评价的方法很多，美国评价腐蚀管道的 B31G 准则偏于保守，后来对 B31G 准则作了必要的修正。一些学者在针对 B31G 准则保守性的进一步研究中，考虑轴向载荷、弯矩、腐蚀宽度以及腐蚀缺陷螺旋角对管道的影响，提出了不同的腐蚀管道评价方法，形成了新的评价准则，即 API 579"Fitness-For-Service"、有限元分析法和基于可靠性理论的可靠性评价方法。

1. ASME/ANSI B31G 准则

B31G 准则是评估腐蚀管道的最初的和最基本的方法，它是一些规范的基础。大量的研究工作都是在此基础上进行的。

20 世纪 60 年代末 70 年代初，得克萨斯州东部运输公司和 AGA 的管道设计委员会提出了 B31G 腐蚀管线剩余强度评价方法。它是目前西方国家流行的评价方法，其理论基础是中低强度材料的弹塑性断裂力学，其目的是力求采用解析式来表达材料不连续时管道的强度或应力，其手段是采用实验的归纳综合和理论的分析研究相结合，其结果实际上得到的是半经验半理论表达式。经过研究，提出基于断裂力学的 NG-18 表面缺陷计算公式，该公式是基于 Dugdale 塑性区尺寸模型，受压圆柱轴向断裂的 Folias 分析和经验的缺陷深度与管子壁厚的关系式。其表达式为

$$S = \bar{S} \left[\frac{1 - A/A_0}{1 - (A/A_0) M_T^{-1}} \right] \tag{9-12}$$

$$A_0 = Lt$$

$$M_T = \sqrt{1 + \frac{2.51(L/2)^2}{Dt} - \frac{0.054(L/2)^4}{(Dt)^2}} \tag{9-13}$$

式中　S——环向失效应力，MPa；

　　　$\bar{S}$——材料的流动应力，是和屈服强度有关的特性，MPa；

　　　A——裂纹或缺陷在轴向穿壁平面上的投影面积，mm^2；

　　　A_0——裂纹或缺陷处原来管壁的横截面积，mm^2；

　　　M——"Folias" 系数；

　　　L——缺陷的轴向长度，mm；

　　　t——管道厚度，mm；

　　　D——管道直径，mm。

式(9-12)可以用于评估有表面缺陷的管道。Kiefner 对有腐蚀缺陷的管道所做的大量实验表明，NG-18 表面缺陷公式用来评估腐蚀管道的剩余强度是可行的。在 Kiefner 和 Duffy 的工作基础上，以 NG-18 表面缺陷公式为基础，提出了 B31G 准则。B31G 准则基于以下假设：

（1）"Folias" 系数表达式简化为

$$M_T = \sqrt{1 + \frac{0.8L^2}{Dt}} \tag{9-14}$$

式中　D——管道共称外径，mm。

（2）式(9-12)中，材料的流动应力 $\bar{S}$ 为最小屈服强度(SMYS)1.1 倍，即 $\bar{S}=1.1SMYS$。

（3）式(9-12)中，腐蚀缺陷的金属损失面积可用矩形或抛物线近似，长缺陷用矩形近似。

2. API 579 准则

API 579 准则是根据炼化企业对压力设备服役适应性评价(Fitness-For-Service，FFS)标准的需要而形成的。它是在 API 510，API 750 和 API 653 的基础上，根据工程需求进行的补充和增加，目的是：

（1）是长期服役的结构和设施能继续运行的同时，确保人员、公众和环境的安全。

（2）从技术上提供一个完善的适应性评价步骤，以保证能对不同的服役结构和设施提供其寿命预测方法。

270

（3）有助于在役设备的最优维护、保养和运行，保持老结构和设施的可用性，以及提高结构和设施的长期经济运行的可行性。

API 579 准则是在改进的 B31G 准则基础上，按照缺陷类型和损害机理加以组织的，它考虑了相邻缺陷的相互影响和附加载荷的影响，为腐蚀缺陷的剩余强度评价提供了更为直接的标准。API 579 准则服役适应性评价的基本思路是：建立含有缺陷管道的剩余承压能力、缺陷的尺寸及有关材料强度参数三者之间的关系，只要其中两者是确定的，那么另一项的极限值也就可以计算得到。服役适应性评价对腐蚀缺陷的剩余强度采取分级评价，建立了三级评价体系。一级评价提供保守的评价和审查准则，需要最少的检查数据和人力资源；二级评价提供了一个更为详细的评价标准，得出的评价结果比第一级评价更精确，它需要由工程师或在服役适应性(FFS)评价方面有丰富经验的工程专家完成；三级评价提供了一个最详细的评价标准，得出的评价结果比第二级评级更精确。但是，在三级评价中，需要最详细的检查和构件资料。推荐使用诸如有限元分析等数值分析方法。三级评价基本上都应由在服役适应性(FFS)评价方面有丰富经验的工程专家完成。

3. 有限元分析法

近年来，很多学者采用有限元分析法分析腐蚀管道的剩余强度，取得了很大的进展。有限元分析法主要有弹性分析和非线性分析两种。

弹性分析就是以材料的弹性极限为根据分析管道失效。研究者对腐蚀管道进行了弹性分析，提出了一种用弹性极限原则来评价管道剩余强度的方法，推导出了在内受压、轴向载荷和弯曲载荷的情况下管道腐蚀区应力集中系数的计算公式。

非线性分析就是采用三维弹塑性大变形单元，用有限元分析方法对腐蚀管道进行塑性失效分析，分析中应考虑几何形状和材料的非线性。加拿大的 Chouchoaui、Pick、Bin fu 和 M. G. Kirkwood 等都对腐蚀管道进行了非线性有限元分析，并进行实验验证。

应用有限元分析方法对腐蚀管道的剩余强度进行研究，可以考虑多种载荷的联合作用，同时可以模拟复杂的腐蚀形状，使得分析模型更接近于实际，所得结果的精确度和可信度较高。通过有限元分析，证实了 B13G 准则中一些结论的正确性，同时也得出了一些有价值的结论，如腐蚀间的相互作用，轴向载荷和弯曲载荷对剩余强度的影响等。对具有内、外腐蚀管道的剩余强度进行非线性有限元分析，结果表明，具有相同腐蚀尺寸的内、外腐蚀模型，结果非常接近，说明内、外腐蚀可以用相同的方法评价。

4. 可靠性评价方法

可靠性评价方法就是基于可靠性理论，建立适当的可靠性模型，考虑腐蚀缺陷尺寸和载荷等变量的随机特性，对腐蚀管道进行可靠性分析的一种评价腐蚀管道的新方法。英国的 D. G. D awson 和 S. J Dawson 等提出了一种基于可靠性理论的方法，可以计算腐蚀管道的失效压力和失效时间。加拿大的 I. R. Orisamolu 等用概率的方法对腐蚀管道剩余强度进行了研究，基于 B31G 准则提出了三个概率模型来计算腐蚀管道的可靠度。最近，研究人员对腐蚀管道的可靠性进行了研究，基于现存的剩余强度的评价方法，建立了相应的可靠性模型，考虑了变量的随机性，用蒙特-卡洛数值和一阶二次矩方法分析了腐蚀管道的可靠性，得出了随机变量与可靠度的关系，从而找出了影响管道可靠度的主要因素。从可靠性的极限状态对油气管道进行可靠性研究，研究表明，尽管当前油气管道的设计标准采用安全系数方法，但是基于可靠性的极限状态设计方法是一个发展趋势。

（二）腐蚀管道的剩余寿命预测

管道腐蚀研究工作的范畴，不仅仅局限于腐蚀为什么发生及怎样发生等问题，还应当包括腐蚀将会怎样发展及将来发展变化的趋势如何等问题，即腐蚀预测问题。腐蚀管道剩余寿命预测就是研究油气管道腐蚀的发展变化规律，并回答管道还能使用多久等问题，它是腐蚀研究领域中较高层次的研究范畴。

腐蚀管道剩余寿命预测研究的意义，就在于寻求安全性与经济性的最佳结合点。通过对含有腐蚀缺陷的管道进行无损检测，利用适当的数值分析方法建立其相应的腐蚀速率模型，由此来预测管道的剩余寿命，并在此基础上确定管道合理的检测和维修周期，这样就可避免过早的更换本来还可以继续运行的管线，减少不必要的经济损失。

对现有的一些腐蚀管道剩余寿命预测方法进行分析，可把这些方法主要分为三种类型：

1. 基于概率统计的预测方法

腐蚀的影响因素的极大不确定性及缺陷的发生和发展的不确定行就决定了腐蚀具有随机性的本质，尤其是对于点蚀更是如此。因此概率统计就成了腐蚀管道剩余寿命预测的一种有效手段。

2. 基于腐蚀速率的预测方法

在役油气管道的运行状态在很大程度上以强度作为评定准则。因此当腐蚀管道强度衰减到一定程度时就达到了极限状态，于是其寿命也达到了极限值。那么用从当前状态发展到强度极限状态时的壁厚减薄除以相应的腐蚀速率得到的时间就是其剩余寿命。这种方法很直观。

3. 概率统计与腐蚀速率结合的方法

正如上面分析的那样，基于概率统计的预测方法和基于腐蚀速率的预测方法各有其优点，把二者有机的结合起来就形成了新的预测方法。其基本思路就是在处理缺陷形态的确定、缺陷尺寸的测定、缺陷尺寸的发展时引入概率统计的方法，在此基础上再应用合适的强度评价方法和腐蚀速率进行剩余寿命预测。

第四节　油气管道腐蚀的风险评价技术

管道腐蚀的风险性评价是一项非常重要的工作，发展和完善风险评价技术刻不容缓。

一、风险性评价的目的与原理

风险性评价的目的是确定最佳的维修、检测与置换级别，从而确定出最佳的经济投资，通过对管道运行的风险性评价使管道管理的经济决策更加科学化。随着检测、维修和置换级别的增加，一方面，管线运行的安全性将增加，但要投入的安全费用也要增加；另一方面，管道运行的风险性却随之降低，这意味着其风险费用也将随之降低。如果将安全费用和风险费用综合考虑，所应对的检测、维修和置换级别也就是最佳的检测、维修和置换级别。这就是风险性评价的原理。

二、风险性评价的内容和方法

在今天，管道风险评价技术在许多管道公司已形成了自己的风险分析方法，并有不少相关的文献出版。但总的来说，这些方法可以分为三类：定性风险评价、半定性风险评价和定量风险评价。

定性风险评价（Qualitative Risk Analysis）主要作用是找出管道系统存在哪些事故危险，

诱发管道事故的各种因素，这些因素对系统产生的影响程度以及在何种条件下会导致管道失效，最终确定控制管道事故的措施。其特点是不必建立精确的数学模型和计算方法，评价的精确性取决于专家经验的全面性和划分影响因素的细致性、层次性等，具有直观、简便、快速、实用性强的特点。传统的定性风险评价方法主要有安全检查表（CL），预先危害性分析（PHA），危险和操作性分析（HAZOP）等。定性风险评价方法可以根据专家的观点提供高、中、低风险的相对等级，但是危险性事故的发生频率和事故损失后果均不能量化。在风险管理过程中需要识别潜在危险事故，这是重要的第一步。比如，确定管道维修的优先次序时，就可以按定性风险评价方法提供的资料确定系统中哪条管道最需要维修，哪种维修措施最合适。这种方法为合理分配管道维修资金提供了依据。管道维修的实施使操作人员积累了有关管道的定量知识，从而为管道风险评价定量法的形成奠定了基础。

半定量风险评价（semi-Qualitative Risk Analysis）是以风险的数量指标为基础，对管道事故损失后果和事故发生频率按权重值各自分配一个指标，然后用加和除的方法将两个对应后果严重程度和事故发生频率的指标进行组合，从而形成一个风险指标。最常用的是专家打分法。

定量风险评价是管道风险评价的高级阶段，是一种定量绝对事故发生频率的严密数学和统计学方法，是建立在失效概率和时效结果直接评价基础上的。其预先给固定的、重大的和灾难性的事故的发生频率和事故损失后果约定一个具有明确物理意义的单位，所以其评价结果是最严密和最准确的。通过综合考虑管道失效的单个事件，算出最终事故的发生频率和事故损失后果。定量风险评价方法给面临风险的管道经营者提供了大量的洞察能力。其评价结果还可以用于风险、成本、效益的分析之中，这是前两类方法都做不到的。然而，目前大多数研究工作都集中于生命安全风险或经济风险。而液体管道失效的环境破坏风险还不能定量评估，生命安全风险、环境破坏风险和经济风险的综合评价也尚未有合适的方法。另外，定量风险评价需要建立在历史失效概率的概率统计的基础之上，而公用数据库一般没有特定管道的详细失效数据，公布的数据也不足以描述给定管道的失效概率。

管道风险评价的主要步骤是：

（1）资料收集。收集管道的物理特性参量（包括管道直径、壁厚、机械性能等），输送介质的特殊参量（包括温度、压力等），管道缺陷尺寸和操作环境等。

（2）管道管段划分。根据管道沿途的土地使用情况、人口密度、地质情况等将管道划分为不同的管段。

（3）管道失效概率计算。根据有关理论和公式，求得管道不同失效模式下的年平均失效概率。

三、风险性评价的标准与规范

风险性评价最初是由美国能源部为核工业的安全评价而开始的。迄今为止，在如地震及其他自然灾害领域，风险评价及安全分析的文件都颁布了许多，API 也将颁布石油化工管道的基于风险检测的检测标准，但油气输送管道的风险性评价标准还待于建立。

附录 1 钢质储罐罐底外壁阴极保护技术标准

1. 总则

1.0.1 为有效实施钢质储罐罐底外壁阴极保护,制定本标准。

1.0.2 本标准适用于已建和新建的钢质储罐罐底外壁阴极保护。

1.0.3 钢质储罐罐底外壁的阴极保护,除执行本标准外,尚应符合国家现行有关标准(规范)的规定。

2. 术语

2.0.1 电流需求量测试 current requirement test

从临时地床至被保护构筑物建立直流电流以确定阴极保护所需的电流量。

2.0.2 外部构筑物 foreign structure

阴极保护系统以外的金属构筑物。

2.0.3 防渗膜衬垫层 antipermeation liner

用来控制被储存介质的意外泄漏,紧贴地上储罐罐底外壁的非导电合成材料。

2.0.4 辅助罐底 replacement tank bottoms

因现有储罐罐底腐蚀,在旧罐底上填充填料后安装的新罐底。

3. 一般规定

3.0.1 储罐罐底宜采用强制电流系统,在条件许可的情况下可采用牺牲阳极。

3.0.2 在钢质储罐罐底外壁阴极保护系统设计中,阴极保护电流总量宜根据工艺计算留有10%的裕量。

3.0.3 罐底辅助阳极的设计寿命应与被保护储罐的设计寿命相适应。

3.0.4 设计阴极保护系统时,应注意保护系统与外部金属构筑物之间的干扰影响,并按SY/T 0017《埋地钢质管道直流排流保护技术标准》的要求,采取相应的防护措施。

3.0.5 直流电源的最大输出电压与最大输出电流之比应大于阴极保护回路的总电阻。

3.0.6 牺牲阳极可兼作储罐的防雷防静电接地极。同时储罐的接地极不得使用与罐体相同或电极电位较正的铜质材料,宜为锌棒、锌带等材料。

3.0.7 被保护的储罐应根据需要设置绝缘装置。

4. 阴极保护必要性的确定

4.0.1 在确定储罐阴极保护必要性之前,应根据需要调查以下条款:

4.0.1.1 储罐设计和制造:

(1)储罐基础设计。

(2)总平面布置及罐区平面布置。

(3)建设日期。

(4)地质结构、土壤性质和电阻率。

(5)地下水位。

(6)罐底防腐层及其类型。

(7)维护、检修记录资料。

(8)防渗膜或防渗垫层。

(9)辅助罐底。

(10)附近外部构筑物及直流干扰源。

4.0.1.2 储罐内介质:

(1)介质种类。

（2）介质温度。

（3）介质收发频率。

4.0.1.3 已建储罐的腐蚀状况：

（1）腐蚀速率记录。

（2）附近储罐的腐蚀状况。

（3）类似建造的储罐腐蚀状况。

（4）杂散电流腐蚀状况。

（5）附近储罐对地电位的分布。

4.0.2 对新建储罐的罐底外壁除经详细调查确认不需阴极保护外，在设计中应采用阴极保护进行控制，并使储罐在使用期间得到持续保护。

4.0.3 对已建储罐，经调查研究，分析确认腐蚀会影响到储罐的安全或经济运行时，应采取阴极保护措施。

5. 阴极保护准则

5.0.1 储罐罐底外壁阴极保护准则可采用以下的一项或多项为判据：

5.0.1.1 在施加阴极保护的情况下，测得罐/地电位为−1200～−850mV（相对饱和铜/硫酸铜参比电极，下同）。

注：在正确解释罐/地电位测量值时，必须考虑测量方法中所含的 IR 降误差，通常采用下述方法：

（1）测量或计算 IR 降。

（2）检查阴极保护系统以往的性能。

（3）评价罐底及其环境物理性能和电性能。

（4）确定是否存在腐蚀的直接证据。

5.0.1.2 相对饱和铜/硫酸铜参比电极的罐/地极化电位为−1200～−850mV（一种常见的极化电位测量方法是采用"瞬时断电"技术）。

5.0.1.3 罐底金属表面与同介质接触的稳定的参比电极之间阴极极化电位最小为100mV，该准则可用于极化的形成或衰减。

6. 阴极保护系统的设计

6.1 设计前期资料

6.1.1 基础资料：

6.1.1.1 总平面布置和系统布置。

6.1.1.2 施工日期。

6.1.1.3 储罐设计资料。

6.1.1.4 电绝缘及电跨接。

6.1.1.5 相关电缆走向及敷设方式。

6.1.1.6 防爆区域。

6.1.2 场地状况：

6.1.2.1 已建和新建的阴极保护系统。

6.1.2.2 可能存在的干扰源。

6.1.2.3 特殊环境条件。

6.1.2.4 地质结构和冻土层深度。

6.1.2.5 相邻的埋地金属构筑物及距离。

6.1.2.6 电力的可利用性。

6.1.3 现场调查：

6.1.3.1 土壤电阻率。

6.1.3.2 防腐层的完整性。

6.1.3.3 区域内类似的储罐的泄漏史。

6.1.3.4 其他维护和运行数据。

6.2 阴极保护方式的选择

6.2.1 依据不同的腐蚀环境和条件、被保护储罐具体状况和技术要求，对储罐采取强制电流或牺牲阳极阴极保护，并进行技术经济对比后择优选定。影响阴极保护方式选择的因素：

6.2.1.1 被保护储罐的规格和数量。

6.2.1.2 保护电流量。

6.2.1.3 土壤性质。

6.2.1.4 对临近构筑物的干扰。

6.2.1.5 罐区系统未来的发展和扩建情况。

6.2.1.6 阴极保护系统设备、安装、运行和维护费用。

6.2.1.7 已建或规划的辅助保护系统。

6.2.2 对于土壤电阻率较高、储罐直径较大的环境，宜采用强制电流保护。

6.2.3 对于土壤电阻率较低、储罐直径较小且周围地下金属构筑物布局复杂的环境，宜采用牺牲阳极保护。

6.3 强制电流系统

6.3.1 强制电流设计的计算：

6.3.1.1 保护电流需要量一般采用普遍承认的保护电流密度或现场电流需求量测试的结果来计算。推荐储罐保护电流密度 i_a 为 $5 \sim 10 \text{mA/m}^2$，则保护电流总需要量见式(6.3.1-1)：

$$I_\text{总} = i_a S_\text{总} \qquad (6.3.1-1)$$

式中 $I_\text{总}$——阴极保护电流总需要量，A；

i_a——阴极保护电流密度，mA/m^2；

$S_\text{总}$——被保护面积，m^2。

6.3.1.2 直流电源额定输出电压按式(6.3.1-2)、式(6.3.1-3)计算：

$$V = I(R_a + R_L + R_C) + V_R \qquad (6.3.1-2)$$
$$P = IV/\eta \qquad (6.3.1-3)$$

式中 V——直流电源额定输出电压，V；

R_a——阳极接地电阻，Ω；

R_L——导线电阻，Ω；

R_C——罐底/大地过渡电阻，Ω；

V_R——阳极地床反电动势(焦炭填料可取 2V)，V；

I——保护系统的保护电流(可取 $1.1 I_\text{总}$)，A；

P——电源功率，W；

η——电源整流器效率，可取 0.7。

6.3.1.3 辅助阳极需要量按式(6.3.1-4)计算：

$$G = T g I_f / K \qquad (6.3.1-4)$$

式中 G——阳极总质量，kg；

T——阳极有效寿命，年；

g——极消耗率，kg/(A·a)；

I_f——阳极工作电流，A；

K——阳极利用系数，取 $0.7 \sim 0.85$。

6.3.1.4 辅助阳极接地电阻应按 SY/T 0036《埋地钢质管道强制电流阴极保护设计规范》的有关规定进行计算。

6.3.2 辅助阳极材料可选用高硅铸铁、石墨、钢铁、镀铂铌、镀铂钛、磁铁、柔性阳极和混合金属氧化物等,阳极的选择应与土壤的物化性质、阳极与环境的适应性为依据;在盐渍土、海滨土壤中,应采用含铬高硅铸铁阳极。

6.3.3 辅助阳极的布置通常可选择罐周直立式(图 6.3.3-1)、罐旁深井式(图 6.3.3-2)、罐底斜角式(图 6.3.3-3)和罐底水平式(图 6.3.3-4)。当采用罐底斜角式时,应尽量靠近罐底中心;当保护对象为几个罐时,可将几个罐作为一个联合体共同保护,其辅助阳极布置如图 6.3.3-5 所示,同时可采用深井式和浅埋式阳极相结合的措施。

6.3.4 带防渗膜衬垫层的罐底阴极保护的阳极必须安置在防渗层和罐底之间,同时宜采用网状阳极或带状阳极(图 6.3.4)。

6.3.5 新建罐设计时,宜在罐底适当位置安装长效参比电极(图 6.3.5-1),罐壁四周的电位分布可通过在罐壁四周埋设参比电极来监测(图 6.3.5-2)。

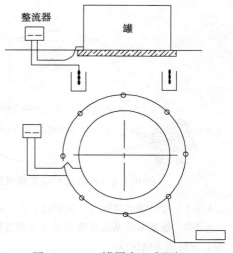

图 6.3.3-1 罐周直立式阳极

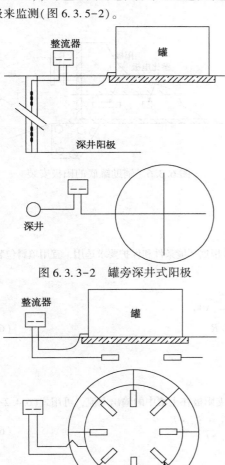

图 6.3.3-2 罐旁深井式阳极

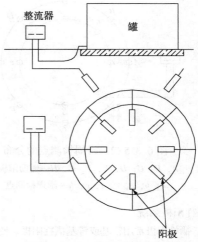

图 6.3.3-3 罐低斜角式阳极

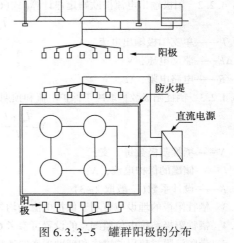

图 6.3.3-4 罐低水平式阳极　　　　图 6.3.3-5 罐群阳极的分布

277

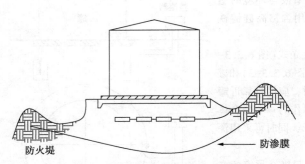

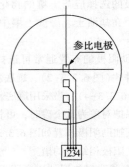

图 6.3.4　带防渗衬垫的罐低阳极安装　　　　图 6.3.5-1　罐底参比电极的分布

6.3.6　辅助罐底阴极保护的阳极、参比电极必须放置于两层罐底的电解质中(图6.3.6)。

6.3.7　强制电流系统直流电源设备可选用整流器或恒电位仪。当罐/地电位或回路电阻经常有较大变化时，应使用恒电位仪。

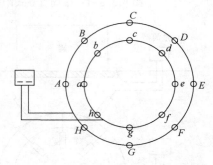

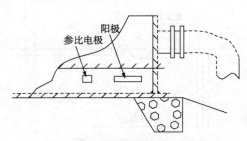

图 6.3.5-2　罐周检测点的分布　　　　　图 6.3.6　辅助罐底的阳极安装

A, B, C, D, E, F, G, H—辅助阳极；

a, b, c, d, f, g, h—罐周检测点

6.4　牺牲阳极系统

6.4.1　牺牲阳极常用镁基或锌基牺牲阳极。使用时，应根据环境条件和保护要求选用，宜用填料包装后埋设。

6.4.2　牺牲阳极设计计算：

6.4.2.1　保护电流按6.3.1计算。

6.4.2.2　阳极输出电流按欧姆定律计算[式(6.4.2-1)]：

$$I_a = \Delta E / R \tag{6.4.2-1}$$

式中　I_a——单支阳极输出电流，A；

　　　ΔE——驱动电压，V；

　　　R——电路电阻，Ω。

6.4.2.3　牺牲阳极数量取决于保护电流和预期的单支阳极在土壤中的输出电流，可用式(6.4.2-2)计算：

$$N = \frac{I_A \cdot K}{I_a} = \frac{1.1 i_a \cdot S_{总} \cdot K}{I_a} \tag{6.4.2-2}$$

式中　N——牺牲阳极数量，支；

　　　I_a——储罐的保护电流，A；

　　　K——设计系数(一般取2~3)。

6.4.3　牺牲阳极的埋设应有利于保护电流的均匀分布，宜在罐周或罐底均匀布置阳极。

6.4.4　牺牲阳极系统电位监测点的设置可参考6.5，但应注意监测点的位置不能在阳极汇流点上。

6.4.5　带防渗膜衬垫层的罐底和辅助罐底的牺牲阳极位置可参照6.3.6执行。

6.5 阴极保护的测量

6.5.1 阴极保护电位、阴极极化的测定方法应按 SY/T 21246—2007《埋地钢质管道阴极保护参数测量方法》的规定执行。

6.5.2 监测点的数量及分布应能保证罐底的任何部位腐蚀控制均能达到 5.0.1 的规定，且罐底的电位分布尽可能均匀一致，它应满足以下要求：

6.5.2.1 分布在罐周边的监测点一般不应少于四处；当罐底直径较大时，应适当加密。

6.5.2.2 罐底中心部位应设监测点，其他部位视罐底面积大小可适当加设。

6.5.2.3 当在罐底中心部位监测有困难时，推荐罐底周边的保护电位保持在 $-1.1\sim-1.15V$（相对饱和铜/硫酸铜参比电极）。

6.5.3 参比电极宜为长效饱和铜/硫酸铜参比电极和标准锌参比电极的双参比电极。

7. 电绝缘

7.0.1 阴极保护的设计应考虑电绝缘，同时电绝缘装置必须适应接地要求，并符合规范和安全要求。

7.0.2 对于系统需要电绝缘的地方，应安装绝缘法兰、绝缘接头或其他专门设计的绝缘装置，这些装置应按工艺温度、压力和管道参数来设计和选用，并与输送介质相适应。在防爆区域内不应安装绝缘法兰。

7.0.3 对绝缘装置上可能出现的雷击、过电流等异常情况，应使用极化电池、避雷器或接地电池等提供保护。

8. 阴极保护系统的安装

8.1 强制电流系统

8.1.1 辅助阳极的位置和结构应使储罐的电位分布均匀合理，并应满足下列要求：

8.1.1.1 辅助阳极可用浅埋（立式、水平式、倾斜式）或深埋等形式埋设。

8.1.1.2 辅助阳极可采用填包料，其厚度一般为 100mm；当采用焦炭粉作填包料时，焦炭最大粒径宜小于 15mm，含炭量大于 85%。

8.1.1.3 辅助阳极接地电阻应与所用设备匹配。

8.1.1.4 辅助阳极地电场的电位梯度不应大于 5mV/m，设有防护栏时不受此限制。

8.1.2 强制电流电源设备的安装：

8.1.2.1 应按设计和产品说明书的要求进行。

8.1.2.2 电缆与电源设备的连接可靠，电源通电前后，检查并确认电源设备的正负极连接正确。

8.1.3 在防爆区域均应选用防爆接线箱。

8.2 牺牲阳极系统

8.2.1 牺牲阳极在储罐四周或罐底分布，同组阳极宜选用同一批号或开路电位相近的阳极。

8.2.2 牺牲阳极埋设有立式和水平式两种，在罐周埋设时，阳极距储罐一般不小于 3m，埋深不宜小于 1m。

8.2.3 牺牲阳极应配有专用的化学填包料，填包料的配制应参照 SY/T 0019《埋地钢质管道牺牲阳极阴极保护设计规范》的规定执行。

8.2.4 牺牲阳极的安装应符合下列要求：

8.2.4.1 牺牲阳极应按设计要求和技术规定进行安装，安装必须确保阳极不能与任何管道和储罐发生直接接触。

8.2.4.2 如果牺牲阳极和填包料是预包装的，应在不破坏预包装完整性的条件下测试阳极和导线的电连续性，预包装袋不应是化纤织品。

8.2.4.3 如果牺牲阳极和填包料是分别提供的，牺牲阳极应位于专用填包料的中心，填包料应填充实，回填土可浇水湿润。

8.2.4.4 双层罐底之间的带状阳极必须安装在导电的介质中而无需专用的填包料，介质必须足够致密，以防备新罐底下沉。

8.2.5 电缆与储罐、电缆与电缆、电缆与阳极钢芯均应采用焊接连接，焊接后必须采取绝缘防腐措施。

8.2.6 牺牲阳极连接电缆的埋设深度不宜小于 0.7m。敷设时应留有一定裕量。

8.3 辅助设施的安装

8.3.1 测试桩的安装应符合下列要求：

8.3.1.1 测试桩的设置应满足阴极保护的测试要求。

8.3.1.2 测试桩应做明确标志，安装位置应考虑防爆要求。

8.3.1.3 测试导线都应埋地敷设，埋深不小于 0.7m，同时在直埋电缆上方设警示标志。

8.3.1.4 测试桩高出地面不应小于 0.5m。

8.3.1.5 测试桩的结构应考虑防水防潮。

8.3.2 测试电缆及连接点在回填前应仔细检查，电缆长度应留有足够的裕量。回填土中应去掉尖锐石块或其他损伤导线绝缘的材料。

8.3.3 参比电极的安装：

8.3.3.1 电缆与参比电极的连接点应完全绝缘。

8.3.3.2 长效参比电极应安装在填充料里。

8.3.3.3 参比电极与罐的距离应保持一致，并尽量靠近罐底，但应确保不因罐底变形损坏参比电极。

8.3.4 绝缘装置的安装：

8.3.4.1 安装绝缘装置时应确保电绝缘达到设计要求，并使装置性能不会随时间增加而加速退化。

8.3.4.2 应充分保护安装的绝缘装置不受直流杂散电流或感应交流电压的影响。

8.3.4.3 为测试导线提供适当的位置，以方便现场测试和维修。

9. 干扰与防护

9.0.1 当保护系统内埋地金属构筑物的对地电位较稳定的自然电位偏移 20mV 时，应怀疑存在干扰影响，可进行检测。当电位正向偏移 100mV，应采取防护措施。

9.0.2 鉴别干扰或干扰源的类别：

9.0.2.1 当电位偏移相对平稳、具有持续性时，则表现为阴极保护系统干扰，其干扰源为强制电流保护系统的阳极地床和已投运阴极保护的构筑物。

9.0.2.2 当电位偏移波动较大，呈正负交变，或具有断续性，则表现为直流杂散电流干扰，其干扰源为直流电气化铁路、直流输电系统、直流电力设施或设备，如电解、电镀设备，直流电焊设备等。

9.0.3 对于阴极保护干扰，可采用下列防护措施：

9.0.3.1 正确选择强制电流阴极保护辅助阳极地床和构筑物的位置，避免互相干扰，通常情况下通过上述避让措施就可以解决或较大地减缓互相的干扰影响。

9.0.3.2 采用一点或多点均压跨接（包括短路跨接或带调节电阻的跨接），使被干扰体地对地电位恢复到自然电位水平。

9.0.3.3 采用牺牲阳极将干扰电流排除。

9.0.4 对于直流杂散电流干扰，应按现行石油天然气行业标准 SY/T 0017《埋地钢质管道直流排流保护技术标准》的规定采取相应的防护措施。

9.0.5 干扰和被干扰双方，共同提高储罐系统对地绝缘水平，通常对干扰腐蚀控制和提高排流保护效果有利。

10. 阴极保护系统的管理

10.1 一般规定

10.1.1 新建的阴极保护系统在启动之前，应对储罐进行初始自然电位的测量。

10.1.2 阴极保护系统投产运行极化稳定后，应及时进行阴极保护参数测量和检验，以验证是否满足设计要求。

10.1.3 检测罐底对地电位时，宜在罐底与基础最大程度接触的罐内液位下进行。

10.1.4 储罐维修后，阴极保护系统应尽快重新启动。

10.2 阴极保护检测

10.2.1 阴极保护投产极化稳定后应进行初始的检测，以验证系统是否满足保护准则，以后应每年检测一次。检测包括下列测量内容中的一项或多项：

10.2.1.1 储罐保护电位。

10.2.1.2 阳极电流。

10.2.1.3 相邻构筑物对地电位。

10.2.1.4 系统的电绝缘性能。

10.2.1.5 输出电压、电流和输出电流分配。

10.2.2 阴极保护正常运行后的检测与维护：

10.2.2.1 定期监测保护电位。

10.2.2.2 电源应每隔两个月检查一次。

10.2.2.3 应对所有阴极保护设施进行年检，检测对象包括测试桩、电绝缘、跨接、地下接头、仪表以及回路电阻。

10.2.2.4 在检修和改建储罐或在储罐的定期检查时，应进行罐底的腐蚀性检查。

10.2.2.5 检测结果不能满足保护准则时，可采取以下补救措施：

（1）阴极保护系统部件的修理、更换或调整。

（2）必要时增设辅助阴极保护。

（3）修理、更换或调整均压跨接或干扰跨接。

（4）消除意外的金属接触。

（5）修理有缺陷的绝缘装置。

（6）排除干扰电流。

10.3 阴极保护记录

10.3.1 腐蚀控制记录应以清晰、简洁、可操作的方式，把与设计、安装、运行、维护及保护效果等有关的数据编制成文件。

10.3.2 应记录设计时的原始资料：

10.3.2.1 绝缘装置、测试导线及其他测试设施的设计和位置，以及采取的其他特殊的腐蚀控制措施的详况。

10.3.2.2 保护电流需要量的测试结果、测试地点和方法。

10.3.2.3 施加电流前，罐对地的自然电位。

10.3.2.4 现场土壤电阻率测试结果、测试地点和方法。

10.3.2.5 测试人姓名。

10.3.3 安装阴极保护时，应记录以下内容：

10.3.3.1 强制电流系统：

（1）投入运行的位置和日期。

（2）阳极的数量、类型、尺寸、深度、填料和间距。

（3）电源设备的技术要求。

（4）干扰测试和解决干扰问题的有关内容。

10.3.3.2 牺牲阳极系统：

（1）投入运行的位置和日期。

（2）阳极的数量、类型、尺寸、深度、填料和间距。

10.3.4 检测记录应保存，以证明阴极保护已满足适用的规范。

10.3.5 维护阴极保护设施时，应记录以下内容：

10.3.5.1 直流电源设备的检修情况。

10.3.5.2 阳极、接头和电缆的修理和更换。

10.3.5.3 防腐层、绝缘装置、测试导线和其他测试设施的维护、修理和更换。

10.3.6 有关阴极保护效果的记录，应作长久保留，一般不宜低于5年。

附录 2 埋地钢质管道阴极保护技术规范

1. 范围

本标准规定了埋地钢质管道(以下简称管道)阴极保护设计、施工、测试与管理的最低技术要求。

本标准适用于埋地钢质油、气、水管道的外壁阴极保护,其他埋地钢质管道可参照执行。

2. 规范性引用文件

下列文件中的条款通过本标准的引用而成为本标准的条款。

GB/T 3620.1 钛及钛合金牌号和化学成分

GB/T 10123 金属和合金的腐蚀 基本术语和定义

GB/T 21246 埋地钢质管道阴极保护参数测量方法

GB 50058 爆炸危险环境电力装置设计规范

GB 50217 电力工程电缆设计规范。

SY/T 0088 阴极保护管道的电绝缘标准

SY/T 0095 埋地镁牺牲阳极试样试验室评价的试验方法

SY/T 0096 强制电流深阳极地床技术规范

3. 术语、定义和缩略语

3.1 术语和定义

GB/T 10123 确立的以及下列术语和定义适用于本标准。

3.1.1 阳极填料 anode backfill

填塞在阳极四周的低电阻率材料,用于保持湿度、减小阳极与电解质之间的电阻,以及防止阳极极化。

3.1.2 跨接 bond

采用金属导体(多为铜质导体)连接同一构筑物或不同构筑物上的两点,用于保证两点之间电连续性的一种作法。

3.1.3 直流去耦装置 d. c. decoupling device

一种保护装置,当超过预先设定的极限电压时可导通电流。

例如:极化电池、火花间隙、二板管保护器。

3.1.4 汇流点 drain point

阴极电缆与被保护构筑物的连接点,保护电流通过此点流回电源。

3.1.5 地床 groundbed

埋地的牺牲阳极或强制电流辅助阳极系统。

3.1.6 辅助阳极 impressed-current anode

由外部电源提供强制保护电源用于构筑物阴极保护的电极。

3.1.7 (电位)缺陷定位测量技术 intensive measurement technique

同时测量管地电位与垂直方向土壤电位梯度的技术。

注:通过精确测量技术可以辨别防腐层缺陷并测得缺陷处的无 IR 降电位。

3.1.8 IR 降 IR drop

根据欧姆定律,由于电流的流动在参比电极与金属管道之间电解质上产生的电压。

3.1.9 极化电位 polarized potential

无 IR 降电位。

不含保护电流或其他电流 IR 降所实测的构筑物对电解质电位。

3.1.10 绝缘接头 isolating joint

安装在两管端之间用于隔断电连续性的电绝缘组件。

例如：整体型绝缘接头，绝缘法兰，绝缘管接头。

3.1.11 测试桩 test post

测试装置。

布设在埋地管道上，用于监测与测试管道阴极保护参数的附属设施。

3.1.12 通电电位 on potential

阴极保护系统持续运行时测量的构筑物对电解质电位。

3.1.13 断电电位 off potential

瞬时断电电位。

断电瞬时间测得的构筑物对电解质电位。

注：通常情况下，应在切断阴极保护电源和极化电位尚未衰减前立刻测得的电位。

3.1.14 远方大地 remote earth

任何两点之间没有因电流流动引起的可测量的电压的区域。

注：该区域一般存在于接地电极，接地系统，辅助阳极地床或受保护的构筑物的影响区以外。

3.1.15 杂散电流 stray current

在非指定回路中流动的电流。

3.2 缩略语

3.2.1 CCVT 密闭循环蒸气发电机组

3.2.2 CIPS 密间隔电位测量

3.2.3 CSE 铜/饱和硫酸铜参比电极

3.2.4 DCVG 直流电位梯度测量

3.2.5 SCC 应力腐蚀开裂

3.2.6 SCE 饱和 KCl 甘汞电极

3.2.7 SRB 硫酸盐还原菌

3.2.8 TEG 热电发生器

4. 技术规定

4.1 一般规定

4.1.1 新建管道应采用防腐层加阴极保护的联合防护措施或其他业已证明有效的腐蚀控制技术；已建带有防腐层的管道应限期补加阴极保护措施。

4.1.2 阴极保护工程应与主体工程同时勘察、设计、施工和投运，当阴极保护系统在管道埋地六个月内不能投入运行时，应采取临时性阴极保护措施；在强腐蚀性土壤环境中，管道在埋入地下时就应施加临时阴极保护措施，直至正常阴极保护投产；对于受到直流杂散电流干扰影响的管道，阴极保护(含排流保护)应在三个月之内投入运行。

4.1.3 管道阴极保护可分别采用牺牲阳极法、强制电流法或两种方法的结合，设计时应视工程规模、土壤环境、管道防腐层质量等因素，经济合理地选用。

4.1.4 对于高温、防腐层剥离、隔热保温层、屏蔽、细菌侵蚀及电解质的异常污染等特殊条件下，阴极保护可能无效或部分无效，在设计时应给予考虑。

4.1.5 本标准应在有资格的腐蚀工程师，或具有实践经验的腐蚀专家指导下使用。

4.2 管道条件

4.2.1 电绝缘

4.2.1.1 一般原则

阴极保护管道应与公共或场区接地系统电绝缘，经测试确认所提供的管道保护电流足以抵消其接地系统造成的电流损失时除外。

当管道处在交流高压输电系统感应影响范围内时，管道上可能产生超过绝缘接头绝缘能力的高压危险电涌冲击，电绝缘装置应当采用接地电池、极化电池或避雷器保护。

阴极保护管道应与非保护构筑物电绝缘。

电绝缘的设计、材料、尺寸和结构应当符合 SY/T 0086 的要求。电绝缘的主要形式有：

(1) 绝缘接头（或绝缘法兰）；

(2) 绝缘短管；

(3) 绝缘管接头；

(4) 套管内绝缘支撑；

(5) 管桥上的绝缘支架；

(6) 其他。

4.2.1.2 电绝缘装置安装位置

可在管道的下列位置处设置绝缘接头，但不局限于此：

(1) 支线管道连接处；

(2) 不同防腐层的管段间；

(3) 不同电解质的管段间（如河流穿越处）；

(4) 交、直流干扰影响的管段上；

(5) 实施阴极保护的管道与未保护的设施之间。

4.2.1.3 电绝缘装置的安装

安装前，在干燥的空气中，用 1000V 绝缘摇表对电绝缘装置进行检测，绝缘两侧的电阻值应大于 $10M\Omega$。

当采用绝缘法兰时，应对法兰采取适当防护措施，以保绝缘性能不受外来物的影响。

对于输送导电解质的管道，应在绝缘接头阴极（负电位）侧得内表面涂敷内涂层，涂刷长度应根据输送介质的电阻率计算足以避免干扰电流腐蚀为准，所有密封，涂料，绝缘材料应能适应所输送的介质。

4.2.2 电连续性

对于钢质管道的非焊接管道连接头，应在管道连接头处安装永久性跨越。

4.2.3 接地

与阴极保护管道相连接的接地装置主要有机电装置上安全接地，减轻感应影响的排流接地，用于监控和信号传输的工作接地，应采用锌接地极。在交流干扰影响区域，测试人员可触及到的管道位置应埋设均匀压接地装置，可使用螺旋形带状锌阳极。

所有接地装置均不得对管道阴极保护造成不利的影响。

4.3 阴极保护准则

4.3.1 一般情况

4.3.1.1 管道阴极保护电位（即管/地界面极化电位，下同）应为-850mV(CSE) 或更负。

4.3.1.2 阴极保护状态下管道的极限保护电位不能比-1200mV(CSE) 更负。

4.3.1.3 对高强度钢（最小屈服应力大于 550MPa）和耐蚀合金钢，如马氏体不锈钢，双相不锈钢等，极限保护电位则要根据实际析氢电位来确定。其保护电位比-850mV(CSE) 稍正，但在 $-750 \sim -650mV$ 的电位范围时管道处于高的 pH 值 SCC 的敏感区，应予注意。

4.3.1.4 在厌氧菌的 SRB 及其他有害菌土壤环境中，管道阴极保护电位应为-950mV(CSE) 或更负。

4.3.1.5 在土壤电阻率 $100 \sim 1000\Omega \cdot m$ 环境中的管道，阴极保护电位宜负于-750mV(CSE)；在土壤电阻率 ρ 大于 $1000\Omega \cdot m$ 环境中的管道，阴极保护电位宜负于-650mV(CSE)。

4.3.2 特殊考虑

当 4.3.1 准则难以达到时，可采用阴极极化或去极化电位差大于 100mV 的判据。

注：在高温条件下，SRB 的土壤中存在杂散电流干扰及异种金属材料耦合的管道中不能采用 100mV 极化准则。

4.4 设计材料及现场勘查

4.4.1 设计所需资料

管道阴极保护系统设计时，需要下列技术材料：

（1）管道参数，如长度、直径、壁厚、材料的类型与等级、防腐层种类及等级、运行温度曲线、设计压力；

（2）输送介质；

（3）阴极保护系统设计寿命；

（4）管道走向的带状图纸，图中标明已有的阴极保护系统、已有的外部构筑物及管道的电缆等；

（5）阴极保护设备的环境条件；

（6）地形地貌和土壤性能，包括土壤电阻率、pH 值及引起腐蚀的细菌；

（7）气候条件、冻土层等；

（8）高压输电线路或埋地高压电缆的位置，走向及额定电压；

（9）阀室和调压站的位置；

（10）穿越河流、铁路、公路的位置和结构；

（11）套管的结构和位置；

（12）管沟回填材料种类；

（13）绝缘接头的类型与位置；

（14）邻近交、直流电气化牵引系统的特性参数、变电站位置和其他干扰电流源的特性；

（15）接地系统的类型与位置；

（16）电源的可利用性；

（17）临近可用于远距离监测的遥测系统的类型与位置。

4.4.2 现场勘察

（1）现场勘察所测项目不得少于下列内容：

（2）阳极地床区域不同深度的土壤电阻率；

（3）可能的细菌活动的腐蚀条件；

（4）交、直流干扰源特定参数及与管道的关系；

（5）中收集到的资料不能满足设计要求的项目。

5. 强制电流系统

5.1 电源

5.1.1 基本要求

强制电流阴极保护对交流电源的基本要求：

（1）长期不间断供电；

（2）应优先使用市电或使用各类站场稳定可靠的交流电源；

（3）当电源不可靠时，应装有备用电源或不间断供电专用设备。

5.1.2 无线电地区的电源

对于无交流电的地区，可根据气象资料和所输介质选用太阳能电池、风力发电机、TEG、CCVT 等直流电源。

5.1.3 电源设备

强制电流阴极保护电源设备的基本要求：

（1）可靠性高；

（2）维护保养简便；

（3）寿命长；

（4）对环境适应性强；

（5）输出电流、电压可调；

（6）具有抗过载、防雷、抗干扰、故障保护等功能。

5.1.4　电源设备的选择

强制电流阴极保护电源设备，一般情况下应选用整流器或恒电位仪。当管地电位或回路电阻有经常性较大变化或电网电压变化较大时，应使用恒电位仪。

在选择电源设备时，包括下列内容：

（1）与交流电源连接的匹配性；

（2）整流器或恒电位仪的类型：

（3）相关参数的显示；

（4）冷却方式（空冷或油冷）；

（5）输出控制的方式；

（6）设备保护与安全要求；

（7）标识和铭牌。

5.1.5　电源设备的安全要求

在防爆区域使用的电源设备应符合 GB 50058 的要求。

5.1.6　功率选择

电源设备输出功率的选择应根据附录 A 进行。

5.2　辅助阳极地床

5.2.1　一般要求

5.2.1.1　辅助阳授地床（以下简称地床）的设计和选址应满足以下条件：

（1）在最大的预期保护电流需要量时，地床的接地电阻上的电压降应小于额定输出电压的 70%；

（2）避免对邻近埋地构筑物造成干扰影响。

5.2.1.2　阳极地床有深井型和浅埋型，在选择时应考虑：

（1）岩土地质特征和土壤电阻率随深度的变化；

（2）地下水位；

（3）不同季节土壤条件极端变化；

（4）地形地貌特征；

（5）屏蔽作用；

（6）第三方破坏的可能性。

5.2.2　深井阳极地床

存在下面一种或多种情况时，应考虑采用深井阳极地床：

（1）深层土壤电阻率比地表的低；

（2）存在邻近管道或其他埋地构筑物的屏蔽；

（3）浅埋型地床应用受到空间限制；

（4）对其他设施或系统可能产生干扰。

深井阳极地床的设计、安装、运行与维护等技术要求应符合 SY/T 0096 的规定。在计算地床电阻时，应采用位于阳极段长度中点深度的土壤电阻率值，并应考虑不同层次土壤电阻率差异的影响。

5.2.3　浅埋阳极地床

5.2.3.1　与 5.2.2 条件相反时应采用浅埋型地床。

5.2.3.2　浅埋阳极地床有水平式和立式两种方式，应置于冻土层以下，埋深不宜小于 1m。

5.2.4　辅助阳极

5.2.4.1　常用的辅助阳极有高硅铸铁阳极、石墨阳极、钢铁阳极、柔性阳极、金属氧化物阳极等，其主要性能要求见 5.2.5。

5.2.4.2　选用阳极材料和质量应接阴极保护系统设计寿命期内最大预期保护电流的 125% 计算。

5.2.4.3　阳极地床通常使用冶金焦炭、石油焦炭、石墨填料，使用时应符合下列要求：

（1）石墨阳极、高硅铸铁阳极应加填充料；

（2）在沼泽地、流沙层可不加填充料，钢铁阳极可不加填充料；

（3）预包覆焦炭粉的柔性阳极可直接埋设，不必采用填充料；

（4）填充料的含碳量宜大于85%，最大粒径应不大于15mm。

5.2.4.4　辅助阳极接地电阻、寿命和阳极数量计算见附录A。

5.2.5　常用辅助阳极主要性能

5.2.5.1　高硅铸铁阳极的化学成分应符合表1的规定。阳极的允许电流密度为 $5\sim80A/m^2$，消耗率应小于 $0.5kg/(A \cdot a)$。阳极引出线与阳极的接触电阻应小于 0.01Ω，拉脱力数值应大于阳极自身质量的1.5倍，接头密封可靠。阳极引线长度不应小于1.5m，阳极表面应无明显缺陷。

表1　高硅铸铁阳极的化学成分

序　　号	类　　型	主要化学成分的质量分数/%						
		Si	Mn	C	Cr	Fe	P	S
1	普通	14.25~15.25	0.5~1.5	0.08~1.05		余量	≤0.25	≤0.1
2	加铬	14.25~15.25	0.5~1.5	0.8~1.4	4~5	余量	≤0.25	≤0.1

5.2.5.2　石墨阳极的石墨化程度不应小于81%，灰分应不大于0.5%。阳极宜经亚麻油或石蜡浸渍处理，阳极的性能应符合表2的规定。阳极引出电缆与阳极的接触电阻应小于 0.01Ω 拉脱力数值应大于阳极自身质量的1.5倍，接头密封可靠。阳极电缆长度不应小于1.5m。阳极表面应无明显缺陷。

表2　石墨阳极的主要性能

密度/(g/m^3)	电阻率/($\Omega \cdot mm^3/m$)	气孔率/%	消耗率/[$kg/(A \cdot a)$]	允许电流密度/(A/m^2)
1.7~2.2	9.5~11.0	25~30	<0.6	5~10

5.2.5.3　柔性阳极是由导电聚合物包覆在铜芯上构成，其性能应符合表3的规定，阳极铜芯截面积为 $16mm^2$，阴极外径为13mm。

表3　柔性阳极主要性能

最大输出线电流密度/(mA/m)		最低施工温度/℃	最小弯曲半径/mm
无填充料	有填充料		
52	82	−18	150

5.2.5.4　钢铁阳极是指角钢、扁钢、槽钢、钢管制作的阳极或其他用作阳极的废弃钢铁构筑物，阳极的消耗率为 $8\sim10kg/(A \cdot a)$。

5.2.5.5　混合金属氧化物阳极基体材料采用工业纯钛，其化学成分应不低于 GB/T 36201 中对 TA2 的要求，在土壤环境中（带有填料）金属氧化物阳极的工作电流密度为 $100A/m^2$，阳板与电缆接头的接触电阻应小于 0.01Ω。

6. 牺牲阳极系统

6.1　总则

牺牲阳极系统适用于敷设在电阻率较低的土壤里、水中、沼泽或湿地环境中的小口径管道或距离较短并带有优质防腐层的大口径管道。

选用牺牲阳极时，考虑的因素如下：

（1）无合适的可利用电源；

（2）电器设备不便实施维护保养的地方；

（3）临时性保护；

（4）强制电流系统保护的补充；

（5）永久冻土层内管道周围土壤融化带；

（6）保温管道的保温层下。

牺牲阳极的应用条件是：

（1）土壤电阻率或阳极填包料电阻率足够低；

（2）所选阳极类型和规格应能连续提供最大电流需要量；

（3）阳极材料的总质量能够满足阳极提供所需电流的设计寿命。

牺牲阳极上应标记材料类型（如商标）、口投质量（不包括阳极填科）、炉号。

6.2　锌合金牺牲阳极

6.2.1　棒状锌阳极

锌合金牺牲阳极成分见表4，锌合金牺牲阳极的电化学性能见表5。

表4　锌合金牺牲阳极化学成分

元　　素	锌合金主要化学成分的质量分数/%	高纯锌主要化学成分的质量分数/%
Al	0.1~0.5	≤0.005
Cd	0.025~0.07	≤0.003
Fe	≤0.005	≤0.0014
Pb	≤0.006	≤0.003
Cu	≤0.005	≤0.002
其他杂质	总含量≤0.1	—
Zn	余量	余量

表5　棒状锌合金牺牲阳极的电化学性能

性　　能	锌合金、高纯锌	备　　注
密度/（g/cm^3）	7.14	
开路电位/V	-1.03	相对SCE
理论电容量/（A·h/kg）	820	
电流效率/%	95	
发生电容量/（A·h/kg）	780	在海水中，3mA/cm^2 条件下
消耗率/［kg/（A·a）］	11.88	
电流效率/%	≥65	
发生电容量/（A·h/kg）	530	在土壤中，0.03mA/cm^2 条件下
消耗率/［kg/（A·a）］	≤17.25	

如果在相似土壤环境中的阳极性能能够被证明可靠且有证据支持时，其他成分的锌合金牺牲阳极也可以使用。

6.2.2　带状锌阳极

带状锌合金牺牲阳极的电化学性能见表6。带状锌合金牺牲阳极的规格及尺寸见表7，截面图例见图1。

表6　带状锌合金牺牲阳极的电化学性能

型　　号	开路电位/V		理论电容量/（A·h/kg）	实际电容量/（A·h/kg）	电流效率/%
	相对CSE	相对CSE			
锌合金	≤-1.05	≤-0.98	820	≥780	≥95
高纯锌	≤-1.10	≤-1.03	820	≥740	≥90

注：试验介质为人造海水。

表7 带状锌合金牺牲阳极的规格及尺寸

阳 板 规 格	ZR-1	ZR-2	ZR-3	ZR-4
截面尺寸 $D_1 \times D_2$/mm	25.40×31.75	15.88×22.22	12.70×14.28	8.73×10.32
阳极带线质量/(kg/m)	3.57	1.785	0.893	0.372
钢芯直径 ϕ/mm	4.70	3.43	3.30	2.92
标准卷长/m	30.5	61	152	305
标准卷内径/mm	900	600	300	300
钢芯的中心度偏差/mm	-2~+2			

注：阳极规格中 Z 代表锌，R 代表带状，后面数字为序列号。

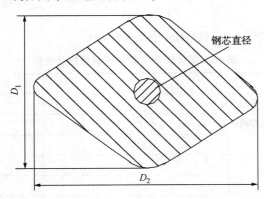

6.3 镁合金牺牲阳极

6.3.1 棒状镁阳极

镁合金牺牲阳极的性能测试应当按照 SY/T 0095 进行，镁合金牺牲阳极化学成分见表8，镁合金牺牲阳极的电化学性能见表9。

表8 镁合金牺牲阳极的化学成分

元　　素	标准型主要化学成分的质量分数/%	镁锰型主要化学成分的质量分数/%
Al	5.3~6.7	≤0.01
Zn	2.5~3.5	—
Mn	0.15~0.6	0.50~1.30
Fe	≤0.005	≤0.03
Ni	≤0.003	≤0.001
Cu	≤0.020	≤0.002
Si	≤0.10	—
Mg	余量	余量

表9 镁合金牺牲阳极的电化学性能

性　　能	标　准　型	镁　锰　型	备　　注
密度/(g/cm³)	1.77	1.74	
开路电位/V	-1.48	-1.56	相对 SCE
理论电容量/(A·h/kg)	2210	2200	

性　　能	标　准　型	镁　锰　型	备　　注
电流效率/%	55	50	在海水中， 3mA/cm² 条件下
发生电容量/(A·h/kg)	1220	1100	
消耗率/[kg/(A·a)]	7.2	80	
电流效率/%	≥50	40	在土壤中， 0.03mA/cm² 条件下
发生电容量/(A·h/kg)	1110	880	
消耗率/[kg/(A·a)]	≤7.92	10.0	

如果在相似土壤环境中的阳极性能能够被证明可靠且有证据支持时，其他成分的镁合金牺牲阳极也可以使用。

6.3.2　带状镁阳极

镁锰合金挤压制造的带状镁合金牺牲阳极规格及性能表10。

表 10　带状镁合金牺牲阳极规格及性能

截面/mm		9.5×19
钢芯直径/mm		3.2
阳极带线质量/(kg/m)		0.37
输出电流密度/(mA/m)	海水	2400
	土壤	10
	淡水	3

注：土壤条件为电阻率50Ω·m，淡水条件为150Ω·m。

6.4　牺牲阳极的选用

按照表11选取牺牲阳极的种类。

表 11　牺牲阳极种类的应用选择

阳　极　种　类	土壤电阻率/(Ω·m)
镁合金牺牲阳极	15～150
锌合金牺牲阳极	<15

对于锌合金牺牲阳极，当土壤电阻率大于15Ω·m时，应现场试验确认其有效性。

对于镁合金牺牲阳极，当土壤电阻率大于15Ω·m时，应现场试验确认其有效性。

对于高电阻率土壤环境及专门用途，可以选择带状牺牲阳极。

6.5　牺牲阳极填包料

牺牲阳极的填饱料是由石膏粉，膨润土和工业硫酸钠组成的混合物，常规的牺牲阳极填包料配方见表12。

表 12　牺牲阳极填包料配方

阳　极　类　型	质量分数/%			使用土壤电阻率/ (Ω·m)
	石膏粉	膨润土	工业硫酸	
镁合金牺牲阳极	50	50	—	≤20
	75	20	5	>20
锌合金牺牲阳极	50	45	5	≤20
	75	20	5	>20

注：所选用石膏粉的分子式为$CaSO_4·2H_2O$。

6.6 牺牲阳极与管道的连接

牺牲阳极电缆可通过测试装置与管道实现电连接，也可直接焊接在管道上。

6.7 牺牲阳极布置

6.7.1 棒状阳极

棒状牺牲阳极可采取单支或多支成组两种方式，同组阳极宜选用同一炉号或开路电位相近的阳极。

棒状牺牲阳极埋设方式按轴向和径向分为立式和水平式两种。一般情况下牺牲阳极距管道外壁3~5m，最小不宜小于0.5m，埋设深度以阳极顶部距地面不小于1m为宜。成组布置时，阳极间距以2~3m为宜。

棒状牺牲阳极应埋设在土壤冰冻线以下。在地下水位低于3m的干燥地带，阳极应适当加深埋设；埋设在河床中的阳极应避免洪水冲刷和河床挖泥清淤时的损坏。

在布设棒状牺牲阳极时，注意阳极与管道间不应存在有金属构筑物。

6.7.2 带状阳极

带状牺牲阳极应根据用途和需要与管道同沟敷设或缠绕敷设。

6.7.3 特殊用途的牺牲阳极

牺牲阳极作为接地极、参比电极等特殊应用时应根据用途和需要进行布置。

7. 测试及监控装置的设置

7.1 测试装置

7.1.1 一般原则

阴极保护测试装置应与阴极保护系统同步安装，测试装置应沿管道线路走向进行设置，相邻测试装置间隔宜1~3km。在城镇市区或工业区，相邻的间隔不应大于1km，杂散电流干扰影响区域内可适当加密。

7.1.2 特殊要求

在下列位置处，也应安装测试装置：

（1）管道与交、直流电气化铁路交叉或平行段；

（2）绝缘接头处；

（3）接地系统连接处；

（4）金属套管处；

（5）与其他管道或设施连接处；

（6）辅助试片及接地装置连接处；

（7）与外部管道交叉处；

（8）管道与主要道路或堤坝交叉处；

（9）穿越铁路或河流处；

（10）与外部金属构筑物相邻处。

对不同沟敷设的多条平行管道，每条管道应单独设置测试装置，测试装置应安装在管道上方。

每个测试装置中至少有两根电缆与管道连接，电缆应采用颜色或其他标记法进行区分，并作到全线统一。

7.2 监控装置

7.2.1 与外部管道交叉

在与其他管道交叉时应设置监控装置，并考虑在装置中进行跨接。即从每条管道上分别引出两根电缆连接到同一监控装置中，在装置内，电缆可直接连接或通过电阻跨接。

7.2.2 金属套管处

为检测金属套管与输送管之间的电绝缘状况，应在套管和输送管两侧分别安装两根测试电缆，并将电缆连接到监控装置中的对应接线端子上。

7.2.3 绝缘接头处

管道绝缘接头两侧应分别引出两根电缆。所有电缆应直接连接或通过电阻跨接至监控装置中不同的接线端子上，在监控装置处，根据需要安装的极化电池、接地电池或避雷器等防电涌装置，通过监控装置中的接线端子进行跨接。

7.2.4 排流点处

杂散电流干扰影响区域，直接排流、极性排流或强制排流的排流点，应在输送管、干扰体或接地体上连接所需数目的电缆，并将电缆引至监控装置，通过监控装置中的接线端子与排流装置进行连接。

7.2.5 汇流点处

直流电源的负极与管道连接的汇流点处应设置监控装置，并在阴极回路中设置电流监控装置。当有多个阴极连接时，应当配备分流器和阻断二极管。

汇流点处的测试装置应当单独从管道上引出测试电缆，用以测量汇流点处的管/地电位。

7.3 其他监测装置

当管道穿过无人地区或很难接近的地方，应当采用远距离监测、遥感技术或其他数据传输系统，同时配合使用长效参比电极、极化测试探头或试片。

7.4 消除 IR 降的测试装置

如果杂散电流干扰影响或牺牲阳极难以拆除时，应采用极化探头（试片）断电测量技术进行电位测量。

8. 附加措施

8.1 临时保护

临时性阴极保护可采取牺牲阳极方式，在保护系统调试期间及调试后，应能很容易进行连接和断开。

为了测试临时阴极保护效果，测试装置应当与管道同时安装。

8.2 套管

不宜使用金属套管。如果使用金属套管，套管内的输送管防腐层应保证完好。

钢套管应采用非金属绝缘支撑垫与输送管道实现电绝缘，钢套管不应带有防腐层。

套管两端应绝缘密封并安装排气管，也可以在套管与管道间充填具有长效的防腐蚀作用的物料。

8.3 防雷保护

在防雷电频发地区，绝缘接头和阴极保护设施，应当安装防雷保护装置，通常绝缘接头两端和直流电源输出端可安装电涌保护装置。

8.4 电涌保护器

为了防止供电系统故障或雷击造成的管道上的电涌冲击，应采用火花间隙类的放电器，其要求如下：

（1）保护器电极的击穿电压应低于绝缘接头两端的击穿电压；

（2）保护器应具有释放出预期的故障电流或雷击电流而不会损坏的能力；

（3）保护器应当完全封装起来以免在大气中出现花火。

8.5 阴极保护电缆与电缆连接

8.5.1 电缆的选用

应采用铜芯电缆，测试电缆的界面不宜小于 $4mm^2$、多股连接导线，每段导线的截面不宜小于 $2.5mm^2$。

用于强制电流阴极保护的铜芯电缆截面不宜小于 $16mm^2$，用于牺牲阳极的铜芯电缆的截面不宜小于 $4mm^2$。

8.5.2 电缆敷设

阴极保护埋地电缆在地下应尽量减少接头，敷设应符合 GB 50217 的规定。

8.5.3 电缆与管道的焊接

焊接位置不应在弯头上或管道焊缝两侧 200mm 范围里。

可采用铝热焊方法，焊接用的铝热焊剂用量不应超过 15g，当焊接电缆的截面大于 $16mm^2$ 时，可将电缆芯分成若干股，每股小于 $16mm^2$，分开进行焊接。

在运行中的管道上实施铝热焊时，应预订安全防范措施，并考虑：

（1）焊接前要对管壁完整性进行检查；

（2）管中流体对热量传输与散失的影响；

（3）焊接热量对输送介质的影响（如对某些化学品）。

在耐蚀合金管道上不应实施铝热焊接。

当有详细的焊接程序且性能可靠，并有适当的文件支持，也可使用其他如铜针焊接、软焊、导电粘接剂粘接、熔焊等方法。

9. 管理与维护

9.1 阴极保护运行前的基本要求

9.1.1 管道原始资料

管道管理部门应收集、管理、保存由设计、施工单位提供的和其他来源获得的文件、图纸资料和原始资料，主要包括但不限于以下内容：

（1）管道走向带状图；

（2）阴极保护系统及单体图；

（3）全线防腐层结构、分布、补伤等资料；

（4）管道附属设施，如固定墩、穿、跨越，阀室，套管等分布、结构、防腐保护状态；

（5）管道自然电位分布曲线图，对于交、直流电干扰管段，干扰长度、起止点，最大、最小干扰电位分布曲线，最大、最小干扰电位-时间分布曲线；

（6）沿线土壤电阻率或土壤腐蚀性分布；

（7）设计、施工更改、设备合格证、说明书等其他相关资料；

（8）管道腐蚀穿孔分布、测试及分析记录等。

9.1.2 测量仪器与设备

管道管理部门应配备必需的设备和仪表、工具。至少包括：管道防腐层检测仪、接地电阻测试仪、万用表、$Cu/CuSO_4$ 参比电极（便携式）、数字型电位差计。

所有测量仪器和设备的要求应符合 GB/T 21246 的要求。

当土壤里含有大量氯化物时，测量电位不宜使用 CSE。

本标准不排除使用其他可替代的参比电极，通常可替代参比电极有以下三种。对于碳钢，相对于 CSE 的保护电位（在 25℃）为-850mV 时相对替代参比电极的电位是：

（1）饱和 KClSCE 为-780mV；

（2）饱和 Ag/AgCl 参比电极，在 25Ω·cm 的海水中使用，其保护电位为-800mV；

（3）采用 75%石膏、20%膨润土、5%硫酸钠填包料的锌参比电极，其保护电位为+250mV。

9.1.3 操作人员

阴极保护岗位的操作人员，上岗前应进行专门的技术培训。

9.2 系统检测

调试涉及到所有阴极保护设备、零件和系统的测试，以达到管道保护符合设计要求。

9.2.1 系统检测

阴极保护系统通电前，应对设备及装置进行检测。

9.2.1.1 电源设备和汇流端子：

（1）对地绝缘电阻（在 30℃下，500V 兆欧表最小 10MΩ）；

（2）安全接地电阻；

（3）螺丝和螺母的松紧；

（4）设备及附件是否安装牢固；

（5）整流设备（二极管）的技术参数；

（6）能否满足额定电流输出；

（7）电源设备输出接线是否正确。

9.2.1.2 油冷式电源设备还要检查：

（1）油位；

（2）油的绝缘性能。

9.2.1.3　绝缘接头、接地设备和金属套管的电绝缘的有效性

9.2.1.4　阳极地床的接地电阻

9.2.1.5　测试及监控装置：

（1）电缆与接线端子的标记；

（2）电缆连接和安全设备的完整性（绝缘与接地、防雷击保护、电气区域分类）；

（3）电缆接头端的松紧程度；

（4）接线是否正确。

9.2.2　系统调试

阴极保护系统调试包括通电前的检测和通电后的测试。

阴极保护系统通电前，应在所有测试装置处进行自然腐蚀电位的测量。

阴极保护系统通电后，要逐步调节保护电流，直到汇流点的电位达到极限电位。电源设备应保持在此电位值，直到管道被充分极化达到4.3.1中的准则，应记录电源设备输出电压和电流。

当通电后管道电位发生正向偏移，应立刻检查极性并采取措施。

当对周围构筑物有干扰影响时，应在临近构筑物上进行同步测量。

当存在交、直流干扰影响时，应对干扰对阴极保护系统有效性的影响进行测量。测量应在阴极保护系统运行及断电状态下进行。在这两种情况下，应至少记录24 h的连续管地电位数据。在通电状态下，还应记录通电电流。可按4.3的条文说明中给出的指标评价阴极保护有效性。

9.3　检查与测试

9.3.1　一般原则

应定期进行阴极保护系统的检查与测试，以确认阴极保护系统是否运行正常，运行期间的管/地电位是否符合保护准则。

应对检查与测试所得的数据和所发现情况进行分析，进而完成以下工作：

（1）评价腐蚀管理是否适当；

（2）指出可能存在的异常以及改进措施；

（3）说明对管道状况进行更详细评价的必要性。

9.3.2　投产后调试

在阴极保护系统运行一年内，宜进行下列调查：

（1）防腐层检漏；

（2）电流衰减测量；

（3）CIPS；

（4）DCVG；

（5）管/地电位缺陷定位测量；

（6）全线防腐层绝缘电阻率测试。

进一步的专项调查的类型和周期取决于很多因素，如防腐层老化变质、温度升高的影响、施工活动、干扰影响等。

如果管道安装了阴极保护远程监测系统，并能随时检测出设备故障，可采用比上述推荐检测周期更长的时间间隔进行功能性检查。

远程监测系统提供的结果应定期与手工测试数据进行核对，确保远程监测系统正常有效地工作。

注：将CIPS与垂直测量出的电位梯度结合起来就是所谓的管/地电位精确测量技术，用于防腐度层缺陷定位和缺陷处无IR降的电位侧量。

9.3.3　检测周期

应按照表13所列项目进行常规检测，如管地电位、电源设备输出电压和电流等。

表 13　常规功能性检测项目及周期

项　目	检 测 内 容	周　期
牺牲阳极系统	阳极运行和状态、阳极保护电位、输出电流、开路电位	至少每年一次
强制电流系统	电源设备的运行和状况、仪器输出电压、电流（每日记录一次）、阳极地床电阻（视需要进行检测）	根据运行条件（如雷电、杂散电流、附近的施工活动等），每一个月至三个月一次
汇流点	汇流点电位和电流	只少每月一次
与外部管道的连接	电流流动	至少每年一次
跨接装置及接地系统	电连续性	至少每年一次
安全与保护装置	设定值与功能性	至少每年一次
极化电位	瞬间断电电位	每年一次①

注：① 对于稳定的系统，可在所有测试装置处，每三年测量一次瞬时断电电位。

如果没有杂散电流、雷电、波动的土壤条件等影响，那么根据专项调查的结果和系统的稳定性可以适当减小测量的周期。

9.3.4　专项调查

可针对某一目的或内容进行专项调查，调查项目如下，但不局限于此：

（1）防腐层破损；

（2）阴极保护不充分；

（3）SCC；

（4）细菌腐蚀；

（5）土壤腐蚀性；

（6）其他。

调查应由专门培训的人员使用专用设备和仪器进行。

9.3.5　监测大纲

监测大纲应至少包括以下内容：

（1）测试说明；

（2）测试位置；

（3）所需要的仪器设备；

（4）测量技术；

（5）测量频次。

9.4　系统维护

9.4.1　电源设备

电源设施或设备，应经常进行检查，维护保养，保证完好，正常运行。

9.4.2　测试装置

测试及监控装置应定期检查维护，保证完整、好用。

9.4.3　阳极地床

阳极地床的接地电阻应定期检测，应对其变化，相应调整电源设备的输出电压，保证保护电流的正常输出。对于因阳极地床接地电阻经常变化等原因，致使需经常调整保护电流输出的情况，电源设备宜改用恒电位仪。

对失效的阳极地床，应及时维修或更换。

9.4.4　地上绝缘装置

地面上安装的绝缘装置，应定期进行检测、清扫，防止灰尘、水分等外来物造成绝缘不良或短路失效。

9.4.5 仪器设备

阴极保护检测使用的仪器、仪表及设备，如参比电极等，应进行常规校验。

9.4.6 保护电位检测

当发现管道阴极保护不充分时，应立即展开调查，查明原因，排除故障。常见故障原因的相应对策如下：

（1）修理或更换系统中的装置或部件；

（2）修补已查明的防腐层缺陷；

（3）调整或更换跨接；

（4）消除绝缘不良或短路点；

（5）修理失效的绝缘装置；

（6）增设阴极保护设施(强制电流或牺牲阳极)。

9.5 技术档案

9.5.1 竣工资料

管道阴极保护系统在竣工验收时，应符合下列要求：

（1）竣工验收的工程符合设计要求；

（2）规定提供的技术文件齐全、完整；

（3）外观检查，工程质量符合规范规定。

竣工的阴极保护系统，在交接验收时，至少应提交下列技术文件：

（1）竣工图；

（2）变更设计的证明文件；

（3）制造厂家提供的说明书、试验记录、产品合格证、安装图纸等技术文件；

（4）安装技术记录；

（5）调试试验记录；

（6）所有阴极保护参数测试记录；

（7）隐蔽工程记录。

9.5.2 移交时注意事项

设计文件中配置的仪器、仪表在竣工验收时同时移交给业主，工程竣工后，各施工单位应提供 9.5.1 中规定的技术资料作为交工依据，汇总建立技术档案交上级主管部门、生产管理部门及施工单位自存。

9.5.3 检查与测试资料

本章所提及的所有检查与测试活动的结果都应有记录，有评价，应妥善保管这些资料。以作为将来验证阴极保护系统有效性的基础。

9.5.4 运行与管理资料

管道阴极保护运行时应编制运行与维护手册，操作员工应按手册的运行与维护程序工作。手册中应包括：

（1）系统与系统组成的说明；

（2）调试报告；

（3）竣工图纸；

（4）供货商提供的文件；

（5）监测设备一览表；

（6）系统的电位准则；

（7）监测大纲；

（8）监测进度表与对监测设备的要求；

（9）所有安装在管道上的监测设备的监测程序；

（10）阴极保护系统安全操作指南。

9.5.5 维修保养记录

对于阴极保护系统设备的维修，应记录以下内容和项目：

（1）整流器和其他直流电源的修理；

（2）阳极、阴极连接以及电缆的修理或更换；

（3）防腐层、绝缘装置、测试导线和其他测试设备的维护、修理和更换；

（4）汇流电、套管和远程监控设施的维护。

附录 A

（规范性附录）

阴极保护计算公式

A.1 强制电流的计算

A.1.1 管道保护长度的计算见式（A.1）、式（A.2）：

$$2L_p = \sqrt{\frac{8 \times \Delta V}{\pi \times D_p \times J_s \times R_s}} \tag{A.1}$$

$$R_s = \frac{\rho_t}{\pi(1000D_p - \delta)\delta} \tag{A.2}$$

式中　L_p——单侧保护管道长度，m；

　　　ΔV——极限保护电位与保护电位之差，V；

　　　D_p——管道外径，m；

　　　J_s——保护电流密度，A/m²；

　　　R_s——管道线电阻，Ω/m；

　　　ρ_t——钢管电阻率，Ω·mm²/m；

　　　δ——管道壁厚，mm。

A.1.2 保护电流的计算见式（A.3）：

$$2I_0 = 2\pi \times D_p \times J_s \times L_p \tag{A.3}$$

式中　I_0——单侧管道保护电流，A；

　　　D_p——管道外径，m；

　　　J_s——保护电流密度，A/m²；

　　　L_p——单侧保护管道长度，m。

A.1.3 辅助阳极接地电阻的计算：

（1）单支立式辅助阳极接地电阻的计算见式（A.4）：

$$R_{v1} = \rho\frac{\rho}{2\pi L_a}\ln\left(\frac{2L_a}{D_a}\sqrt{\frac{4t+3L_a}{4t+L_a}}\right) \quad (t \gg D_a)(D_a \ll L_a) \tag{A.4}$$

（2）单支水平式辅助阳极接地电阻的计算见式（A.5）：

$$R_h = \frac{\rho}{2\pi L_a}\ln\left(\frac{L_a^2}{tD_a}\right) \quad (t \ll L_a, \ D_a \ll L_a) \tag{A.5}$$

（3）深井式辅助阳极接地电阻的计算见式（A.6）：

$$R_{v2} = \frac{\rho}{2\pi L_a}\ln\left(\frac{2L_a}{D_a}\right) \quad (t \gg L_a) \tag{A.6}$$

式中　R_{v1}——单支立式辅助阳极接地电阻，Ω；

　　　R_{v2}——深埋式辅助阳极接地电阻，Ω；

　　　R_h——单支水平式辅助阳极接地电阻，Ω；

　　　ρ——土壤电阻率，Ω·m；

　　　L_a——辅助阳极长度（含填料），m；

　　　D_a——辅助阳极直径（含填料），m；

　　　t——辅助阳极埋深（填料顶部距地表面），m。

（4）辅助阳极组接地电阻的计算见式（A.7）、式（A.8）：

$$R_z = F\frac{R_a}{n}$$ 　　　　（A.7）

$$F \approx 1 + \frac{\rho}{nsR_a}\ln(0.66n)$$ 　　　　（A.8）

式中　R_z——辅助阳极组接地电阻，Ω；

　　　F——辅助阳极电阻修正系数，可查图 A.2；

　　　R_a——单支辅助阳极接地电阻，Ω；

　　　n——阳极支数；

　　　ρ——土壤电阻率，$\Omega \cdot m$；

　　　s——辅助阳极间距，m。

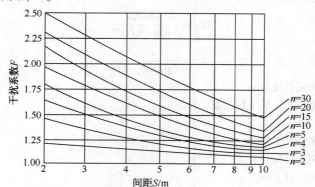

图 A.2　由 n 支阳极组成的阳极地床的干扰系数 F

（5）辅助阳极质量的计算见式（A.9）：

$$W_a = \frac{T_a \times \omega_a \times I}{K}$$ 　　　　（A.9）

式中　W_a——辅助阳极总质量，kg；

　　　T_a——辅助阳极设计寿命，a；

　　　ω_a——辅助阳极的消耗率，$kg/(A \cdot a)$；

　　　I——保护电流，A；

　　　K——辅助阳极利用系数，取 0.7~0.85。

　　注：当已知辅助阳极质量，也可用式（A.9）计算辅助阳极设计寿命。

A.1.4　电源设备功率的计算见式（A.10）~式（A.14）：

$$P = \frac{IV}{\eta}$$ 　　　　（A.10）

$$V = I(R_z + R_1 + R_c) + V_r$$ 　　　　（A.11）

$$R_c = \frac{\sqrt{R_t \times r_t}}{2th(\alpha L)}$$ 　　　　（A.12）

$$\alpha = \sqrt{\frac{r_t}{R_t}}$$ 　　　　（A.13）

$$I = 2I_0$$ 　　　　（A.14）

式中　P——电源功率，W；

　　　I——保护电流，A；

　　　V——电源设备的输出电压，V；

298

η——电源设备效率，一般取 0.7；

R_z——辅助阳极组接地电阻，Ω；

R_l——导线电阻，Ω；

R_c——阴极过渡电阻，Ω；

V_r——辅助阳极地床的反电动势，V，当采用焦炭填充时，取 $V_r = 2V$；

α——管道衰减因数，m^{-1}；

L——被保护管道长度，m；

r_t——管道线电阻，Ω/m；

R_t——防腐层过渡电阻率，$\Omega \cdot m$；

I_0——单侧保护电流，A。

A.2 牺牲阳极的计算

A.2.1 单支立式牺牲阳极接地电阻的计算见式(A.15)：

$$R_v = \frac{\rho}{2\pi l_g}\left(\ln\frac{2l_g}{D_g} + \frac{1}{2}\ln\frac{4t_g + l_g}{4t_g - l_g} + \frac{\rho_g}{\rho}\ln\frac{D_g}{d_g}\right) \quad (l_g \gg d_g, \ t_g \gg l_g/4) \tag{A.15}$$

式中 R_v——立式牺牲阳极接地电阻，Ω；

ρ——土壤电阻率，$\Omega \cdot m$；

l_g——裸牺牲阳极长度，m；

D_g——预包装牺牲阳极直径，m；

t_g——牺牲阳极中心至地面的距离，m；

ρ_g——填包料电阻率，$\Omega \cdot m$；

d_g——裸牺牲阳极等效直径，m($d_g = \frac{C}{\pi}$，C 为周长，m)。

A.2.2 单支水平式牺牲阳极接地电阻的计算见式(A.16)：

$$R_h = \frac{\rho}{2\pi l_g}\left\{\ln\frac{2l_g}{D_g}\left[1 + \frac{l_g/4t_g}{\ln^2(l_g/D_g)}\right] + \frac{\rho_g}{\rho}\ln\frac{D_g}{d_g}\right\} \quad (l_g \gg d_g, \ t_g \gg l_g/4) \tag{A.16}$$

式中 R_h——水平式牺牲阳极接地电阻，Ω；

ρ——土壤龟阻率，$\Omega \cdot m$；

l_g——裸牺牲阳极长度，m；

D_g——预包装牺牲阳极直径，m；

t_g——牺牲阳极中心至地面的距离，m；

ρ_g——填包料电阻率，$\Omega \cdot m$；

d_g——裸牺牲阳极等效直径，m($d_g = \frac{C}{\pi}$，C 为周长，m)。

A.2.3 多支牺牲阳极接地电阻的计算见式(A.17)：

$$R_g = f\frac{R_0}{n} \tag{A.17}$$

式中 R_g——多支组合牺牲阳极接地电阻，Ω；

f——牺牲阳极电阻修正系数，可查图 A.3；

R_0——单支牺牲阳极接地电阻，Ω；

n——阳极支数。

A.2.4 牺牲阳极输出电流的计算见式(A.18)：

$$I_g = \frac{e_c - e_a}{R} = \frac{(E_c - \Delta E_c) - (E_a + \Delta E_a)}{R_g + R_c + R_l} = \frac{\Delta E}{R} \tag{A.18}$$

式中 I_g——牺牲阳极输出电流，A；

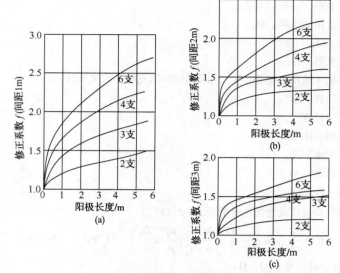

图 A.3　阳极接地电阻修正系数 f

e_c——阴极极化电位，V；

e_a——阳极极化电位，V；

R——回路总电阻，Ω；

E_c——阴极开路电位，V；

ΔE_a——阴极极化电位，V；

E_a——阳极开路电压，V；

ΔE_a——阳极极化电位，V；

R_g——多支组合牺牲阳极接地电阻，Ω；

R_c——阴极过渡电阻，Ω；

R_1——导线电阻，Ω；

ΔE——牺牲阳极有效电位差，V。

A.2.5　所需牺牲阳极支数的计算见式（A.19）：

$$n = \frac{B \times I}{I_{g_0}}$$ （A.19）

式中　n——阳极支数；

　　　B——备用系数，取 2~3；

　　　I——保护电流，A；

　　　I_{g_0}——单支牺牲阳极输出电流，A。

A.2.6　牺牲阳极工作寿命的计算见式（A.20）：

$$T_g = 0.85 \frac{W_g}{\omega_g I}$$ （A.20）

式中　T_g——牺牲阳极工作寿命，A；

　　　W_g——牺牲阳极组净质量，kg；

　　　ω_g——牺牲阳极消耗率，kg/（A·A）；

　　　I——保护电流，A。

参 考 文 献

[1] 杨筱蘅. 输油管道设计与管理[M]. 北京：石油工业出版社，2006.

[2] 秦国治，丁良棉，田志明. 管道防腐蚀技术[M]. 北京：化学工业出版社，2003.

[3] 肖纪美，曹楚南. 材料腐蚀学原理[M]. 北京：化学工业出版社，2002.

[4] 白新德. 材料腐蚀与控制[M]. 北京：清华大学出版社，2005.

[5] 翁永基. 材料腐蚀通论：腐蚀科学与工程基础[M]. 北京：石油工业出版社，2004.

[6] 秦国治，田志明. 防腐蚀技术及应用实例[M]. 北京：石油工业出版社，2002.

[7] 张宝宏，丛文博，杨萍. 金属电化学腐蚀防护[M]. 北京：化学工业出版社，2005.

[8] 阿伟，杨武. 腐蚀科学技术的应用和失效案例[M]. 北京：化学工业出版社，2006.

[9] 赵麦群，雷阿丽. 金属的腐蚀与防护[M]. 北京：国防工业出版社，2002.

[10] 俞蓉蓉，蔡志章. 地下金属管道的腐蚀与防护[M]. 北京：石油工业出版社，1998.

[11] 石仁委，龙媛媛. 油田管道防腐蚀工程[M]. 北京：中国石化出版社，2008.

[12] 卢绮敏. 石油工业中的腐蚀与防护[M]. 北京：化学工业出版社，2001.

[13] 纪云岭，张敬武，张丽. 油田腐蚀与防护技术[M]. 北京：石油工业出版社，2006.

[14] 寇杰，梁法春，陈婧. 油田管道腐蚀与防护[M]. 北京：中国石化出版社，2008.

[15] W.v 贝克曼. 阴极保护手册：化学保护的理论与实践[M]. 胡士信，译. 北京：化学工业出版社，2005.

[16] 蒋管澄，黄春，张国荣. 海上油气设施腐蚀与防护[M]. 东营：中国石油大学出版社，2006.

[17] 杨筱蘅. 油气管道安全工程[M]. 北京：中国石化出版社，2005.

[18] 万德立. 石油管道、储罐的腐蚀及其防护技术[M]. 北京：石油工业出版社，2006.

[19] 油气田腐蚀与防护技术手册编委会. 油气田腐蚀与防护技术手册(上、下册)[M]. 北京：石油工业出版社，1999.

[20] 李士伦. 注气提高石油采收率技术[M]. 成都：四川科技出版社，2001.

[21] 魏宝明. 金属腐蚀理论及应用[M]. 北京：化学工业出版社，2004.

[22] 林玉珍，杨德均. 腐蚀和腐蚀控制原理[M]. 北京：中国石化出版社，2007.

[23] 张清学，吕金强. 防腐蚀施工管理及施工技术[M]. 北京：化学工业出版社，2005.

[24] 王凤平，康万利，敬和民. 腐蚀电化学原理、方法及应用[M]. 北京：化学工业出版社，2008.

[25] 涂湘缃. 实用防腐蚀工程施工手册[M]. 北京：化学工业出版社，2000.

[26] 吴荫顺，曹备. 阴极保护和阳极保护[M]. 北京：中国石化出版社，2007.

[27] 左禹，熊金平. 工程材料及其耐蚀性[M]. 北京：中国石化出版社，2008.

[28] 王魏，薛富津，潘小洁. 石油化工设备防腐蚀技术[M]. 北京：化学工业出版社，2011.

[29] 中国石油管道公司. 油气管道腐蚀控制实用技术[M]. 北京：石油工业出版社，2010.

[30] 崔之健，史秀敏，李又绿. 油气储运设施腐蚀与防护[M]. 北京：石油工业出版社，2009.

[31] 徐晓刚，贾如磊. 油气储运设施腐蚀与防护技术[M]. 北京：化学工业出版社，2013.

[32] SY/T 0088—2006 钢质储罐罐底外壁阴极保护技术标准[S].

[33] GB/T 21448—2008 埋地钢质管道阴极保护技术规范[S].